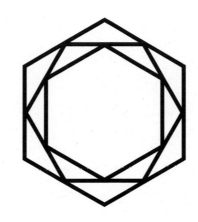

COCKTAIL CODEX

調 酒 法 典

COCKTAIL CODEX

調酒法典

基酒公式 × 配方組合 × 進階技法

350+ 風格酒譜全解析

作者：艾力克斯・戴（ALEX DAY）、尼克・福查德（NICK FAUCHALD）、大衛・卡普蘭（DAVID KAPLAN）
與戴文・塔比（DEVON TARBY）

攝影：迪倫・詹姆斯・何（Dylan James Ho）與安富祖珍妮（Jeni Afuso）
插圖：提姆・湯姆金森（Tim Tomkinson）

審訂：癮型人　翻譯：方玥雯

目次

序言

故事發生在 2006 年冬天的紐約市，當時我的身份大約是介於大學生與成人之間，白天完成學業，但到晚上主要就是享受城市的夜生活。在一個寒冷、下雪的夜晚，幾乎已經處於半醉的我，找了間位於第七大道和勒羅伊街（Leroy Street）轉角的酒吧避一避。那間酒吧在一棟外型像微型熨斗大樓的建築物裡，大門在一樓，一開門有個向下的樓梯。雞尾酒雪克杯「恰可恰可」的聲音和喇叭樂聲，吸引我走進店裡。當晚在那裡發生的細節，我現在已經記不太清楚。我只記得有個小巧的碟型杯擺在我面前，一捻擠過的檸檬皮捲橫掛在酒杯上頭，和當我的嘴唇碰觸到冰鎮過酒杯的杯緣時，所聞到的明亮香氣，還有流入口中、滑順的琴酒馬丁尼。

那一口，改變了所有的一切。

我第一次造訪 Little Branch 酒吧的經驗，在我的靈魂裡埋下了一顆種子，這顆種子一萌芽，讓我從原本只是把研究雞尾酒和烈酒當成興趣，迅速轉變成將調酒視為人生課題。我很快就發現自己會走遍整個城市，只為了找一杯好酒，這種尋覓最後在 2008 年年初，在 Death & Co 酒吧停了下來。我馬上立誓要在那裡工作，並不只是因為那裡有無懈可擊的雞尾酒，而是他們在做生意的同時，也展望未來，讓所有的顧客賓至如歸。三年後，我成為 Death & Co 的合夥人，而把這些心路歷程化為文字的過程也頗為順利。我們的第一本書 *Death & Co: Modern Classic Cocktails*，詳細紀錄了那間特別酒吧的頭幾年，還有在那裡產生的所有創意發想。現在這本書的內容則體現我們跳脫紐約東六街那幾道牆後的演變，延伸到我們開其他幾家酒吧，以及參考世界各地調酒課程計畫的心血結晶。

對於許多人來說，研究調酒的首要策略就是背誦一堆酒譜。但在調酒師之間有個大家心照不宣的祕密──幾乎所有現存的雞尾酒，都可以回溯到少數幾個具有深遠影響的調飲。許多經典雞尾酒被歸類為師出同源的「同一家」或「同一群」。這讓我們可以先掌握幾個酒譜，之後再藉由相似性，連接到其他更多酒譜。

這個方法雖然能夠背下大量的速記酒譜（我們的行話稱為 specs），也能知道它們背後的關聯，但對我而言，還是有點虛——這只是輕輕拂過表面，無法真正了解調酒。一個調酒師也許知道「馬丁尼」和「曼哈頓」（Manhattan）是類似的雞尾酒，但他知道為什麼這兩款需要不同的香艾酒（vermouth），有時香艾酒的使用比例也不同嗎？背誦同類的酒譜是有用的，但對於了解一些配方中的變數產生作用的原因（無論此作用是好是壞），幫助卻很少。

過去 18 年來，我不斷地學習調酒知識，當了調酒師、泡在各家酒吧裡、也在圖書館裡當書蟲，研究烈酒、技巧和一杯好雞尾酒裡頭的哲學。早年造訪 Little Branch 和 Death & Co（和其他許多酒吧）的經驗，對我來說，不僅僅是啟發，也同時讓我感到迷惘困惑。對於一個菜鳥而言，雞尾酒就像從看似無數的瓶子中，倒出一些謎樣的劑量，加以混合後，最後倒進小小的酒杯中，再擺上浮誇的裝飾。如果再奉送調酒師戲劇性的調酒表演動作和調製雞尾酒的手藝，那訊息量真

的是大到令人難以招架。對於那些還不太認識調飲的人，雞尾酒世界嚇跑人的程度和鼓舞人心的程度可說是不相上下。您正在讀這本書，就表示您受到了啟發。繼續讀下去，我們會為您提供所有解答。

隨著越來越了解調酒，我和我的同事開始比較少從「家族」的角度來思考雞尾酒，而是覺得調酒比較像是從幾個眾所皆知的範本中：古典雞尾酒、馬丁尼、黛綺莉、側車、威上忌高球和蛋蜜酒，順著直覺推進的過程。這本書的目的是使用上述六個範本傳授**所有**雞尾酒的內部結構，以揭開酒譜的神祕面紗和激發創意。經過多年訓練調酒師和開酒吧的經驗，我們發覺調酒者會樂於用比較直覺的方式來處理吧台後各式酒品所提供的無限創意可能。有些調酒師會研究前輩大師的作品以充足自身，並把他們所理解到的套用在調酒中；有些則是用科學的方法，精準拆解不同雞尾酒成分的量化組成。我們發現研讀經典和了解一杯優秀雞尾酒背後的科學原因一樣重要，所以我們的觀點會同時納入兩者。在您熟悉經典款和了解物理（雞

尾酒）宇宙後，您就能活用這些知識。透過這本書，我們想幫您從根本開始，真正了解調酒，並協助您利用這些知識來了解不斷擴大的雞尾酒世界，這樣您就可以把自己的創意加入其中。

乾杯！
艾力克斯・戴

簡介

這本書的目的是透過「根源雞尾酒」（root cocktails），教導調飲界的新丁和老手精通六種指標性雞尾酒——以及創作新款。「根源雞尾酒」在我們酒吧課程中，已經是不可或缺的一部分。本書分為六個章節，每章會分別利用一款經典，或根源的雞尾酒，讓您習得能套用到所有雞尾酒的知識。

這本書不是在研究雞尾酒的歷史；這部分最好留給更專業的高手（大衛‧旺德里奇 [David Wondrich]、蓋瑞‧里根 [Gary Regan]，和其他人，我就是在說你們）。也不是一本關於雞尾酒的科學研究（謝啦，戴夫‧阿諾德 [Dave Arnold]！）。我們所述的六種根源雞尾酒，不是歷史上的門第血統概念，而是了解雞尾酒基礎的一個途徑。藉由研究這六種根源雞尾酒，您會學到每組特定雞尾酒的結構，以及關於技巧和材料的重要知識，這些能讓您在調酒上全方位進化。在過去15年中，我們花了非常多的時間在研究雞尾酒，並將這些相關知識傳授給其他無數名的調酒師。當時我們就發現，這個策略——教授這六款根源雞尾酒、研究它們的構造組成，以及解釋它們如何與其他調酒相連接——是一種效果良好的方法，可以揭開各式各樣雞尾酒的神祕面紗。

在這本書中，您會看到文字酒譜進入真實世界，也能見到抽象化為真實，我們另外還會告訴您，如何用精確的技巧，將「不錯」的雞尾酒提升為「非常好」。所有厲害的藝術家——無論是畫家、詩人、大提琴家，抑或是主廚——一開始都是靠著研修其專業領域中的經典出發，接著開始臨摹和演練這些經典，最後才能創作出具有個人風格的原創作品。我們用了類似的方式，檢視每一款根源雞尾酒，研究其他人如何根據酒譜做出變化版——更換其中的一個材料，或添加少許新的和別具風味的成分——接著思考每個新變數的作用。

在書裡，我們用了幾個術語，來幫我們解釋每杯雞尾酒中，單一材料（或一組材料）的功用。

在一杯雞尾酒中，有三個焦點領域——**核心**（core）、**平衡**（balance）

和調味（seasoning）——能協助說明雞尾酒的內部結構。我們把「核心」定義為一杯調酒中首要的風味成分。「核心」可以是一或多樣材料。以「古典雞尾酒」為例，核心就是威士忌，但在「馬丁尼」中，核心則由琴酒和香艾酒（vermouth）共同組成。雖然「核心」是所有雞尾酒中，最重要的部分，但每款雞尾酒都還必須透過其他材料的「平衡」，才能提高核心酒的「可喝程度」（drinkability），如增加甜味、酸味或雙管齊下。最後，我們會用一些能補全核心酒風味或與其形成對比的材料來「調味」，讓整杯酒的內容更吸引人、具有更多面向。這三個組成要素（核心、平衡和調味）是了解如何調酒的基礎——一旦您摸透了，創作新的雞尾酒，就會變得輕而易舉。

無論這是您第一次，或第一千次研究調酒都沒關係，這本書的章節規劃能讓您在翻閱的過程中，一點一點學到新知。每一章都會從檢視六款根源雞尾酒的其中一款開始，並將流傳已久的**經典酒譜**和我們（就我們的看法）

改良過的**根源酒譜**加以比較。接著，我們會提供簡單的**公認特色**，解釋該款雞尾酒的關鍵特徵。下一步則是拆解雞尾酒的**範本**或酒譜，找出最重要的成分，進而深入討論。然後，我們會仔細鑽研雞尾酒的核心，平衡和調味，探索與每個要素相關聯的各項材料和技巧，包含建議的酒款，其中絕大多數都很好取得，價格也很合理，每天拿來調酒也不會太心疼。

當您準備要放下書本，開始喝一杯時，我們提供了一些可以自己動手做的實驗和酒譜，能夠用來說明上述的基礎要素，幫助您了解看似截然不同的雞尾酒之間有何關聯，如「古典雞尾酒」和「香檳雞尾酒」（Champagne Cocktail）、「馬丁尼」和「內格羅尼」（Negroni），或「蛋蜜酒」和「鳳梨可樂達」（Piña Colada）等。等家裡最會調酒的人，快手調上一杯書中出現的雞尾酒後，我們要繼續探究特定的**技巧**。這個部分能讓您更加熟練於調製根源酒譜（和它的許多同門弟兄們），同時我們也會解釋為什麼調酒要用特定款式的**杯器**來盛裝。

如果您看這本書只是為了找酒譜，那請直接翻到每章的後半部，那裡我們提供了每個根源酒譜的**變化版**，以及這款雞尾酒**大家族**成員的酒譜。如果新穎的裝備和精進的技巧是您的菜，請參考每章最後的**進階技巧**，它讓您可以重新構思熟悉的材料，創造出新的素材，深究像是舒肥浸漬液和糖漿、澄清果汁、替代酸類、碳酸雞尾酒等主題。

您可以從頭到尾一字不漏地閱讀本書，也可以在空閒時挑一小部分來看。書裡的幾道酒譜如果能成為您的新歡，我們當然會超級開心，但我們更希望您能再多花點心思，繼續往下挖掘。倘若您願意花時間好好掌握六款經典雞尾酒——古典雞尾酒、馬丁尼、黛綺莉、側車、威士忌高球和蛋蜜酒——您就能征服所有的調酒。

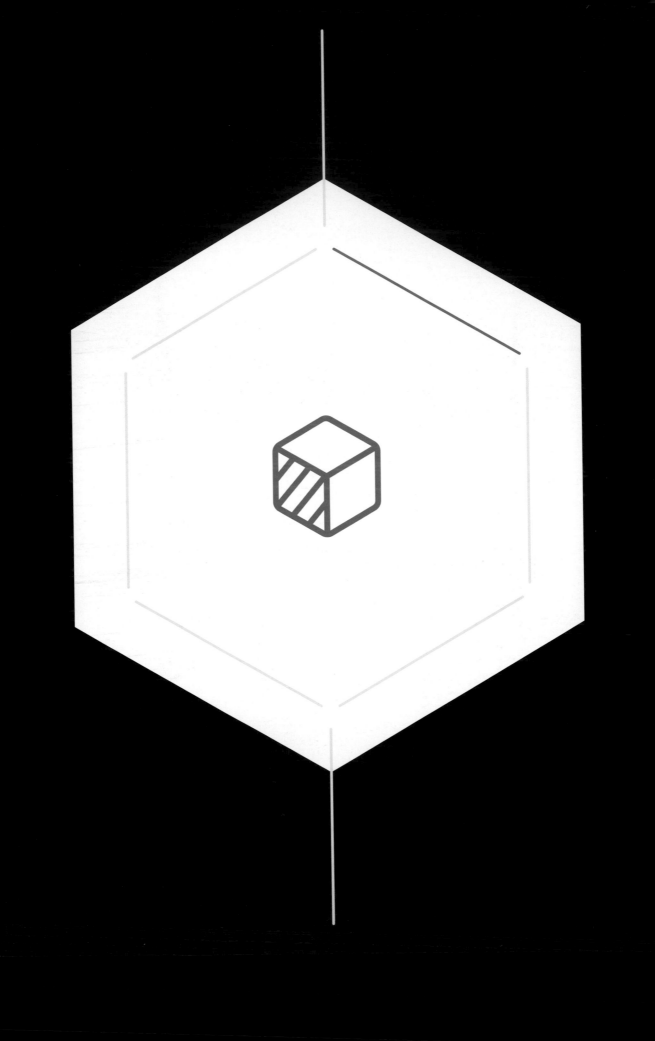

1

古典雞尾酒

THE OLD-FASHIONED

經典酒譜

幾乎所有端得上檯面的雞尾酒書籍中,都能找到某版本的「古典雞尾酒」(本書之後簡稱為「古典」)。它的酒譜最簡單,就只有烈酒、糖、苦精(bitters)和水(以冰塊的形式)而已,而且通常看起來和底下這個版本極為類似:

古典

方糖 1 塊
安格式苦精(Angostura bitters)2 抖振
(dash)(譯註:「抖振」為調酒術語,
1 抖振是甩一下瓶子的量。)
波本威士忌(bourbon)2 盎司
裝飾:檸檬皮捲和柳橙皮捲各一

將方糖和苦精放入古典杯(Old-Fashioned glass)中搗碎。倒入波本威士忌,接著放入 1 塊大冰塊,並攪拌至整體冰涼。最後以檸檬皮捲和柳橙皮捲裝飾即完成。

我們的根源酒譜

如您在經典酒譜中所見，「古典」就是一杯以糖為甜味劑，以及用苦精調味的烈酒。「古典」裡最關鍵的要點是：由一款烈酒組成我們所稱的「核心」一決定這杯雞尾酒的風味。經過多年調製「古典」的經驗，我們用了幾種方式，把經典「規格」（spec，調酒師間的行話，意思就是「酒譜」），調整為我們理想中的「古典」。

首先，我們選定一款風味獨特又不會過於突出的波本威士忌。波本威士忌的世界裡有許多選擇，會大大影響「古典」的味道。波本威士忌的酒精純度（proof；譯註：一般常見於美國酒標標示，酒精純度 ÷2 即為常見的酒精濃度 [ABV]）各有不同，成分中甜味和香料味穀物的比例也各不相同：玉米越多，做出來的波本威士忌就越甜；裸麥比例越高，就越不甜、香料味越重。在等等要介紹的根源酒譜中，我們選了位於光譜中央的一款波本威士忌，酒體飽滿同時又富有個性：美國錢櫃小批次波本威士忌（Elijah Craig Small Batch），同時它的價錢也相當合理。

其次，經典的「古典」從搗碎一塊方糖開始。我們覺得這個做法已經過時，因為方糖並不容易溶解，所以我們改用糖漿以確保糖可以均勻分布在雞尾酒中。由於簡易糖漿（simple syrup）是由等量的糖和水組成，若使用和方糖等量（¼ 盎司）的標準簡易糖漿，會過度稀釋雞尾酒。因此，我們改用比較濃的「德梅拉拉樹膠糖漿」（Demerara Gum Syrup；做法詳見第 54 頁），它可以讓雞尾酒變得濃稠，同時也可以引出威士忌經過陳年之後的一些特色。

第三，為了深化安格式苦精帶來的結構，以及讓整杯酒喝起來更豐富，我們額外加了 1 抖振的「真的苦芳香苦精」（Bitter Truth aromatic bitters，該品牌也譯為「苦情真諦」），讓整杯酒多了一層幾乎感覺不到的肉桂和丁香香氣，這些香氣能夠進一步強調波本威士忌的風味輪廓。

第四，也是最後一點，我們用檸檬皮捲與柳橙皮捲來裝飾「古典」。首先，朝著雞尾酒上方扭轉（或擠壓）一下柳橙皮捲，再輕輕沿著玻璃杯的杯緣摩擦一圈，這樣甜甜的柳橙精油不只能增加整杯酒的香氣，也能變成第一口的一個組成要素。接著，我們朝著飲料擠壓檸檬皮捲，不過因為檸檬精油比較不甜，且味道比柳橙精油嗆鼻一而且可能會破壞飲用者對整杯酒的鑑賞力一所以我們不在杯緣摩擦檸檬皮捲。這兩種皮捲接著都會垂直插入酒中，這樣就能繼續增加酒的風味，或飲酒者喝時可隨喜好拿開。（關於柑橘皮捲的深入討論，請參考第 78 頁的「調味：裝飾」。）

我們理想的「古典」

錢櫃小批次波本威士忌 2 盎司
德梅拉拉樹膠糖漿（做法詳見第 54 頁）
1 小匙
安格式苦精 2 抖振
真的苦芳香苦精 1 抖振
裝飾：檸檬皮捲和柳橙皮捲各一

將所有材料倒在冰塊上攪拌均勻，濾冰後倒入已放了 1 塊大冰塊的雙層古典杯中。朝著飲料擠壓柳橙皮捲，再用果皮輕輕沿著玻璃杯杯緣擦一圈，最後將果皮投入酒中。朝著飲料擠壓檸檬皮捲，再把果皮投入酒中即完成。

原始本色的雞尾酒

什麼是「古典」？如果您問十個調酒師，可能會得到十種不同的酒譜，每個都被認為是製作雞尾酒的「一種真實方式」。用寫的，看起來可能都差不多，但喝一口，就知道差別很大。如果用音樂術語來比喻，「古典」不太像五人樂隊，反而比較像配上輕伴奏的獨奏者。主導的核心風味——威士忌——就是台上的主秀。

「古典」是一種對克制的練習，由看似簡單的配方組成：烈酒、糖和苦精。這麼簡單明瞭的酒譜會讓人有很容易掌握的錯覺，但正因材料很精簡，所以怎麼巧妙呈現風味，是這杯酒的重點。糖若多加了點，整杯酒就會變得軟趴趴的——只有甜味，而不見乾脆有力道的特色風味。如果苦精下手太重，會讓整杯酒雜亂無章，喝起來像藥酒，但苦精加太少，又會讓酒喝起來與只加了冰塊的威士忌沒兩樣。因此，「古典」最適合用來展示，核心風味如何透過訓練有素的技巧，被其他材料平衡與調味，最後達成和諧的成果。其他的根源酒譜，如黛綺莉（請參考第三章），製作時不用那麼嚴謹，一樣可以調出一杯好喝的雞尾酒，但說到「古典」，界線就非常分明。「精準」就是一切。

就我們看來，「古典」及其變化版的最佳狀態，是當焦點維持在組成其核心的烈酒（或多種烈酒，但我們通常到四種就喊停）上時；任何修改，都應該是為了加強該烈酒的特色。這杯雞尾酒是我們認為最能夠向好（烈）酒致敬的方式。在其他的根源酒譜中，核心風味由多種材料組成，如馬丁尼靠的是琴酒和加味葡萄酒（aromatized wine）。因為「古典」保持簡單、不複雜，是一杯適合把火力全部集中在核心風味的雞尾酒。

界定「古典」與其雞尾酒大家族的決定性特徵有：

「古典」是由烈酒主導的。

「古典」用少量的甜味來平衡。

「古典」用苦精和裝飾物調味。

了解範本

醉心於「古典」的人，往往喜歡酒味重或烈性高（酒感重）的雞尾酒。因此，「古典」對於某些人來說可能是個挑戰，因為它嚐起來就像「火酒」（firewater）一樣，非常濃烈，特別是如果沒調好的話。但如果您喜歡單喝烈酒，那麼「古典」和其諸多變化版或許會讓您心動。

喝「古典」會讓您的所有感官都動起來。裝有一塊大冰磚的厚底杯，會讓手感覺到冰冷，您一前傾，鼻子就能聞到柑橘精油的明亮香氣，而酒一入口，首先嚐到的會是又利又烈，而不是順的。而且「古典」由於酒精純度高，所以適合慢慢喝，細細回味。

一旦知道「古典」的基本藍圖後，要開始操作它就簡單多了——完完全全就是我們將在本章做的事。您也會開始注意到其他具代表性的——且或許看似毫不相關的——雞尾酒，如薄荷茱利普（Mint Julep）、火熱托迪（Hot Toddy）和香檳雞尾酒（Champagne Cocktail）——身上的 DNA 居然和「古典」如此相似。但首先，讓我們先來看看核心組成成分。

核心：美國威士忌

美國威士忌的幾樣特性，讓它很適合當雞尾酒的基底烈酒。首先，它是地球上規範最嚴格的烈酒之一，所以有著相當高的標準——也就是說，即使是最差的美國威士忌，還是很像樣的——此外，不同類型的美國威士忌之間，如波本、裸麥等等，仍存有高度的一致性。不過，由於全球對美國威士忌的需求量越來越高，有很多時候我們喜歡的美國威士忌，還是得向大眾的喜好低頭。過去堅持一定要等酒陳年一定時間後，才能裝瓶的酒廠，現在為了迎合市場需求，也開始放一些年輕一點的酒入瓶了。所以要隨時注意您的愛牌，並定期試飲。

所有美國威士忌的製程都大同小異。穀物，主要是玉米，以及裸麥、小麥和大麥，會先產生麥芽——即讓穀物發芽的過程——使內含的澱粉轉化為糖類，然後再發酵與蒸餾。蒸餾又可分為「壺式蒸餾」（pot stills）或「連續柱式蒸餾」（continuous column stills），蒸餾好的酒大多放在橡木桶中陳年。

了解不同類型威士忌之間的差異，以及知道它們在雞尾酒中如何作用，將有助於您選擇正確的酒款來調製。雖然逐漸上升的全球威士忌需求量，讓威士忌的價格創天高，但還是有許多價格合理的選擇，可供調酒師和喜歡自己在家調酒的人使用。當然，高價的威士忌佳釀很多，但要調一杯最棒的雞尾酒不需要用到最貴的威士忌。在接下來的部分，我們會概述主要的類型，然後列出我們最愛用來調製「古典」和其他雞尾酒的幾支酒。雖然我們的建議酒款中並沒有完整呈現所有我們使用的品牌，但下列酒款因其風味輪廓、一致性、價值和容易取得性，所以是我們酒吧裡的常駐品項。

波本威士忌

波本威士忌到目前為止，仍是美國威士忌中最廣泛的類別。且因為如此，它在風格上也最多變。我們最愛的「調酒用」波本威士忌是在橡木桶中陳年夠久，已發展出濃厚的風味和質地，但木頭味又不會過重，導致蓋過烈酒香氣的。我們很少拿酒齡超過 12 年或 15 年的波本威士忌來調酒。當我們在選用適合調製雞尾酒的特定波本威士忌時，同時也會看其中的穀物比例（mashbill）——也就是酒中有多少玉米、裸麥，和／或小麥——還有每一項材料如何影響酒的風味，以及最終將如何影響雞尾酒的風味。玉米會產生甜味，裸麥則有獨特的香料味，小麥則會帶來細緻的柔軟度。雖然我們偏愛的波本威士忌中，許多都是這三種穀物達成平衡的結果，但有些波本威士忌只著重其中一種穀物，所以當我們想要強調特定穀物的風味時，我們就會選擇後者。

建議酒款

飛鷹 10 年（Eagle Rare 10-Year）：飛鷹波本威士忌由水牛足跡酒廠（Buffalo Trace distillery）生產釀造 —— 所含的穀物比例與和酒廠同名（而且也很美味的）的「水牛足跡」波本威士忌（Buffalo Trace bourbon）幾乎一模一樣 —— 但飛鷹的酒齡稍微長一點，配上顯著份量的裸麥，所以會多一層香料風味。這款酒單獨放在以烈酒為主的飲品就很棒，但我們也喜歡混一些其他的基底烈酒，特別是干邑（Cognac）一起飲用。

錢櫃小批次（Elijah Craig Small Batch）：我們調製「古典」時的標準基酒就是這款八面玲瓏的威士忌，它同時適用於「搖盪型」（shaken）和「攪拌型」（stirred）的雞尾酒。這支酒用裸麥健康強勁的味道平衡了玉米的甜味，再加上陳年的時間夠長，所以即使和其他大量材料混合，也不怕味道變淡。這是一支經典的波本威士忌，味道很成熟，但價格很實惠，每天拿來調酒也不心疼。

老爹 114 號（Old Grand-Dad 114）：一般來說，我們會避用酒精純度（proof）超過 100 的烈酒來調雞尾酒。其中一個理由是，這會讓顧客醉得太快，其次是高酒精純度的烈酒，很容易讓其他材料黯然失色。由於這款酒的國際標準酒精濃度（ABV）為 57%，且穀物比例中，裸麥的含量很高，所以把它放在雞尾酒裡感覺會太具侵略性，但事實絕非如此。多虧了一些橡木桶陳年的魔力，這支酒不加水或冰直接喝就非常好入喉。（對於其他酒精純度超過 100 的波本威士忌，我們通常會兌一點水，讓它更順口。）雖然我們老是主張一杯正統的「曼哈頓」（Manhattan），就應該用裸麥威士忌來調，但「老爹」擁有足夠的個性，所以可以調出無懈可擊的「曼哈頓」。唯有一點要警告您：請慢慢喝，拜託。

老偉勒古董 107 號（Old Weller Antique 107）：溫克爾波本威士忌（Pappy Van Winkle）最近可說是萬眾矚目的焦點，但我們反而比較愛它的表親「老偉勒」（兩者都是在水牛足跡酒廠釀造的，且穀物比例也相同）。「老偉勒」是一款非常順口，小麥比例高的波本威士忌。雖然小麥有的時候會造成波本威士忌太過柔順，不適合用來調酒，否則風味會被其他素材蓋過，但這瓶「老偉勒」因為酒精純度高，所以即使用來調製「古典」或「曼哈頓」等酒味重的雞尾酒，也依舊不失本色。而且如果您用它來調「酸酒系」雞尾酒（sour-style cocktail），透過柑橘平衡，反而可以讓小麥風味綻放光彩。

懷俄明威士忌（Wyoming Whiskey）：精釀烈酒市場現在的盛況，是過往遙不可及的。雖然這代表我們有更多選擇，但也代表消費者購買前需先做足功課。不是所有新品牌的烈酒，都明明白白寫明它的產地和釀酒者，而且許多新產品根本只是大批發等級的威士忌，再加上行銷包裝而已。「懷俄明威士忌」拒絕走捷徑，而且從頭到尾，都待在美國懷俄明州的柯比（Kirby）市釀造。使用生長在距離酒廠 161 公里（100 英里）處的當地穀物釀造，「懷俄明威士忌」在風格上算是波本威士忌，但卻有著獨特的礦物調性，直接反映懷俄明州獨一無二的特色。

裸麥威士忌

在全國性的禁酒令（Prohibition）之前，裸麥威士忌是美國最熱門的烈酒。但後來美國人的飲酒喜好，改偏甜一點的方向，裸麥工業花了好幾十年的時間才重振。裸麥威士忌直到近來雄風再起之前，都沒有太多貨源充足的品牌可供選擇，而且它也還沒奪回美國威士忌市場的霸主地位。和穀物比例至少要含有51%以上玉米的波本威士忌不同，裸麥威士忌把比例翻轉過來，變成至少要含51%以上的裸麥。

裸麥充滿香料氣息的風味與其他材料十分協調，角色有點像「古典」裡的苦精。誠如我們說明琴酒中的植物性藥材一樣，我們也將裸麥威士忌的風味輪廓概念化：它獨特的調性就像伸出去的手指，與調飲中的其他成分相連接。

建議酒款

利登裸麥威士忌（Rittenhouse Rye）：利登是一款受到嚴格規範的威士忌，它必須陳年至少4年，且裝瓶時酒精純度需達到100。這麼高的酒精濃度讓這支酒很適合用來調酒，因為有足夠的個性，所以無論是任何形式的雞尾酒，都能顯現特色。但缺點是，大家都知道這支酒很棒，所以很容易就缺貨。看到的話，千萬不要錯過，趕快帶回家調一杯「曼哈頓」（請參考第84頁）。

羅素珍藏6年裸麥威士忌（Russell's Reserve 6-Year Rye）：羅素家族已經在「野火雞」（Wild Turkey）蒸餾廠照看威士忌釀造超過兩個世代，而且這些年來，他們的工藝只有越來越好。這支威士忌擁有全部您預想得到的裸麥香料特色，但靠著花香和水果風味達到完美的平衡。羅素裸麥威士忌裡的淡淡甜味，讓它能調出相當美味的「古典」和「曼哈頓系」（Manhattan-style）雞尾酒，而且因為夠柔順，所以搭配柑橘類也很適合。

其他美國威士忌

雖然大家的目光焦點都在波本威士忌和裸麥威士忌身上，但其實美國威士忌中，還有其他值得用來調酒的類型，如酸醪威士忌（sour mash whiskey，也譯為「酸麥芽威士忌」）和小麥威士忌。雖然我們並不常用這些類型的威士忌來調酒，但還是想提出來，因為近來在美國的威士忌釀造產業中，有股跳脫波本或裸麥威士忌框架的風潮。

田納西酸醪威士忌（Tennessee Sour Mash Whiskey）：若依據市場行銷話術，您可能會因為它的「酸醪」製程（在每一批新發酵時，加入少量上一批的穀物糖化醪 [grain mash]），而假設這款威士忌是很獨特的。然而，這個技術其實也用於所有的美國波本威士忌。田納西威士忌之所以不同於其他美國威士忌，乃因其「林肯郡製程」（Lincoln County process）：酒在放入橡木桶陳年之前，會先用糖楓木（sugar maple）木炭過濾。這個過程能做出淡一點的烈酒，但有著獨特的風味輪廓：比波本甜，並有特別長的餘韻。除了這點以外，田納西威士忌其實和波本威士忌很像，而且需要遵守的規範也很類似。在市面上能買到的兩支田納西威士忌中（喬治．迪克爾 [George Dickel] 與傑克丹尼 [Jack Daniel's]），我們發現迪克爾的複雜度較高。不過，我們很少用田納西威士忌來調酒，因為我們認為波本和裸麥的用途比較廣，對調飲所貢獻的意義也比較大。

小麥威士忌：雖然某些波本威士忌的小麥含量很高，如美格（Maker's Mark）、老偉勒、老菲茨杰拉德（Old Fitzgerald）和溫克爾等，但真正的小麥威士忌，酒中穀物比例小麥需佔51%以上。目前市場上只有幾款，其中一支是「伯漢」（Bernheim），過去我們會用它來調飲。雖然它昂貴的價格也許不太適合用於雞尾酒，但我們真的很能用它調的一些精緻「曼哈頓系」酒款。

試驗「核心」

「古典」微改編版（譯註：riff 原為音樂術語，用於調酒中，指的是恪守酒譜底線原則，但對其中材料稍做增減或更動）存在的歷史，大概和「古典」本身一樣長。每隔一小段時間，就會有其他材料在這杯「原始本色的雞尾酒」中找到一席之地，創作出「新經典」變化版。有個方法我們常稱為「蛋頭先生」（Mr. Potato Head），這是最容易對這杯酒或其他雞尾酒，發揮即興創作的做法。這是前 Death & Co 首席調酒師菲爾・瓦德（Phil Ward）發明的術語。過程很簡單：把一樣東西拿出來，再用類似的東西填進去。瞧～這就是調酒術（mixology）！

「古典」之美在於，幾乎所有的烈酒都可以拿來當核心酒，但前提是其他素材要能夠襯托和強調核心酒。想要香料味重一點的「古典」？那麼「飛鷹10年」波本威士忌會是好選擇。想要多一點辛辣刺激？則請選「老爹114號」，來點高酒精濃度的重擊。也許您正在找柔和一點的「古典」，那就試試「老偉勒古董107號」這支小麥比例比較重的酒。我們偏好這些屬性都達到平衡的「古典」，所以在我們的「根源酒譜」（請參考第4頁）中，選用了「美國錢櫃小批次波本威士忌」，讓調出的酒有柔順的核心，但又有強烈但不搶戲的個性。

另外一個改變核心酒風味的方式是靠浸漬液（infusion）來調整。由於「古典」中最主要的成分是烈酒，所以只需把其他加味材料泡入這款烈酒中，就可以創造出有驚人變化的另一款雞尾酒。在本書附錄中，我們會深入探討各式各樣的浸漬液，而您也將看到，我們在本章中使用了其中幾款，來看看「古典」能產生的變化。

最後，「古典」不一定要用高強度的烈酒來當核心，使用加烈葡萄酒（fortified wine）或義大利苦酒（amaro）也可以，但若拿上述兩者來當核心酒，則必須在基本範本上，做些必要的調整。例如，若用有甜味的香艾酒取代波本威士忌做為核心，那就代表要減少其他甜味劑的用量，並增加苦精的量，這樣整杯雞尾酒的味道才會平衡。若您用的是義大利苦酒，則可能需要同時減少苦精和糖的用量──或甚至只用其中一種即可。

金色男孩
Golden Boy

艾力克斯・戴與戴文・塔比，
創作於 2013 年

艾力克斯一直很著迷於蘇格蘭威士忌和葡萄乾的組合，這個迷戀來自深夜點心配上一大杯威士忌。葡萄乾濃縮的果香確實和甜美的調和威士忌（如威雀[Famous Grouse]）味道很相配。馬德拉酒（Madeira）和班尼迪克汀（Bénédictine，常見的是簡稱 DOM）除了能增加風味外，還能讓整杯雞尾酒有恰到好處的甜味，所以無需再另外添加任何甜味劑。

葡萄乾浸漬蘇格蘭威士忌（做法詳見第 **292 頁**）**1½ 盎司**
巴貝托 5 年雨水馬德拉酒（Barbeito 5-year Rainwater Madeira）**½ 盎司**
布斯奈奧日地區 VSOP 卡爾瓦多斯（Busnel Pays d'Auge VSOP Calvados）**¼ 盎司**
DOM **¼ 盎司**
裴喬氏苦精（Peychaud's bitters）**2 抖振**
裝飾：檸檬皮捲 **1 條**

將所有材料倒在冰塊上攪拌均勻，濾冰後倒入裝了 1 塊大冰塊的古典杯中。朝著飲料擠壓檸檬皮捲，最後再把果皮投入酒中即完成。

香艾酒雞尾酒
Vermouth Cocktail

經典款

在早期的雞尾酒世界，香艾酒曾在美國風靡一時，並運用到「古典」的範本中，因此有了這款細膩，酒精濃度低的飲品。這個經典酒譜同時也告訴我們不是所有「古典系」調酒，都是用裝了冰塊的玻璃杯盛裝。

安堤卡古典配方香艾酒（Carpano Antica Formula vermouth）2 盎司
簡易糖漿（做法詳見第 45 頁）½ 小匙
安格式苦精 2 抖振
柳橙苦精（orange bitters）1 抖振
裝飾：檸檬皮捲 1 條

將所有材料倒在冰塊上攪拌均勻，濾冰後倒入冰鎮過的碟型杯（coupe）中。朝著飲料擠壓檸檬皮捲，再把果皮掛在杯緣即完成。

退場策略 Exit Strategy

納塔莎‧大衛（NATASHA DAVID），創作於 2014 年

義大利苦酒在當「古典」的核心酒時，可藉機向大眾證明其多功能性；同時它也能提供調味和甜味，所以無需再加苦精或糖漿。在這個酒譜中，白蘭地主要帶出高酒精濃度的焦點風味，並讓整杯酒不甜。而大量的鹽水，則能讓酒的風味圓融，不偏苦。

諾妮義大利苦酒（Amaro Nonino）1½ 盎司
傑曼 - 羅賓精釀工法白蘭地（Germain-Robin Craft-Method brandy）¾ 盎司
梅樂提義大利苦酒（Amaro Meletti）¼ 盎司
鹽水（做法詳見第 298 頁）6 滴
裝飾：柳橙皮捲 1 條

將所有材料倒在冰塊上攪拌均勻，濾冰後倒入已放了 1 塊大冰塊的古典杯中。朝著飲料擠壓柳橙皮捲，再用果皮輕輕沿著玻璃杯杯緣擦一圈，最後將果皮投入酒中即完成。

陽春派對酒 Ti' Punch

經典款

有人說，在馬丁尼克島（Martinique），也就是這杯酒的發源地，「陽春派對酒」端上來就要一口乾。但我們的版本是加了冰塊的，代表著要慢慢喝。如果您改變材料的比例，並用「搖盪法」調製，就會得到一杯黛綺莉。但「陽春派對酒」徹頭徹尾就是一杯「古典」，裡頭用檸檬厚片代替苦精來調味。一定要加一些檸檬果肉進去，才能讓整杯酒的味道亮起來。

約 3.8 公分（1½ 吋）的厚切萊姆皮（上頭帶一點果肉）1 片
蔗糖糖漿（做法詳見第 47 頁）1 小匙
最愛坎城之心法式農業型白蘭姆酒（La Favorite Couer de Canne rhum agricole blanc）2 盎司

在古典杯中，放入萊姆皮和糖漿搗壓。倒入蘭姆酒，並往杯裡補滿碎冰，稍微攪動一下，無需裝飾即完成。

平衡：糖

「古典」中的「平衡」是指連接核心風味（威士忌）與調味（苦精），也正是糖在這杯酒中扮演的角色：抑制基底烈酒高烈度（high-octane）的本質，並引出苦精的香料氣息。有些人喜歡甜一點的「古典」，有些人則偏愛不甜的版本。我們也比較喜歡不甜的，所以傾向只在「古典」中加入剛剛好的糖，稍微修飾一下烈酒銳利的風味就好。

您也許會覺得自己不喜歡「甜」的雞尾酒，但請試試不使用糖來調製一杯平衡的雞尾酒。雞尾酒裡的糖有許多功用，提供甜味只是其中一個；用量正確的話，糖可以放大其他材料的風味，讓整杯酒更豐厚，大概就像烹飪中的脂肪一樣。當然，太多糖會造成其他材料的風味出不來，使它們面目全非，也會搶了核心烈酒的風采，讓整杯酒變得很無趣。

在大多數的情況下，甜味劑的形式都是以糖為主的糖漿。許多雞尾酒需要簡易糖漿，也就是糖和水 1：1 混合而成的糖漿。在人們開始廣泛使用糖漿之前，他們用的是糖（無論是方糖或散糖）。但誠如前面提過的，直接用糖來調酒是不合邏輯且費時的過程：因為糖的顆粒需要花時間才能溶解，而任何會拖延調酒過程的事物，對於忙碌的酒吧而言都是一場災難。此外，一湯匙的砂糖比一湯匙的糖漿，更難量得精準。我們只想說，除非是懷舊，否則應該沒有什麼理由非得用無法溶解的糖來調製「古典」。

試驗「平衡」

在「古典」中，關於甜味劑，有兩個主要考量：甜味劑的種類和操作方法。雖然沒有什麼特殊味道的簡易糖漿，理論上能夠幫助我們把焦點放在基底烈酒上——特別是用於「古典」——但實際上，簡易糖漿會太過稀釋酒的味道（至少就我們的喜好而言）。為了讓威士忌保住「古典」中主角的地位，我們使用德梅拉拉糖和水 2：1 製成的糖漿，這樣能讓烈酒原本具有的濃醇更有深度。德梅拉拉糖是一種未精煉過的蔗糖，還保有許多糖蜜的特點，這些特點之後在糖精煉過程中就會被去除。為了讓「古典」的酒體更厚實，但又不想加糖後甜到發膩，我們用阿拉伯樹膠（gum arabic，又稱「阿拉伯膠」）來稠化「德梅拉拉樹膠糖漿」（做法請參考第 54 頁）。阿拉伯樹膠粉末是塞內加爾膠樹（acacia tree）硬化的樹液製成，用於調酒的歷史幾乎和雞尾酒本身的歷史一樣長。用樹膠糖漿調出來的雞尾酒，即使只用了極少量，也能讓酒體有驚人的份量。質地上的差別很難形容，但絕對喝得出來。阿拉伯樹膠能夠強化雞尾酒的圓潤感，就像多添一分層次，讓酒喝起來更豐富；這是一種感覺上的增強，而不是顯著的風味改變。

糖不是唯一一個平衡「古典系」調酒的方法。有時，淡淡含蓄的甘甜和真的甜味一樣珍貴。陳年的烈酒（想想陳年龍舌蘭、陳年蘇格蘭威士忌，和酒齡較長的蘭姆酒）常常比酒齡短的烈酒多了一分甘醇，因為在陳年的過程，酒會多了一些複合物——具體來說是「香莢蘭醛」（vanillin，又名「香蘭素」）和橡木桶帶來的辛香——這些嚐起來就像甜味。使用上述的烈酒當然會影響「古典」的平衡。比如說，一支已經陳年很久的威士忌，嚐起來可能會比較甜，且也許會有許多木質辛香，因此能提供比較多的調味。在這種情況下，您可能會想要稍微縮減甜味劑的用量，或許先從 ½ 小匙的糖漿開始，加苦精時，下手也要輕一點。

這杯老式雞尾酒是一個早期的例子，可看到調酒師將酒中的糖換成具甜味，飽含風味的利口酒（liqueur，又稱「香甜酒」）。瑪拉斯奇諾櫻桃利口酒（Maraschino liqueur）並沒有簡易糖漿這麼甜（更何況它還含有酒精），所以我們把份量增至½盎司。

利登裸麥威士忌（Rittenhouse rye）
2 盎司
盧薩多瑪拉斯奇諾櫻桃利口酒（Luxardo maraschino liqueur）½ 盎司
安格式苦精 1 抖振
特製柳橙苦精（做法詳見第 295 頁）
1 抖振
裝飾：柳橙皮捲 1 條

將所有材料倒在冰塊上攪拌均勻，濾冰後倒入已放了 1 塊大冰塊的古典杯中。朝著飲料擠壓柳橙皮捲，再用果皮輕輕沿著玻璃杯杯緣擦一圈，最後將果皮投入酒中即完成。

蒙地卡羅 Monte Carlo

經典款

在經典的「蒙地卡羅」中，會用「DOM」這種帶有藥草和蜂蜜風味的利口酒代替糖。

利登裸麥威士忌 2 盎司
DOM ½ 盎司
安格式苦精 2 抖振
裝飾：檸檬皮捲 1 條

將所有材料倒在冰塊上攪拌均勻，濾冰後倒入已放了 1 塊大冰塊的古典杯中。朝著飲料擠壓檸檬皮捲，再把果皮投入酒中即完成。

這款酒精度低的「古典」，並不含基底烈酒，也沒有以糖為主的甜味劑，或傳統苦精──而且用碟型杯（coupe）盛裝？請告訴我這不是真的！雖然「秋菊」看起來像來自「曼哈頓」或「馬丁尼」家族，但酒譜中的材料比例證明了它的血統，用少量的 DOM 和苦艾酒（absinthe）盡職地為草本核心香艾酒提供甜度與調味。

多林純香艾酒（Dolin dry vermouth）
2½ 盎司
DOM ½ 盎司
保樂苦艾酒（Pernod absinthe）1 小匙
裝飾：柳橙皮捲 1 條

將所有材料倒在冰塊上攪拌均勻，濾冰後倒入冰鎮過的碟型杯中。朝著飲料擠壓柳橙皮捲，再用果皮輕輕沿著玻璃杯杯緣擦一圈，最後將果皮投入酒中即完成。

重新構思「古典」中的「核心」和「平衡」，會產生一些有趣的效果。「史汀格」（又譯為「毒刺」）過去在不可考的發源地是禁酒，經典酒譜只包含白蘭地和薄荷香甜酒（crème de menthe），後者同時提供調味與甜度。但我們對這杯經典的演繹，用了一點點簡易糖漿，來加強薄荷香甜酒的風味和消減白蘭地的濃烈。這杯酒一般來說調好就直接端上桌了，但我們喜歡把「史汀格」打扮得像「茱利普」（Julep）一樣，且附上兩根吸管讓「小姐」與「流氓」可以共飲（譯註：原文 *Lady and the Tramp* 是電影名，中文名稱為《小姐與流氓》）。

皮耶費朗琥珀干邑（Pierre Ferrand Ambre Cognac）2 盎司
白薄荷香甜酒（white crème de menthe）½ 盎司
簡易糖漿（做法詳見第 45 頁）1 小匙
裝飾：薄荷 1 支

將所有材料和冰塊一起搖盪 5 秒鐘左右，濾冰後倒入裝滿碎冰的古典杯中。用薄荷支裝飾，並附上吸管即完成。

史汀格

調味：苦精

早在現代藥品出現之前，苦精就存在了。往前追溯到工業革命時，苦精被宣傳為仙丹妙藥。睡不著？那就喝點苦精。想要在臥房展現「雄風」？答案也是苦精。不過說實話，這還真不是純虛構，因為苦精裡的許多材料真的具有療效。

苦精是將樹皮、樹根、草藥和柑橘果乾 —— 現在是任何您能想到的材料 —— 浸漬在濃度高的酒精裡，再高度濃縮而來的。它們刻意製成無法高劑量飲用的程度，且用於雞尾酒也只需極少量 —— 幾滴或幾抖振而已。把它們聯想成料理中的香料，一點點的量就足以增加飲品的風味和複雜度。

苦精一直到大約十年以前，都還沒什麼選擇。通常，最普遍的就是經典「安格式」，幸運的話可以找到「裴喬氏」（Peychaud's），然後或許有幾個牌子的柳橙苦精可選（蓋瑞·雷根 [Gary Regan]，謝謝你推出了品質很棒的柳橙苦精，對我們來說就像及時雨一樣）。苦精的第一波風華再起，大約在 2000 年代初期，由德國品牌「真的苦」（Bitter Truth）和紐約品牌「比特曼」（Bittermens）推動。這兩個品牌的苦精通常會遵照老配方，但有時也會迸出一些瘋狂的新創意。然而苦精真正大爆炸的時代，發生在幾年後，現在大約有數百家苦精製造商，發揮想像力，做出各種風味。我們發誓路易斯·安德曼（Louis Anderman）—— 我們的朋友，也是「奇蹟一英里苦精」（Miracle Mile Bitters）的創辦人，一定能利用這本書，找到創作苦精的靈感。

苦精是雞尾酒中最迷人的材料之一。只需神祕瓶子內的 1 抖振，就能改變整杯雞尾酒的風味及整體體驗，還能整合酒中其他材料，或成為雞尾酒最上層的香氣。「古典」中的苦精用量，是種巧妙的平衡，就像用來幫湯調味的鹽巴一樣。如果苦精的味道從基底烈酒中分離出來，就代表您加太多了。

苦精種類：芳香、柑橘和鹹味

「安格式」是世界上最容易買到的苦精品牌，而它們的傳統品項代表了最常見的苦精類型：芳香苦精（aromatic bitters）。您可能會想，不是所有苦精都有香味嗎？但在本文中，被賦予「芳香」專名的苦精（如對照於柑橘類或鹹味）是指有著又濃又甜的基底、帶苦味的骨幹，和具有香料成分的苦精。龍膽根（gentian root；帶有苦味）和其他帶有暖味的香料，如丁香和肉桂，是芳香苦精的主導風味。

安格式苦精產於千里達島，製作配方屬高度機密，在任何雞尾酒自製懶人包裡，都是不可或缺的食材 —— 安格式苦精單喝味道很像灑滿蘭姆酒的聖誕派對。當然還有其他類似的苦精，但「安格式」才是王道。

柑橘苦精（Citrus bitters）在我們的雞尾酒中幾乎就像無價之寶一樣。柳橙苦精和葡萄柚、血橙、梅爾檸檬和日本柚子苦精等等一樣，能夠打亮雞尾酒的整體風味。當芳香苦精與陳年烈酒是好友，尤其是加進各種「古典」和「曼哈頓系」調酒時，柳橙苦精則適合搭配未陳年的烈酒 —— 特別是琴酒和龍舌蘭，與加烈葡萄酒更是絕配。柳橙苦精很隨和，和其他苦精混在一起也沒問題。許多人喜歡在「古典」裡同時加入安格式苦精和柳橙苦精。

另一方面，鹹鮮苦精（savory bitters）因為有胡椒或蔬菜的風味，所以能讓酒的味道更多層次。「比特曼巧克力香料苦精」（Bittermens Xocolatl mole bitters）是目前最受歡迎的鹹鮮苦精之一，這款苦精有濃郁的巧克力風味，以及微微的辣椒辣度。我們其他的愛用品包括西芹苦精（和波本威士忌搭在一起，效果好到會讓人嚇一跳）、小荳蔻苦精和薰衣草苦精。

苦精在雞尾酒中的功用

隨著苦精的品項和選擇越來越多，我們開始根據它們的在雞尾酒中的功用，將它們分成兩大部分。取決於它們是能夠添加獨特的風味，還是放大其他風味，引出並提升雞尾酒中的主要風味。如果要用烹飪來類比，風味型苦精就像胡椒，而放大型苦精則像鹽巴。有的時候，苦精同時具有兩種功用。

例如，在我們的根源「古典」酒譜中，除了「安格式苦精」外，我們還加了 1 抖振的「真的苦芳香苦精」。安格式的作用就是風味型苦精，把威士忌和糖結合在一起，而 1 抖振的真的苦則能增添丁香和肉桂的香調，可放大錢櫃波本威士忌裡的香料風味。如果您把相同的「真的苦芳香苦精」加在包含香料味濃重材料 —— 如肉桂糖漿 —— 的雞尾酒中，那麼苦精會更放大香料風味。

風味型苦精： 例如安格式芳香苦精、亞當博士經典波克苦精（Dr. Adam Elmegirab's Boker bitters）、費氏兄弟威士忌桶陳苦精（Fee Brothers whiskey barrel–aged bitters）、真的苦芳香苦精、日本柚子苦精、尤加利苦精（eucalyptus bitters）、烤胡桃苦精（toasted pecan bitters）和西芹苦精。

放大型苦精： 例如費氏兄弟西印度柳橙苦精（Fee Brothers West Indian orange bitters）、雷根柳橙苦精（Regan's orange bitters）、比特曼巧克力香料苦精等。

這裡有個方法可用來品嚐不熟悉的苦精類型：裝兩杯冰賽爾脫茲氣泡水（seltzer；不要用礦泉水，因為多了一些味道）。一杯先用來清口腔（品味途中也繼續用來清口腔），另一杯則滴幾抖振的苦精進去，大略攪拌一下。賽爾脫茲氣泡水能讓苦精裡濃縮的風味輪廓伸展開來，且它的氣泡可把苦精裡的揮發性香氣帶到鼻腔。如果您聞不到或嚐不出任何味道，就再多加一些苦精，直到有感覺為止。

在啜了幾小口加了苦精的賽爾脫茲氣泡水後，滴一滴苦精在手背上，然後舔乾淨。之前被稀釋掉的風味，現在應該又濃又嗆。這個直接從瓶子裡倒出來品嚐苦精的方式，對於分析苦精的甜味而言是很重要的。每種苦精的甜度都不同，部分取決於是否加了焦糖來增色。許多牌子也加了甘油（glycerin），甘油略帶一些甜味，所以如果加太多這種苦精到雞尾酒裡，會讓酒嚐起來異常甜膩，但又不是明顯的甜味。

如果您還是看不清苦精的特質，請滴一滴在手掌心，接著摩擦雙手，再把手兜成杯狀，靠近鼻子和嘴巴。這個動作可以活化苦精裡濃郁的香氣。

試驗「調味」

「古典」是一個非常適合用來嘗試各種苦精的範本，因為苦精是這杯酒中不可或缺的一部分。更換不同類型的苦精，看看結果如何：這種苦精能否賦予更棒的風味（風味型苦精），或讓您能用新的角度，品嚐到酒中其他材料的風味（放大型苦精）？如果上述的事情都沒發生，那就試試另一種苦精——或重新想想您用苦精的方法。可能是您正在使用的那款苦精太弱，改用另一款，也許就能明確地顯現出來。

您不需要在每種雞尾酒中都加苦精，而且苦精加得多，也不一定會調出一杯比較好喝的雞尾酒。苦精如果本身沒有因果脈絡可循，或無法提供合理的調味，那再多深奧的混合模式，也不會有趣。「日本柚子苦精」從名字上看起來（和聽起來）好像很棒，而且用在其他地方，也許會很美味，但如果把它加到基酒是波本威士忌的「古典」中，您就完完全全跑錯棚了，因為日本柚子的苦澀味與波本威士忌微酸的口感相衝突。

諾曼第俱樂部的古典
Normandie Club Old-Fashioned

艾力克斯・戴與戴文・塔比，創作於 2015 年

這杯「古典」，是我們在 The Normandie Club（諾曼第俱樂部）的暢銷酒款之一，我們同時在「核心」與「平衡」上做文章，使用浸漬加味的波本威士忌和香料糖漿。這杯雞尾酒告訴我們椰子如果加到烈酒裡浸泡出味，便可以在酒感重的雞尾酒中大放異彩，不再受限於常見的「提基」（tiki）調飲；就像加了堅果一樣，椰子能讓酒體豐厚和增加暖烘烘的風味。

椰子浸漬波本威士忌（做法詳見第 289 頁）2 盎司
清溪 8 年蘋果白蘭地（Clear Creek 8-year apple brandy）1 小匙
香料杏仁德梅拉拉樹膠糖漿（做法詳見第 56 頁）1 小匙
安格式苦精 1 抖振
裝飾：用裝飾籤串起的 1 片蘋果乾

將所有材料倒在冰塊上攪拌均勻，濾冰後倒入已放了 1 塊大冰塊的古典杯中。加上蘋果乾裝飾即完成。

改良版威士忌雞尾酒
Improved Whiskey Cocktail

經典款

在「逍遙自在」（請參考第 13 頁）中，光靠那多加的 1 抖振柑橘苦精，就能引出烈酒的風味，而安格式苦精則是繼續擔任主要調味的工作。相比之下，「改良版威士忌雞尾酒」，或許是其中一款最先引起熱度的「古典」變化版，把「苦艾酒」用來調味，讓雞尾酒有深刻的複雜度。裴喬氏苦精裡甜甜的紅甘草和茴香風味讓調味增色許多，同時也能增加整杯酒的甜味印象。

錢櫃小批次波本威士忌 2 盎司
瑪拉斯卡瑪拉斯奇諾櫻桃利口酒
（Maraska maraschino liqueur）1 小匙
苦艾酒 1 抖振
安格式苦精 1 抖振
裴喬氏苦精 1 抖振
裝飾：檸檬皮捲 1 條

將所有材料倒在冰塊上攪拌均勻，濾冰後倒入已放了 1 塊大冰塊的古典杯中。朝著飲料擠壓檸檬皮捲，再把果皮投入酒中即完成。

突擊測驗
Pop Quiz

戴文・塔比，創作於 2010 年

把「古典系」雞尾酒中的糖換成利口酒或義大利苦酒，是一個很精彩的呈現方式，在平衡飲品的同時，又能加上獨特調味。這個方法調出了我們上一本書中的指標酒款「老古典」（Elder Fashion），且自那時開始，就不斷激發眾人的靈感。在「突擊測驗」裡，戴文放了柳橙風味的義大利苦酒「拉瑪佐蒂」（Ramazzotti），並換入辛香巧克力苦精。

錢櫃小批次波本威士忌 2 盎司
拉瑪佐蒂 ½ 盎司
簡易糖漿（做法詳見第 45 頁）1 小匙
比特曼巧克力香料苦精 2 抖振
裝飾：柳橙皮捲 1 條

將所有材料倒在冰塊上攪拌均勻，濾冰後倒入已放了 1 塊大冰塊的古典杯中。朝著飲料擠壓柳橙皮捲，再用果皮輕輕沿著玻璃杯杯緣擦一圈，最後將果皮投入酒中即完成。

夜貓子
Night Owl

艾力克斯・戴，創作於 2013 年

這杯「突擊測驗」（請參考左欄）的微改編版，其實就是「蛋頭先生」變化的實例——抽換一或多樣元素，就能創作出一杯新的飲料。這裡，艾力克斯想要調出一杯有酒味，也有巧克力味的雞尾酒，但又不想變成裝在酒杯裡的甜點。這杯酒的調味除了來自苦精外，還有義大利苦酒。

錢櫃小批次波本威士忌 2 盎司
可可碎粒浸漬拉瑪佐蒂（做法詳見第 288 頁）½ 盎司
德梅拉拉樹膠糖漿（做法詳見第 54 頁）½ 小匙
奇蹟一英里烤胡桃苦精（Miracle Mile toasted pecan bitters）3 抖振
裝飾：檸檬皮捲 1 條

將所有材料倒在冰塊上攪拌均勻，濾冰後倒入已放了 1 塊大冰塊的古典杯中。朝著飲料擠壓檸檬皮捲，再把果皮投入酒中即完成。

大衛・弗尼（DAVE FERNIE）

大衛・弗尼來自洛杉磯，是調酒師也是酒吧經營者。效力於 Honeycut、The Walker Inn 和 The Normandie Club，之前也曾在位於洛杉磯的 Houston Hospitality 和 Sprout LA，以及位於紐約市的 The River Café 工作過。

我對「古典」的初體驗，不是花錢買的。當時我在運動酒吧裡的假日派對上，然後突然有個人給了我一杯酒，跟我說：「試試這杯『古典』，超棒的！」那杯酒裡有一顆紅通通的櫻桃和搗碎的柳橙。我嚐了一小口……好甜……好噁心。我不懂大家為何這麼愛「古典」，後來也決定繼續喝啤酒就好。沒多久之後，我在紐約市的 The Campbell Apartment 酒吧，與這杯雞尾酒重逢，而那次的經驗好非常多。那杯「古典」帶我走入雞尾酒界。

在布魯克林的 The River Café 當調酒師時，我終於學會調一杯「古典」。那個時候我還不太懂雞尾酒，而且超級怕失敗。（這個恐懼其來有自。有一次來了一個客人，點了一杯「羅伯洛伊」[Rob Roy]，但我卻做了用可樂和紅石榴糖漿調成的無酒精飲料「羅伊羅傑斯」[Roy Rogers] 給他。）所以我利用空閒時間，到城裡各個很酷的酒吧──Little Branch、Pegu Club 和 Milk & Honey，觀摩其他調酒師工作──以及閱讀一些雞尾酒古籍。我想我是參考 The Savoy Cocktail Book 書裡的酒譜，才調出了第一杯像樣的「古典」。

我最愛「古典」的地方是，這杯雞尾酒如何讓人大開眼界，看到新穎酷炫的點子。我記得曾在布魯克林的 The Richardson 酒吧喝過用蘭姆酒調成的「古典」。當時我沒有很喜歡蘭姆酒，也不知道什麼是「法式農業型蘭姆酒」，但那杯在 The Richardson 喝到的，是用 JM VSOP 法式農業型蘭姆酒（Rhum JM VSOP）調的，並以蜂蜜增加甜味。我記得當時心裡想的是，這杯簡簡單單的酒，還真的他 X 的好喝。自此之後，開啟了我對蘭姆酒的痴戀，讓我開始嘗試調製其他以蘭姆酒為基酒的「古典」變化版。

如果您不愛「古典」，就很難當個調酒師。因為基本上您都必須把某種「古典系」調酒放到每日雞尾酒酒單上。就許多方面而言，這杯酒在酒吧裡，是個能守善攻的優質選手：能用相當多種不同的材料調出來，且它的配方，讓它很容易就能登場。因此，我們最後通常都會把它放入酒單。因為如果我們沒有梅茲卡爾雞尾酒（mezcal cocktail），或用泥煤味蘇格蘭威士忌（peaty scotch）調的雞尾酒，至少套入「古典」範本，就能輕鬆顯現這些烈酒的優點。

我本身不太喜歡用頂級的烈酒來調「古典」。我知道會有想把溫克爾波本威士忌或威利特（Willett）威士忌放入「古典」的衝動，但我想這樣就失去這杯酒的焦點了。最原始的「古典」是為了讓爛酒變好喝，所以我們應該照著做。畢竟，您不會用「瑪歌堡」（Château Margaux）來調「卡里莫索」（Kalimotxo，譯註：一種紅酒＋可樂的西班牙雞尾酒），對吧！除此之外，仔細注意一些細微的小差異，像是用了什麼甜味劑、要不要擠壓柳橙皮捲，還有果皮用完是丟掉，還是投入酒中等，才是把「古典」從路人甲提升到優雅、有記憶點的關鍵。

大衛・弗尼的「古典」

伊凡威廉「黑標」波本威士忌（Evan Williams "Black Label" bourbon）2 盎司
德梅拉拉樹膠糖漿（做法詳見第 54 頁）1 小匙
安格式苦精 2 抖振
裝飾：柳橙皮捲和檸檬皮捲各一

將所有材料倒在冰塊上攪拌均勻，濾冰後倒入已放有 1 塊大冰塊的古典杯中。朝著飲料擠壓柳橙皮捲，再用果皮輕輕沿著玻璃杯杯緣擦一圈，最後將果皮投入酒中。朝著飲料擠壓檸檬皮捲，再把果皮投入酒中即完成。

深究技巧：稀釋不足的攪拌

許多傳統的「古典」酒譜會教人在要端上桌的玻璃杯中直調（biuld）。先放糖（砂糖或方糖），然後和苦精與一點水一起攪勻或搗碎。接著倒入威士忌，再放一塊大冰塊，最後一直攪拌到適度稀釋為止。

由於「古典」是加冰塊一起喝的，所以在杯中會繼續稀釋。「稀釋不足」（underdiluted）這個術語和我們在「馬丁尼」章節（第二章）中會看到的「完全稀釋」（full dilution）有關。馬丁尼在端上桌前，所有材料需要和冰塊一起攪拌到完全融合，讓整杯酒呈現急凍的狀態，而足夠的稀釋也是為了緩和酒精的強度。至於「古典」，我們需要稍微手下留情，在完全稀釋前就停手，要找到酒仍濃烈且微微刮嘴的時間點。

如果有時間慢慢做和注意細節，傳統的技巧也可以調出一杯很棒的酒。但經過多年訓練調酒師的經驗，我們發現在一間喧囂的酒吧裡，根本沒有足夠的時間或專注力去確定糖是否完全溶解，和酒是否達到充分稀釋。傳統方法大概需要 3 分鐘才能好好調出一杯「古典」，這時間已經比一個忙碌的調酒師能空出來的時間多了快 2 分鐘。所以有時候，出來的結果就是一杯稀釋不足、杯底有糊狀糖霜沉澱的雞尾酒。

因為上述種種原因，我們通常還是會先在攪拌杯裡調製，將所有材料和一些 1 吋見方的冰塊一起攪拌到剛好快要完全稀釋的程度 —— 也就是液體已經冰涼、所有材料均勻融合，但威士忌的酒精感還是很明顯 —— 接著濾冰倒入已經裝了 1 塊大冰塊（雖然裝一些 1 吋見方的冰塊也可以）的古典杯中。和 1 吋見方的小冰塊一起攪拌可以快速冷卻和稀釋雞尾酒，倒在大冰塊上則可以減緩雞尾酒在酒杯中稀釋的速度，延長酒端上桌後，風味維持在適當平衡狀態的時間。

額外用攪拌杯調製，不只能節省時間，比較容易調出風味一致的雞尾酒，而且也有助於我們針對不同的材料做調整：酒精純度較高的烈酒（50% ABV 以上）和酒精純度 80 的酒相比，可能需要多稀釋一下。除了「古典」以外，我們也用這個方法來調所有會加冰塊一起端上桌的攪拌型酒款。

儘管如此，在杯裡直調「古典」仍是可行的。您需要一塊大到足以填滿整個杯子的冰塊，而且攪拌後不能縮小太多，才不至於在液體中上下晃動。否則就犯了調「古典」時的大忌：如果冰塊浮起來，酒就會快速被稀釋。如果在杯裡直調是您偏好的方式，那請選一大塊尺寸乍看之下裝不太進去杯子的冰塊。先將所有材料倒進杯子，再放入冰塊；冰塊可能不會馬上完全落入液體中，但隨著您小心攪拌，它就會慢慢沉入酒中。請繼續攪拌，並頻繁地試喝，直到核心烈酒的刮嘴感越來越少，一定要在酒嚐起來像加了水沖淡之前就停手。過程大概需要 2 分鐘，時間取決於冰塊大小，以及您攪拌的速度。

杯器：古典杯

和「馬丁尼」與「高球」一樣，「古典」很幸運也能有和雞尾酒同名的杯器。古典杯又稱為「岩石杯」（rocks glass），我們理想中的古典杯，總容量為 12 ～ 14 盎司，這樣才能裝得進 2 ～ 3 盎司的雞尾酒和一塊大冰塊，且距離杯緣還有一段距離，冰塊不會在酒中載浮載沉。（鬆散的小冰塊融化和稀釋

雞尾酒的速度比較快，且您喝的時候，酒也比較容易濺到臉上。）這個尺寸的杯子，也適合盛裝加滿碎冰的雞尾酒，如各種「酷伯樂」（cobbler），必要時，也可以用來裝「茱利普」。

玻璃杯需要有厚實、有重量的底部，我們偏好杯壁越薄越好的樣式，但常常得妥協，因為只有厚一點、堅固一點的玻璃杯才頂得住酒吧日常的摧殘。杯子的整體形狀最好是微微朝底部縮小，這樣拿酒時比較好握（也比較好聞香）。但有一些例外：盛裝「賽澤瑞克」（Sazerac；請參考第 33 頁）和它的變化版時，我們通常會用小一點，直杯壁的玻璃杯，因為這樣有助於集中用來潤杯（rinse）的苦艾酒（或其他烈酒）的香氣。

古典杯的樣式沒有碟型杯或馬丁尼杯那麼多，但有幾款是我們喜歡且常回購的。基本上，關於酒吧用具（或認真來說，是所有東西），日本人總能做出一些市面上最棒的產品；我們最喜歡的製造商是 Hard Strong，他們能做出同時兼顧細緻與耐用的漂亮杯器。德國人也能做出一些優秀的杯器，尤其是德國蔡司（Schott Zwiesel）的「查爾斯舒曼」（Charles Schumann）系列（請參考第 299 頁的「選購指南」）。此外，Riedel 也永遠不會讓人失望，而且它有很多品項。要挑選哪一款，端看您的個人風格。

「古典」的變化版

截至目前為止，我們已經大概說明了三種了解和創造「古典」
變化版的手法。但在實際操作上，我們常常混用這些手法。在
這部分要說的雞尾酒，就是把玩雞尾酒中的多個要素 —— 核
心、平衡和調味 —— 而得到的結果。

雪鳥 Snowbird

戴文・塔比，創作於 2014 年

讓雞尾酒「奈德賴爾森」（Ned Ryerson；
請參考第 23 頁）大成功的「拆分基酒策
略」（split-base strategy），也可以用來
產出各式各樣的酒款。我們特別喜歡稍微
減少基酒的量，改加像是蘋果白蘭地等另
一種烈酒，以強調最主要的烈酒風味。裸
麥威士忌和蘋果白蘭地加在一起，像是有
魔法一樣，是人見人愛的組合，而聖杰曼
接骨花利口酒（St-Germain）則能讓所有
它碰到的東西，都變得更好喝。1 抖振的
西芹苦精添加了恰恰好的鹹鮮，讓整杯酒
不至於過甜。

利登裸麥威士忌 1½ 盎司
清溪 2 年蘋果白蘭地 ½ 盎司
小荳蔻浸漬聖杰曼（做法詳見第 288 頁）
½ 盎司
德梅拉拉樹膠糖漿（做法詳見第 54 頁）
½ 小匙
奇蹟一英里西芹苦精 4 滴
裝飾：葡萄柚皮捲 1 條

將所有材料倒在冰塊上攪拌均勻，濾冰後
倒入已放有 1 塊大冰塊的古典杯中。朝著
飲料擠壓葡萄柚皮捲，再把果皮投入酒中
即完成。

冷冽女孩熾情 Cold Girl Fever

戴文·塔比，創作於 2016 年

在構思新的雞尾酒酒譜時，我們常做的是微改編我們「曲目」裡現存的變奏片段。現在這杯酒就是根據「金色男孩」（請參考第 10 頁）而來的，雖然兩者間的材料完全不同，但靈感的確來自「金色男孩」的風味：出發點同樣是葡萄乾和威士忌，但戴文在核心酒裡加了一點「艾雷島」（Islay）產的泥煤味蘇格蘭威士忌，讓整杯酒的煙燻味更重，再用泡了葡萄乾的蜂蜜糖漿平衡風味。

威雀蘇格蘭威士忌（Famous Grouse scotch）1¾ 盎司
拉弗格 10 年蘇格蘭威士忌（Laphroaig 10-year scotch）¼ 盎司
葡萄乾蜂蜜糖漿（做法詳見第 286 頁）
1 小匙
安格式苦精 2 抖振
裝飾：檸檬皮捲和柳橙皮捲各一

將所有材料倒在冰塊上攪拌均勻，濾冰後倒入已放有 1 塊大冰塊的古典杯中。朝著飲料擠壓柳橙皮捲，再用果皮輕輕沿著玻璃杯杯緣擦一圈，最後將果皮投入酒中。朝著飲料擠壓檸檬皮捲，再把果皮投入酒中即完成。

奈德賴爾森 Ned Ryerson

戴文·塔比，創作於 2012 年

在「奈德賴爾森」中，核心包含了小比例的年輕蘋果白蘭地，讓雞尾酒多了一點果汁風味。而調味中的奇蹟一英里卡斯蒂利亞苦精（Castilian bitters）則飽含柳橙、甘草和墨西哥菝契（sarsaparilla）的香調。這樣調出來的酒是一杯重新構想過、只做了適度改變的「古典」。

布雷特（Bulleit）裸麥威士忌 1½ 盎司
清溪 2 年蘋果白蘭地 ½ 盎司
德梅拉拉樹膠糖漿（做法請參考第 54 頁）
1 小匙
奇蹟一英里卡斯蒂利亞苦精 2 抖振
特製柳橙苦精（做法詳見第 295 頁）
1 抖振
裝飾：檸檬皮捲 1 條

將所有材料倒在冰塊上攪拌均勻，濾冰後倒入已放有 1 塊大冰塊的古典杯中。朝著飲料擠壓檸檬皮捲，再把果皮投入酒中即完成。

死魚臉 Deadpan

艾力克斯·戴與戴文·塔比，
創作於 2014 年

這杯雞尾酒的濃甜程度和「古典」一樣，但裡頭其實一滴糖漿都沒加。酒的甜味來自有葡萄乾味的雪莉酒和香草香甜酒，能回擊具有堅果香氣的干邑和芝麻浸漬蘭姆酒等基酒。1 抖振的苦精剛好可以鎖住這些具體的風味。

皮耶費朗 1840 干邑 1 盎司
芝麻浸漬蘭姆酒（做法詳見第 292 頁）
1 盎司
盧世濤·東印度索雷拉雪莉酒（Lustau East India solera sherry）¼ 盎司
吉法馬達加斯加香草香甜酒（Giffard Vanille de Madagascar）¼ 盎司
真的苦傑瑞湯馬斯苦精（Bitter Truth Jerry Thomas bitters）1 抖振
裝飾：柳橙皮捲 1 條

將所有材料倒在冰塊上攪拌均勻，濾冰後倒入已放有 1 塊大冰塊的古典杯中。朝著飲料擠壓柳橙皮捲，再用果皮輕輕沿著玻璃杯杯緣擦一圈，最後將果皮投入酒中即完成。

秋日古典
Autumn Old-Fashioned

戴文·塔比，創作於 2013 年

「會議」（Conference）是一杯史無前例的「古典」變化版，由前 Death & Co 首席調酒師布萊恩·米勒（Brian Miller）研發，核心分成四種不同的棕色烈酒。「秋日古典」則是「會議」的濃厚深沉版。當我們要結合這麼多具體的風味時，我們通常喜歡用楓糖漿當甜味劑；楓糖漿味道明亮，能讓各種烈酒的味道不要太沉重。

喬治雷克爾裸麥威士忌（George Dickel rye）½ 盎司
萊爾德蘋果白蘭地（100 proof）（Laird's 100-proof straight apple brandy）½ 盎司
塔麗格 VSOP 雅馬邑（Tariquet VSOP Bas-Armagnac）½ 盎司
班克諾特蘇格蘭威士忌（Bank Note scotch）½ 盎司
深色濃味（robust）楓糖漿 1 小匙
比特曼巧克力香料苦精 2 抖振
安格式苦精 1 抖振
裝飾：檸檬皮捲和柳橙皮捲各一

將所有材料倒在冰塊上攪拌均勻，濾冰後倒入已放有 1 塊大冰塊的古典杯中。朝著飲料擠壓柳橙皮捲，再用果皮輕輕沿著玻璃杯杯緣擦一圈，最後將果皮投入酒中。朝著飲料擠壓檸檬皮捲，再把果皮投入酒中即完成。

聖誕壞公公
Bad Santa

戴文·塔比，創作於 2015 年

這杯晶瑩剔透的調酒，喝起來像薄荷巧克力，所以贏得「顛覆既有概念調酒」的封號。對於「古典系」雞尾酒而言，伏特加顯然是個非典型的基底烈酒，但是把可可脂浸漬在伏特加裡，再加上一點點巧克力香甜酒，能讓伏特加得到陳年烈酒才有的濃郁與複雜度。像這種又濃又甜的飲料，一定要加一點鹹的調味（在這個例子裡，加的是鹽水），才能讓所有風味亮起來。

可可脂浸漬絕對伏特加 Elyx（做法詳見第 289 頁）2 盎司
吉法白可可香甜酒（Giffard white crème de cacao）¼ 盎司
吉法馬達加斯加香草香甜酒 ¼ 盎司
吉法白薄荷香甜酒（Giffard Menthe-Pastille）1 小匙
鹽水（做法詳見第 298 頁）1 滴
裝飾：小型拐杖糖 1 根

將所有材料倒在冰塊上攪拌均勻，濾冰後倒入已放有 1 塊大冰塊的古典杯中。以拐杖糖裝飾即完成。

海灘營火
Beach Bonfire

艾力克斯·戴，創作於 2015 年

「海灘營火」是為了「太平洋海岸公路」（Pacific Coast Highway）啟用而研發的，屬於 The Walker Inn 主題酒單的一部分。它的設計概念是讓人想起圍著火堆坐，輪流喝著用隨身酒壺裝的威士忌和冰啤酒的回憶。以我們基準款的波本威士忌為出發點，再加一點「卡沙薩」（cachaça；又譯為「卡沙夏」）增加巧克力和肉桂香調，然後以鳳梨糖漿做為整杯酒的甜味劑，向夏日致意，但又不會喝起來太熱帶風情。在酒吧裡，我們會在端上桌前，於調好的酒上方，浮以一陣山核桃木（hickory）煙霧收尾，上桌時，旁邊同時擺上一小杯皮爾森（pilsner）啤酒；在家自己調飲時，可隨個人喜好跳過或保留煙霧和啤酒。

錢櫃小批次波本威士忌 1½ 盎司
愛娃青李豆木卡沙薩（Avuá Amburana cachaça）½ 盎司
鳳梨樹膠糖漿（做法詳見第 56 頁）1 小匙
安格式苦精 1 抖振
比特曼巧克力香料苦精 1 抖振
裝飾：脫水鳳梨片 1 片和皮爾森啤酒 1 杯

將所有材料倒在冰塊上攪拌均勻，濾冰後倒入已放有 1 塊大冰塊的古典杯中。使用 PolyScience 的煙燻槍或其他類似工具，噴一點山核桃木煙霧在酒上，製造一絲淡淡的煙燻香氣（詳細做法請參考第 274 頁）。最後加上脫水鳳梨片裝飾，並附上一杯皮爾森啤酒即完成。

海灘營火

「古典」的大家族

透過熟練操作「古典」的範本，您可以創造出屬於全新範疇的飲料。根源酒譜和「大家族」中眾多酒譜的共通點是，它們的重點全都放在核心風味，並且只有少量的甜味劑和調味。在底下的酒譜中，我們把重點放在對某些經典酒譜的詮釋，每個類別中都包括一些我們取材自這些經典，進而研發出來的原創雞尾酒。

香檳雞尾酒
Champagne Cocktail

經典款

「香檳雞尾酒」就本質上來說，是一杯「古典」，只是它用香檳取代了威士忌的位置。因為香檳含有較少的酒精，所以如果您依照調「古典」的方法「部分稀釋」，是沒有意義的，而且攪拌之後，絕對會破壞香檳的氣泡。因此，這杯酒是在笛型杯（flute）中直調。因為它不像「古典」會和冰塊一起攪拌，所以請務必在開始時即使用冰鎮過的香檳。

方糖 1 塊
安格式苦精
不甜的香檳
裝飾：檸檬皮捲 1 條

把方糖放在廚房紙巾上，在方糖上倒一點苦精，直到方糖吸飽的程度。將方糖丟進冰鎮過的笛型杯裡，接著緩緩倒入香檳；不要攪拌。朝著飲料擠壓檸檬皮捲，再把果皮投入酒中即完成。

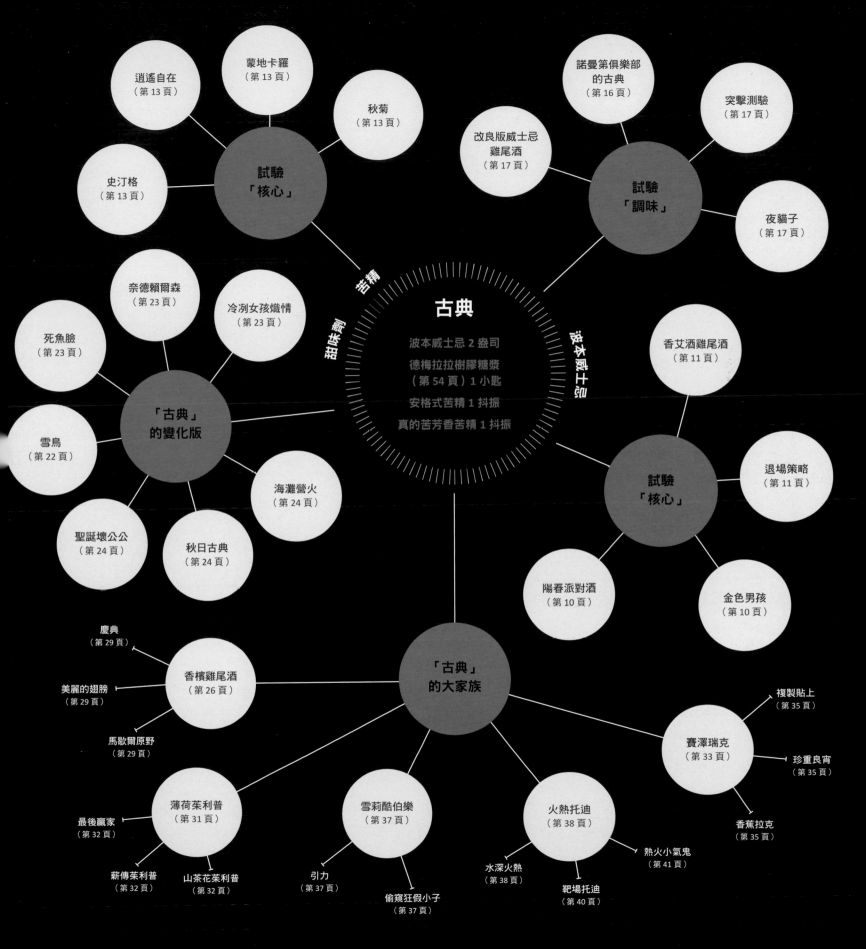

氣泡酒

在雞尾酒中，氣泡酒有多重功用：增加氣泡、酒精純度（酒精含量）、風味、酸度和甜味。認識幾款特定的氣泡酒，以及熟悉它們分別如何影響酒譜，對調酒非常有幫助。但是更基本、更有用的是了解底下我們所概述的幾種最常見氣泡酒類型。在這裡我們不會推薦任何特定的酒款，因為有些品牌不太普及；而且氣泡酒的情況每年都會改變。

香檳是氣泡酒之王。同時，它也很貴，所以最好留到特殊場合再喝。如果您真的想要奢華鋪張一點，我們建議用較不甜的香檳（不要比酒標上甜度等級 [不甜]（brut）還甜），它們會帶著蜜桃、櫻桃、柑橘、杏仁和麵包風味。常見香檳種類有：無年份（店家的萬年主打款，浸渣陳年 [aged on the lees] 至少 15 個月）、白中白（blanc de blancs；只用夏多內葡萄釀製）、黑中白（blanc de noirs；只用黑皮諾和莫尼耶皮諾 [Pinot Meunier] 葡萄釀製）、粉紅（釀製時會接觸到葡萄皮，取其顏色）、年份（浸渣陳年至少 3 年），還有特釀（cuvée；平均浸渣陳年 6-7 年）

法國氣泡酒（Crémant）是我們調酒時必用的類型。它和香檳的釀法類似（但對陳年所需年份的要求稍微低一點），於法國 8 個區域釀製，而且價格明顯可親許多。我們喜歡布根地和阿爾薩斯產的氣泡酒，因為它們近似香檳；使用栽種於鄰近區域的類似葡萄品種，是有著絕佳複雜度的氣泡酒。和香檳一樣，我們建議使用比較不甜的法國氣泡酒。

西班牙氣泡酒「卡瓦」（Cava）是西班牙版的「香檳」，使用與香檳完全相同的傳統釀造法。用馬卡貝奧（Macabeo）、沙雷洛（Xarello）和帕雷亞達（Parellada）等葡萄品種所釀出的西班牙氣泡酒，看的到一絲香檳的蹤跡，但風味截然不同：新鮮西洋梨和蘋果、萊姆皮屑、榅桲（quince），和僅有一點點，也能在香檳裡找到的杏仁香。西班牙氣泡酒有三個品質等級：「卡瓦」是標準標記，浸渣陳年至少 9 個月；珍藏版（reserva）則浸渣陳年至少 15 個月；特級珍藏（gran reserva）則是浸渣陳年至少 30 個月，且會在酒標上標明年份。

義大利氣泡酒「普羅賽克」（Prosecco）使用「夏蒙法」（Charmant method）釀造，這是把酒放在大槽裡二次發酵，以產生氣泡的製程（與香檳或傳統製法放在瓶子裡進行二次發酵的過程相反）。「普羅賽克」產自義大利維內托（Veneto）和弗留利（Friuli Venezia Giulia）兩個大區，有著清新的特質：青蘋果、哈密瓜、西洋梨，甚至是一點點乳製品的奶滑感。甜度則分為三級：不甜（brut）、稍甜（extra dry）和甜（dry）。「普羅賽克」的風味、酒體和氣泡大小都與使用傳統法製造的氣泡酒不同，所以我們不建議您囤積「普羅賽克」當成調飲用氣泡酒的唯一選擇；然而，如果用它來調傳統義大利餐前開胃雞尾酒，如「亞普羅之霧」（Aperol Spritz）就很適合，因為它能當柔軟的配角，支撐風味更強勁的其他材料。

藍布思柯（Lambrusco）是另一種享有名氣的義大利氣泡酒，但「藍布思柯」除了釀造方法和「普羅賽克」相同外，兩者其實天差地別。在 13 個名字冠上「藍布思柯」的葡萄品種中，藍布思柯 - 薩拉米諾（Lambrusco Salamino）和藍布思柯 - 格斯帕羅薩（Lambrusco Grasparossa）是最廣泛栽種的。這些葡萄會先釀成香甜新鮮的紅酒，之後再製成氣泡酒。飲用「藍布思柯」時，您可以期待喝到濃重的風味：草莓、覆盆莓和大黃。「藍布思柯」的甜度分為三級：不甜（secco）、微甜（semisecco）和甜（dolce 或 amabile）。我們並不常用「藍布思柯」來調飲，但它能讓飲品增添果汁感的層次和微氣泡。

馬歇爾原野 The Field Marshall

艾力克斯·戴，創作於 2013 年

微改編「香檳雞尾酒」和微改編任何其他「古典」變化版一樣容易。在「馬歇爾原野」裡，糖被利口酒取代。「康比爾」（Combier）是一種橙味庫拉索酒（curaçao），而「皇家」（royal）款則是以干邑為基酒，有著濃郁的骨幹。在某種程度上，這個變化版因為用了雅馬邑白蘭地和香檳，而非威士忌來調製，所以可說是介於經典香檳雞尾酒和「古典」之間。

塔麗格經典 VS 雅馬邑（Tariquet Classique VS Bas-Armagnac）1 盎司
皇家康比爾（Royal Combier）½ 盎司
安格式苦精 2 抖振
裴喬氏苦精 2 抖振
不甜的香檳
裝飾：檸檬皮捲 1 條

將除了香檳以外的所有材料倒在冰塊上攪拌均勻，濾冰後倒入冰鎮過的笛型杯中。倒入香檳，接著快速將長吧匙浸入杯中，輕輕混合香檳與其他材料。朝著飲料擠壓檸檬皮捲，再把果皮投入酒中即完成。

美麗的翅膀 Pretty Wings

戴文·塔比，創作於 2016 年

這杯酒的靈感來自知名調酒師戴維·庫普欽斯基（Dave Kupchinsky）在西好萊塢 The Everleigh 酒吧調的檸檬水雞尾酒（Lemonade cocktail）。「美麗的翅膀」也向香檳雞尾酒取經，同樣素雅不花俏，酒中包含浸漬在基酒裡的柔和草本洋甘菊風味，以及基酒「公雞美國佬」（Cocchi Americano）的微微苦味。在大熱天喝額外清爽。

洋甘菊浸漬公雞美國佬（做法詳見第 288 頁）½ 盎司
蘇茲（Suze）龍膽香甜酒 1 小匙
比特曼啤酒花葡萄柚苦精（Bittermens hopped grapefruit bitters）1 抖振
香檳 5 盎司
裝飾：輪切檸檬厚片 1 片

將除了香檳以外的所有材料倒在冰塊上攪拌均勻，濾冰後倒入冰鎮過的笛型杯中。倒入香檳，接著快速將長吧匙浸入杯中，輕輕混合香檳與其他材料。擺上輪切檸檬厚片裝飾即完成。

慶典 Celebrate

戴文·塔比，創作於 2016 年

雖然這杯酒中除了香檳以外的材料，份量比一塊吸滿苦精的方糖還多，但它們有類似的功用——透過放大主要烈酒裡原本就有的風味：硬核水果、麵包、堅果和香料，來提升它的風味。這裡，我們加了新素材「香檳酸」（Champagne acid）——酒石酸和乳酸的混合物，可增加不甜香檳裡的酸韻。

清溪西洋梨白蘭地 ½ 盎司
盧世濤·加拉納芬諾雪莉酒（Lustau Jarana fino sherry）¼ 盎司
福塔萊薩短陳龍舌蘭（Fortaleza reposado tequila）1 小匙
肉桂糖漿（做法詳見第 52 頁）¼ 盎司
香檳酸溶液（做法詳見第 298 頁）½ 小匙
不甜的香檳 4 盎司

將除了香檳以外的所有材料倒在冰塊上攪拌均勻，濾冰後倒入冰鎮過的笛型杯中。倒入香檳，快速將長吧匙浸入杯中，輕輕混合香檳與其他材料。無需裝飾即完成。

茱利普 JULEP

「茱利普」在本質上像是特別清爽的「古典」，用了薄荷取代苦精。聽到這個說法，許多（美國）南方人可能會強烈抗議，堅持調製「茱利普」有它自己的儀式，是「梅森 - 迪克森線」（Mason-Dixon Line；譯註：是賓夕法尼亞州和馬里蘭州的分界線，也是美國的南北區域分界線）以南的神聖遺產，這是北方佬無法了解的產物。

儘管如此，我們還是冒著得罪人的風險，大膽對調製「茱利普」的技巧多說幾句。先從拿取 4 或 5 支完整翠綠的薄荷開始，量要夠形成一把直徑約 10 公分（4 吋）的緊密薄荷束，接著將梗修短為 15 公分左右（6 吋）。摘掉較低位置的葉片（希望您能留作他用）。從邊緣握住空的茱立普金屬杯（Julep tin）（避免手上的油脂留在杯壁，影響之後的結霜），將薄荷束倒插入茱立普金屬杯中，輕輕用薄荷葉摩擦杯子內部，控制力道在可以聞到薄荷香氣就好，不要太大力，否則會造成葉子瘀黑。把薄荷束置於一旁備用。將烈酒和甜味劑倒入杯中，用長吧匙簡單拌一下。加入碎冰到杯子的 8 分滿，然後慢慢攪拌到杯壁外緣開始結霜。一旦金屬杯結霜，就可以再補碎冰到滿杯尖起，並在一側插入一支吸管。稍微小規模繞圈晃動一下吸管，以形成一小條通道，然後小心把薄荷束插入這條小通道，如此一來葉片便能緊密貼合，薄荷束就能看起來像從冰塊裡長出來的一樣。

薄荷茱利普　Mint Julep

經典款

薄荷束 1 把
水牛足跡波本威士忌 2 盎司
簡易糖漿（做法詳見第 45 頁）¼ 盎司

用薄荷束摩擦茱利普金屬杯內部，之後將薄荷束置於一旁備用。倒入波本威士忌和糖漿，並加入碎冰至半滿。手握著杯緣開始攪拌，邊攪邊旋轉碎冰，大約 10 秒鐘。加更多碎冰至大約 滿，繼續攪拌至杯壁完全結霜。再補碎冰至滿出杯緣形成圓錐狀。最後以薄荷束裝飾，附上吸管即完成。

嘗試其他香草

薄荷在雞尾酒中，是用途相當廣泛的香草。可以搗碎或浸泡，讓味道滲入酒中；做為裝飾時，可以增加雞尾酒頂層的香氣。但是，我們強烈建議您藉由嘗試不同的香草，好好玩一下「茱利普」的範本，無論是其他品種的薄荷（如雜色芳香薄荷 [pineapple mint] 或巧克力薄荷 [chocolate mint]），或是各種不同種類的羅勒、鼠尾草，甚至是百里香都可以。但要記住有些香草，如特定品種的鼠尾草，搗碎之後的味道很恐怖，而搗碎的百里香會造成一團亂，味道也會變差。使用這些香草代替時，最好簡單把它們當成雞尾酒頂部的香味裝飾就好，或是提前將它們泡入烈酒或糖漿中，萃取其風味。

最後贏家 Last One Standing

納塔莎・大衛，創作於 2014 年

在老一點的酒譜中，常看到干邑和牙買加蘭姆酒的組合。這個雙重奏在這杯酒中，產生了具體、有酯味（funky）的核心風味，能與蜜桃香甜酒的明亮果香一決勝負。義大利苦酒在這裡的角色是連接兩個陣營的橋樑，就像苦精的功用一樣，平衡兩個截然不同的風味。

薄荷束 1 把
　皮耶費朗 1840 干邑 1 盎司
　漢彌爾頓牙買加壺式蒸餾金蘭姆酒
　（Hamilton Jamaican pot still gold rum）
　½ 盎司
　喬恰羅義大利苦酒（Amaro CioCiaro）
　¾ 盎司
　吉法蜜桃香甜酒（Giffard Crème de
　Pêche）1 小匙
　裝飾：薄切蜜桃 1 片和糖粉

用薄荷束摩擦茱利普金屬杯內部，之後將薄荷束置於一旁備用。倒入剩下的其他材料，並加入碎冰至半滿。手握著杯緣開始攪拌，邊攪邊旋轉碎冰，大約 10 秒鐘。加更多碎冰至大約 ⅔ 滿，繼續攪拌至杯壁完全結霜。再補碎冰至滿出杯緣形成圓錐狀。最後以薄荷束和蜜桃薄片裝飾，並在薄荷束頂部撒上少許糖粉。附上吸管即完成。

薪傳茱利普 Heritage Julep

艾力克斯・戴與戴文・塔比，
創作於 2015 年

這杯雞尾酒中烘烤硬核水果與溫暖秋日的風味，讓它很適合喜歡「古典」，但又想喝清爽一點版本的人。我們用了兩種西洋梨酒，由西洋梨白蘭地和有柔軟果味的西洋梨香甜酒帶來高酒精濃度的熱辣與類似西洋梨的顆粒質地。加了蒙特內哥義大利苦酒（Amaro Montenegro）後，這杯調飲就進入開胃酒的領域了。

薄荷束 1 把
　布斯奈奧日地區 VSOP 卡爾瓦多斯
　（Busnel Pays d'Auge VSOP Calvados）
　1¼ 盎司
　清溪西洋梨香甜酒 ½ 盎司
　清溪西洋梨白蘭地 ¼ 盎司
　蒙特內哥義大利苦酒 ¼ 盎司
　肉桂糖漿（做法詳見第 52 頁）1 小匙
　磷酸溶液（phosphoric acid solution；
　做法詳見第 194 頁）2 抖振
　裝飾：用裝飾籤串起的 3 片蘋果薄片和
　糖粉

用薄荷束摩擦茱利普金屬杯內部，之後將薄荷束置於一旁備用。倒入剩下的其他材料，並加入碎冰至半滿。手握著杯緣開始攪拌，邊攪邊旋轉碎冰，大約 10 秒鐘。加更多碎冰至大約 ⅔ 滿，繼續攪拌至杯壁完全結霜。再補碎冰至滿出杯緣形成圓錐狀。最後以薄荷束和蘋果薄片裝飾，並在薄荷束頂部撒上少許糖粉，附上吸管即完成。

山茶花茱利普 Camellia Julep

戴文・塔比，創作於 2013 年

當我們以未陳年（unaged）的烈酒做為雞尾酒的核心酒時，我們往往會加其他材料以仿造出通常由橡木和時間帶來的風味。這裡使用經過苦味可可碎粒浸漬、純淨直接的西洋梨蒸餾酒（distillate）當基酒，以帶有堅果和香料風味的阿蒙提亞多雪莉酒（amontillado sherry）來增強風味。

薄荷束 1 把
　可可碎粒浸漬西洋梨白蘭地（做法詳見第
　287 頁）1½ 盎司
　盧世濤・羅斯埃克羅（Lustau Los Arcos）
　阿蒙提亞多雪莉酒 ½ 盎司
　德梅拉拉樹膠糖漿（做法詳見第 54 頁）
　1 小匙

用薄荷束摩擦茱利普金屬杯內部，之後將薄荷束置於一旁備用。倒入剩下的其他材料，並加入碎冰至半滿。手握著杯緣開始攪拌，邊攪邊旋轉碎冰，大約 10 秒鐘。加更多碎冰至大約 ⅔ 滿，繼續攪拌至杯壁完全結霜。再補碎冰至滿出杯緣形成圓錐狀。最後以薄荷束裝飾，附上吸管即完成。

賽澤瑞克 Sazerac

經典款

真正不凡的雞尾酒就會成為經典。「賽澤瑞克」就是這樣的一杯調酒。當您細看「賽澤瑞克」的組成成分——烈酒、糖、苦精和柑橘——很明顯可和「古典」相連接，但兩者間仍存在差異：雖然兩者都用古典杯盛裝，但「古典」會加冰塊，而「賽澤瑞克」則是濾冰後直接飲用（neat）。「古典」的裝飾是投入杯中的柑橘皮捲，但「賽澤瑞克」則是先朝杯上擠壓檸檬皮捲後，果皮就丟棄不用。更戲劇性的來了：「賽澤瑞克」會玩弄飲用者的感官：在調好的雞尾酒要倒入前，酒杯會先用苦艾酒潤過，在杯裡留下嗆鼻的茴香和柑橘香氣，一直到酒喝完，香氣依舊存在——此香氣可和清涼、酒味重的雞尾酒形成對比。就是這種用香氣馥郁烈酒潤杯的技巧，讓「賽澤瑞克」與眾不同，也是定義它和下列變化版的必要條件。

「賽澤瑞克」同時也是一個很好的例子，可以用來說明經典雞尾酒如何根據地區性可用食材演變。1800 年代（19 世紀）中期時，在紐奧良的法國區（Francophilic New Orleans）——「賽澤瑞克」的發源地——首選的烈酒為干邑，但到了該世紀末，法國白蘭地因為根瘤蚜（phylloxera）病蟲害爆發，肆虐法國的葡萄園而短缺，於是紐奧良人（Big Easy）把焦點轉到裸麥威士忌上。在紐奧良製作的裴喬氏苦精，有著獨特的茴香風味，直到現在都還是這杯調酒的固定班底，但我們也發現有越來越多人會在這基準酒譜上，再加入法國苦艾酒和安格式苦精。

老彭塔皮耶苦艾酒（Vieux Pontarlier absinthe）
利登裸麥威士忌 1½ 盎司
皮耶費朗 1840 干邑 ½ 盎司
德梅拉拉樹膠糖漿（做法詳見第 54 頁）1 小匙
裴喬氏苦精 4 抖振
安格式苦精 1 抖振
裝飾：檸檬皮捲 1 條

用苦艾酒潤過古典杯後，把酒倒掉。將其餘材料倒在冰塊上攪拌均勻，濾冰後倒入古典杯中。朝著飲料擠壓檸檬皮捲，再捨棄皮捲。

苦艾酒 ABSINTHE

就許多方面來說，苦艾酒和苦精如出一轍。和苦精一樣，苦艾酒也屬於一種高濃縮風味液，可以少量加到雞尾酒中調味，賦予整杯酒一記清亮的草本氣息。我們有時會在倒入雞尾酒前，先用苦艾酒潤（rinse）玻璃杯，以納入苦艾酒的風味，這是區別「賽澤瑞克」（請參考第 33 頁）和「古典」的特定技巧。苦艾酒因其高酒精純度，所以會附著在玻璃杯上，讓雞尾酒充滿香氣，創造出獨特的芬芳，能補全整杯酒的風味，或和酒的風味形成對比。苦艾酒也能少量用於調酒中，帶來明亮的草本風味，讓整杯酒在核心風味底下，能有更多層次，更具複雜度。「秋菊」（請參考第 13 頁）即為一例，當中 1 小匙的苦艾酒能提升不甜香艾酒的草本性，以及 DOM 的蜂蜜香料味。在雞尾酒中，我們很少使用超過 ¼ 盎司的苦艾酒，因為它很容易就會蓋過核心風味的風采，「霸凌」其他材料。

苦艾酒有許多種，我們偏好瑞士式或法式的，因為這兩種類型的味道比較乾淨。保樂（Pernod）、艾米爾佩諾（Emile Pernot）和聖喬治烈酒（St. George Spirits）是我們的一些愛牌。

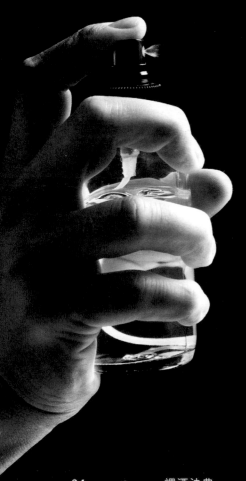

複製貼上 Cut and Paste

艾力克斯・戴，創作於 2012 年

這杯酒裡用的蘋果白蘭地，雖然已經陳釀了 8 年，但喝起來不太像陳年烈酒，所以我們在核心酒裡，加了具有香草和香料風味的壺式蒸餾愛爾蘭威士忌。且因為愛爾蘭威士忌的風味與蜂蜜很合，所以我們使用蜂蜜做為甜味劑，讓這杯酒保持輕盈與脆爽（crisp），若是使用德梅拉拉樹膠糖漿，可能會淪為過於膩口。

> 老彭塔皮耶苦艾酒
> 清溪 8 年蘋果白蘭地 1½ 盎司
> 知更鳥（Redbreast）12 年愛爾蘭威士忌 ¾ 盎司
> 蜂蜜糖漿（做法詳見第 45 頁）¼ 盎司
> 裴喬氏苦精 3 抖振
> 安格式苦精 1 抖振

用苦艾酒潤了冰鎮過的古典杯後，把酒倒掉。將其餘材料倒在冰塊上攪拌均勻，濾冰後倒入古典杯中。無需裝飾即完成。

珍重良宵 Save Tonight

戴文・塔比，創作於 2017 年

在這杯雞尾酒中，櫻桃浸漬裸麥威士忌的酸味口感靠著蘋果白蘭地的果汁感而變得飽滿，但若只有這些材料的話，又會顯得甜又平淡。不過，只需幾抖振的苦艾酒，就能帶來鮮明的茴香風味與複雜度，用意想不到的方式加重酸味和果汁風味 —— 非常適合用來展現「調味」的力量。

> 保樂苦艾酒
> 酸櫻桃浸漬裸麥威士忌（做法詳見第 292 頁）1½ 盎司
> 清溪 2 年蘋果白蘭地 ½ 盎司
> 德梅拉拉樹膠糖漿（做法詳見第 54 頁）1 小匙
> 裴喬氏苦精 2 抖振
> 保樂苦艾酒 2 抖振
> 裝飾：用裝飾籤串起的白蘭地酒漬櫻桃 1 顆

用苦艾酒潤了冰鎮過的古典杯後，把酒倒掉。將其餘材料倒在冰塊上攪拌均勻，濾冰後倒入古典杯中。以櫻桃裝飾即完成。

香蕉拉克 Bananarac

納塔莎・大衛，創作於 2014 年

把香蕉放進酒味重雞尾酒裡的想法，一度充其量是個有待商榷的點子而已。但之後利口酒公司「吉法」（Giffard）把「特級香蕉香甜酒」（Banane du Brésil）引入美國市場，香蕉香甜酒（利口酒）的表現遠超過我們預期。當我們的團隊第一次試喝時，很興奮地發現它平衡又有特色，而且有真正的香蕉味 —— 在利口酒中實屬難得。同時它的用途也非常廣泛。在這杯酒裡，它扮演的是配角，幫濃烈的飲品調味。

> 保樂苦艾酒
> 皮耶費朗 1840 干邑 1 盎司
> 歐豪特（Old Overholt）裸麥威士忌 1 盎司
> 吉法特級香蕉香甜酒 ½ 盎司
> 德梅拉拉樹膠糖漿（做法詳見第 54 頁）½ 小匙
> 真的苦芳香苦精 1 抖振
> 裝飾：檸檬皮捲 1 條

用苦艾酒潤了冰鎮過的古典杯後，把酒倒掉。將其餘材料倒在冰塊上攪拌均勻，濾冰後倒入古典杯中。朝著飲料擠壓檸檬皮捲，再把果皮丟掉。

雪莉酷伯樂

雪莉酷伯樂 Sherry Cobbler

經典款

把「古典」裡高酒精純度的威士忌換成量較多的低酒精純度阿蒙提亞多雪莉酒，並用搗碎的柳橙薄片代替苦精，您就會得到一杯「酷伯樂」。阿蒙提亞多雪莉酒是一種加烈葡萄酒，能給予雞尾酒厚實的酒體與酸度，讓調飲有強健的骨幹。柳橙薄片搗碎後，不僅果肉能增加一點甜味，其帶苦的白髓和果皮上豐沛的精油也能起調味的作用。這樣的複雜度與新鮮薄荷裝飾的輕盈和明亮香氣，達到巧妙的平衡。

說到裝飾，請不要讓自己受限於這裡所寫的柳橙角和薄荷；在雞尾酒上放入大量季節鮮果是傳統做法，所以盡量多試試手邊能找到的水果和香草。隨時應要求調一杯最荒唐、過度裝飾的「酷伯樂」，已經成為我們調酒師朋友圈內的一個哏。

輪切柳橙薄片 3 片
蔗糖糖漿（做法詳見第 47 頁）1 小匙
阿蒙提亞多雪莉酒 3½ 盎司
裝飾：半圓形柳橙厚片 1 片和薄荷 1 束

在可林杯（Collins glass）中將柳橙片和糖漿搗碎。倒入雪莉酒，並簡單攪拌一下。加入碎冰，再多攪拌幾圈，直到酒冰鎮。再補更多碎冰，把杯子裝滿。最後放上半圓形柳橙厚片和薄荷束裝飾，並附上吸管即完成。

引力 Traction

戴文·塔比，創作於 2014 年

「雪莉酷伯樂」在 19 世紀的美國風靡一時，而身為雪莉酒及相關調酒瘋狂粉絲的我們，當然樂意助它一臂之力，讓它繼續站在現代舞台上。在這杯酒裡，蘭姆酒點亮了阿蒙提亞多雪莉酒中通常微神隱的乾燥水果風味。

檸檬角 2 塊
切對半的草莓 2 塊
盧世濤·羅斯埃克羅阿蒙提亞多雪莉酒
1½ 盎司
聖特雷沙 1796 蘭姆酒（Santa Teresa
1796 rum）½ 盎司
牛奶蜂蜜特調卡沙薩（做法詳見第 295
頁）¾ 盎司
裝飾：草莓半顆、檸檬角 1 塊和薄荷 1 支

在雪克杯中，將檸檬角和草莓塊搗碎，倒入其餘材料，加冰塊一起搖勻。雙重過濾到已裝滿碎冰的古典杯中，擺上半顆草莓、檸檬角和薄荷支裝飾，並附上吸管即完成。

偷窺狂假小子 Peeping Tomboy

戴文·塔比，創作於 2014 年

杏仁與硬核水果，如杏桃、蜜桃和李子等，在植物學上是親戚，而且一起放到雞尾酒裡往往會有加分效果。阿蒙提亞多雪莉酒在此繼續呈現它的堅果味主調，而干邑則能添加一點濃郁和酒精純度。雖然新鮮硬核水果的糖分和酸度不太穩定，但這個範本已經相當平衡，能遷就不同熟度的水果。

檸檬角 1 塊
輪切柳橙厚片 1 片
薄切當令硬核水果片 1 片
羅斯埃克阿蒙提亞多雪莉酒 1½ 盎司
皮耶費朗琥珀干邑 ¼ 盎司
烤杏仁浸漬杏桃香甜酒（做法詳見第 293
頁）¼ 盎司
德梅拉拉樹膠糖漿（做法詳見第 54 頁）
1 小匙
裝飾：薄荷 1 支、輪切檸檬厚片 1 片、
輪切柳橙厚片 1 片和薄切當令硬核水果片
1 片

在雪克杯中，將檸檬角、柳橙厚片與糖漿一起搗碎，倒入其餘材料，加幾塊碎冰一起攪打全剛好融合。濾冰後倒入雙層古典杯中，補加碎冰至滿杯尖起。擺上薄荷支和水果片裝飾，並附上吸管即完成。

火熱托迪 Hot Toddy

經典款

「水」在雞尾酒中是一個常被忽視的元素。在我們的「古典」中，水分來自些微的稀釋，是材料與冰塊一起攪拌後，以及最後端上桌時杯中那塊大冰塊稍微融化後所產生的。而「托迪」就真的只是把「古典」裡的冷水換成熱水。這樣做就會把雞尾酒帶到不同的方向，原因有二。首先，熱度會增加飲用者對酒精的感知。如果您用「古典」適度稀釋後產生的水量——大約 1 盎司，直接和烈酒、甜味劑與苦精一起加熱，會得到一杯酒精味道很重，風味不討喜的酒。所以「托迪類」都要大杯一點，我們發現 4 盎司水兌 2 盎司烈酒是個很棒的比例基線。

其次，酒精加熱之後會蒸發，所以當您喝「火熱托迪」時，酒未到口，揮發性香氣就會先衝入鼻腔。如果調飲內的酒精純度過高，就會很倒胃口，但這樣的情況也讓調飲者有機會把玩香氣，無論是在烈酒中浸泡其他食材加味，或是利用烈酒原有的香氣。例如，卡爾瓦多斯蘋果白蘭地加熱後味道很清雅，溫暖的香氣幾乎會讓人想到穿厚毛衣的時候。

因為「托迪類」調酒會經過加熱，且和其他雞尾酒相比，稀釋程度較高，所以它們比「古典類」的雞尾酒需要稍微多一點的甜味劑和調味；否則喝起來會很稀薄。調飲裡少量的檸檬汁，不會讓它變酸；反而會協助調味，兜攏其他材料形成和諧狀態。

檸檬角 2 塊
錢櫃小批次波本威士忌 1½ 盎司
蜂蜜糖漿（做法詳見第 45 頁）¾ 盎司
安格式苦精 1 抖振
滾水 4 盎司
裝飾：檸檬角 2 塊和肉豆蔻

檸檬角榨汁入托迪馬克杯（toddy mug）後，一併投入杯中，接著加入（除了水以外的）其他材料。倒滾水，再磨一點肉豆蔻落於調酒最頂端，最後以檸檬角裝飾即完成。

水深火熱 In Hot Water

布里特妮‧菲爾斯（BRITTANY FELLS），創作於 2014 年

如果您覺得傳統「火熱托迪」喝起來的感覺不夠冬天，請試試現在這個版本，這是為寒冷的懷俄明州傑克森鎮（Jackson Hole）裡的 The Rose 酒吧設計的。這杯酒會讓人想起一杯加了烈酒的咖啡，裡頭用了咖啡味利口酒（Ristretto）帶來濃厚的咖啡風味，而加了小荳蔻的苦精，則能提供鹹鮮的風味，讓人聯想到菊苣（chicory）。

皮耶費朗 1840 干邑 1½ 盎司
加利亞諾咖啡味利口酒（Galliano Ristretto）¼ 盎司
深色濃味楓糖漿 ½ 盎司
費氏兄弟小荳蔻苦精 1 抖振
滾水 4 盎司
裝飾：肉桂棒 1 根

將（除了水以外的）所有材料放進攪拌杯裡混合均勻。把酒液倒入托迪馬克杯中，接著加入滾水。插上肉桂棒裝飾即完成。

火熱托迪

靶場托迪 Gun Club Toddy

艾力克斯・戴，創作於 2012 年

「托迪」喝起來應該是很舒緩的，而在這個變化版裡，我們盡可能把療癒元素加到最滿。以卡爾瓦多斯蘋果白蘭地和夏朗德皮諾酒（Pineau des Charentes；一種用未過濾的葡萄汁和年輕干邑釀的開胃酒）為骨幹，用能恢復元氣的組合：洋甘菊、檸檬和蜂蜜加強風味，使這杯「托迪」濃郁又滋養。

洋甘菊浸漬卡爾瓦多斯蘋果白蘭地（做法詳見第 288 頁）1½ 盎司
夏朗德皮諾酒 1 盎司
蜂蜜糖漿（做法詳見第 45 頁）½ 盎司
現榨檸檬汁 ¼ 盎司
滾水 4 盎司
裝飾：用裝飾籤串起的 5 片蘋果薄片

將（除了水以外的）所有材料放進攪拌杯裡混合均勻。把酒液倒入托迪馬克杯中，接著加入滾水。以蘋果薄片裝飾即完成。

靶場托迪

熱火小氣鬼 Heat Miser

戴文·塔比、凱蒂·埃默森（KATIE EMMERSON）與艾力克斯·戴，創作於 2015 年

這杯酒比傳統「托迪」多了很多好玩的東西。加了辣椒浸漬的波本威士忌能增添些微的辣感但又不會讓雞尾酒有太明顯的辛辣，另外用蘋果汁代替水，讓酒多一分複雜度。

泰國辣椒浸漬波本威士忌（做法詳見第 293 頁）1 盎司

盧薩多阿巴諾義大利苦酒（Luxardo Amaro Abano）½ 盎司

亞歷山大朱爾斯（Alexander Jules）阿蒙提亞多雪莉酒 ½ 盎司

現榨富士蘋果汁 3 盎司

梅德洛克艾姆斯酸葡萄汁（Medlock Ames verjus）1 小匙

深色濃味楓糖漿 ½ 盎司

鹽水（做法詳見第 298 頁）1 滴

楓糖漿

真正的楓糖漿價格昂貴，而且貴得很有道理：它的製作過程極為繁複。但這種好東西是沒有其他物品可以取代的。我們試過用許多種楓糖漿來調雞尾酒，然後發現我們最愛「等級 A 深色濃味」（Grade A Dark Color and Robust Flavor）這個類別。如果我們想要味道隱隱約約就好，就會使用蜂蜜，而當我們選擇楓糖漿時，就是想要它獨特的楓樹風味。所以雖然淡一點的楓糖漿，調出來的結果也不差，但我們發現它們太細微的味道，很容易在雞尾酒裡被沖掉。

楓糖漿獨特的風味讓它很適合與某些食材搭配。楓樹喜歡威士忌、蘋果白蘭地、和蘭姆酒，特別是陳年糖蜜蘭姆酒（aged molasses rum）。但它也適合和迷迭香和鼠尾草等香草，以及肉豆蔻等香料搭在一起。這些組合全都不會讓人感到意外；任何和秋冬有關，或用來表述溫暖感覺的材料，都可能是楓糖漿的好搭檔。

調酒時，我們不會再額外處理楓糖漿——原封不動，直接使用就好。

進階技巧：製作糖漿

糖漿是調製雞尾酒時一個非常普遍的材料，但它們常常沒有得到應得的關愛。基礎糖漿（如簡易糖漿，或等量糖和水調和而成的糖漿）是能一致且精準地增加調酒甜度的最佳方法。其他選擇，如添加砂糖，會因糖的種類和不同調酒師，而造成太多變數。要做出最精準又一致的糖漿，我們需要用細心、技術與嚴謹來處理這些材料。

基礎糖漿同時也是一個很棒的建構平台，無論是添加其他風味到裡頭，或是使用增稠劑，如「德梅拉拉樹膠糖漿」裡的阿拉伯樹膠（做法詳見第 54 頁）皆可。您也可以試試不同比例的糖和水，或把甜味劑換成蜂蜜、龍舌蘭糖漿或楓糖漿等。

水的品質對於糖漿製作很重要。有些地方的當地水源非常適合用來調製糖漿，但有些則不然。為了確保成品的最佳品質，不受到水質影響，我們建議使用過濾水。在我們的一些酒吧裡，我們甚至會軟化水質或引進特定品牌的礦泉水，以確定水質夠好，可以用來調糖漿，但在一般最通用的情況下，其實標準家用濾水器就夠了。

容量 v.s. 重量：如何計算

一般來說，我們在調糖漿、浸漬液和其他調酒用材料時，會使用公克磅秤（gram scale）來測量重量。用目測，或甚至是量杯來測量體積，往往會不夠準確，而磅秤則能帶來一致的結果。我們會使用兩種規格的磅秤：一種可測大量（最多能到 4 公斤），另一種則是能精準測量微量食材（最少能測到 0.01 公克）。

手拌糖漿

手拌糖漿的做法再簡單也不過了：只要把甜味劑和水攪拌或搖盪均勻即可。大部分使用砂糖的手拌糖漿，會使用等量的糖和水。若是使用液態甜味劑，如蜂蜜等，則需要大量減少水量。如果材料在室溫下能夠輕易融合在一起，且當我們想要維持水和甜味劑的比例時，我們就會手動混合糖漿。比如說，簡易糖漿常見的做法是將糖加進滾水裡溶解，然而，我們傾向手動拌和簡易糖漿，以確定水不會在煮滾的過程中蒸發或汽化，改變糖和水 1：1 的比例。熱能也會影響糖的分子結構。例如，蔗糖（一種「雙醣」[white table sugar]，大家最熟知的就是餐用白糖）如果加熱過久，會轉化為單醣（monosaccharides）的葡萄糖（glucose）和果糖（fructose），嚐起來會比較甜（還會造成讓人難受的宿醉）。

如何製作手拌糖漿

公克磅秤
碗
攪拌器
保存容器

1 仔細測量每樣食材的重量。

2 將所有食材倒入碗中。

3 攪拌或搖盪直到糖完全溶解。

4 將做好的糖漿倒入保存容器中，加蓋置於冷藏備用。

簡易糖漿

產量：16 盎司
技巧：手動攪拌

簡易糖漿就是等量白糖和水的混合物。味道非常中性，也是它適合調飲的最佳屬性之一。調製雞尾酒時，我們通常使用非常少量的簡易糖漿──½ 小匙到 ¼ 盎司──讓風味沒那麼平淡或抑制苦味，但又不至於破壞風味。我們只有在平衡柑橘風味時，才會用大量──¾ 盎司到 1 盎司。

白糖 250 克
過濾水 250 克

把糖和水放入碗中，攪拌至糖完全溶解。倒入保存容器中，置於冷藏備用，最多可保存 2 週。

蜂蜜糖漿

產量：16 盎司
技巧：手動攪拌

超市裡賣的蜂蜜大多是三葉草蜂蜜（clover honey）。雖然用高品質的三葉草蜂蜜也能調出好喝的雞尾酒，但我們發現大部分市售的三葉草蜂蜜都會蓋過酒中其他材料的風味。因此，調製雞尾酒時，我們比較喜歡淡一點的三葉草蜂蜜，或是加碼，用槐花蜜（acacia honey）等淡花蜜，槐花蜜是我們日常調飲時，最愛用的蜂蜜。但可惜的是，優質的好蜂蜜現在越來越難買到，而且價格也很高，所以我們很難找到愛用蜂蜜的穩定貨源，更為難的是要繼續花高價購買。所以我們只好妥協於使用比較普通的野花蜜，而到目前看來，成果都還不錯。

由於蜂蜜具有黏性，所以需要加點水（體積比例大約是蜂蜜：水＝ 3：1），才比較容易在雞尾酒中混合均勻。

槐花蜜或野花蜜 540 克
溫的過濾水 100 克

將蜂蜜和水倒入碗中，攪拌至均勻混合。倒入保存容器中，置於冷藏備用，最多可保存 2 週。

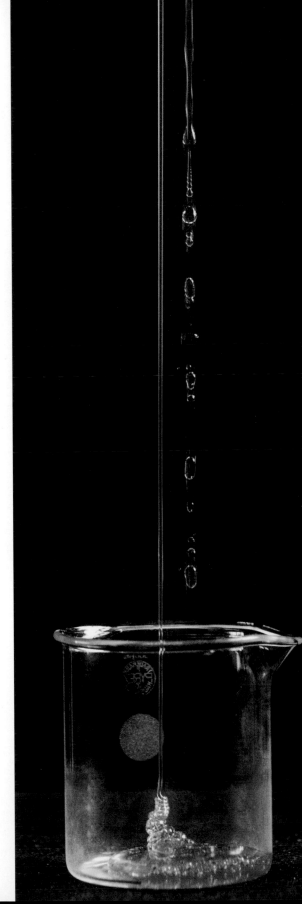

果汁機糖漿

用果汁機製作糖漿，能加快糖結晶溶解的速度，也能把其他材料，如檸檬酸（citric acid）打成粉末。如果糖漿中含有遇熱會受損的食材，如草莓，我們也會用果汁機來製作糖漿。

如何製作果汁機糖漿

公克磅秤
果汁機
細目網篩
保存容器

1 仔細測量每樣食材的重量。

2 將所有食材倒入果汁機中。

3 用高速攪打至糖溶解，固體食材液化。

4 若用了固體食材，糖漿打好後，要用細目網篩過濾。

5 將做好的糖漿倒入保存容器中，加蓋置於冷藏備用。

糖漿的保存期限

因為糖算是一種防腐劑，所以許多種糖漿，如果保存得宜，都可以存放滿長一段時間。但是如果糖混合了水果，就會變成細菌孳生的溫床。所以經驗之談是，盡量避免使用已經存放超過兩週的糖漿。那些只加了甜味劑和水的糖漿，也許保存期限長一點，但其他的，像是草莓糖漿，很容易就會腐敗。使用自製糖漿前，一定要記得先嚐嚐味道。如果發現任何氣泡，就不要用了——這表示糖漿已經開始發酵。

果汁機草莓糖漿

產量：16 盎司
技巧：果汁機

所有吃過盛產期莓果的人都知道，大多所謂莓果風味的東西，都只是東施效顰，拙劣地想模仿天然水果的超然美味而已。這通常與莓果如何加工製成糖漿和其他調味品有關。例如，草莓一遇熱，它的風味就會開始變得很「人造」。所以為了要鎖住最新鮮的草莓風味，我們將等重的草莓和糖放入果汁機攪打，再用細目網篩過濾。

去掉蒂頭的草莓 250 克
白糖 250 克

把草莓和糖放入果汁機中，攪打至非常滑順。將打好的果泥倒入細目網篩過濾，用力壓網篩上的固體，盡量擠出液體。倒入保存容器中，置於冷藏備用，最多可保存2 週。

蔗糖糖漿

產量：約 16 盎司
技巧：果汁機

未漂白蔗糖的精煉程度不似餐用桌糖那麼高。它帶有淡淡的琥珀色，且結晶顆粒約是餐用桌糖的兩倍大。它的風味也比白糖豐富，但不及德梅拉拉糖，所以用途很廣。只需在酒精性飲料中加入 1 小匙蔗糖糖漿，就能提升風味，質地也會不同，而且蔗糖糖漿很適合搭配柑橘類，尤其是當基酒很有個性的時候，如龍舌蘭酒或法式農業型蘭姆酒。和我們的德梅拉拉樹膠糖漿（做法詳見第 54 頁）一樣，這裡糖和水的比例為 2：1，製作出濃糖漿，以最大化未漂白蔗糖的特性。

未漂白蔗糖 300 克
過濾水 150 克

把蔗糖和水放入果汁機中，攪打至糖溶解。倒入保存容器中，置於冷藏備用，最多可保存 2 週。

特製紅石榴糖漿
House Grenadine

產量：16 盎司
技巧：果汁機

許多酒吧的紅石榴糖漿都是藉由濃縮石榴果汁，再加入其他調味品做成的。這樣做出來的糖漿混濁又濃稠，而且對我們而言，味道跟我們小時候吃的石榴一點都不像。沒錯，以前我們用來調「雪莉登波」（Shirley Temples）的螢光紅物品，裡頭也加了高果糖玉米糖漿，但因為漂亮，所以我們很愛它。我們想要為紅石榴研發一個使用高品質食材的食譜，且同時又要能向回憶裡的那個（螢光紅）物品致敬，所以最後得到這個簡單純淨的版本，而且製作方法超級容易。

POM Wonderful 百分百純天然石榴汁 250 克
未漂白蔗糖 250 克
蘋果酸（malic acid）粉末 1.85 克
檸檬酸粉末 1.25 克
Terra Spice 柳橙萃取液 0.15 克

把所有食材放入果汁機中，攪打至糖溶解。倒入保存容器中，置於冷藏備用，最多可保存 3 週。

特製薑汁糖漿

產量：約 16 盎司
技巧：果汁機

生薑（通常以「薑汁啤酒」[ginger beer] 的形式呈現），是「莫斯科騾子」（Moscow Mule；請參考第 139 頁）和「月黑風高」（Dark and Stormy；請參考第 140 頁）等經典雞尾酒，與當代調酒「盤尼西林」（Penicillin；請參考第 282 頁）中不可或缺的食材。雖然市面上能找到許多款美味的薑汁啤酒，但調酒師往往比較喜歡使用薑汁糖漿（通常會兌蘇打水）來達到類似的風味輪廓。我們的薑汁糖漿內容為 1 份現榨薑汁，混合 1½ 份未漂白蔗糖。這樣做出來的薑汁糖漿味道非常嗆辣，幾乎到要讓口腔燒起來的程度──沒錯，它的味道確實非常強烈，但可以靠酒中其他材料來平衡。如果您沒有可以處理生薑的榨汁機，就在特產超市或果汁店找找有沒有賣新鮮薑汁。但務必確認用的是原味薑汁，未添加任何甜味劑或調味品。

生薑 250 克，洗乾淨後切成大塊
未漂白蔗糖約 300 克

把生薑榨成汁（無需事先削皮），然後倒入細目網篩過濾。秤薑汁的重量，接著將重量乘以 1.5，即為需要的蔗糖量。

把薑汁和糖放入果汁機中，攪打至糖溶解。倒入保存容器中，置於冷藏備用，最多可保存 2 週。

特殊糖漿材料

阿拉伯樹膠（英文稱為 gum arabic 或 gum acacia）：是一種硬化的塞內加爾膠樹樹汁。成分中大部分為多種醣類，另外還含有少量的蛋白質。這些蛋白質中有一些讓它能充當乳化劑，使糖漿變濃稠，以及結合其他食材，如「德梅拉拉樹膠糖漿」（做法詳見第 54 頁）和「鳳梨樹膠糖漿」（做法詳見第 56 頁）。

檸檬酸：檸檬酸是存在於柑橘類中的果酸。我們用檸檬酸粉末幫糖漿增加風味，如第 51 頁的「覆盆莓糖漿」。在某些特定款雞尾酒中，如果我們只想要增加酸味，但不想讓果汁中的小顆粒影響成品，就會用檸檬酸製成的溶液（5 份水兌 1 份檸檬酸）代替新鮮柑橘類果汁。檸檬酸溶液對於碳酸雞尾酒也很重要，因為帶果肉的果汁會抑制碳酸化（請參考第 231 頁）。

乳酸：我們有時會使用非常少量的乳酸（英文稱為 lactic acid 或 milk acid）來讓特定糖漿，如第 286 頁的「香草乳酸糖漿」，有更圓融的質地。

蘋果酸：蘋果酸最初是從蘋果汁裡分離出來的，它的風味會讓人聯想到未成熟的青蘋果。當我們想要傳遞「酸味」的印象時，就會使用蘋果酸，如「特製紅石榴糖漿」（做法詳見第 47 頁）。

多聚半乳糖醛酸酶（Pectinex Ultra SP-L）：這種酵素能靠著拆解糖漿中固體的聯結，使糖漿變清澈。我們只有在想讓含有果膠的糖漿變清澈時，才會使用多聚半乳糖醛酸酶，方法是放入離心機內處理，如「澄清草莓糖漿」（做法詳見第 57 頁），或單純將酵素放入液體中攪拌均勻，再讓液體靜置。

浸入式恆溫器糖漿

用浸入式恆溫器（immersion circulator）製作「舒肥」（sous vide 的音譯，在法文中是「真空下」的意思）料理需要將食材用塑膠袋密封，接著泡在恆溫的水裡烹調。這樣做有助於維持食材中的新鮮風味。用這個方法製作的糖漿中，我們最喜歡「覆盆莓糖漿」：覆盆莓很嬌弱，而且若用太高溫烹調，風味會改變，變得比較像糖果。但如果您把覆盆莓、糖和水放到袋子裡密封，接著泡在恆溫的水裡（在這裡為溫和的 57°C/135°F）烹煮成糖漿，這樣做出來的糖漿能成功留住新鮮覆盆莓的精華──而且顏色也很漂亮。我們也會用「浸入式恆溫器」來協助溶解特定粉末，像是阿拉伯樹膠等。如此一來便能在幾小時內就做出「德梅拉拉樹膠糖漿」（做法詳見第 54頁）和「鳳梨樹膠糖漿」（做法詳見第 56 頁），不用耗時好幾天。

SUPERBAGS（超級袋子）

Superbag 是一種能在網路上買到的細目過濾袋（我們在 Modernist Pantry 買的）。它不只能重複使用，而且用料很紮實，所以可以用力擠，以加速某些過濾流程。Superbag 有各種不同尺寸，孔目大小也分為 100、250、400 和 800 微米（micron）（800 是孔目最大的）。對於製作糖漿而言，我們建議使用 250 微米孔目的中型袋。

如何製作浸入式恆溫器糖漿

大水槽
浸入式恆溫器
公克磅秤
碗
可重複密封的耐熱塑膠袋,如冷凍密封袋
冰塊水
細目網篩
咖啡濾紙或 Superbag(請參考第 49 頁)
保存容器

1 將水槽注滿水,並放入浸入式恆溫器。

2 把恆溫器設定到預定溫度。

3 仔細測量每樣食材的重量,並將它們放入碗中攪拌均勻。

4 將攪拌好的食材倒入可密封的耐熱塑膠袋中。先把袋子封到只剩一個非常小的縫,接著將封好的部分放入水中(未密封處別碰到水),就能盡量擠出袋中空氣。藉由水的反壓力,把剩餘空氣擠出。把袋子完全密封後,自水中取出。

5 當水溫到達理想溫度時,把密封袋放入水槽中。

6 等設定時間結束後,小心移出密封袋。

7 讓袋子泡冰塊水,使其溫度降到室溫。

8 使用細目網篩過濾糖漿,清除所有固體。如果糖漿裡還有任何小顆粒,就用咖啡濾紙或 Superbag 再過濾一次。

9 將做好的糖漿倒入保存容器中,置於冷藏備用。

覆盆莓糖漿

產量：約 16 盎司
技巧：浸入式恆溫器

將覆盆莓放在簡易糖漿裡慢慢加熱，可讓熱能在特定溫度下萃取覆盆莓的風味，這個溫度比較低，不會讓糖漿嚐起來像覆盆莓果醬。不同於其他像是把覆盆莓和糖打碎（這麼做會抽出水果種子裡的苦味，也會讓糖漿變混濁）或直接把覆盆莓放在簡易糖漿裡煮（會產生深紫色，像是果醬一樣的糖漿）等方法，浸入式恆溫器能夠萃取出色彩鮮豔，透粉色的糖漿。這樣做出來的糖漿，漂亮當然不在話下，但也意味著它不含會阻礙碳酸化的自由懸浮（free-floating）微粒，所以如果把它加在完全碳酸化雞尾酒或可林斯（Collins）雞尾酒裡，也不會影響碳酸化作用。

簡易糖漿 500 克（做法詳見第 45 頁）
新鮮覆盆莓 150 克
檸檬酸 2.5 克

在大水槽裡注滿水，把浸入式恆溫器放進水槽，溫度設定為 57°C（135°F）。

將所有材料放入碗中攪拌均勻，接著將食材倒入可密封的耐熱塑膠袋中。將袋子封到只剩一個非常小的縫後，把封好的部分放入水中（未密封處別碰到水），以盡量擠出袋子裡的空氣。將袋子完全密封後，自水中取出。

等溫度到達 57°C（135°F）時，把密封袋放入水槽，加熱 2 小時。

時間到後，取出袋子，泡進冰塊水中，使其溫度降到室溫。使用細目網篩過濾糖漿。如果糖漿裡還有任何小顆粒，就用咖啡濾紙或 Superbag 再過濾一次。將做好的糖漿倒入保存容器中，置於冷藏備用，最多可保存 2 週。

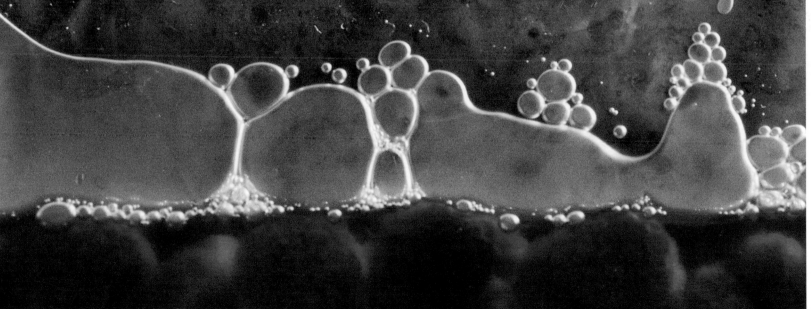

肉桂糖漿

產量：約 16 盎司
技巧：浸入式恆溫器

直到不久前，調酒師製作肉桂糖漿的方法都還是把肉桂棒浸到簡易糖漿裡放一個晚上，或把糖漿和肉桂棒一起煮滾。但這兩個方法都不理想。第一個方法做出來的糖漿味道很淡，而且帶點苦味，而第二個方法做出來的糖漿味道又太刺鼻，且這個方法會讓肉桂糖漿變得更甜，因為水在滾煮的過程蒸發掉了。使用浸入式恆溫器真的是個突破性的進展，能夠做出完整涵蓋各面向肉桂風味的糖漿，不再只是一般的 Red Hots 肉桂糖風味。用浸入式恆溫器做出來的肉桂糖漿，有著深沉、如在森林般的木質基調，還有像是現磨肉桂一樣的明亮香氣。

簡易糖漿 500 克（做法詳見第 45 頁）
壓碎的肉桂棒 10 克
猶太鹽（kosher salt）0.1 克

在大水槽裡注滿水，把浸入式恆溫器放進水槽，溫度設定為 63°C（145°F）。

將所有材料放入碗中攪拌均勻，接著將食材倒入可密封的耐熱塑膠袋中。將袋子封到只剩一個非常小的縫後，把封好的部分放入水中（未密封處別碰到水），以盡量擠出袋子裡的空氣。將袋子完全密封後，自水中取出。

等溫度到達 63°C（145°F）時，把密封袋放入水槽，加熱 2 小時。

時間到後，取出袋子，泡進冰塊水中，使其溫度降到室溫。使用細目網篩過濾糖漿。如果糖漿裡還有任何小顆粒，就用咖啡濾紙或 Superbag 再過濾一次。將做好的糖漿倒入保存容器，置於冷藏備用，最多可保存 2 週。

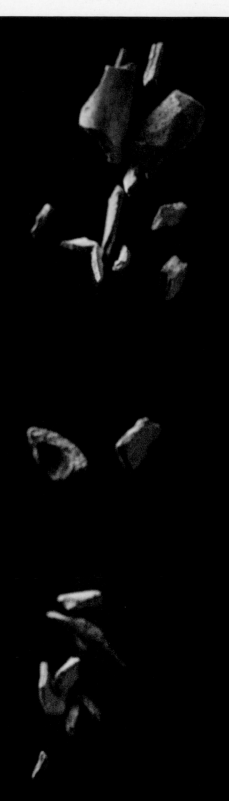

葡萄柚糖漿 Grapefruit Cordial

產量：約 16 盎司
技巧：浸入式恆溫器

這個方法能用來製作任何柑橘類的糖漿。可以試試梅爾檸檬，或任何不同品種的橘子。但要知道您可能需要根據柑橘種類，調整檸檬酸的用量：因為檸檬酸能增加清亮的酸韻，所以如果用的是高酸度的水果，就要減少檸檬酸的量。請注意我們在這個食譜中用了較低的溫度：只有 57°C（135°F），因為如果用較高的溫度加熱，就做不出有明亮清新風味的糖漿了。在煮的過程中，柑橘的果皮和果汁顆粒會分解，產生帶有多層次葡萄柚風味的糖漿。

濾過的現榨葡萄柚汁 250 克
未漂白蔗糖 250 克
檸檬酸 2.5 克
葡萄柚皮屑 10 克

在大水槽裡注滿水，把浸入式恆溫器放進水槽，溫度設定為 57°C（135°F）。

將所有材料放入碗中攪拌均勻，接著將食材倒入可密封的耐熱塑膠袋中。將袋子封到只剩一個非常小的縫後，把封好的部分放入水中（未密封處別碰到水），以盡量擠出袋子裡的空氣。將袋子完全密封後，自水中取出。

等溫度到達 57°C（135°F）時，把密封袋放入水槽，加熱 2 小時。

時間到後，取出袋子，泡進冰塊水中，使其溫度降到室溫。在細目網篩上墊幾層起司濾布後，過濾糖漿。如果糖漿裡還有任何小顆粒，就用咖啡濾紙或 Superbag 再過濾一次。將做好的糖漿倒入保存容器，置於冷藏備用，最多可保存 2 週。

德梅拉拉樹膠糖漿

產量：約 16 盎司
技巧：浸入式恆溫器

德梅拉拉糖有著深色的大粒結晶。其深色來自糖中天然的糖蜜，能給予濃郁的太妃糖風味。在雞尾酒中，我們常使用德梅拉拉樹膠糖漿來修飾烈酒強勁的風味，如其在「古典」中所扮演的角色，或是借它之力，讓雞尾酒喝起來更濃郁。然而，正因德梅拉拉糖擁有類似糖蜜般的風味，也限制了它的用途。如果我們希望雞尾酒的風味是乾淨或銳利的，一般來說就不會使用這個糖漿，因為它會讓酒變得混濁。此外，它能修飾烈酒邊角的特性也造成它不適合套用在其他款雞尾酒中；比如說，我們可能不會用它來調黛綺莉，因為它會讓我們想要的清新、明亮風味變得黯淡無光。在「古典」等攪拌型的雞尾酒中，樹膠糖漿可以讓酒體更豐厚，但又不會讓酒變得過甜。

德梅拉拉糖 300 克
阿拉伯樹膠 18 克
過濾水 150 克

在大水槽裡注滿水，把浸入式恆溫器放進水槽，溫度設定為 63°C（145°F）。

將德梅拉拉糖與阿拉伯樹膠放入果汁機中，攪打 30 秒。果汁機繼續保持運轉，同時緩緩倒入水，繼續攪打至所有乾料都溶解，約需 2 分鐘。

把打好的混合物倒入可密封的耐熱塑膠袋中。將袋子封到只剩一個非常小的縫後，把封好的部分放入水中（未密封處別碰到水），以盡量擠出袋子裡的空氣。將袋子完全密封後，自水中取出。

等溫度到達 63°C（145°F）時，把密封袋放入水槽，加熱 2 小時。

時間到後，取出袋子，泡進冰塊水中，使其溫度降到室溫。將做好的糖漿倒入保存容器，置於冷藏備用，最多可保存 2 週。

等比放大食譜

本書中的糖漿食譜大概都可以做出 16 盎司左右的糖漿 —— 足以應付一場聚會，但不夠長期備在冰箱裡。如果想要按比例放大食譜，請注意每項食材的強度。處理糖或其他甜味劑和水時，按比例增加只是簡單的數學問題而已。但像是香料或萃取液等食材，如果等比增加，味道可能會過於強烈。所以如果您要一次製作超過食譜兩倍量的糖漿，且此糖漿又包含香料或萃取液時，記得先增加三分之二的量就好，等試過味道後再慢慢調整。

鳳梨樹膠糖漿

產量：約 16 盎司
技巧：浸入式恆溫器

因為鳳梨汁裡含有許多果膠，所以用它來調製搖盪型的雞尾酒，能創造出漂亮綿密的泡泡，很像蛋白在雞尾酒上形成的效果。但鳳梨汁很快就會和飲料的其他部分分離，而且非常容易變質。為了要同時解決這兩個問題，我們通常會把新鮮鳳梨汁做成這個糖漿，同時加入一點檸檬酸，讓糖漿的味道更銳利純淨，消弭糖的甜膩，並凸顯天然的鳳梨風味。在鳳梨糖漿的研發過程中，我們發現自己希望它的用途不僅限於搖盪型的雞尾酒，而是同時也能用於攪拌型的雞尾酒。因此，就像「德梅拉拉樹膠糖漿」（做法詳見第 54 頁），我們在裡頭加了一點阿拉伯樹膠，這樣也有助於糖和鳳梨汁在溶液裡的穩定度。當所有食材透過浸入式恆溫器加熱時，阿拉伯樹膠會溶解，讓液體變成透明，鳳梨的果肉和果汁會分解為均質液態糖漿，但又不會失去水果明亮熱帶的風味。

未漂白蔗糖 250 克
阿拉伯樹膠 15 克
檸檬酸 1.5 克
新鮮鳳梨汁 250 克

在大水槽裡注滿水，把浸入式恆溫器放進水槽，溫度設定為 63°C（145°F）。

將糖、阿拉伯樹膠和檸檬酸放入果汁機中，攪打 30 秒。果汁機繼續保持運轉，同時緩緩倒入鳳梨汁，繼續攪打至所有乾料都溶解，約需 2 分鐘。

把打好的混合物倒入可密封的耐熱塑膠袋中。將袋子封到只剩一個非常小的縫後，把封好的部分放入水中（未密封處別碰到水），以盡量擠出袋子裡的空氣。將袋子完全密封後，自水中取出。

等溫度到達 63°C（145°F）時，把密封袋放入水槽，加熱 2 小時。

時間到後，取出袋子，泡進冰塊水中，使其溫度降到室溫。糖漿用 Superbag 過濾後，倒入保存容器中，置於冷藏備用，最多可保存 1 週。

直火加熱糖漿

我們很少用直火製作糖漿，因為瓦斯、電爐和電磁爐的功率都不同，造成我們很難寫出能夠達到一致效果的食譜，尤其是需要處理脆弱易受損的食材時。此外，水經過加熱會蒸發，導致糖漿變得更濃縮。然而，還是會有直火能加速風味萃取的時候：熱能會造成分子移動，造成更多表面接觸，因此會有更多風味產生，風味釋出也更快。例如，在我們的「香料杏仁德梅拉拉樹膠糖漿」裡（做法詳見右側），我們在加了調味的德梅拉拉樹膠糖漿煮到冒小滾泡時，得到最棒的效果。

如何製作直火加熱糖漿

公克磅秤
醬汁鍋
加熱器（爐子）
細目網篩
保存容器

1 仔細測量每樣食材的重量，並將食材放入醬汁鍋混合均勻。

2 整鍋煮到冒小滾泡，需經常攪拌。不要讓食材黏住鍋底，用文火煮一下──通常只需很短的時間。

3 鍋子離火，加蓋。這樣能確保不再產生任何額外的蒸發；水之後會凝結，可以避免糖漿變得更濃縮。

4 等糖漿放涼後，倒入細目網篩過濾。

5 將做好的糖漿倒入保存容器中，置於冷藏備用。

香料杏仁德梅拉拉樹膠糖漿

產量：約 16 盎司
技巧：直火加熱

這個糖漿是為了同時平衡與調味「諾曼第俱樂部的古典」（請參考第 16 頁）才研發的。肉桂、丁香和小荳蔻能增添明亮的香料調性，而杏仁則會帶來油脂的圓潤感，在「諾曼第俱樂部的古典」中，這些材料能與椰子浸漬波本威士忌互補，使整杯酒的風味更完整。當我們用少量香料糖漿來為飲品調味時，它們的角色就像苦精一樣。至於在其他場合，例如當我們想要將比較大量的糖漿加進以柑橘味為主的雞尾酒時，我們常發現最適合的做法是，把一部分的香料糖漿用簡易糖漿等沒有特殊味道的糖漿代替，這樣香料糖漿的風味才不會喧賓奪主。

德梅拉拉樹膠糖漿（做法請參考第54頁）500 克
杏仁片 30 克
壓碎的肉桂棒 6 克
整顆丁香粒 0.25 克，檳城丁香（Penang cloves）尤佳
綠荳蔻豆莢 1 個

把樹膠糖漿放在小醬汁鍋中，以小火加熱。倒入其餘食材，攪拌均勻。煮到開始冒小滾泡，接著繼續加熱，中間不斷攪拌，煮 10 分鐘，全程維持在冒小滾泡的程度；不要讓鍋中液體煮到沸騰。煮好後放涼至常溫，然後使用細目網篩過濾。將做好的糖漿倒入保存容器中，置於冷藏備用，最多可保存 1 個月。

離心機糖漿 CENTRIFUGE SYRUPS

任何種類的糖漿都可以用來製作離心機糖漿，糖漿做好後經過超高速（每分鐘轉速高達 4,500 圈）旋轉，把所有固體分離出來。雖然這個技巧需要先進的設備，但可以產生相當出色的結果。當我們需要做出透明糖漿，讓調酒更具視覺效果，或當我們想讓飲料碳酸化（做法詳見第 228 頁）時，就會使用這個技術製作糖漿。

我們使用的是實驗室離心機的整新品，機器來自奧札克生物科學機構（Ozark Biomedical）。我們首選的型號——Jouan CR422，要價大約 3,500 ～ 4,000 美元，一次可以旋轉大約 2,838 毫升（3 夸脫）的液體，並在 10 ～ 15 分鐘，就能讓液體變透明。儘管如此，現在也有很多烹飪用的新機型，而且價格便宜很多。最新款的「阿諾德小型離心分萃機」（Dave Arnold's Spinzall）只要 800 美元左右。

沒有離心機嗎？也沒關係，只要依照下面做法中的大部分步驟，接著讓糖漿靜置一晚，之後將糖漿倒在至少 4 層起司濾布上，放冰箱冷藏過濾整晚即可。

如何製作離心機糖漿

> 公克磅秤
> 大型磅秤
> 碗
> 附蓋離心機專用容器
> 離心機
> Superbag 或咖啡濾紙
> 保存容器

1 先用前面幾頁所述的方法，準備一款基底糖漿。

2 用公克磅秤測量一個離心機專用容器的重量，接著倒入糖漿，計算重量差（或如果磅秤有「歸零」的功能，就先放上容器，將磅秤歸零，再倒入糖漿，測量糖漿的重量。）

3 計算糖漿重量的 0.2%（糖漿重量乘以 0.002），以獲得公克數。

4 放 X 公克的多聚半乳糖醛酸酶到糖漿裡，攪拌均勻。加蓋靜置 15 分鐘。

5 測量步驟 4 之後的總重量，接著在其他每個容器內裝水，讓所有容器的總重量相同。每個裝在離心機內的容器都必須等重，這樣機器才能平衡。（不平衡的離心作用非常危險！）

6 用每分鐘轉速 4,500 圈（4,500 rpm）的速度運轉 12 分鐘。

7 取出容器，接著小心用咖啡濾紙或 Superbag 過濾糖漿，要注意不要動到沉澱在容器底部的固體。

8 如果糖漿裡還有任何顆粒，就再過濾一次。

9 將做好的糖漿倒入保存容器中，置於冷藏備用。

澄清草莓糖漿

> 產量：約 16 盎司
> 技巧：離心機

雖然用果汁機打的草莓糖漿就已經夠美味了，但若能讓糖漿變清澈，就可以使它更升級——如果您想加在攪拌型和碳酸雞尾酒裡，這點尤其重要。

> 去掉蒂頭的草莓 250 克
> 未漂白蔗糖 250 克
> 多聚半乳糖醛酸酶 0.5 克

把草莓和糖放入果汁機中，攪拌到非常細滑。糖一旦溶解後，將多聚半乳糖醛酸酶倒進果汁機中，繼續攪打 10 秒鐘。把糖漿倒入離心機用容器，並測量包含液體的容器總重量。在其餘容器內裝水，使每個容器等重。將離心機設定在每分鐘 4,500 圈的速度運轉 12 分鐘。取出容器，接著小心用 Superbag 或咖啡濾紙過濾糖漿，要注意不要動到沉澱在容器底部的固體。將做好的糖漿倒入保存容器中，置於冷藏備用，最多可保存 1 週。

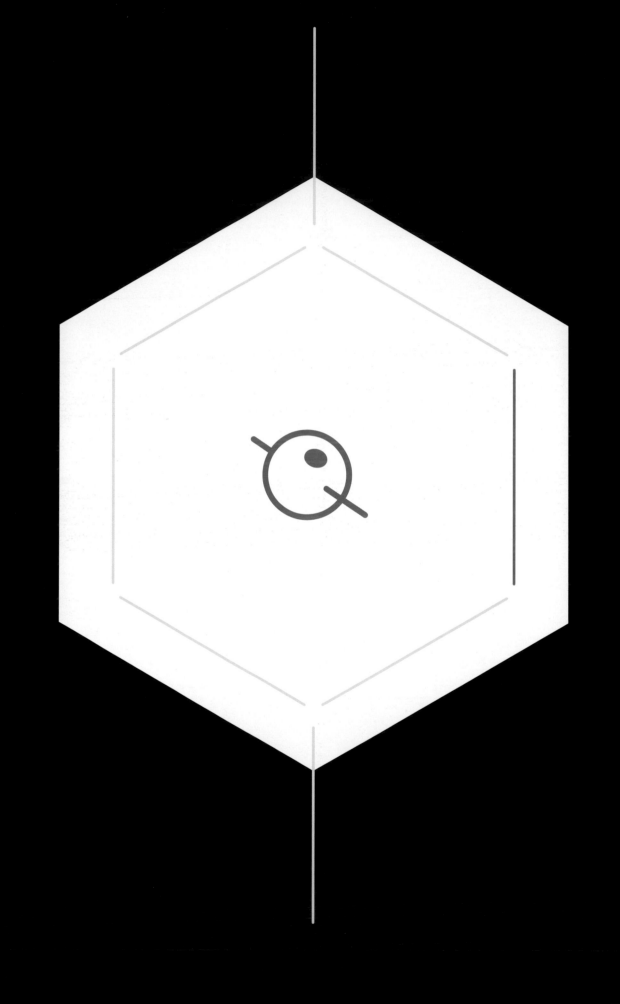

2

馬丁尼

THE MARTINI

經典酒譜

「馬丁尼」有使用琴酒或伏特加，與不甜香艾酒調製的版本，也有其他所謂的「馬丁尼」，裡頭加了蘋果蒸餾酒（apple schnapps）、巧克力香甜酒、異國風味水果果泥和幾乎所有其他您能想像得到的風味。為了符合本章目的，我們會從能在大多數雞尾酒書籍中找到標準酒譜的「馬丁尼」開始探索。經典版的「馬丁尼」和現代版的內容相去不遠：琴酒配上不甜香艾酒，不另外加冰直接倒在酒杯中，以檸檬皮捲或橄欖做為裝飾。

琴酒馬丁尼

琴酒 2 盎司
不甜香艾酒 ¾ 盎司
裝飾：檸檬皮捲 1 條或橄欖 1 個

將所有材料倒在冰塊上攪拌均勻，濾冰後倒入尼克諾拉雞尾酒杯（Nick & Nora glass）中。加上檸檬皮捲（在杯上朝著飲料擠壓檸檬皮捲，再將果皮掛在杯緣）或橄欖裝飾即完成。

但當核心酒換為伏特加時，常需減少香艾酒的用量。琴酒有強烈的植物性藥材風味（關於這點，我們之後會再深入討論），可與香艾酒分庭抗禮，但伏特加的風味輪廓屬高度精簡型，容易被香艾酒蓋過。有些「伏特加馬丁尼」的酒譜，直接省略香艾酒，但就我們來看，一點點香艾酒能增添少許的複雜度，讓雞尾酒不單單只是冰鎮過的伏特加而已。

伏特加馬丁尼

伏特加 2½ 盎司
不甜香艾酒 ½ 盎司
裝飾：檸檬皮捲 1 條或橄欖 1 個

將所有材料倒在冰塊上攪拌均勻，濾冰後倒入冰鎮過的尼克諾拉雞尾酒杯（Nick & Nora glass）中。加上檸檬皮捲（在杯上朝著飲料擠壓檸檬皮捲，再將果皮掛在杯緣）或橄欖裝飾即完成。

我們的根源酒譜

誠如我們將在本章深入探討的內容，琴酒有許多種不同的風味輪廓，酒精純度也不同。由不同酒廠配方製作出來的不甜香艾酒，風味也會有極大的差異，而且香艾酒的風味還會受到新鮮度影響（已開封的香艾酒與葡萄酒一樣，會慢慢變質）。伏特加的風味根據原料，也會有所不同。所有這些變數都代表「馬丁尼」是一杯可以高度客製化的調酒，可以根據飲用者喜好調整雞尾酒的強度：高酒精純度與少量香艾酒，或低酒精純度和多一點香艾酒。

在我們的根源「馬丁尼」酒譜中，我們採用了經典版本，並往香艾酒多的方向推進。在「核心」的部分，我們用了富含柑橘味的普利茅斯琴酒（Plymouth gin），這是一支能取悅眾人的選擇。至於「調味」，則使用我們最愛的不甜香艾酒「多林純香艾酒」（Dolin dry），它帶有高山香草風味，與普利茅斯琴酒是絕配。因為我們在酒吧裡用的一定是新鮮的香艾酒，所以在用量上我們增至足足 1 盎司。您可考慮將此酒譜視為之後客製化的基準線：您可能想要「馬丁尼」辛口一點（減少香艾酒用量）或草本氣息重一點（多加一點香艾酒，也是我們個人的最愛）。

我們喜歡的「馬丁尼」是以琴酒當核心，但香艾酒的存在感很重的，兩者之間並肩合作，通常琴酒和香艾酒的比例是 2：1。如同您之後會看到的，我們還加了柳橙苦精，雖然某些關於這類雞尾酒的歷史文獻會說加了苦精的版本，是完全不同的雞尾酒款。儘管如此，我們還是把柳橙苦精加進根源酒譜的原因是，它能夠同時放大琴酒和香艾酒的風味，不需從根本改變這杯酒，就能創造出一杯和諧的雞尾酒。

最後，我們取一檸檬皮捲，朝著飲料擠壓噴附皮油，再讓它漂漂亮亮地掛在杯緣。和「古典」雞尾酒酒譜（請參考第 4 頁）裡的檸檬皮捲一樣，我們不會在杯緣摩擦檸檬皮，因為強力的檸檬精油會停留在飲用者的舌頭上，完全壓制其他風味。

我們理想的「琴酒馬丁尼」

> 普利茅斯琴酒 2 盎司
> 多林純香艾酒 1 盎司
> 特製柳橙苦精（做法詳見第 295 頁）1 抖振
> 裝飾：檸檬皮捲 1 條

將所有材料倒在冰塊上攪拌均勻，濾冰後倒入冰鎮過的尼克諾拉雞尾酒杯（Nick & Nora glass）中。朝著飲料擠壓檸檬皮捲，再把果皮掛在杯緣即完成。

個人口味在「伏特加馬丁尼」裡扮演的角色比在「琴酒馬丁尼」中更為重要。我們承認有些人就是喜歡一杯冰涼的伏特加，不要再加太多其他素材，但我們比較喜歡一杯複雜度高一點的雞尾酒。話雖如此，對於「伏特加馬丁尼」，我們寧願少放一點香艾酒，向較辛口且純淨的一端靠攏，所以香艾酒只會發揮小小的調整作用，讓伏特加依舊是最突出也是居於主位的角色。接著，因為伏特加在這杯雞尾酒中佔了很大的比例，所以我們選用一款不僅是帶來酒精純度的伏特加：「絕對伏特加 Elyx」（Absolut Elyx），由於它很順口，略帶甜味又柔軟，所以能夠調出很棒的「馬丁尼」。最後，我們用橄欖裝飾，增添些微鹹味，有助於調和烈酒的風味。

我們理想的「伏特加馬丁尼」

> 絕對伏特加 Elyx 2½ 盎司
> 多林純香艾酒 ½ 盎司
> 裝飾：橄欖 1 顆

將所有材料倒在冰塊上攪拌均勻，濾冰後倒入冰鎮過的碟型杯中。以橄欖做為裝飾即完成。

您想要什麼樣的「馬丁尼」？

某人走進酒吧，點了一杯「馬丁尼」……

不，不。這樣不對。

某人走進酒吧，點了一杯「琴酒馬丁尼」，不另外加冰、攪拌，加上皮捲裝飾。

這才像話！

沒有其他款雞尾酒像「馬丁尼」一樣，在點酒時需要說得這麼具體：烈酒種類（琴酒或伏特加）、香艾酒份量（辛口或甘口）、技巧（搖盪或攪拌）和各種裝飾選擇，從橄欖到醃洋蔥，再到柑橘皮捲。一個人怎麼點「馬丁尼」可以傳遞許多訊息：琴酒給傳統派；伏特加留給反抗者。檸檬皮捲和加量的香艾酒是給詩人的；極辛口型「馬丁尼」配上橄欖，則是給銀行家。

此外，隨著雞尾酒的地位在美國文化中越來越重要，我們的口味也漸漸改變。在現代雞尾酒再起的最初期，大約是 2000 年代初期，具體、具侵略性的風味是主流：牙買加蘭姆酒、義大利苦甜利口酒和泥煤味蘇格蘭威士忌主導了某些特定類型酒吧的雞尾酒酒單。但現在的潮流偏向發現最微小與最精巧細節之美。對某一品牌琴酒的特別偏好，攪拌雞尾酒時，冰塊裡的礦物質對調飲風味的影響，和特定品種檸檬的香氣 —— 這些差異是那些靠經驗，而非雞尾酒書籍習得調飲知識的人才會發現，而這麼做能夠把雞尾酒提升到藝術的境界。

我們把了解這些細微差異視為精通雞尾酒的巔峰，且或許沒有其他雞尾酒比「馬丁尼」更能用來證實這個觀點。許多雞尾酒的特點來自其材料的強烈個性，但「馬丁尼」卻是透過一些細節來定義的 —— 一些小改變，就可以把整杯調飲帶到許多不同的方向。根據我們的定義，一杯酒若只有烈酒和香艾酒，沒有其他組成材料，則這杯酒就可以被稱為「馬丁尼」。用琴酒或伏特加都可以調出很棒的「馬丁尼」。

「馬丁尼」的公認特色

界定「馬丁尼」與其雞尾酒大家族的決定性特徵有：

「馬丁尼」是由酒和加味葡萄酒組成的，一般是琴酒或伏特加，與不甜的香艾酒。

「馬丁尼」的材料比例是有彈性的，而它的平衡與飲用者的喜好有關。

「馬丁尼」的裝飾物會大大影響整體風味和飲用體驗。

您所選的裝飾物，能帶來檸檬精油的清亮、橄欖的鹹味，醃洋蔥的鹹鮮衝味，或什麼都不加。雖然您絕對可以用搖盪法製作「馬丁尼」，但我們會盡全力說服您改變心意。

「馬丁尼」是建構在基底烈酒和加味葡萄酒（aromatized wine）之間的通力合作，加味葡萄酒可以是香艾酒，也可以是其他富含風味，以葡萄酒為基底的修飾劑（modifier）。這個「1+1>2」的結合，將定義本章所有調飲的核心風味。「馬丁尼」也不若其他根源雞尾酒一樣死板；它的酒精強度、甜或不甜都是可隨喜好調整的。

以「古典」為例，如果增加甜味劑的用量，很容易就會讓雞尾酒過於甜膩。而加太多的苦精意味著之後整杯酒都會變成苦精的味道。標準「古典」（和其他根源雞尾酒）的彈性是很小的，但「馬丁尼」和它的弟兄們並非如此。多一點香艾酒，調出來的「馬丁尼」是草本味道重一點的美味；減少香艾酒的量到只剩一點點，出來的「馬丁尼」不甜且清冽，但仍然好喝。「馬丁尼」可以隨要求調整，所以本章內容不只是界定調製一杯好喝「馬丁尼」的必備技巧與知識，同時也會帶您了解自己對「馬丁尼」的喜好。您是詩人還是銀行家？

了解範本

要了解「馬丁尼」範本為什麼能奏效的原因，需知道高酒精純度烈酒和加味葡萄酒之間如何找到平衡。烈酒（琴酒或伏特加）會給雞尾酒帶來酒精純度和風味，而加味葡萄酒（香艾酒）則會增添風味、酸度和甜味，並抑制烈酒的酒精強度。這些特性讓「馬丁尼」（與其諸多變化版）成為一款雖強勁，但質地滑順好入喉的雞尾酒。

我們之所以選定「馬丁尼」為此章主題，而不是「曼哈頓」（曼哈頓在歷史上可能還是「馬丁尼」的前身），乃因在「馬丁尼」中沒什麼可隱藏的：每樣材料都細緻入微，比例稍微一點點改變，所產生的結果差異，就比用更強烈或更甜材料調出的「曼哈頓」，來得誇張。

核心：琴酒和伏特加

和「古典」只著重於一種烈酒不同，「馬丁尼」的核心是由琴酒或伏特加，加上香艾酒共同組成的。而且因為不加甜味劑，所以香艾酒也必須要平衡基底烈酒的強度。這是造成「馬丁尼」如此有趣的一個重要環節——核心的範圍超越基酒，實際落在基底烈酒和香艾酒的互動上。

像不甜香艾酒這麼細緻的東西，如何與濃烈的琴酒交織混合，進而創造出新穎、絕對獨特的核心風味呢？一般來說，我們的

規則是越強的基酒，就需要越多的香艾酒才能形成平衡的核心。我們的根源「琴酒馬丁尼」酒譜，調的是所謂的「甘口馬丁尼」（wet "Martini"），也就是用了相當多的香艾酒，在這裡我們足足用了 1 盎司。而相比之下，我們的根源「伏特加馬丁尼」酒譜則只用了 ½ 盎司的香艾酒。但不要誤會，用 2 盎司烈酒和 1 盎司香艾酒調成的「伏特加馬丁尼」，一樣非常好喝。伏特加所扮演的角色像是背景，讓有草本氣息又帶點微苦的香艾酒能夠發光發熱。但因為伏特加有更多細微的風味，所以太多的香艾酒會蓋住任何讓特定伏特加之所以這麼獨一無二的特性。沒錯，有些人認為原味伏特加沒什麼特殊的味道，但事實遠非如此，而且我們相信一杯「馬丁尼」就應該彰顯所用伏特加的個性。這也是為什麼我們增加伏特加的用量，並減少香艾酒用量的原因。

一旦您知道如何建立平衡的烈酒 - 香艾酒核心，您就可以開始嘗試不同的基底烈酒；例如，「曼哈頓」（請參考第 84 頁）用了和「馬丁尼」相同的材料比例，但換成裸麥威士忌與甜香艾酒。或者您也可以稍微調整平衡，探索除了香艾酒以外的眾多加味葡萄酒；例如，「薇絲朋」（Vesper，請參考第 71 頁）就把香艾酒換成了「白麗葉酒」（Lillet blanc）。最後，本章將探究「馬丁尼」的各種變化版，這些變化版帶入能夠強調核心與平衡的風味，從義大利苦酒（請參考第 89 頁的「內格羅尼」[Negroni]）到少量的利口酒（請參考第 86 頁的「馬丁尼茲」[Martinez]）。這些「馬丁尼」的微改編版也許外觀和味道與我們的根源酒譜相去甚遠，但它們在放大範本中調味的同時，依舊維持了烈酒與加味葡萄酒之間的平衡。

琴酒

琴酒，至少就它現代的形式而言，在烈酒世界中是獨特的，因為它是專門設計用來與其他材料一起調成雞尾酒的。簡單來說，琴酒就是加味伏特加。它一開始是沒有特殊味道的穀物烈酒，本質上就是高酒精純度的伏特加，後來加了各種不同的植物性藥材增添風味，其中最有名的就是杜松子（juniper berries）—— 事實上，在美國和歐盟，如果酒內沒有這些富含香氣的漿果，是不能貼上「琴酒」酒標的。其他琴酒裡常見的植物性藥材有芫荽籽、菖蒲根（orris root，又譯為「鳶尾根」）、當歸、柑橘皮、八角和甘草。有些琴酒只有一些調味品，但有些則是由數十種原料勾勒出複雜的風味，而正是這種成分組成的方式讓每支琴酒都有它自己的個性。而且，和往常一樣，整體會大於部分的總和；一個成功的組合，可以創造出獨特且出乎意料的風味輪廓，遠勝於單一植物性藥材的香氣與風味。

琴酒聞起來明亮，酒精味明顯，且多虧了杜松子，所以還帶點森林的味道。但因為不同牌子的琴酒各有自己獨一無二的特徵，所以每一款都會將雞尾酒導向不同的方向。杜松子比例重且高酒精純度的琴酒，如坦奎利（Tanqueray，又譯為「坦奎瑞」）就比普利茅斯等標準酒精純度的柑橘味琴酒濃烈。所以我們不會說哪一款琴酒是最棒的；而是會依各種不同緣由選用不同款的琴酒。

阿夸維特 AQUAVIT

「阿夸維特」是斯堪地那維亞的特產，是一種風味強勁十足，清澈透明（且短陳）的烈酒，讓它成為雞尾酒中非比尋常的材料。琴酒的主要風味來自杜松子，而阿夸維特的風味則是由葛縷子或茴香主導，讓它有充滿辛香的鹹鮮風味。放在雞尾酒裡，這些風味有可能會太過搶戲，所以我們建議您將阿夸維特搭配其他烈酒一起使用。我們最喜歡的阿夸維特品牌包括利尼（Linie；挪威）和克羅格斯塔德（Krogstad；美國奧勒岡州）。

雖說沒有兩支琴酒是一模一樣的，但我們還是把大部分的琴酒歸為兩類：倫敦辛口（london dry）琴酒和當代（contemporary）。這些並不是企業或政府頒布的規範，而是我們在思索和決定最適合某款雞尾酒的琴酒時的速記法。至於下方的「推薦酒款」部分，我們建議了一些用途廣泛的品牌，在許多場合的表現都很好，不僅限於調製「馬丁尼」。另外請注意，和其他烈酒種類，更換成類似品牌通常無傷大雅的情況相比，琴酒無法這麼做，因為每一支都是獨一無二的。所以在我們的酒譜中，我們會指明特定的品牌，這些都是我們依據其獨特風味輪廓，精挑細選的結果。一個只寫了「琴酒」的酒譜，無論好壞（但通常是壞的），都留了太大的解釋空間。如果您真的需要更換琴酒的品牌，請盡量維持在同類別：倫敦辛口或當代。

倫敦辛口

「倫敦辛口」是最普遍的琴酒類型，市面上大多數廣泛鋪貨的品牌皆屬此類，其中包括一些熟悉的名字，如普利茅斯、英人牌（Beefeater）、坦奎利和高登（Gordon's）。這些琴酒的特色是純淨、幾乎沒有特殊味道的基底，以及由木質杜松子主導的銳利辛香風味。大部分的人找琴酒時，他們通常指的是倫敦辛口。

建議酒款

英人牌倫敦辛口：就我們看來，沒幾支琴酒在調酒時，能像「英人牌」一樣萬用 —— 具體來說，是出口到美國的版本。酒標上紀錄的 47% ABV，表示它有足夠的酒精純度，可以切穿任何您丟在它身上的東西（義大利苦酒、柑橘、水果糖漿……），但它也相當細緻，所以不會蓋過「馬丁尼」內香艾酒的風味。如果您只能選一支琴酒放在酒吧裡，這支或許就是最好的答案。

福特琴酒（Fords Gin）：祕密大公開：這支琴酒的名字來自我們的摯友山姆 福特（Sam Ford），他是一名釀造烈酒的專家，在成立自己的公司前，曾在普利斯和英人牌工作過。我們並非只是摺下名號，在您把福特、普茅利斯和英人牌擺在一起試飲過後，就會很清楚這個資訊的價值，因為「福特」的風味輪廓和酒精純度都介於兩者之間。山姆為了調製所有類型的雞尾酒，而研發了這支琴酒：柑橘味、酒味和苦味。所以儘管您會發現其他某個品牌的琴酒，真的無敵適合特定的雞尾酒，但福特琴酒在細緻與濃烈之間取得平衡，讓它成為一支備著就能隨時配上用場的琴酒。

琴酒與酒精純度

特定品牌琴酒的酒精純度，也會因您的購買地而有所不同。這很大的部分與「稅」有關，某些琴酒製造商不生產或不出口酒精濃度比較高的琴酒，因為要繳的稅可能會高到令人卻步──即使他們認為酒精純度較高的版本味道更理想。舉例來說，這就是為什麼您在美國看到的「英人牌」酒精濃度為47%，但在英國和其他地方的版本卻只有40%。調酒前要先瞄一眼酒標：酒精純度高一點的琴酒會比較濃烈，所以可能需要減少用量。雖然這個論點套用在其他烈酒上也一樣，但酒精純度對於特定琴酒裡的植物性藥材風味如何呈現，有相當明顯的影響。高酒精純度的琴酒辛香氣較重，而低酒精純度的琴酒則會比較偏柑橘味。

普利茅斯：一般來說，當我們製作酒味重一點的調飲時，會使用「英人牌」，而「普利茅斯」則留給柑橘味的雞尾酒。這個經驗之談反映普利茅斯與其他酒精純度較高的琴酒相比，風味較為細緻，它的酒精濃度為41.2% ABV且其中的植物性藥材組合讓酒柔軟帶柑橘味，同時又有相當明顯的杜松子底調，讓普利茅斯幾乎適合用來調製所有的柑橘味雞尾酒。當我們想要琴酒扮演雞尾酒的基座時，也會選擇普利茅斯（和其他款類似的琴酒），因為它的風味在之後與其他材料協作時，是很和緩地出現。普利茅斯在攪拌型雞尾酒中，表現也非常好，它能成為比較柔軟的基座，托住之後建構在它上頭的其他細緻風味。

希普史密斯（Sipsmith）：這支酒是烈酒業專家們協力合作的成果。研發目標設定於最適合「馬丁尼」的琴酒，而確實我們真的很愛用它來調製像「馬丁尼」這類，以琴酒為核心的雞尾酒。雖然它也能調出很好喝的「琴通寧」（gin and tonic），當然也可以和柑橘混合在一起，但希普史密斯發揮最大效用的時候，就是成為主角焦點之時。

坦奎利：坦奎利在任何酒吧裡，都是最容易被認出來的酒之一，這個胖胖的綠色酒瓶，在琴酒粉絲的軍火庫中，一直具有相當特別的地位，已經佇立了將近200年。它於1830年代上市，當時是第一支隸屬於目前稱為「倫敦辛口琴酒」類別中的烈酒。美國版的坦奎利，酒精濃度為47.3%，而且和英人牌很像，其高酒精純度讓它很適合調製許多類型的雞尾酒。然而，因為它也有很重的杜松子風味，所以在我們調製酒感重又帶苦的雞尾酒時，非常有用，尤其是「內格羅尼」及其變化版，因為這支琴酒能穿透甜味和苦味，同時又能乾淨俐落地表現出自己的特色。正因如此，若把它放在清爽、柑橘味重的雞尾酒中，往往會過於濃烈。

老湯姆琴酒 OLD TOM GIN

「老湯姆」是一種微帶甜味，曾經一度失傳的琴酒類型，與倫敦辛口不同，而且被認為比倫敦辛口還早出現。儘管如此，但因為兩者很類似，所以在一些會用柔一點的倫敦辛口琴酒，如普茅利斯或福特的情況，我們就會改用老湯姆。在19世紀的調酒書中，許多琴酒雞尾酒的酒譜，都會特別指定要用老湯姆，而且據說「馬丁尼茲」（請參考第86頁）和「湯姆可林斯」（Tom Collins；請參考第138頁）最初就是用老湯姆調出來的。現在無論大型或小型的釀酒商，都開始重新生產這類型的琴酒，而且正如琴酒的世界很廣闊，這些釀酒商做出來的老湯姆也各具特色。例如海曼老湯姆琴酒（Hayman's Old Tom）就是甜但是植物性藥材味重，而雷森老湯姆琴酒（Ransom Old Tom）則經過短陳。海曼是第一支進軍美國的老湯姆，並且被視為是老湯姆的標準款。它微微的甜味能讓植物性藥材風味綻放光彩，而且還擁有新鮮柑橘的特色（相較於倫敦辛口的乾燥柑橘特質）與明顯的甘草風味。

當代琴酒

當代琴酒在烈酒世界中是前衛的藝術家。雖然它們確實符合「一定要有杜松子」的要求，但往往會避開慣例成規。因此，設計用當代琴酒調製的雞尾酒時，最好從琴酒倒著推算回來。

建議酒款

飛行琴酒（Aviation Gin）：「飛行琴酒」未使用中性的酒精做為基底，而是用發芽裸麥烈酒，而且雖然向經典的倫敦辛口致敬，但縮減了杜松子的用量，並多放了墨西哥菝契，讓它有獨特的麥根沙士意象，另外還有薰衣草能增添極佳的副香氣。這支琴酒酒體飽滿，風味非常豐富，酒精濃度為42%，有著足夠的酒精強度，用來調製多種不同類型的雞尾酒，表現都非常優秀。此外，因為它是如此特別，所以也非常適合幫雞尾酒調味，誠如其於「貝詩進城去」（Beth's Going to Town；請參考第87頁）中所扮演的角色。

聖喬治草本、風土和辛口裸麥琴酒（St. George Botanivore, Terroir, and Dry Rye Gins）：要找出一支能夠完美捕捉當代類型精髓的琴酒，實在很難，所以如果您願意挑戰，我們建議您試試聖喬治三件琴酒組，以了解這個類別中獨特、以及往往造成戲劇性效果的變數。許多當代琴酒似乎都源於一段敘述，這段敘述可能是一段故事，或是表達特定的觀點。「聖喬治烈酒」（St. George Spirits）一直都是不畏表述強烈的認同感與世界觀的釀酒商。針對上面最後兩句，您可以簡單「翻個白眼」就略過（如果您住在舊金山，就有可能會點頭表示認同），但請聽我們說完。「草本」是三件組裡最傳統的，包含各種古怪的植物性藥材，如蒔蘿、啤酒花和佛手柑──向琴酒的歷史致意，但也突破我們對倫敦辛口琴酒的期待。「風土」則是給加州的一封情書，從洋松（Douglas fir）到鼠尾草，通通丟進去釀酒，所以釀出一瓶木質味道濃重的小怪物。最後，「辛口裸麥」由100%裸麥基底烈酒製成，且只含有6種植物性藥材（相較於「草本」的19種和「風土」的12種）；辛香的基酒加強了杜松子的胡椒味特點，造就了一支風味超級豐富的琴酒。

伏特加

調酒師們很喜歡說伏特加的壞話，而我們承認過去自己也曾犯下這些最糟糕的錯誤。在 2000 年代初期，我們拼了命想讓全世界嘗試新事物，也想讓自己脫離人們習慣飲用的調酒。1990 年代的「- 丁尼類」（-tinis）調酒嚴重玷污了經典「馬丁尼」的名聲，但也多虧了它們，促成雞尾酒普及化。雖然現在我們回顧那個年代，會認為那是雞尾酒「鈍力」（blunt-force）無光的時期，雞尾酒是用品質不好的烈酒和工業級材料組成的，但從那個時候起調飲突然又變好玩了。

伏特加和所有 1990 年代的大勢調酒用副材料（酸蘋果利口酒 [sour apple liqueur]、蜜桃蒸餾酒 [peach schnapps] 和高度加工果汁等）沾不上邊，造成它很容易成為我們當中許多人的箭靶，有人形容伏特加就是一種帶去聚會，但沒辦法炒熱氣氛的酒。後來，隨著 2000 年代到來，積極進取的調酒師們開始從沾滿灰塵、美國全國禁酒令以前的酒吧手冊中，鑽研被長期遺忘的酒譜。在這些酒譜中，他們很少看到伏特加，但確實找到許多琴酒、威士忌、白蘭地和蘭姆酒，而那些充滿歷史的雞尾酒也給調酒師們帶來許多靈感，讓他們想要重新找回對材料和新鮮產品的關注，並專注於雞尾酒調製上。在這期間，為了繫上吊帶，我們在褲子上縫了一大堆鈕扣，也花了好幾個小時，對著 Youtube 叫囂，只為了把領結正確打好，我們把自己打扮得衣冠楚楚，好讓別人認真地看待我們。

但是否認伏特加的價值，就是坐在傲慢的講壇上，而且老實說，也是不夠大方的。有很多人喜愛伏特加，且也許不只是因為看了它有創意的廣告。他們愛它是因為它的誠實：你看到的就是你喝到的。當我們選擇用伏特加來調飲時，也是因為它能發揮功用——因為它的特性、純淨度和集中，有助於達成非常特定的效果。

伏特加的現代定義談到它的「中立性」與「無味」，但這完全沒抓到重點。對於沒有受過訓練的味蕾，品嘗未稀釋過的伏特加，可能和喝消毒酒精沒兩樣。實際情況是要去了解什麼讓特定伏特加這麼有特色，您必須挖得比研究其他烈酒還深，因為在研究其他烈酒時，我們通常透過它們的香氣和啜個幾口，就能把它們的特性摸得滿清楚的。但是伏特加沒那麼容易就把祕密告訴我們。

學著熟悉不同類型的伏特加，以及認識每一款對雞尾酒的影響，可說是一個不錯的切入點。伏特加是同時由它的原料和製作方法定義的。任何可發酵的植物或水果經過蒸餾，都可以變成伏特加。穀物伏特加有著可想而知的特徵（也許很細微）：小麥伏特加軟又甜、裸麥伏特加辛香味重，而玉米伏特加很濃郁等等。至於製作方法，伏特加幾乎全都是蒸餾到非常高的酒精濃度——大約 95% ABV（幾近純酒精）。因此，許多潛在風味都被去除了，只留下這些風味的本質。高酒精濃度的蒸餾液，之後會加水稀釋到 40% ABV（可飲用的酒精度）。

在大多數的經典雞尾酒範本中，伏特加的風味都會被其他材料蓋過。儘管如此，每款伏特加之間的細微差異，還是能以幾乎不顯眼的方式成為焦點。單獨使用「絕對伏特加 Elyx」這款以小麥為主的伏特加時，您可能嘗不到小麥的特質，但放在雞尾酒中，它能提供柔軟度和豐厚的酒體——不是風味，而更像是感覺的特質。類似的情況也發生在以其他原料製成的伏特加上：裸麥伏特加有一絲絲胡椒辛香；馬鈴薯伏特加嘗起來有泥土氣息，幾乎像是甜菜味；玉米伏特加帶有微微甜味；而葡萄伏特加則有花香。雖然所有的風味都很輕微，但一杯接著一杯，連續試飲多款，您就會發現差別。

「馬丁尼」遠比其他柑橘味雞尾酒，更適合用來研究伏特加微妙之處。對於偏愛琴酒的雞尾酒狂粉而言，這聽起來也許不正統。但是就像之前所提過的，「馬丁尼」的隱藏空間很少，所以選用的伏特加和技巧的重要性，就會跟著放大。

建議酒款

絕對（Absolut）：雖然這支酒最有名的可能是它具代表性的行銷活動，但「絕對」是一款異常完美的商品，也是調酒師間的最愛。使用生長在瑞典南部的冬小麥蒸餾，它的柔軟度讓它很適合許多款雞尾酒，特別是用柑橘調製的，但它用於鹹味雞尾酒，像是「血腥瑪麗」的效果也很好。我們特別喜歡用等量的「絕對」和「多林純香艾酒」，再加上 1 抖振的柳橙苦精和 1 條檸檬皮捲所調成的「馬丁尼」。

絕對伏特加 Elyx：原料使用瑞典單一莊園所產的小麥，並使用特定類型的銅壺蒸餾，「絕對」酒廠的工作人員在一個缺乏多樣性的烈酒類別中，立志探索風土的本質，然後成功了。「絕對伏特加 Elyx」雖然比較貴，但它在我們的藏酒中，已經成為少數幾支無法用其他品牌取代的伏特加之一；它的濃郁、滑腴和有深度的風味，加總起來成為一個決定性的特徵，會在所有用它調製的雞尾酒中呈現。

雪樹（Belvedere）：「雪樹」以裸麥為主要原料，是另一個砸大錢行銷的知名品牌。它是一款製作精良的商品，相當適合加進雞尾酒中，其些微的胡椒辛香，與「辛口馬丁尼」特別合拍。

機庫 1 號（Hangar 1）：許多突然出現的小型伏特加精釀品牌，都把它們的成就歸功於「機庫 1 號」開拓的路徑。「機庫 1 號」是一個鄰近舊金山的（相對）小型酒廠，其所生產的「機庫 1 號純伏特加」（Hangar 1 straight vodka）由穀物和葡萄蒸餾而成，所以有著一些小麥的柔軟，再加上葡萄的果味與花香特性。此外，機庫 1 號還產有三種橫掃競爭對手的風味伏特加：佛手柑、桂花和馬蜂橙（泰國青檸）。

試驗「核心」

更改基底烈酒（又稱「蛋頭先生法」）是建構和了解「馬丁尼」變化版的首要策略。也是無數雞尾酒創作的基礎邏輯，而且確實造就了一些我們最喜愛、最簡單的原創雞尾酒。只是要記住，當您更換基酒時，要跟著維持核心的完整性──在「馬丁尼」的例子中，就是烈酒和加味葡萄酒之間的關係，這樣才不會失去雞尾酒的焦點。簡而言之，任何對基酒的改變，可能都需要相應調整香艾酒的用量，如此一來，雞尾酒才能重新回到平衡，您將會在底下的變化版中看到實際操作。稍後在本章「試驗『平衡』」（請參考第 75 頁）的內容中，我們將探索加味葡萄酒的改變如何深度影響平衡，以及對雞尾酒的風味造成重大影響。

在您自創雞尾酒時，可能會忍不住想要使用這些策略，把「馬丁尼」的公認特色推到極限，用超越平衡參數的方式轉向甜的、苦的或強勁的風味。這麼做有時能成功創造出一杯大膽奔放的雞尾酒，但比較常出現的結果是過度放縱，即置換品的特性已從核心風味中脫離。

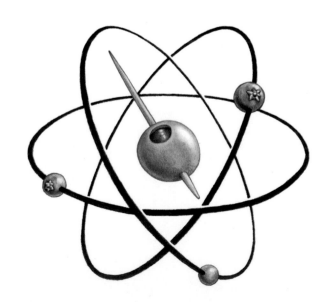

薇絲朋 Vesper

經典款

雖然我們在前面的內容中曾指出「馬丁尼」的核心是琴酒和伏特加，但我們也強調這類酒真正的核心是由烈酒與香艾酒共同組成的。在「薇絲朋」中，同時加了琴酒與伏特加這兩種核心酒——兩者的結合之所以能在這杯經典調酒中奏效，是因為平衡也相應調換，用白麗葉酒代替香艾酒。白麗葉酒有著類似的酒精含量，但果味更重，與香艾酒的鹹鮮相反，而且因為它的風味相當細緻，以致於若單用琴酒當基酒——即使是像普利茅斯等比較柔和的琴酒，會讓這杯調飲的風味太過偏頗。因此用一些伏特加代替琴酒，有助於延展琴酒的植物性藥材風味，也讓白麗葉酒得以發光發熱。

普利茅斯琴酒 1½ 盎司
埃斯波雷鴨伏特加（Aylesbury Duck Vodka）¾ 盎司
白麗葉酒 ½ 盎司
裝飾：檸檬皮捲 1 條

將所有材料倒在冰塊上攪拌均勻，濾冰後倒入尼克諾拉雞尾酒杯（Nick & Nora glass）中。朝著飲料擠壓檸檬皮捲，再把果皮掛在杯緣即完成。

迪恩馬丁尼 Dean Martin

戴文·塔比與艾力克斯·戴，創作於 2015 年

把基酒拆分成好幾種烈酒，會是一個簡單的方法，既能大致維持「馬丁尼」的型態，又能創作出新款雞尾酒。「迪恩馬丁尼」就是這個策略的良好示範，藉由將些許琴酒換成飽含風味的「洋松白蘭地」（Douglas fir brandy）。因為這樣同時改變了平衡，所以我們加了木質的「皇家凡慕斯白香艾酒」來強調洋松「生命之水」（eau-de-vie，譯註：即「無色透明的水果蒸餾酒」）的風味。這杯雞尾酒，能回答當初啟發靈感的問題：「12 月時在山頂上喝的『馬丁尼』，會是什麼樣的內容？」

坦奎利琴酒 1¾ 盎司
清溪洋松白蘭地（Clear Creek Douglas fir brandy）¼ 盎司
皇家凡慕斯白香艾酒（La Quintinye Vermouth Royal blanc）½ 盎司
波西埃純香艾酒（Boissiere dry vermouth）½ 盎司
鹽水（做法詳見第 298 頁）1 滴
裝飾：噴 4 下「滑雪後酊劑」（Après-Ski Tincture；做法詳見第 297 頁）

將所有材料倒在冰塊上攪拌均勻，濾冰後倒入尼克諾拉雞尾酒杯中。朝飲料上方噴出酊劑薄霧即完成。

平衡：香艾酒和其他加味葡萄酒

琴酒或伏特加在「馬丁尼」中的合作夥伴是加味葡萄酒，其中最常見的是「香艾酒」。加味葡萄酒就是葡萄酒（通常是味道中性的白酒）以香草、樹皮或柑橘增加風味，再額外用酒精加烈（fortified）。增加的酒精純度可以延長酒的保存期限，但也代表著它能和其他材料（如琴酒或伏特加）分庭抗禮，不會默默消失淪為背景。香艾酒可被視為是一種類型的加味葡萄酒。

大部分的加味葡萄酒都有殘留的甜味（無論是基酒本身的天然甜味，或額外添加的糖），這點在平衡「馬丁尼」時很重要。無論是不甜的法式香艾酒或是苦甜並具的義式香艾酒，這個甜味都能抑制琴酒或伏特加等高酒精純度烈酒的強度。

香艾酒

香艾酒最簡單的定義就是一種加了味道或香味的加烈葡萄酒——而且和葡萄酒一樣，有保存期限。因此，我們建議您買越小瓶越好（通常是 375 毫升），才不會開了一瓶之後，剩下一大堆。

所有的加味葡萄酒，包括香艾酒，也可以稱為「開胃葡萄酒」（aperitif wines），可用來速記已經用微苦原料加味過，讓它們適合在餐前喝，刺激食慾的葡萄酒。無論是甜的或不甜的香艾酒，都是建構在一款葡萄酒之上，這個基酒通常是沒有特殊風味與香氣的白葡萄酒。香草和其他植物性藥材會泡在白酒中數週等待出味，且雖然每間酒廠的配方不同，但常見的原料包括苦艾（wormwood；又譯為「洋艾草」）、洋甘菊和龍膽草（gentian）。（有一點很有趣：香艾酒的名稱雖然是和苦艾有關 [譯註：香艾酒的英文名稱 vermouth 源自德文 wermut，直譯為英文即是 wormwood]，但這項原料卻因 20 世紀初期的多條法規禁止，而常被省略，或僅用極少的量）。在浸漬出味的過程後，會添加糖（不甜香艾酒就加少量，白色香艾酒加多一點，甜味香艾酒加更多），也會額外添加酒精加烈，因此大部分香艾酒最後的酒精濃度為 16% ～ 18%。

雖然關於香艾酒的歷史有點模糊，但許多人相信在 1786 年發明現代香艾酒的人是義大利蒸餾酒商安東尼奧·貝內代托·卡爾帕諾（Antonio Benedetto Carpano）。卡爾帕諾的香艾酒奠定了現在稱為「義式香艾酒、甜香艾酒或紅香艾酒」的根基：深紅色，常有苦味，具有甜甜的櫻桃風味且通常會有讓人想起香草的餘韻。雖然顏色深，但通常是由白葡萄酒製成的，再額外添加調味品與顏色的來源 —— 焦糖色素。

法國人很快就採納香艾酒，並做出自己的版本，融入本地的高山原料，並去掉一些甜味，做出現在稱為「法式香艾酒」或「純（不甜）香艾酒」的類型，成品為完全通透無色。

另外還有其他幾個類型的香艾酒，但其中最常用於雞尾酒的是白（法文為 blanc、義大利文為 bianco）香艾酒，據說是由法國人發明，然後被義大利人仿效。在甜味方面，白香艾酒與紅香艾酒類似，但辛香味比較淡，著重於香草味（尤其是百里香），而且是完全透明，就像法式純香艾酒一樣。這種香艾酒成為我們調酒時的固定班底，尤其是用在「馬丁尼」的變化版中。法國酒商製作的白香艾酒，往往比較細緻、有甜味和草本氣息，而義大利版本的白香艾酒，則有比較豐富的風味，加到任何一款雞尾酒中，都會讓調飲有很明顯的香草調。

許多大型的香艾酒酒商，會同時製作多種類型的香艾酒，但我們已經從各類型的發源地，找到該種類的最愛，甜香艾酒我們通常會使用義大利的品牌，而不甜香艾酒則是使用法國的牌子。至於白香艾酒，則是依據用途而定，但我們比較常用的是法國「多林」的白香艾酒。

甜紅或義式香艾酒的建議酒款

安堤卡古典配方香艾酒（Carpano Antica Formula）：雖然據說這是復刻安東尼奧·貝內代托·卡爾帕諾 1786 年配方，但是這個特定的品牌直到 1990 年代才問世。但撇除所有行銷花招不談，安堤卡古典配方是我們最愛的香艾酒之一，而且它在風格上被認為是標準的義大利都靈香艾酒。它的味道強勁帶有苦味，而且有很重的香草後勁。我們喜歡用它來搭配陳年烈酒；很少有香艾酒像它這麼甘美，在經典「曼哈頓」（請參考第 84 頁）中，能和充滿胡椒風味的裸麥威士忌形成對比。然而，它的所有風味造成了一個缺點：當它與比較細緻的烈酒，如琴酒、伏特加，甚至是龍舌蘭相混合時，安堤卡古典配方會變成一個難以控制、不知何時該閉嘴的客人。

琴夏洛紅香艾酒（Cinzano Rosso）：「琴夏洛」雖然和其他都靈甜香艾酒師承同源，但它的侵略性沒有「安堤卡古典配方香艾酒」這麼強，所以用途比較廣泛。雖然它調不出最棒的「曼哈頓」，但我們也不曾將它逐出家門。它仍然很適合和琴酒一起調出經典的「馬丁尼茲」，或與琴酒和金巴利（Campari）一起調製「內格羅尼」。

多林法式紅香艾酒（Dolin Rouge）：甜的法式香艾酒？我們不是才剛說過就這類型，我們比較喜歡義式的嗎？沒錯，但「多林法式紅香艾酒」是不同種類的甜香艾酒。雖然它和它的義大利表親有些共同的特性，但較清爽也柔軟許多，這個特點在與需要多點心思照料的烈酒一起調製雞尾酒時，特別管用。例如，如果您要用「美格經典波本威士忌」（Maker's Mark）這類小麥比例重的波本威士忌調一杯「曼哈頓」——此時若來一支結實的紅香艾酒，如安堤卡古典配方，或甚至是琴夏洛，都會壓倒波本威士忌，但多林法式紅香艾酒就不會。基於同樣的理由，這支酒若搭配其他不像裸麥威士忌有濃重香料味的烈酒時，效果也很好——如干邑、卡爾瓦多斯和一些陳年蘭姆酒。

純（不甜）或法式香艾酒的建議酒款

多林純香艾酒：如果您只能囤一支純香艾酒，絕對是多林。它非常的不甜而且味道很乾淨——是不甜香艾酒的標竿，也是「馬丁尼」的最佳夥伴。它帶有高山香草的微妙風味，還有淡淡的苦味，所以格外清新。同時，多林純香艾酒也是一個特別適合證明風土如何定義香艾酒的例子：它與阿爾卑斯山山腳下的法國尚貝里（Chambéry）淵源很深，自 1821 年起，就一直在此處生產。如果您想要看到多林純香艾酒的光彩，請試試「50-50 馬丁尼」——普利茅斯琴酒和香艾酒等量，加上 1 抖振的柳橙苦精和 1 條檸檬皮捲。

諾利帕極不甜香艾酒（Noilly Prat Extra Dry）：在現代烈酒再興之前，從法國馬賽來的「諾利帕」是少數幾支能在美國找到的不甜香艾酒之一，由於它有迷人的風味且非常容易購賞，自那時起就一直是我們的常備酒款。

法式或義式白香艾酒的建議酒款

多林白香艾酒：雖然在多林白香艾酒進入美國市場前，我們也用過其他的法式白香艾酒，但是，是「多林」讓我們愛上這個類型的。多林白香艾酒是一個多變、好相處的選手，適用於許多不同的雞尾酒：用各種可想像得到的基底烈酒（龍舌蘭酒、梅茲卡爾、琴酒、蘭姆酒、威士忌、白蘭地……）調成的「馬丁尼」變化版、在「酸酒系」雞尾酒中，擔任拆分基酒裡具有草本風味的一員，或在氣泡雞尾酒（spritzes）和低酒精濃度調飲中當基底材料。我們特別喜歡把多林白香艾酒和「生命之水」加在一起。如果您來我們的其中一間酒吧，也許在酒單某處就會看到這個組合。

皇家凡慕斯白香艾酒（La Quintinye Vermouth Royal Blanc）： 雖然大部分的白香艾酒都是以味道非常中性的白酒當基底，但皇家凡慕斯白香艾酒卻是建構在「夏朗德皮諾酒」（Pineau des Charentes）之上，它是法國干邑區產的開胃酒，由未發酵的釀酒葡萄汁加上幼齡干邑餾出液（distillate）加烈而成，為這款極為鮮美的白香艾酒提供一個寬廣、富含風味的基底。

馬丁尼和羅西白香艾酒（Martini & Rossi Bianco）： 前兩支酒雖然很棒，但不太容易取得。在大型香艾酒酒廠製造的法式或義式香艾酒中，我們最愛的是「馬丁尼和羅西」。但要特別小心，它比多林白香艾酒稍微容易顯露個性，但也因此讓它成為白龍舌蘭（blanco tequila）、梅茲卡爾和琴酒等烈酒的絕佳夥伴。

其他加味葡萄酒

還有其他許多以葡萄酒為基底的產品，它們在雞尾酒中的功用類似香艾酒，而且就風格上也有點相似，所以我們在使用上，通常將它們視為香艾酒的創意代用品。它們與香艾酒不一樣的地方在於添加的風味。許多把重點放在單一風味或只使用少量的原料，這與廣泛使用各種添香加味品的香艾酒相反。雖然有些和香艾酒極為類似，可以輕易取代，但也有些強調的是完全不同的風味，或有比較高的酒精含量，所以需要做更多調整才能達到雞尾酒的平衡。

建議酒款

博納爾龍膽奎寧酒（Bonal Gentiane-Quina）： 金雞納樹皮（cinchona bark，奎寧的原料來源）和龍膽根的組合讓這支酒略帶苦味，嚐起來像是苦版的阿蒙提亞多雪莉酒，聞起來會讓人聯想到葡萄乾，但入口卻是不甜的。它適合與陳年蘭姆酒搭配，無論是製作成「曼哈頓系」雞尾酒或混著柑橘類使用。它的澀味讓它不太適合「酸酒系」雞尾酒，尤其若酒裡還含有萊姆汁的話。我們提供一個比較緩和的方式讓您試試，可用檸檬汁或柳橙汁取代萊姆汁，然後把博納爾的用量控制在 1 盎司以下。

公雞美國佬 - 白（Cocchi Americano Bianco）： 公雞美國佬 - 白和白麗葉酒（請參考下方說明）有著類似的淡淡苦味和柳橙風味，讓許多調酒師認為它們非常相似，所以可以互換。這個做法有時可行，如在經典的「亡者復甦，二號」（Corpse Reviver #2；請參考第 188 頁）裡，但並不是每次都管用。「公雞」裡有更多金雞納帶來的苦味，所以我們通常在需要結構比較強的酒來平衡其他強烈風味時，就會使用它。我們的「小勝利」（Little Victory，請參考第 77 頁），就是一個很好的例證：「公雞」在這杯酒中，是麥根沙士浸漬液的基底，它的風味透過木質風味的麥根沙士萃取液（root beer extract）強化，可以平衡雞尾酒中由琴酒和伏特加一同帶來的強度。我們試著用白麗葉酒做為麥根沙士浸漬液的基底，但完全失敗；公雞的苦味骨幹對於建構複合風味而言，是一個重要的因素。

白麗葉酒： 雖然現代版白麗葉酒的苦味後勁已經沒以往那麼強（原始的配方稱為「吉娜麗葉」[Kina Lillet]，比現在的產品含有多一點的金雞納），但它是完美優雅的餐前開胃葡萄酒。單喝有淡淡的苦味，以及適度、類似蜂蜜的甜味、花香和柳橙皮的明亮。它可以讓雞尾酒有「果汁感」，給予雞尾酒一種像是從新鮮蘋果汁取得的平衡甜味和圓融風味。簡單代替不甜香艾酒來調製雞尾酒，能形成絕佳的效果，但因為裡頭調味品的緣故，所以它的存在感還是比香艾酒多一點。我們常常少量使用它來加厚調飲的酒體。

粉紅麗葉酒（Lillet Rosé）： 2012 年「麗葉酒」（Lillet）推出了這款由白麗葉酒、紅麗葉酒（我們不常使用）和水果利口酒混合而成的商品 —— 幾乎達到全民瘋狂的程度。誰不愛果香粉紅開胃酒？這支酒帶有一些白麗葉酒的特性，但有著更甜的水果風味，尤其是草莓味。在各種雞尾酒中的表現都不錯，從「馬丁尼」變化版到氣泡雞尾酒都合適。

試驗「平衡」

如前所述，「馬丁尼」之所以這麼有彈性，是因為它不僅和一種烈酒有關；這杯酒的核心是基底烈酒和……其他東西之間的和諧合作。而就像我們討論過的，這個「其他東西」傳統上是「香艾酒」，但用許多其他烈酒代替也可以：其他種類的加味葡萄酒（如第 71 頁「薇絲朋」裡的白麗葉酒）、加烈葡萄酒（如第 77 頁和第 282 頁「諾曼第俱樂部的馬丁尼」中的芬諾雪莉酒），或甚至是多種酒的混合（如第 91 頁低酒精濃度「竹子」裡的阿蒙提亞多雪莉酒＋不甜香艾酒＋白香艾酒）。重點就是，「馬丁尼」的核心並非只由一種材料組成，而這對其平衡非常重要。

至於「平衡」，它是有彈性且取決於個人喜好的。對於剛開始接觸「馬丁尼」的人，尤其是對純香艾酒沒好感的人，我們很喜歡提供三款有著不同香艾酒用量的「馬丁尼」。如果您決定要在家進行這個實驗，當然可以把每份酒譜的份量減半——雖然我們強烈建議和朋友或所愛之人一起享用這一排「馬丁尼」。做判斷時，要記住沒有「正確」答案，其中一個也許剛好適合您，但其他的可能正中您酒友的喜好。特別是在這個實驗中，請務必使用新鮮的香艾酒——開瓶不超過一週的。請注意為了本次實驗的目的，我們移除了柳橙苦精和裝飾，讓重點只在琴酒和香艾酒的平衡上。

第一杯「馬丁尼」，是到目前為止最「辛口」的，幾乎只有琴酒的風味，而香艾酒只是幕後工作人員。這杯酒強力又冰涼，可能會讓您大吃一驚。第二杯，就是去除苦精和裝飾的根基「馬丁尼」酒譜，好好結合了琴酒和香艾酒：可辨別出兩種酒，但它們同時也融合在一起，創造出簡練和諧的風味。第三種是「甘口馬丁尼」，充滿柑橘風味而且很清爽，有著比較多的草本重點，是琴酒向香艾酒低頭的例子。您有沒有特別喜歡哪一款？事實上，我們三種都喜歡——端看飲酒當時的心情。

誠如我們在本章先前所提過的，改變核心，或在這個例子中，改變基底烈酒，一般都需要改變平衡。但這是雙向的：如果我們改變平衡，把香艾酒換成另一款，更不用說是換成不同的加味葡萄酒，這樣很有可能就會改變調飲的酒精純度、甜度和風味，這些都是需要納入考量的要素。

小勝利

馬丁尼（極辛口）

普利茅斯琴酒 2½ 盎司
多林純香艾酒 ¼ 盎司

將所有材料倒在冰塊上攪拌均勻，濾冰後倒入冰鎮過的尼克諾拉雞尾酒杯中。無需裝飾即完成。

馬丁尼（我們的根源酒譜）

普利茅斯琴酒 2 盎司
多林純香艾酒 1 盎司

將所有材料倒在冰塊上攪拌均勻，濾冰後倒入冰鎮過的尼克諾拉雞尾酒杯中。無需裝飾即完成。

馬丁尼（甘口）

普利茅斯琴酒 1½ 盎司
多林純香艾酒 1½ 盎司

將所有材料倒在冰塊上攪拌均勻，濾冰後倒入冰鎮過的尼克諾拉雞尾酒杯中。無需裝飾即完成。

諾曼第俱樂部的馬丁尼，一號
Normandie Club Martini #1

戴文・塔比與艾力克斯・戴，
創作於 2015 年

這杯雞尾酒使用芬諾雪莉酒代替香艾酒，是一個很棒的例證，能解釋平衡中一個非常簡單的更換，如何需要之後相對應的調整。因為芬諾雪莉酒非常不甜，所以用的量必須比我們的「根源伏特加馬丁尼」酒譜（請參考第 62 頁）中的香艾酒更多，而且也要加一點蜂蜜糖漿，讓雞尾酒有更豐厚的酒體。接著，因為雪莉酒是比香艾酒更細緻的修飾劑，所以在這杯雞尾酒中，我們能展示小麥伏特加的微妙質地——一個常被香艾酒蓋過的特質。最後，我們用礦物質豐富的海鹽鹽水噴霧收尾，能讓調飲多一層有如海水般的鹹香。

埃斯波雷鴨伏特加 2 盎司
亞歷山大朱爾斯芬諾雪莉酒 1 盎司
白蜂蜜糖漿（做法詳見第 286 頁）1 小匙
裝飾：噴 3 或 4 下灰鹽鹽水（Sel Gris Solution；做法詳見第 298 頁）

將所有材料倒在冰塊上攪拌均勻，濾冰後倒入冰鎮過的尼克諾拉雞尾酒杯中。朝飲料上方噴出灰鹽鹽水薄霧即完成。

小勝利
Little Victory

艾力克斯・戴，創作於 2013 年

把調味品放入加味葡萄酒中浸漬，是一個改變平衡的出色方法。這杯「小勝利」微改編自「薇絲朋」（請參考第 71 頁），在加味葡萄酒（公雞美國佬 - 白）中加入幾滴麥根沙士萃取液調味。浸漬好的「公雞」單喝很好喝，但當它加入雞尾酒後，反而有點迷失了，所以我們加了一點點柳橙果醬，提供一抹甜味與迷人的苦味，可以連接調酒中的各種風味，並有助於凸顯公雞浸漬液的特色。

英人牌琴酒 1½ 盎司
絕對伏特加 Elyx ½ 盎司
麥根沙士浸漬公雞美國佬（做法詳見第 292 頁）1 盎司
柳橙果醬 1 小匙
裝飾：柳橙角 1 塊

將所有材料倒在冰塊上攪拌均勻，雙重過濾後倒入已放了 1 塊大冰塊的雙層古典杯中。以柳橙角裝飾即完成。

調味：裝飾

裝飾可以是種放在調飲上，奢華、經過審慎規劃，與雞尾酒成套配合的藝術品，也可以是個適度、簡單的裝飾物。如果裝飾對調飲風味的貢獻在本質上都是相同的，與形式無關，那就是提供調酒師一個展示創意的機會。不過，雖然人們體驗雞尾酒的第一步，的確是用雙眼，但在裝飾上我們習慣採用「可可·香奈兒法」（Coco Chanel approach）：簡單就是美（less is more）。當我們開始在裝飾上搞怪時，我們就會停下來問自己：「這樣做對雞尾酒有任何幫助嗎？」如果沒有，我們就簡化。

裝飾也可以讓飲用者客製化他的調飲；例如，「黛綺莉」上的檸檬角讓飲用者可以調整雞尾酒的酸甜程度。至於本章的主題——馬丁尼，裝飾可以是個用來調味的有力工具，而這個調味的功能就是本節的重點。

使用柑橘皮捲當裝飾的優點之一，是它們外皮裡充滿香氣的精油。檸檬和柳橙最適合做皮捲。葡萄柚也可以，但萊姆就不太行，因為它的香氣太嗆鼻，很容易就蓋過其他風味。雖然您可能看過許多調酒師用柑橘皮捲在雞尾酒杯的杯緣摩擦一圈，但我們其實很少這麼做，因為我們發現精油實在太過強效——唯一的例外是柳橙皮捲，因為它的精油甜甜的，沒那麼嗆辣。但朝著雞尾酒擠壓或扭轉皮捲，讓精油噴附在雞尾酒上，可以讓精油的風味與香氣更均勻分布，強化整個飲用體驗。最後，不要以為一定要把柑橘皮捲投入酒中；有時光是朝著調酒擠壓皮捲就夠了。把皮捲投進酒裡，會繼續調味，這麼做有時是好事，但有時反而壞事，要視飲品的種類而定。

對於「馬丁尼」而言，我們常常是朝著調酒擠壓皮捲，然後將果皮掛在杯緣，這樣它可以繼續貢獻香氣，但又不會破壞雞尾酒的平衡。

試驗「調味」

我們最喜歡用一個實驗來說明這點：讓 6 杯「馬丁尼」排排站，每一杯都用相同的酒譜調好，但擺上不同的裝飾（詳細做法請參考下頁）。當然，我們不建議一次喝掉 6 杯完整的「馬丁尼」，所以我們的做法是調 3 杯的量，然後分裝到 6 個杯子裡。在這個實驗中，我們用的是英人牌琴酒，因為我們發現它是接受度最高的琴酒：酒精純度夠高，所以夠濃烈，但風味又不至於過重到讓大部分的人倒胃口。另外，請注意，在這次的實驗中，我們並沒有像往常實際操作一樣，把擠壓過的皮捲掛在杯緣，而是將它們投入雞尾酒中，為的是要探究果皮如何影響調酒的風味。

一次一杯，試喝看看所有的「馬丁尼」。有沒有發現什麼不同？無裝飾的「馬丁尼」沒有什麼香氣。而在第二杯中，橄欖只隱約增加了一點點鹹度，如果酒放了一陣子，這個鹹度會更明顯。洋蔥的作用也一樣，不過它的風味和香氣更顯著。檸檬皮捲則是會帶來明亮的香氣，加了柳橙皮捲的「馬丁尼」可能嚐起來會比前幾個版本更甜。而加了萊姆皮捲的「馬丁尼」也許會有令人討厭的味道，因為萊姆的香氣和風味與琴酒和香艾酒相衝突。

讓所有的「馬丁尼」靜置 10 分鐘後，再次試飲。雖然它們第一次試飲時都差不多，但現在以橄欖和洋蔥做為裝飾的「馬丁尼」，鹹味更重了，而加了柑橘皮捲的則會有苦味，因為有更多的精油擴散到雞尾酒中。如果您選擇把檸檬皮捲投入酒中，記得幾分鐘後就要拿出來，讓它剛剛好增加些微苦味層次就好，不要浸泡太久，否則整杯的風味都會走掉。

六個調味馬丁尼的方法：
裝飾實驗

英人牌琴酒 6 盎司
多林純香艾酒 3 盎司
裝飾：雞尾酒用橄欖 1 顆、醃洋蔥 1 塊、
檸檬皮捲 1 條、柳橙皮捲 1 條和萊姆皮捲
1 條

將所有材料倒在冰塊上攪拌均勻，濾冰後
平均倒入 6 個碟型杯中。第一杯不加裝
飾，第二杯擺上橄欖，第三杯放入洋蔥，
其他杯則分別朝著飲料擠壓柑橘皮捲後，
將果皮投入酒中。

大衛・卡普蘭

大衛・卡普蘭是 Proprietors 有限責任公司的聯合創辦人。

「馬丁尼」總是會讓我想起我的阿姨——安，她是芝加哥知名設計師和社交名媛。她曾開過好幾場最棒的派對，而且手中永遠都會拿著一杯超大杯、10 盎司的「馬丁尼」，那就像她成套裝備的一部分一樣。我第一次喝「馬丁尼」，大概是 12 歲還是 13 歲的時候。當時我當然不懂這杯雞尾酒的吸引力在哪，但我很喜愛安阿姨手裡拿著「馬丁尼」的優雅姿態，也很喜歡經典的馬丁尼杯，所以我又多啜了幾口。我記得當時，即使這麼年幼，心裡想的是：「這只是杯快速讓身體變熱的伏特加而已。」

等到我 22 歲還是 23 歲的時候，大約是我開始要在紐約開酒吧時，我才真正愛上「馬丁尼」。當時我積極地想盡量多學點與雞尾酒相關的知識，而在這期間，我在 Pegu Club（勃固俱樂部）喝到了一杯調得非常好的「5 比 1 琴酒馬丁尼」（5-to-1 Gin Martini）。那是一個意外的發現。後來我在 Milk & Honey 也點了一杯，而就像我每次造訪的好經驗一樣，那杯「琴酒馬丁尼」也非常完美。酒杯和雞尾酒都是難以置信地冰，告訴我一杯「馬丁尼」該有的模樣。那徹底改變餐廳裡的佳餚能呈現的方式，而自此之後，「馬丁尼」就成為我的必選雞尾酒。

回到我在 Death & Co 工作的日子，我會

點一杯「50/50 馬丁尼」，然後倒在 1 大塊冰塊上，這樣我就可以在當班的時候，隨著它稀釋慢慢喝，但我們店裡很多調酒師都鄙視我的行為，他們不懂為什麼我喜歡馬丁尼加冰。

對我來說，「馬丁尼」絕對是杯夜晚喝的雞尾酒。單單它的酒精純度，就把它剔除在適合白天喝的調酒清單中（至少對我來說）。而且有這麼一個，歷史相當悠久的主張，喝「馬丁尼」代表是放鬆的時間——已經完成當日該做的事。「馬丁尼」適合晚餐前喝，但您也可以佐餐喝，因為您可以隨著您的餐食，調整它的內容：多加一點香艾酒，就可以降低酒精純度，也可以調得鹹一點，或柑橘味重一點，或任何適合您當天晚餐的內容。這樣一來，「馬丁尼」就可以伴我從傍晚喝的第一杯雞尾酒，一直延續到我深夜喝的最後一杯調酒。

「馬丁尼」也可以是一份液體履歷表。一杯「馬丁尼」可以告訴我關於調製它的調酒師的許多事。每個調酒師都有自己的「馬丁尼」酒譜，但最棒的結果不是由材料的比例決定，而是誰最會控制溫度和稀釋度，以及最了解所有會影響「馬丁尼」的微小變數。要正確調製出「馬丁尼」需要時間、熱忱和許多耐心，比其他雞尾酒要求還高。

對於飲用者，這也是最個人化的一款雞尾酒。每個調酒師——無論是在比較不拘小節的廉價酒吧，或是最虛華的會所小酒吧——都會預期客人有個人偏好：搖盪還是攪拌？伏特加或琴酒？甘口還是辛口？橄欖還是檸檬皮捲？而光是這幾個變數，就能調出南轅北轍的「馬丁尼」。每個小小的決定都會顯現在酒裡。

「馬丁尼」是不朽的。它不是那種曇花一現、很快就退流行的酒款。最棒的「馬丁尼」是酒杯和十八層地獄一樣冰，而雞尾酒本身也超級冰，然後第一口就能帶您去其他地方。*啊啊啊……*

大衛・卡普蘭最愛的馬丁尼

坦奎利琴酒 2½ 盎司
多林純香艾酒 ¼ 盎司
多林白香艾酒 ¼ 盎司
特製柳橙苦精（做法詳見第 295 頁）
1 抖振
裝飾：檸檬皮捲 1 條

將所有材料倒在冰塊上攪拌均勻，濾冰後倒入冰鎮過的尼克諾拉雞尾酒杯中。朝著飲料擠壓檸檬皮捲，再把果皮掛在杯緣即完成。

深究技巧：完全稀釋的攪拌

人活著不能沒有水。水同時也是雞尾酒中不可或缺的要素。（這樣的邏輯是不是說人活著不能沒有雞尾酒？也許是吧。）了解雞尾酒裡要加多少水 —— 也就是，找到稀釋的最佳點 —— 是調飲時最重要的技巧之一。

調製雞尾酒時，我們通常透過酒液與冰塊一起搖盪或攪拌來稀釋，在第一章中，我們說明了為什麼在「古典」等某些特定的攪拌型雞尾酒中，要刻意做到「稀釋不足」（請參考第 19 頁）。而在本章，我們將談談適用於「馬丁尼」的技巧：攪拌到完全稀釋 —— 這個技巧幾乎可以套用在所有攪拌後不另外加冰，直接端上桌的雞尾酒。

如果您確切知道需要多少稀釋，以及雞尾酒到達什麼溫度時要端上桌，理論上您就可以在室溫下調製，加水，然後放入冷凍庫，等待雞尾酒達到理想上桌溫度。但事實上，這是我們瘋狂的科學家朋友戴夫·阿諾德才會做的事。當然，這需要時間和特殊的器材 —— 兩樣通常不會在忙碌的酒吧裡出現的東西，所以這裡我們還是繼續談談比較實際和常用的方法：加冰一起攪拌。

知道雞尾酒達到最佳冰鎮溫度和稀釋程度的時機與實體感覺有關，而且透過實際操作最容易解說。當我們在訓練調酒師時，我們會花好幾個小時攪拌和試飲，幫助他們認出什麼時候叫做達到正確的溫度和稀釋度。為了協助您獲得類似的經驗，我們建議您試試下面的實驗。

從您最愛的「馬丁尼」或「馬丁尼」變化版酒譜開始：這是一個可以好好玩玩的範本，因為隨著溫度越來越低和酒液稀釋的程度越來越高，風味會產生劇烈的變化。請使用剛從冷凍庫拿出來的冰攪拌杯和 1 吋見方大小的冰塊。由於熱力學的緣故，使用冰鎮過的杯子確實會減緩雞尾酒稀釋的過程，這點對於這個實驗尤其有用。先在攪拌杯裡不加冰直調，然後放入冰塊至幾乎滿杯。冰塊看起來也許很多，但最上層的冰塊會把其餘冰塊往下推，如此一來就可以有更多冰塊能夠和酒液接觸，加速酒液冰鎮的過程。如果不是在做實驗，而您想要加快酒液變冰的速度，可以敲碎一些冰塊 —— 我們會敲碎大概 的量 —— 增加冰塊和雞尾酒接觸的表面面積。

在您加入冰塊的同時，馬上攪拌一下，然後用吸管或湯匙試喝看看。這能讓您感受雞尾酒在極少稀釋和稍微低於室溫時，喝起來如何：雜亂無章，每項材料明顯各自為政，尚未形成一個彼此間無縫隙的整體。

接著，攪拌 10 秒，然後再試喝看看。您會注意到風味比較融合了，但尚未完全伸展開來 —— 我們稱此狀態為「緊」（tight）。越多的稀釋，會讓風味有好好呼吸的空間。此時，雞尾酒的溫度應該已經達到 4.44°C（40°F）左右 —— 涼涼的，但還不冰。我們需要一杯超級冰的雞尾酒。

現在，再攪拌 10 秒，然後試喝。更好喝了，對吧？您應該能感覺到所有材料更凝聚在一起的結果，像是風味組合而成的和弦，而不是互不相干的音符。溫度也已經達到喝起來會頭痛的冰，大概略低於水的冰點。（這裡的物理觀念是複雜的，但簡而言之，酒精的冰點比水的冰點低，而融化的冰實際上會吸收熱能，所以淨效應就是能讓雞尾酒低於水的冰點）。

最後，為了教學目的，請繼續重複攪拌與試喝，直到酒變淡，變無趣。一旦您嚐到雞尾酒開始出現水的味道，就代表已經超出目標稀釋的程度了；整體已經不再強過局部的總和。沒錯，現在眼前這杯酒已經變得不理想，但您也已經發現了它的最佳狀態 —— 當雞尾酒達到完全稀釋攪拌，酒中所有材料達到和諧的時機點。

杯器：尼克諾拉雞尾酒杯

馬丁尼杯是雞尾酒中最經典的杯器，但也是缺點最多的。您是否有過點一杯「馬丁尼」，然後來了一大池烈酒，但在還沒喝到一半的時候，酒就已經變常溫的經驗？都是杯器的錯——選用它的調酒師也要負連帶責任。

所以，傳統馬丁尼杯究竟出了什麼問題？對於初學者而言，錐狀的深杯，會讓雞尾酒在杯中左右晃動——還會晃出來。要抓住杯頸拿杯也很不好拿，所以大家常常是抓著杯緣拿起來，但這麼做，手溫就會讓雞尾酒的溫度上升。此外，事實上許多馬丁尼杯都太大了，根本不適合「馬丁尼」使用。一個 10 ～ 12 盎司的馬丁尼杯，大概能夠裝 3 ～ 4 杯馬丁尼的實際烈酒量。除非您的目的不是為了體驗清爽和諧的冰涼「馬丁尼」，否則最好堅持標準酒譜中的 3 盎司烈酒量，然後選用一個可以裝 4 ～ 6 盎司液體的杯器。

對於「馬丁尼」與其變化版，和其他許多款攪拌後，不另外加冰，直接端上桌的雞尾酒而言，我們比較喜歡用「尼克諾拉雞尾酒杯」。它的名字來自達許・漢密特（Dashiell Hammett）1934 年的小說《瘦人》（*The Thin Man*）中的一對酒鬼夫妻檔。這個杯子的造型是有曲線的深杯，通常會往下略收成錐體。頭重腳輕的程度沒有 V 形的馬丁尼杯和標準酒吧用碟型杯那麼嚴重，所以比較容易從杯頸舉起杯子。更重要的是，尼克諾拉雞尾酒杯的杯口薄又細緻，有助於柔細的「馬丁尼」滑到舌頭上。如果您覺得這聽起來像是最糟糕的假掰雞尾酒故事，那麼請試試這個小實驗，準備兩杯一模一樣的「馬丁尼」，一杯倒入細邊的尼克諾拉雞尾酒杯，一杯倒入厚邊的碟型杯或馬丁尼杯。現在知道我在說什麼了吧？

無論您用來盛裝「馬丁尼」（和其同類）的酒杯是哪一種，先把酒杯冰過，都能大大強化您的飲用感受。如果您的冷凍庫沒有冰玻璃杯的地方，可先將酒杯裝滿冰水，靜置幾分鐘，同時間請您著手調製雞尾酒。等酒調好，把杯裡的冰水倒掉，再將調好的酒液過濾倒進冰透的杯子。冰過的杯子可以在您喝酒的時候，讓雞尾酒保持在較低的溫度，這對「馬丁尼」特別重要。除此之外，結霜酒杯的視覺誘惑與握住冰涼酒杯頸時的觸覺感受，都是常溫酒杯無法帶來的。最後補充一點，也許有時您真的無法取得冰過的酒杯，那也沒關係，但至少不要用「溫熱」的。

阿伯特金尼 **Abbot Kinney**
（請參考第 **90** 頁）

「馬丁尼」的大家族

如同我們在本章開頭所提到的，所有我們知道的雞尾酒歷史都指出「曼哈頓」比「馬丁尼」還早出現。那麼為什麼我們不選「曼哈頓」當本章主題呢？因為在實際操作上，一杯優秀的「曼哈頓」能夠容忍的誤差比「馬丁尼」大。「曼哈頓」的材料有著比較奔放的風味，即意味著比較難察覺酒材更換或用量改變後的細微差異。

曼哈頓

經典款

「曼哈頓」基本上就是一杯用裸麥威士忌取代琴酒，並把不甜香艾酒改成甜香艾酒的「馬丁尼」。「馬丁尼」和「曼哈頓」分別就是陰和陽。「曼哈頓」明白地顯示更換雞尾酒中的一項元素，原則上就要做其他調整。陳年烈酒，特別是高酒精純度的，需要搭配能夠撐得起它的強度，不會被扼殺的修飾劑。如果我們只單純把「馬丁尼」中的琴酒換成裸麥威士忌，裸麥威士忌的風味就會蓋過香艾酒。經典的安格式苦精能夠連接充滿胡椒味的裸麥威士忌和甜香艾酒，並提供另一條探索的路徑，如您將於底下的一些變化版中所見。

利登裸麥威士忌 2 盎司
公雞托里諾香艾酒（Cocchi Vermouth di Torino）1 盎司
安格式苦精 2 抖振
裝飾：白蘭地酒漬櫻桃 1 顆

將所有材料倒在冰塊上攪拌均勻，濾冰後倒入冰鎮過的尼克諾拉雞尾酒杯中。以櫻桃裝飾即完成。

從「曼哈頓」出發，我們可以開始探索更廣闊的「馬丁尼」大家族，從美國雞尾酒最早期就存在的「馬丁尼茲」開始，它把少量但飽含風味的利口酒帶入「馬丁尼」的公式中。隨著更多的風味引入——例如，「布魯克林」（Brooklyn）裡「比格蕾吉娜苦味利口酒」（Bigallet China-China Amer）的微苦調味——「馬丁尼」大家族迎來了調酒師的最愛「內格羅尼」，這是一款味道苦甜，並且本身就有許多變化版的雞尾酒。最後，我們繞到「竹子」這杯低酒精濃度的「馬丁尼」微改編版，它把核心中的高酒精純度烈酒換成雪莉酒。

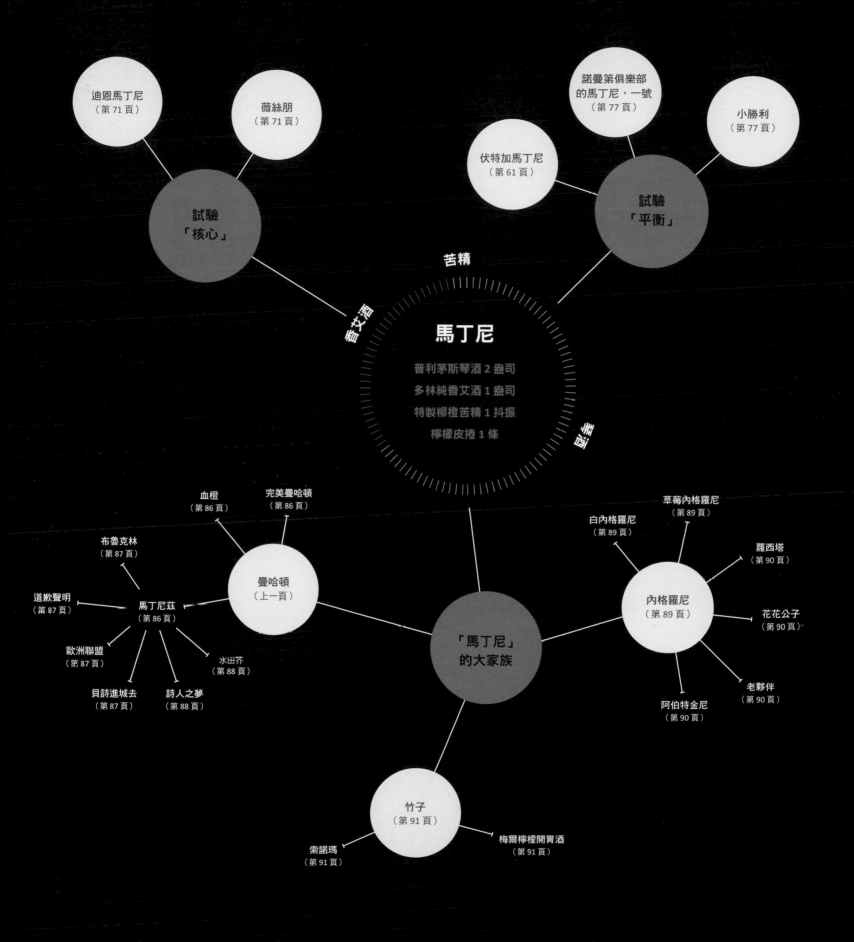

血橙

馬丁尼茲 Martinez

經典款

的確，「馬丁尼」與其變化版通常都和烈酒與香艾酒之間的簡單和諧有關，但誠如剛剛所提到的，在「馬丁尼」大家族的雞尾酒中，許多同時含有少量的利口酒，在「馬丁尼茲」中，區區 1 小匙的瑪拉斯奇諾櫻桃利口酒，就能同時帶來果味和澀感，這些特質能與陳年烈酒裡的香草風味和甜香艾酒完美搭配。當我們想到「馬丁尼茲」的變化版時，利口酒會是個很棒的出發點，因為有太多有趣的選擇值得慢慢探索，從可以帶來蜂蜜甜味和草本底調的「DOM」，到蜜桃、杏桃或覆盆莓等口味的水果利口酒。

海曼老湯姆琴酒 1½ 盎司
安堤卡古典配方香艾酒 1½ 盎司
盧薩多瑪拉斯奇諾櫻桃利口酒 1 小匙
特製柳橙苦精（做法詳見第 295 頁）
2 抖振
裝飾：檸檬皮捲 1 條

將所有材料倒在冰塊上攪拌均勻，濾冰後倒入冰鎮過的尼克諾拉雞尾酒杯中。朝著飲料擠壓檸檬皮捲，再把果皮掛在杯緣即完成。

完美曼哈頓 Perfect Manhattan

經典款

在雞尾酒用語中，「完美」（perfect）一詞代表調酒中有等量的甜香艾酒和不甜香艾酒。聽起來相當簡單，但拆分修飾劑是很棘手的，特別是在「曼哈頓」中。如果您用了錯誤組合的香艾酒，其中一個（或兩個）會和威士忌打架，喧賓奪主。但在這個酒譜中，不甜香艾酒的脆爽（crispness），透過裝飾的檸檬皮捲強化，產生更輕盈、更明亮的「曼哈頓」。

利登威士忌 2 盎司
公雞托里諾香艾酒 ½ 盎司
多林純香艾酒 ½ 盎司
安格式苦精 2 抖振
裝飾：檸檬皮捲 1 條

將所有材料倒在冰塊上攪拌均勻，濾冰後倒入冰鎮過的尼克諾拉雞尾酒杯中。朝著飲料擠壓檸檬皮捲，再把果皮掛在杯緣即完成。

血橙 Blood Orange

布萊恩‧布魯斯（BRYAN BRUCE），
創作於 2016 年

雖然漂亮的血橙讓人忍不住想把它加入雞尾酒中，但它們的果汁卻有點無力，感覺少了點什麼。然而，血橙皮屑的香氣很棒，有著明亮，甚至可說是鮮美的柳橙風味；在這裡，血橙出現在浸漬香艾酒中。干邑在這杯「曼哈頓」變化版中擔任橋樑的角色，連接裸麥威士忌的辛香和香艾酒的苦調。

利登威士忌 1 盎司
皮耶費朗 1840 干邑 ½ 盎司
血橙浸漬安堤卡古典配方香艾酒
（做法詳見第 287 頁）1½ 盎司
裝飾：輪切血橙厚片 1 片

將所有材料倒在冰塊上攪拌均勻，濾冰後倒入冰鎮過的碟型杯中。以輪切血橙厚片裝飾即完成。

道歉聲明 Mea Culpa

戴文・塔比，創作於 2015 年

我們常說苦和甜的材料能當「醬糊」，把調飲中截然不同的成分結合在一起，而這杯雞尾酒就是一個很好的例子。少量的兩種利口酒——苦甜的比格蕾吉娜苦味利口酒和濃郁的杏桃香甜酒（利口酒），連接了伏特加與（不是一種，而是兩種）雪莉酒，讓這杯雞尾酒有乾燥水果和堅果味的安靜骨幹，再加上怡人綿長的苦韻。

灰雁伏特加（Grey Goose vodka）2 盎司
亞歷山大朱爾斯芬諾雪莉酒 ¾ 盎司
威廉漢特微甜雪莉酒（Williams & Humbert Dry Sack sherry）¼ 盎司
吉法胡西雍杏桃香甜酒（Giffard Abricot du Roussillon）1 小匙
比格蕾吉娜苦味利口酒 1 小匙
鹽水（做法詳見第 298 頁）2 滴
裝飾：檸檬皮捲 1 條

將所有材料倒在冰塊上攪拌均勻，濾冰後倒入冰鎮過的尼克諾拉雞尾酒杯中。朝著飲料擠壓檸檬皮捲，再把果皮掛在杯緣即完成。

貝詩進城去
Beth's Going to Town

丹尼爾・札查祖克（DANIEL ZACHARCZUK），創作於 2015 年

這是杯充滿複合風味的「馬丁尼茲系」調酒，使用了柔順的蘇格蘭威士忌，並用濃郁辛香的當代琴酒，取代傳統的老湯姆琴酒。很適合展現對材料的了解是多麼重要：「飛行琴酒」裡獨特的墨西哥菝葜風味，能與同時存在於義大利甜香艾酒和拉瑪佐蒂義大利苦酒中的可樂香調完美結合；任一材料若更換品牌，都會導致顯著不同的結果。

高原騎士 12 年蘇格蘭威士忌（Highland Park 12-year scotch）1 盎司
飛行琴酒 1 盎司
安提卡甜香艾酒（Carpano Antica sweet vermouth）½ 盎司
吉法胡西雍杏桃香甜酒 ¼ 盎司
拉瑪佐蒂 ¼ 盎司
裝飾：薄荷葉 1 片

將所有材料倒在冰塊上攪拌均勻，濾冰後倒入冰鎮過的古典杯中。以薄荷葉裝飾即完成。

布魯克林 Brooklyn

經典款

另外一個試驗「平衡」的策略是用少量的義大利苦酒或利口酒取代一部分的香艾酒或加味葡萄酒。其中最經典的例子就是這杯「布魯克林」，它是「曼哈頓」的微改編版，其中用了少許的義大利苦酒與僅僅 1 小匙的瑪拉斯奇諾櫻桃利口酒。雖然「布魯克林」這個名字鄰近「曼哈頓」（譯註：地理上），但您很快就可從利口酒認出這杯調酒是「馬丁尼茲」（請參考第 86 頁）的裸麥威士忌基酒變化版。雖然「布魯克林」傳統上是用法國橙味利口酒「皮康」（Amer Picon）調製，但現在版的「皮康」——如果您還找得到的話——比較不苦，風味也沒舊版那麼足，所以在這裡我們改用比格蕾吉娜苦味利口酒，它是一種參考經典「皮康」配方精釀的苦甜開胃酒。

利登裸麥威士忌 2 盎司
多林純香艾酒 ¾ 盎司
比格蕾吉娜苦味利口酒 ¼ 盎司
瑪拉斯卡瑪拉斯奇諾櫻桃利口酒 1 小匙
裝飾：白蘭地酒漬櫻桃 1 顆

將所有材料倒在冰塊上攪拌均勻，濾冰後倒入冰鎮過的尼克諾拉雞尾酒杯中。以櫻桃裝飾即完成。

水田芥

水田芥 Watercress

戴文·塔比，創作於 2016 年

在瞄過這杯調酒的材料後，您可能會預期這是一杯鹹的雞尾酒，但用離心機製作的水田芥浸漬琴酒能夠釋放出該植物的所有胡椒風味，但不會讓琴酒喝起來像液體沙拉。沒有離心機嗎？別緊張，只需把一些水田芥葉子和香艾酒及蜜桃香甜酒一起輕輕搗壓，去除葉子後，再來調這杯酒。就像您可能會加一些水果乾到帶苦味的青蔬沙拉中一樣，這裡我們加了少量的蜜桃香甜酒，讓雞尾酒多一層水果的複合風味。

> 水田芥浸漬琴酒（做法詳見第 294 頁）1½ 盎司
> 絕對伏特加 Elyx ½ 盎司
> 多林純香艾酒 ¾ 盎司
> 多林白香艾酒 ¼ 盎司
> 吉法蜜桃香甜酒 ½ 小匙
> 鹽水（做法詳見第 298 頁）1 滴
> 裝飾：薄切金冠蘋果（Golden Delicious）1 片

將所有材料倒在冰塊上攪拌均勻，濾冰後倒入冰鎮過的尼克諾拉雞尾酒杯中。以蘋果薄片裝飾即完成。

詩人之夢 Poet's Dream

經典款

也許您會回想起第一章的「改良版威士忌雞尾酒」（Improved Whiskey Cocktail，請參考第 17 頁），「改良版」（improved）一詞指的是添加一點富含風味的利口酒到基礎雞尾酒中。這是一個很棒的方法，可以好好思考看似輕微的調整，如何產生獨特的變化版。在「詩人之夢」中，基礎「馬丁尼」被「改良」了，方法是稍微減少香艾酒的用量，而另外加入少量草本的 DOM。

> 英人牌琴酒 2 盎司
> 多林純香艾酒 ¾ 盎司
> DOM ¼ 盎司
> 特製柳橙苦精（做法請參考第 295 頁）2 抖振
> 裝飾：檸檬皮捲 1 條

將所有材料倒在冰塊上攪拌均勻，濾冰後倒入冰鎮過的尼克諾拉雞尾酒杯中。朝著飲料擠壓檸檬皮捲，再把果皮掛在杯緣即完成。

歐洲聯盟 European Union

艾力克斯·戴，創作於 2009 年

在創作出這杯雞尾酒之前，我們只有遇過把卡爾瓦多斯當成基底烈酒的情況。在這杯「馬丁尼茲」的變化版中，少量的卡爾瓦多斯柔化了老湯姆琴酒，而且讓調飲更有深度，多了果實風味。而一點點的女巫利口酒（Strega）則能增加調酒的複雜性，相當於苦精扮演的角色。所有（英國脫歐前的）歐洲朋友都在這一杯了。

> 海曼老湯姆琴酒 1½ 盎司
> 布斯奈 VSOP 卡爾瓦多斯（Busnel VSOP Calvados）½ 盎司
> 安堤卡古典配方香艾酒 ¾ 盎司
> 女巫利口酒 1 小匙
> 真的苦芳香苦精 1 抖振
> 裝飾：白蘭地酒漬櫻桃 1 顆

將所有材料倒在冰塊上攪拌均勻，濾冰後倒入冰鎮過的碟型杯中，再以櫻桃裝飾即完成。

內格羅尼 Negroni

經典款

整體來說，本章所提及的雞尾酒，特色都來自烈酒與香艾酒（或其他加味葡萄酒）所組成的核心風味，而且一般說來，如果兩者間不平衡，這杯酒就完了。然而，這個規則也有例外（一如既往）：內格羅尼，一杯帶有深沉苦味的雞尾酒，裡頭有足足 1 盎司的「金巴利」（Campari；或譯為「肯巴利」）。因為金巴利為這杯調酒貢獻了許多酒精純度，所以「內格羅尼」裡的琴酒減少了，而且也在傳統由琴酒與香艾酒組成的核心中找到平衡，但在等量的組合中，由義大利苦酒（譯註：即「金巴利」）擔任核心中統整的部分，琴酒則提供乾淨的結構，而金巴利的苦味透過濃郁的甜香艾酒來平衡。在之後的變化版中，您會發現其他一些使用類似手法的雞尾酒，把金巴利換成其他高酒精濃度的利口酒，或其他款義大利苦酒，並調整各種材料間的平衡，讓整杯酒成為和諧的一體。

坦奎利琴酒 1 盎司
安堤卡古典配方甜香艾酒 1 盎司
金巴利 1 盎司
裝飾：半圓形柳橙厚片 1 片

將所有材料倒在冰塊上攪拌均勻，濾冰後倒入裝了 1 塊大冰塊的古典杯中。以半圓形柳橙厚片裝飾即完成。

草莓內格羅尼

內格羅尼

白內格羅尼

草莓內格羅尼
Strawberry Negroni

特雷弗·伊斯特（TREVOR EASTER）
與戴文·塔比，創作於 2017 年

這杯「內格羅尼」的微改編版並沒有偏離原始版本太遠，但這樣調真的非常好喝。一點點澄清卓莓糖漿能讓金巴利的苦味稜角變得圓融，而幾滴巧克力味（但不甜）的可可碎粒酊劑則能深化金巴利與甜香艾酒間的苦甜連接。

英人牌琴酒 1 盎司
金巴利 ¾ 盎司
多林甜香艾酒 ¾ 盎司
澄清草莓糖漿（做法詳見第 57 頁）¼ 盎司
可可碎粒酊劑（做法詳見第 97 頁）5 滴
裝飾：薄切草莓 1 片

將所有材料倒在冰塊上攪拌均勻，濾冰後倒入裝了 1 塊大冰塊的古典杯中。以草莓薄片裝飾即完成。

白內格羅尼
White Negroni

韋恩·柯林斯（WAYNE COLLINS），
創作於 2000 年

把內格羅尼中濃郁、赤紅的甜香艾酒和金巴利換成輕盈，帶有柑橘味的「蘇茲」（一種法國開胃酒）和具花香的多林白香艾酒，就能調出「白內格羅尼」。我們把它想成衣櫃換季，雖然我們確實整年都喝「內格羅尼」，但夏天就該來杯「白色版」。

英人牌琴酒 1½ 盎司
多林白香艾酒 1 盎司
蘇茲龍膽香甜酒 ¾ 盎司
裝飾：柳橙皮捲 1 條

把所有材料倒在冰塊上攪拌均勻，濾冰後倒入已放有 1 塊大冰塊的古典杯中。朝飲料擠壓柳橙皮捲，再用果皮輕輕沿著玻璃杯杯緣擦一圈，再將果皮投入酒中即完成。

蘿西塔 La Rosita

經典款

這究竟是杯加了龍舌蘭和金巴利的「完美曼哈頓」（請參考第 86 頁），還是龍舌蘭酒版的「內格羅尼」，但把香艾酒拆成幾種呢？無論是哪一種說法，添加純香艾酒是關鍵。蓋瑞·雷根（Gary Regan）根據古籍《Mr.Boston 調酒聖經》（*Mr. Boston: Official Bartender's Guide*）中找到的酒譜，改編製作出了一杯「蘿西塔」。而我們的版本則是根據上述雷根的改編版再加以演繹的結果，其中多林純香艾酒的鹹鮮放大了龍舌蘭中的植物性特質。

> 藍色收成短陳龍舌蘭（**Siembra Azul reposado tequila**）1½ 盎司
> 安堤卡古典配方香艾酒 ½ 盎司
> 多林純香艾酒 ½ 盎司
> 金巴利 ½ 盎司
> 安格式苦精 1 抖振
> 裝飾：柳橙皮捲 1 條

把所有材料倒在冰塊上攪拌均勻，濾冰後倒入冰鎮過的尼克諾拉雞尾酒杯中。朝飲料擠壓柳橙皮捲，再用果皮輕輕沿著玻璃杯杯緣擦一圈，再將果皮投入酒中即完成。

花花公子 Boulevardier

經典款

「花花公子」出現的日期，可以追溯回 1920 年代，當時它出現在《酒吧日常與雞尾酒》（*Barflies and Cocktails*）中，這本開拓性雞尾酒書籍的作者是哈利·麥克艾爾馮（Harry MacElhone），他也是巴黎「哈利的紐約酒吧」（Harry's New York Bar）的老闆。原始酒譜要求每樣材料等量，但這個比例多年來已經經過更動，現在是威士忌的用量比較多。既然您已經知道「馬丁尼」（還有「內格羅尼」）的基本公認特色，這應該嚇不了您：雖然一杯絕對好喝的「花花公子」可以用等量的材料調製，但使用比較多的波本威士忌，及較少的金巴利和香艾酒，可以提升威士忌的風味，讓它能夠好好表現自己的特色。

> 錢櫃小批次波本威士忌 1½ 盎司
> 安堤卡古典配方香艾酒 ¾ 盎司
> 金巴利 ¾ 盎司
> 裝飾：白蘭地酒漬櫻桃 1 顆

把所有材料倒在冰塊上攪拌均勻，濾冰後倒入冰鎮過的碟型杯中，再以櫻桃裝飾即完成。

老夥伴 Old Pal

經典款

「老夥伴」幾乎和「花花公子」一模一樣，但用不甜香艾酒取代甜香艾酒，波本威士忌也換成裸麥威士忌。雖然這杯酒喝起來偏甜，但多虧了裸麥威士忌，所以仍帶有辛香，而且有法式香艾酒帶來的明亮骨幹，和金巴利貢獻的苦韻收尾。

> 利登裸麥威士忌 1½ 盎司
> 多林純香艾酒 ¾ 盎司
> 金巴利 ¾ 盎司
> 裝飾：檸檬皮捲 1 條

把所有材料倒在冰塊上攪拌均勻，濾冰後倒入冰鎮過的尼克諾拉雞尾酒杯中。朝飲料擠壓檸檬皮捲，再將果皮投入酒中即完成。

阿伯特金尼 Abbot Kinney

戴文·塔比，創作於 2015 年

雖然這杯雞尾酒屬無氣泡款，但它的表現就像氣泡雞尾酒一樣，低酒精濃度和足夠的酸度，用來佐餐，能成為清爽、清口腔的一杯酒。

> 福特琴酒 ¾ 盎司
> 多林白香艾酒 1½ 盎司
> 蘇茲龍膽香甜酒 ¼ 盎司
> 聖杰曼接骨木花利口酒 ¼ 盎司
> 融合納帕谷酸白葡萄汁（**Fusion Napa Valley verjus blanc**）¼ 盎司
> 奇蹟一英里西芹苦精 2 抖振
> 裝飾：西芹薄片緞帶 1 條

把所有材料倒在冰塊上攪拌均勻，濾冰後倒入冰鎮過的尼克諾拉雞尾酒杯中。將西芹薄片緞帶盤繞成螺旋狀，平衡固定在杯緣即完成。

梅爾檸檬開胃酒

梅爾檸檬開胃酒
Meyer Lemon Aperitif

艾力克斯・戴，創作於 2016 年

這杯開胃酒是「竹子」的微改編版，比原版更輕盈、更明亮，也是我們如何詮釋一杯使用整顆梅爾檸檬，「從根到莖」（root-to-stem）的雞尾酒。我們把梅爾檸檬充滿香氣的表皮與其他材料一起混合浸漬出味，然後用剩下的果汁製作梅爾檸檬糖漿（做法請參考第 285 頁），做好的糖漿兌碳酸水後，可以隨雞尾酒一起附上。下方的酒譜大約可以做出 1 公升的量——能在派對上成為繁複深刻但又清新的完美開胃酒。

盧世濤・普爾托芬諾雪莉酒（Lustau Puerto fino sherry）12 盎司
多林白香艾酒 6 盎司
多林純香艾酒 6 盎司
魅力之域麝香葡萄皮斯科（Campo de Encanto Moscatel pisco）4 盎司
2 顆梅爾檸檬的皮屑
蔗糖糖漿（做法詳見第 47 頁）1¼ 盎司
特製柑橘苦精（做法詳見第 295 頁）8 抖振
水 8 盎司
裝飾：輪切梅爾檸檬厚片 10 片

雪莉酒、兩種香艾酒、皮斯科和梅爾檸檬皮屑都各取一半放入「iSi 發泡器」（iSi whipper，請參考第 97 頁）中混合均勻。依照第 97 頁說明的加壓浸漬法，製作浸漬液。完成後，用細目網篩過濾，再倒進大碗中。另外半份的雪莉酒、兩種香艾酒、皮斯科和梅爾檸檬皮屑也依照同樣的方法加壓浸漬及過濾。將糖漿、苦精和水倒入過濾後的加壓浸漬液中，攪拌均勻，然後倒在 1 公升的瓶子裡。加蓋冷藏至冰涼。用冰鎮過的碟型杯盛裝（本酒譜可做出 10 杯），擺上輪切梅爾檸檬厚片裝飾即完成。

竹子 Bamboo

經典款

到目前為止，如果本章所討論的所有「馬丁尼」變化版有一個共同主題，那就是酒精濃度都很高，酒味都很重。但現在這裡出現一個酒精濃度比較低，但同樣可以體現「馬丁尼」精神的版本：經典的「竹子」，把「馬丁尼」中的琴酒換成阿蒙提亞多雪莉酒。因為阿蒙提亞多雪莉酒的酒精濃度比較低，風味也沒有琴酒這麼嗆辣，所以需增加香艾酒的比重，以達到平衡——香艾酒可以包住雪莉酒，增加甜味，讓整杯酒更有深度。「竹子」的歷史相當悠久，從 19 世紀末就起源於日本，但直到今日仍是我們最愛的雞尾酒之一——因為人人喜歡了，我們甚至常在我們開的酒吧裡，以「汲飲」（on tap）的方式供應。

盧世濤・羅斯埃克羅阿蒙提亞多雪莉酒 1½ 盎司
多林白香艾酒 ¾ 盎司
多林純香艾酒 ¾ 盎司
特製柳橙苦精（做法詳見第 295 頁）2 抖振
裝飾：檸檬皮捲 1 條

把所有材料倒在冰塊上攪拌均勻，濾冰後倒入冰鎮過的尼克諾拉雞尾酒杯中。朝飲料擠壓檸檬皮捲，最後將果皮投入酒中即完成。

索諾瑪 Sonoma

戴文・塔比，創作於 2015 年

站在索諾瑪的農場裡喝葡萄酒會是什麼感覺？為了回答這個問題，啟發了這杯「竹子」的微改編版。我們以充滿果味的夏多內葡萄酒開始，然後加一點甜甜的蜂蜜；酸葡萄汁（verjus）的明亮葡萄果酸；還有來自另一個田園農業區——法國諾曼第的蘋果白蘭地「卡爾瓦多斯」。最後，在頂端加上具有獨特穀倉氣味的白胡椒香氣噴霧。

不甜的未過桶（unoaked）夏多內葡萄酒 2½ 盎司
布斯奈 VSOP 卡爾瓦多斯 ½ 盎司
融合納帕谷酸白葡萄汁 1 小匙
蜂蜜糖漿（做法詳見第 45 頁）1 小匙
鹽水（做法詳見第 298 頁）1 滴
裝飾：噴 4 下「白胡椒浸漬伏特加」（做法詳見第 294 頁）

將所有材料倒在冰塊上攪拌均勻，濾冰後倒入冰鎮過的尼克諾拉雞尾酒杯中。朝飲料上方噴出浸漬伏特加薄霧即完成。

以新鮮水果來說，長時間浸漬（把水果泡在液體中），會抽出不需要的風味，而用高溫烹調，則會破壞它們的新鮮風味。新鮮水果中的揮發性香氣複合物在太長的浸漬過程中，會「啞口無聲」。所以，我們的解決方法是使用浸入式恆溫器，以非常低的溫度短暫加熱浸漬液（我們很快就會詳述這個過程）。這讓我們可以只萃取我們想要的風味，同時也有加速整個程序的好處——我們的浸漬液大多都是幾個小時內就能完成。

我們也花了不少心思選擇基底液體的類型（烈酒、利口酒、加烈葡萄酒等等。）最重要的考量因素是酒精含量。一般常識認為酒精濃度比較高的烈酒，萃取能力比較好，但這並不完全正確。高酒精濃度的烈酒，如「永清」（Everclear；譯註：美國出品的超級烈酒，酒精濃度達95%），能夠快速且完整地萃取風味，特別是對乾燥的食材而言，但酒精純度越高，就越有可能抽取出食材的苦味。高酒精濃度的烈酒很適合在家自製苦精，但若是要處理新鮮食材，就不太妙了。我們發現使用酒精濃度介於40%到50%之間的烈酒，通常都能做出不錯的結果（無論使用哪種方法），而且如果我們用的是柑橘皮等帶有苦味元素的新鮮水果，酒精濃度接近40%的烈酒能萃取出最棒的風味。也可以使用酒精濃度較低的烈酒，如利口酒、加烈葡萄酒，甚至是靜態葡萄酒（still wine），只是需要特別留意，避免氧化，否則風味很快就會改變。

在下面的部分，我們將提供詳細的操作說明，教您用五種不同的技巧製作浸漬液。特定的浸漬液食譜，包含所有在本書酒譜中出現的浸漬液，可參考「附錄」。

冷泡浸漬液 COLD INFUSIONS

當我們想要萃取出食材最新鮮、最活潑的風味時（如咖啡豆），「冷泡」有助於引出理想的風味。冷卻會減緩風味萃取的過程，意味著具有風味的食材會與酒精接觸久一點。這是一個比較和緩的過程，所以萃取出來的浸漬液有著深厚多重的風味，這些風味在常溫或加熱浸漬中會流失，最糟的話，甚至會改變。重要的是，我們只有在處理經過長時間萃取，也不會產生不良風味的食材時，才會使用這個方法——比如說，帶種子的莓果，如果用這個方法就會散發出刺激性風味。

我們也會在一個稱為「油脂浸洗」（fat washing）的過程中，使用比較低的溫度，這個方法最先由我們的朋友李堂（Don Lee）和艾本・弗里曼（Eben Freeman）提出。酒精與充滿油脂的食材（如奶油、鮮奶油、植物油或動物性脂肪）混合後，放入冷凍，因為油脂會凝結成固體，所以可輕易濾除，而在酒精中留下的只有該油脂的風味。這是一個很棒的技巧，可以把油潤的風味帶入本身不太豐厚的雞尾酒中，如「麥根沙士漂浮」（請參考第283頁）。

冷泡浸漬還有一點要注意的：製作這些浸漬液時，一定要確定冷凍庫或冷藏室沒有任何帶衝味的食材，否則這些味道和風味很有可能會跑到浸漬液裡。

冷泡浸漬法

油脂浸洗： 如果您用的是固體的油脂，需要先用醬汁鍋或微波爐慢慢加熱融化。把油脂和烈酒倒入寬口容器中，攪拌或攪打均勻。用寬口容器可以讓油脂和烈酒接觸的面積達到最大，產生更棒的風味。加蓋放入冷凍庫，冰到油脂在液體表層固化，通常最多需要12個小時。小心在油脂層戳個洞，讓液體流出來；將油脂留作他用（或丟棄）。

如果液體中還有任何顆粒，請使用細目網篩（上頭墊幾層起司濾布）或 Superbag（一種有彈性的耐熱過濾袋）過濾。雖然油脂浸洗的浸漬液可以室溫保存，但我們發現冷藏比較能夠完整保留風味。請參考「奶洗蘭姆酒」（Milk-Washed Rum；第291頁）和「椰子浸漬波本威士忌」（第289頁）。

雞蛋：在可重複密封的淺容器中，鋪上廚房紙巾。放一層風味食材（如薰衣草）在紙巾上，然後單層擺上完整帶殼的生蛋。把容器封好，冷藏隔夜。

如同我們之前討論過的，烈酒的酒精含量會大大影響浸漬出味的速度。如果您用的是高酒精純度的烈酒，要達到最佳萃取度的時間可能滿短的。如果用的是香艾酒等酒精純度低的烈酒，就需要比較長的時間。例如，我們讓「小荳蔻浸漬聖杰曼」（做法詳見第288頁）泡了12個小時左右，因為聖杰曼（接骨木花利口酒）的酒精濃度算低的，只有20%，另外也因為小荳蔻味道比較淡雅。另一方面，像是「馬德拉斯咖哩浸漬琴酒」（Madras Curry–Infused Gin；做法詳見第291頁），因為用了火辣的咖哩粉和同樣辛辣的桃樂絲帕克琴酒（Dorothy Parker Gin；酒精濃度為44%），所以只浸漬了大約15分鐘。

室溫浸漬液
ROOM-TEMPERATURE INFUSIONS

對於能夠快速浸漬出味，通常最多只需1小時的食材，我們就會簡單混合食材，讓酒精在室溫下發揮作用。這些食材常是飽含風味且不穩定的——如泡在龍舌蘭裡的哈拉皮紐辣椒（jalapeño），一瞬間就會過度浸漬；或者是紅茶，如果過度萃取就會變成單寧——所以在整個浸漬過程中，每隔幾分鐘就試試味道很重要。這能幫助您建立比較的基準線，決定何時要結束浸漬過程。我們的「泰國辣椒浸漬波本威士忌」（做法詳見第293頁）就是個恰當的例子，我們一般只會浸漬短短5分鐘——甚至更少！另一個例子是「烏龍茶浸漬伏特加」（做法詳見第291頁），在20分鐘內就能建立源自茶湯的獨特色澤，用眼睛看就能知道什麼時候要把茶葉濾出來。

此外，要記住有些食材，像是乾燥或新鮮的辣椒，每一根的差異性很大（感謝大自然），沒有兩根哈拉皮紐辣椒是一模一樣的。所以即使您之前做過某種特定辣椒的浸漬液，每次在製作時，都還是要不時試試味道。

如何製作室溫浸漬液

公克磅秤
附蓋大容器 2 個
細目網篩和起司濾布，或 Superbag（請參考第 49 頁）

1 用公克磅秤測量每樣食材的重量。

2 把食材放入其中一個容器中，攪打或攪拌均勻。

3 需不時試味：一開始約每分鐘，然後每隔 15 分鐘，接著每小時（取決於您所使用的食材）。如果浸漬時間較長，除了試飲外，其他時候容器都要加蓋。

4 浸漬完成後，在細目網篩上鋪幾層起司濾布，或用 Superbag 過濾到乾淨容器中。

5 把做好的浸漬液倒入保存容器中，置於冷藏備用。

舒肥浸漬液

在我們酒吧裡，我們不只在製作糖漿時會用舒肥法來萃取風味（請參考第 49 頁），也會用這個方法來幫酒精加味。之所以採用這個方法的原因有二。首先，熱能可以加速浸漬的過程。第二，把混合液精準加熱到特定溫度，不讓任何液體有機會蒸發，這樣做出來的浸漬液，比用其他方法製作的浸漬液，更細膩精緻。重要的是，因為在整個過程中，會維持一定的溫度，所以我們便可以選擇完全正確的溫度，保留我們想要的風味（通常是原料的風味），而不會萃取出異味。比如說，在「椰子浸漬波本威士忌」（做法請參考第 289 頁）中，舒肥的過程讓最後的成品能有新鮮的椰子風味，然而如果只是簡單把椰子片泡到波本威士忌裡，在室溫下放幾天，這樣做出來的浸漬液味道活潑度會差很多（雖然依舊美味）。

我們用舒肥法製作的浸漬液，溫度大多介於 57°C 到 63°C 之間（135°F ～ 145°F），如果是比較嬌弱的食材，如水果，就比較適合用 57°C 左右的溫度，而接近 63°C 的溫度，則最適合萃取難出味的食材，像是椰子、堅果或乾燥香料等。您在下面的方法中將會看到，在接近過程尾聲時，我們會把浸漬液泡進冰塊水裡，這麼做可以凝結袋子裡的所有水蒸氣，維持酒精含量。

如何製作舒肥浸漬液

大水槽
浸入式恆溫器
公克磅秤
碗
可重複密封的耐熱塑膠袋，如冷凍密封袋
冰塊水
細目網篩
保存容器

1 將水槽注滿水，並放入浸入式恆溫器。

2 把恆溫器設定到預定溫度。

3 仔細測量每樣食材的重量，並將它們放入碗中攪拌均勻。

4 將攪拌好的食材倒入可密封的耐熱塑膠袋中。先把袋子封到只剩一個非常小的縫，接著將封好的部分放入水中（未密封處別碰到水），就能藉由水的反壓力，擠出剩餘空氣，讓袋內幾近真空。把袋子完全密封後，自水中取出。

5 當水溫到達理想溫度時，把密封袋放入水槽中。

6 等設定時間結束後，小心移出密封袋。

7 讓袋子泡冰塊水，降溫到冷卻。

8 使用細目網篩過濾浸漬液，清除所有固體。

9 把做好的浸漬液倒入保存容器中，置於冷藏備用。

加壓浸漬液

外加壓力是一個相當好用的方法，能用來萃取特別脆弱食材的風味：那些很容易腐敗，無法延長浸泡時間的食材，或只要碰到任何熱度，風味就會劇烈改變的食材。我們用兩種不同的方法來製作加壓浸漬液：使用 iSi 發泡器（一個小工具，更常用來打發鮮奶油）和一氧化二氮（nitrous oxide [N2O]）來快速製作浸漬液，和使用槽式內抽真空機（chamber vacuum machine）製作真空浸漬液。

在快速加壓浸漬液中，使用加壓氣體，迫使液體進入固體食材，以迅速萃取出風味。把所有食材放入 iSi 發泡器的內膽，然後灌入 N2O，如此便會強迫液體進入固體食材的細胞中，有點像海綿吸乾所有液體的概念。當壓力釋放時，液體會從固體食材中流出，並把固體食材的風味一併帶出來。快速浸漬液對於萃取細緻風味特別管用，如新鮮香草的風味，另外也很適合萃取風味非常多元的食材，如可可碎粒。因為浸漬的過程非常短 —— 通常只需 10 分鐘左右 —— 所以不會像長時間浸泡，有萃取到異味的風險。

真空浸漬過程也很類似，但需要非常昂貴的器材：槽式內抽真空機。真空浸漬不是使用加壓氣體，迫使液體進入固體，而是抽掉槽內的所有空氣。當液體和固體在真空狀態下混合時，固體的毛孔會打開，讓本身所含的氣體跑出來，而外面的液體就能進入空出的毛孔。然後，等槽內回到環境大氣壓力時，所有液體會從固體內抽回，一併將風味帶出。

如何製作真空浸漬液

公克磅秤
寬口塑膠或金屬容器，如烤盤
槽式內抽真空機
保鮮膜
細目網篩和起司濾布，或 Superbag（請參考第 49 頁）
保存容器

1 仔細測量每樣食材的重量。

2 取一大小能放入真空機槽內的最寬面深邊容器（至少要 5 公分／ 2 吋深），將食材放入，接著把容器放入槽中。用保鮮膜封好，在表面戳 10 個洞左右（這麼做可以避免真空狀態解除時，裡頭的液體濺出來，弄髒機器）。

3 把機器轉到全真空，手指放在停止鍵上。當空氣被抽出時，容器內的液體會劇烈滾沸。如果液體有滾到噗出來的風險，請馬上把機器停下來。讓機器在真空狀態下運轉 1 分鐘。重複整個循環至少兩次，以達到最佳效果 —— 您會發現滾沸的狀況越來越和緩。

4 取出容器，用吸管試試浸漬液的味道。

5 如果味道很淡，有兩個可以萃取出更多風味的方法：第一個，您可以再多跑幾次抽真空的流程，直到浸漬液達到理想風味。或者是，把機器轉到全真空，然後關掉，這也是一個能抽出更多風味的好方法。機器會保持在真空狀態，而食材也會繼續浸漬，直到您再次打開機器為止。我們建議等 10 分鐘，然後就可以確認一下浸漬液的味道。

6 如果浸漬液的味道已經達到您滿意的程度，即可使用墊了幾層起司濾布的細目網篩，或 Superbag 過濾浸漬液。

7 把做好的浸漬液倒入保存容器中，置於冷藏備用。因為這些浸漬液萃取出的風味很細柔，所以最好在 1 週內使用完畢（雖然最多 4 週內，都還可以使用）。

如何製作快速加壓浸漬液

公克磅秤
iSi 發泡器，容量為 1 夸脫的尤佳
N2O 氣彈（N2O cartridges）2 顆
大且深的容器
細目網篩和起司濾布，或 Superbag（請參考第 49 頁）
保存容器

1 仔細測量每樣食材的重量。

2 把所有食材放入 iSi 發泡器中，要注意不要超過內膽中標示的
  Max 線。關緊，填入 1 顆 N2O 氣彈加壓，然後上下搖晃罐子
  約 5 次。更換 N2O 氣彈，再次加壓與搖晃罐子。我們建議讓
  液體處於加壓狀態下 10 分鐘，中途每隔 30 秒，拿起來搖晃
  一下。

3 把罐子的噴嘴以 45 度角放入一個容器內，用最快的速度排
  氣，不要讓液體到處噴；排氣速度越快，做出來的浸漬液效果
  越棒。等排氣結束後，打開罐子聽一聽。只要不再有氣泡的聲
  音，就可以繼續操作。使用細目網篩或 Superbag 過濾浸漬液。

4 把浸漬液用漏斗倒回原來的酒瓶裡，置於冷藏備用。因為這些
  浸漬液萃取出的風味很細柔，所以最好在 1 個月內使用完畢
  ——只是有些比較淡雅的風味，如香草或柑橘皮屑（請參考第
  91 頁的「梅爾檸檬開胃酒」），在一週內最鮮明。

iSi 發泡器

我們超推 iSi 的發泡器。雖然也有其他的「烹飪用發泡器」，
但我們發現 iSi 非常耐用，完全對得起它的高價。它們的發
泡器有很多尺寸，而我們建議使用容量 1 公升的 Thermo
Whip，因為這款的用料很好，而且有保溫的內膽。除了浸
漬液外，這些發泡器也很適合用來打發鮮奶油（請參考第
267 頁的「白色俄羅斯」[White Russian]），尤其是要製作
大量雞尾酒時。

離心機浸漬液

這個技巧（還有其他許多）是向戴夫·阿諾德學的，他是一位非凡的食品科學家，而且這個技巧讓我們做出了一些最非比尋常的浸漬液，使用我們從來沒想過可以加進雞尾酒中的風味，如用來調製「古典」變化版──「營火」（Campfire，請參考第 279 頁）的「消化餅浸漬波本威士忌」（做法請參考第 290頁）。但很遺憾，這個方法一定需要一台價格非常昂貴的裝備──離心機。

一般來說，製作離心機浸漬液首先需要把固體食材和烈酒混合在一起，讓接觸面積達到最大，也可加快浸漬的過程，然後使用離心機分離固體與澄清液體。請注意，在這個方法中，某些原本存在於固體內的液體，最後也會成為浸漬液的一部分。如「草莓浸漬干邑和梅茲卡爾」（做法詳見第 293 頁；應用於第 278 頁的「採莓趣」[Berry Picking]），草莓裡的一些果汁，最後也會變成浸漬液。這樣做出來的浸漬液很美味，但更容易腐壞，因此保存期限也比較短。此外，要注意如果有太多風味食材裡的水分跑到浸漬液中，也會降低最後成品的酒精純度。

若要知道正確的烈酒與風味食材比例，可能需要一些反覆試驗。如果是乾燥的食材，如水果乾或消化餅，可從風味食材與烈酒的重量比 1：4 開始。至於含有水分的食材，像是香蕉或草莓，則從 1：2 開始。若是風味很微弱的食材，如西瓜，則可用 1：1 的比例試試看。

如何製作離心機浸漬液

公克磅秤
果汁機
細目網篩
碗或其他容器
離心機
咖啡濾紙或 Superbag（請參考第 49 頁）

1 仔細測量每樣食材的重量。

2 把所有食材放到果汁機中，攪打到固體食材完全變成泥狀。

3 接著，把果汁機打好的混合物過濾到容器中。但首先，需先測量容器的重量。（或如果磅秤有「歸零」的功能，就先放上容器，將磅秤歸零，再倒入混合物，測量其重量。）

4 用細目網篩過濾混合物，以去除任何大顆粒。

5 測量裝了混合液的容器重量，再扣掉容器的淨重量，即可得到裡頭液體的重量。這個重量即為下一個步驟的基準重量。

6 計算液體重量的 0.2%（重量乘以 0.002），以獲得 X 公克數。

7 放 X 公克的多聚半乳糖醛酸酶（請參考第 48 頁）到液體中，攪拌均勻。加蓋靜置 15 分鐘。

8 再次攪拌以混合任何分層的液體，然後將液體均分到離心機專用的容器中。測量這些容器的重量，並視情況微調裡頭的液體，務必讓所有容器等重；這樣機器才能平衡。（不平衡的離心作用非常危險！）

9 用每分鐘轉速 4,500 圈（4,500 rpm）的速度運轉 12 分鐘。

10 取出容器，接著小心用咖啡濾紙或 Superbag 過濾，要注意不要動到沉澱在容器底部的固體。

11 如果浸漬液裡還有任何顆粒，就再過濾一次。

12 做好的浸漬液倒入保存容器中，置於冷藏備用。

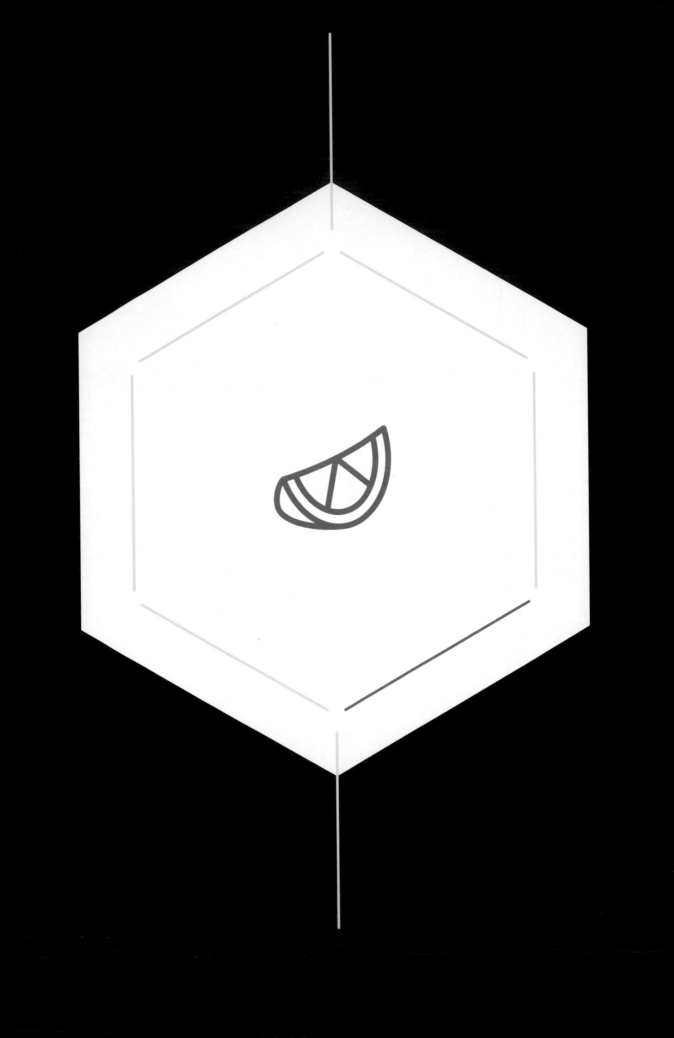

3

黛綺莉

THE DAIQUIRI

經典酒譜

「黛綺莉」只是「酸酒」（sour）這個雞尾酒類別中的其中一款——「酸酒」基本上由烈酒、柑橘和甜味劑組合而成，且其中甜與酸的元素會一起馴化烈酒的強度和風味。這些清爽的雞尾酒適合喜歡烈酒純飲的純淨感，或「古典」或「馬丁尼」等酒感強勁雞尾酒的人。雖然「酸酒」有好幾千種，但我們之所以選擇「黛綺莉」做為本章主題是因為它人見人愛。如果您覺得自己不喜歡「黛綺莉」，那只是因為您還沒遇到好喝的！我們選「黛綺莉」的另一個原因是，蘭姆酒的選擇太多了，所以挑一支您最愛的來調「黛綺莉」，能帶您航向一段愉悅的探索之旅。

「黛綺莉」一直都享有極高的人氣，但也伴隨著一個不幸的副作用——這杯簡單的「酸酒系」雞尾酒，常變成一杯果汁機打出來的大災難。雖然用新鮮水果打出來的「霜凍黛綺莉」（frozen Daiquiri）相當美味，但經典的「黛綺莉」是適量的蘭姆酒、萊姆汁和糖，經過搖盪後，直接端上桌。關於經典酒譜的各種版本，在無數的老式雞尾酒書中都能找到。

黛綺莉

蘭姆酒 2 盎司
現榨萊姆汁 ¾ 盎司
簡易糖漿（做法請參考第 45 頁）¾ 盎司
裝飾：萊姆角 1 塊

將所有材料加冰塊一起搖盪均勻，濾冰後倒入冰鎮過的淺碟寬口杯中。以萊姆角裝飾即完成。

我們的根源酒譜

我們鍾愛「黛綺莉」的其中一個原因是它讓我們有機會可以探索蘭姆酒的大千世界。在我們的根源酒譜中，我們稍微調整了一下經典酒譜，把基酒分成淡色的西班牙式蘭姆酒，和微量但可畫龍點睛，富含風味的法式農業型蘭姆酒。我們同時也增加萊姆汁的用量，讓柑橘的明亮特色更明顯。這個酒譜調出來的雞尾酒非常清爽，但同時又具有討喜的複雜度。

我們理想的「黛綺莉」

卡納布蘭瓦白蘭姆酒（Caña Brava white rum）1¾ 盎司
最愛坎城之心法式農業型白蘭姆酒 ¼ 盎司
現榨萊姆汁 1 盎司
簡易糖漿（做法請參考第 45 頁）¾ 盎司
裝飾：萊姆角 1 塊

將所有材料加冰塊一起搖盪均勻，濾冰後倒入冰鎮過的淺碟寬口杯中。以萊姆角裝飾即完成。

定義「黛綺莉」與其雞尾酒大家族的決定性特徵有：

「黛綺莉」是由烈酒、柑橘和甜味劑組成的，典型組合是蘭姆酒、萊姆汁和簡易糖漿。

「黛綺莉」在柑橘汁與甜味劑的比例上具有彈性，可根據飲用者的偏好和柑橘汁的酸甜程度調整。

「黛綺莉」需要某種程度的即興發揮，因為柑橘汁的不一致性，所以要隨機應變。

有一千種面貌的雞尾酒

您可以在紐奧良的波旁街（Bourbon Street）上找到某種稱為「黛綺莉」的調酒，飲料從大型雪泥機（思樂冰機）裡面流出，裡頭有各種想像得到的風味 —— 但很奇怪地，就是沒有蘭姆酒。您也可以在海島度假村找到「黛綺莉」，可能是果汁機打的或加冰塊，然後用滑稽的巨大玻璃杯盛裝；運氣好的話，這些可能是用新鮮水果做的。但這些都不是本章要談的「黛綺莉」。

另一種「黛綺莉」可在全世界最棒的雞尾酒酒吧裡找到：用長頸纖巧的玻璃杯盛裝，帶霧白色泡沫的酒精飲料。在這些場所，業內人士知道「黛綺莉」絕對是手搖的，因為要製作出一杯好喝的「黛綺莉」，在技巧上需要比其他大多數的雞尾酒多花點心思。雖然「黛綺莉」中三個主要材料的比例很重要，但這些材料如何結合，以創作出精巧的成品，才是更關鍵的，從萊姆汁的新鮮度，到蘭姆酒的選擇，再到搖盪的手法和杯器的溫度，需要同時精通技巧與臨場發揮才能調出完美的「黛綺莉」。

「黛綺莉」也許有「隨和」的名聲，但它能否成功取決於您有多了解它的要素 —— 烈、甜，和酸 —— 之間如何協力合作，以產生一杯合為一體的雞尾酒。除了熟記配方及備有相當的技巧外，「黛綺莉」還需要您隨機應變。因為您所選的蘭姆酒和搖盪技巧，確實會影響「黛綺莉」的成功與否。此外，注意柑橘的不穩定因素（每種的酸度和甜度都不一樣）和做出相應的調整，不只能幫助您調出一杯美好的「黛綺莉」，也能讓您做好處理所有「酸酒系」雞尾酒的準備。

了解範本

了解「黛綺莉」的範本真的就能大致上了解「酸酒系」雞尾酒，所以這就是我們要開始討論的起點。底下是「基礎酸酒」的配方：

基礎酸酒 Basic Sour

經典款

烈酒 2 盎司
現榨檸檬或萊姆汁 ¾ 盎司
簡易糖漿（做法詳見第 45 頁）¾ 盎司

將所有材料加冰塊一起搖盪均勻，濾冰後倒入冰鎮過的酒杯中。無需裝飾即完成。

這個配方對於任何包含檸檬或萊姆的雞尾酒來說，都是個很棒的起點——也是了解「黛綺莉」和其變化版的根本。（稍後在本章，我們會提到其他的柑橘類果汁，包括需要根據其酸甜程度所做的調整。）在上面的「基礎酸酒」範本中，各個元素和諧共處：酒精的強度配上由甜與酸達成的平衡。對於大部分的人而言，這個組合——2 盎司的烈酒、¾ 盎司的檸檬或萊姆汁和 ¾ 盎司的簡易糖漿——恰到好處。然後，這個比例可以根據個人喜好稍作調整，多一點檸檬汁，雞尾酒就酸一點，而多加一點糖，雞尾酒的甜味就更明顯。但我們不建議同時增加酸和甜，因為這樣會蓋過烈酒的風味。我們很喜歡高品質的烈酒，且認為最棒的雞尾酒就是能顯露出烈酒特色的。

到這裡，我們想要大概說一下「酸酒」和「黛西雞尾酒」（daisy）的不同，我們會在第四章「側車」（Sidecars；請參考第 149 頁）時，再多談一些細節；但現在我們就只先說「酸酒」一般靠的是單一基底烈酒，而「黛西」則會包含利口酒，所以也會增加雞尾酒中的糖含量。「瑪格麗特」（Margarita）

和「柯夢波丹」（Cosmopolitan）這兩款知名的雞尾酒，都需要相當多的君度橙酒（Cointreau；一種高酒精純度的橙味利口酒）——所以即使它們喝起來很清爽，也帶有一點酸，但很明顯屬於「黛西類」。同時也要注意，雖然本章中某些酒譜列出了少量的利口酒，但這些利口酒主要是調味用，而不是像「黛西」裡的一樣，成為核心的一部分。

雞尾酒、歷史和不可盡信之事

傳說中，第一個這麼聰明想到把蘭姆酒、萊姆汁和糖放在一起的人，是住在古巴的美籍白人採礦工程師詹寧斯·考克斯（Jennings Cox）。故事裡說道，1898 年在一場熱鬧的晚餐聚會中，他的琴酒用完了。因為已經喝到茫了，所以他就抓了一瓶當地的蘭姆酒，簡單加一點萊姆汁、糖和礦泉水匆匆調了一杯酒。結果客人們超喜歡，所以他就用當地的海灘名「黛綺莉」做為這款雞尾酒的名字。這故事吹牛的成分居高，且也足以證明不斷擾亂雞尾酒歷史的問題：錯誤資訊、修正主義，還有記載雞尾酒歷史常是與喝雞尾酒一起發生的這個事實。我們對於像是詹寧斯·考克斯這類的雞尾酒故事存疑，這也是為什麼我們在這本書中沒提到太多關於雞尾酒的歷史。如果您想要深究過去，我們強烈建議您閱讀大衛·旺德里寫的文章，他是我們這世代最重要的雞尾酒歷史學家之一。

核心：蘭姆酒

如果海盜精神真的存在，那就是「蘭姆酒」──不是因為蘭姆酒與航海史息息相關，或大眾文化把它和邪惡、粗魯的海盜劃上等號，而是因為在烈酒的類別中，蘭姆酒是極端不遵守規則的。蘭姆酒有許多類型，依據它的產地、如何陳年（若有），和蒸餾的方式區分。

串起所有蘭姆酒的唯一一條線是它們的基本原料：甘蔗。根據歷史，現代蘭姆酒的起源是蔗糖製作過程中，一個非常平淡無奇的工業副產品。在殖民時期，加勒比海上的許多小島都以豐富的農業資源著稱，其中最主要的就是甘蔗。一旦糖經過精製，運出口後，就會剩下數量驚人的糖蜜。而因為糖蜜很容易發酵，所以當地人很快就抓住機會，把這些糖蜜蒸餾成強勁的烈酒。雖然這個原始版本並沒有當代蘭姆酒來的精細，但它的確是現在用來製作「黛綺莉」之材料的前身。

蘭姆酒如何演化為今日我們所知的烈酒，與加勒比海區域的政治殖民歷史有很大的關係。因為不同的加勒比海島嶼和領土，分別被不同的歐洲國家佔領，所以不同的蒸餾傳統也被帶進當地，對蘭姆酒的製造形成影響。蘭姆酒到現在仍依照舊時代的殖民邊界進行非正式的分類：西班牙、英國、法國和牙買加。但事實上現代的蘭姆酒已經經過劇烈的變革，無法再完全切合這樣的分類。各國所產的蘭姆酒在類型上的界線已經越來越模糊。此外，現在有許多酒商為了在市場上脫穎而出，所以常在裝瓶時調和來自不同地點和不同類型的蘭姆酒，或甚至是打破慣例。

這些變動造就了一個結果，那就是有來自不同酒商的許多好選擇──比其他強勁的烈酒多出許多變化。除了一些前法國殖民地，會採用類似於釀造干邑的傳統製法外，蘭姆酒還有許多有趣又多元的生產方式。不過，蘭姆酒的特性大多還是由它們所使用的蒸餾類型來決定：「柱式蒸餾」（column still）或「壺式蒸餾」（有些調和蘭姆酒會混合來自兩種蒸餾方式的烈酒）。柱式蒸餾製造出來的烈酒明亮清新，即使經橡木桶桶陳後，依舊保有此特色。壺式蒸餾則比較沒有效率，會製造出酒精純度比較低的烈酒，但這也是優點，讓烈酒可以保留更多風味，並有比較濃郁的質地。在您開始探索蘭姆酒，以及選出最愛時，請盲飲看看，試試能不能藉由特質挑出柱式蒸餾的酒款和壺式蒸餾的酒款。如果酒的風味集中又輕盈，那就很有可能是柱式蒸餾的產物；如果風味濃重且有酯香（funky），那可能就是經由壺式蒸餾所產出的。

和本書中所有的烈酒一樣，下面我們精選的幾支蘭姆酒應該都能在各大主要賣場買到。在每個類型中，我們依照淺色、深色到陳年的順序，各推薦了幾支，所以您可以依照用途，輕鬆找到合適的。但請注意，淡色（light；又稱「淺色」或「白色」）蘭姆酒，通常是陳年的；之所以是「淡色」主要是因為經過重重過濾，除去許多顏色，同時也會移除一些因陳年過程而產生的風味。一般來說，我們會把所謂的「金蘭姆酒」（gold rum）也歸於此類，因為兩者通常有相似的特性，差別只在金色的多了一點點橡木味，它們在雞尾酒中的表現也往往非常類似。深色（dark，又稱為「黑色」）蘭姆酒通常也經過陳年，但包含了額外添加的調色劑，以加深它的色澤，在一些酒款中，調色劑也會強化某些風味的特性。相比之下，陳年（Aged）蘭姆酒的深色，主要是因為和橡木桶接觸而來的。

RUM、RHUM，還是 RON

西班牙文的蘭姆酒是 Ron，會出現在波多黎各和其他西語系島嶼產的蘭姆酒酒標上。法文則是 rhum，所以在加勒比海地區的前法國殖民地，以及瓜德羅普（Guadeloupe）和馬提尼克（Martinique），這兩個至今仍是法國的海外省中，用新鮮甘蔗蒸餾出的蘭姆酒，酒標上標的就會是 rhum。至於前英屬的島嶼，使用糖蜜製作而成的蘭姆酒，酒標上則會用英文 Rum 標示。

淡色蘭姆酒通常可見於「黛綺莉」等柑橘味雞尾酒中，它在裡頭擔任一種基酒，或與其他較淡的烈酒通力合作。深色蘭姆酒是「月黑風高」（Dark and Stormy）中的材料，通常也會在複雜的「提基系」（tiki-style）雞尾酒中找到，在「提基系」雞尾酒中，會使用好幾種蘭姆酒共同組成核心。陳年蘭姆酒當然能夠用來調製許多類型的雞尾酒——用陳年蘭姆酒調的「黛綺莉」香甜濃郁又美味！若讓一支西班牙式蘭姆酒在橡木桶中陳年夠久的時間，它就能建構出深沉濃郁，帶有甜香草和香料的風味，且能夠變成一款適合純飲的蘭姆酒（sipping rum）。但它也可以在許多酒感重的雞尾酒中發光發熱，例如「古典」或「曼哈頓」。我們特別喜歡陳年西班牙式蘭姆酒與干邑的組合，如在「好麻吉」（Thick as Thieves；請參考第 284 頁）中所見——但坦白說，任何和干邑有關的，我們都喜歡。

建議酒款

卡納布蘭瓦蘭姆酒（巴拿馬）：這是我們在 86 公司（86 Co.）工作的朋友，專為雞尾酒使用而開發的酒款。是一支向老式古巴蘭姆酒，如「哈瓦那俱樂部」（Havana Club；在美國還是買不到，雖然在市面上能看到有個牌子同樣叫「哈瓦那俱樂部」，但不是同樣的產品。）致敬的酒。這支酒的色澤呈現稻草黃色，有細微的椰子和香蕉風味與淡淡的香草味，是我們的「黛綺莉」與其變化版調酒懶人包中的必備款，其中最好喝的便是「莫西多」（Mojito）。

西班牙式蘭姆酒 SPANISH-STYLE RUM

西班牙式是最普遍的蘭姆酒類型，包括大部分產自波多黎各、古巴、多明尼加、委內瑞拉、瓜地馬拉、尼加拉瓜、巴拿馬、哥倫比亞、哥斯大黎加和厄瓜多的蘭姆酒。這個類型源自一些超會算計的蒸餾酒商，他們在 19 世紀把「柱式蒸餾」的發明視為是蘭姆酒走出新路的機會。利用這個非常有效率的蒸餾法產出的蘭姆酒，酒精純度高，且能去除掉大部分「壺式蒸餾」會產生的侵略性風味。西班牙式蘭姆酒從未陳年到橡木桶桶陳好幾年的都有，但大部分都會經過多道過濾手續，以去除糖蜜餾出液的火熱特質。經過陳年和過濾後，所得到的蘭姆酒柔順、圓融並帶有許多香草底味，能夠和「黛綺莉」中明亮的萊姆汁，形成相當迷人的搭配。

布克曼黛綺莉
（請參考第129頁）

甘蔗之花 4 年白蘭姆酒（Flor de Caña 4-Year White；尼加拉瓜）：這支酒的酯味比其他淡色蘭姆酒重一點（是優點），雖然純飲可能會令人有點怯步，但它在雞尾酒中別具特色——而且討喜。我們喜歡這支蘭姆酒配上草莓和覆盆莓等莓果的味道，也喜歡罕見的組合，如搭配墨西哥菝葜和樺木（請參考第 283 頁的「麥根沙士漂浮」）。

普雷森 3 星白蘭姆酒（Plantation 3 Stars White；牙買加、巴貝多和千里達）：雖然這支調和蘭姆酒中的成員，並非全都來自遵循西班牙式製法的島嶼，但成品則是非常具有西班牙式色彩。這支酒能在「黛綺莉」和其他簡潔的「酸酒」中綻放光彩，但因為略顯淡薄，所以如果您加太多過於有個性的素材，如強勁的利口酒或義大利苦酒，這支酒的特色就會迷失。

黑海豹蘭姆酒（Gosling's Black Seal；百慕達）：「月黑風高」中如果沒有深色、具有糖蜜風味的「黑海豹蘭姆酒」當核心，就不是「月黑風高」了。雖然它的顏色很深，但卻出乎意料地可以單喝。雖然濃郁的糖蜜調性是最明顯的，但我們發現裡面也有明確的香蕉風味，再加上一些香料氣息，所以在多種雞尾酒中的表現都不錯，特別是搭上其他烈酒時，如「琴吉羅傑斯」（Ginger Rogers；請參考第 280 頁）。

巴里里托 3 星蘭姆酒（Ron del Barrilito Three Stars；波多黎各）：雖然這支酒在美國因鋪貨不穩定的緣故，不保證一定買得到，但它是我們的最愛之一。即使已經陳釀 6～10 年，依舊帶有清新感，讓我們想起較淡色的蘭姆酒。我們喜歡把它當成雞尾酒的基酒，也會用它來舒展其他個性比較強的蘭姆酒，像是牙買加蘭姆酒或法式農業型蘭姆酒等。

薩凱帕 23 頂級蘭姆酒（Zacapa 23；瓜地馬拉）：薩凱帕 XO 調和了陳釀時間介於 6～25 年間的蘭姆酒，它具有較成熟蘭姆酒該有的特色；在索雷拉系統（solera system）裡（請參考第 245 頁）陳釀數年，使它成為一款具有深刻複雜度的烈酒，非常適合純飲，做為「古典」或「曼哈頓」微改編版等烈性高雞尾酒的基酒也非常棒。而且因為它是在舊威士忌橡木桶裡陳年的，所以薩凱帕和美國威士忌，尤其是裸麥威士忌之間的相似度很高，讓豐厚的薩凱帕多了一點香料氣息，能創造出複雜但平衡的風味。

英式蘭姆酒 ENGLISH-STYLE RUM

雖然許多位於加勒比海區域的前英屬殖民地，或現在的英國海外領地，所做出來的蘭姆酒風格都近似於西班牙式；然而，還是存在一些獨特性，讓它們在雞尾酒場域上有不可取代的地位。雖然它們和西班牙式一樣，主要的原料都是糖蜜，但英式蘭姆酒由於調和了來自不同蒸餾過程的蘭姆酒，所以通常更濃郁、酯香更重一點，色澤淺到中等，且酒體飽滿。

建議酒款

杜蘭朵白蘭姆酒（El Dorado White Rum；蓋亞那）：這是一支優秀又不貴的蘭姆酒，可用來調製「黛綺莉系」雞尾酒。只是它中庸的個性如果加在烈性太強的雞尾酒中，就會被蓋過，所以我們建議這一支用來調「酸酒系」雞尾酒就好。

酷尚黑糖蜜蘭姆酒（Cruzan Black Strap；美屬維京群島）：這支酒的顏色相當深，如同無月光的夜晚，帶有獨特的濃糖蜜和楓糖風味，它絕對不是一名能攻善守的全能選手。我們最常少量使用它來增加雞尾酒的深度，如用在「鳳梨可樂達」（Piña Colada；請參考第 269 頁）中。

普雷森古典傳統深色高濃度蘭姆酒（Plantation Old-Fashioned Traditional Dark Overproof；千里達及托巴哥）：警告：非常烈！這支蘭姆酒的強度（69% ABV）躲在猛烈重擊的煙燻水果風味後面，讓人很容易覺得它順口就拿來純飲（很危險）。它是用來加深「提基系」雞尾酒複雜度的完美材料。

杜蘭朵 15 年（El Dorado 15-Year；蓋亞那）：這支深琥珀色，聞起來很複雜的蘭姆酒，是一個很好的例子，足以證明此類型的的蘭姆酒和細緻的陳年白蘭地有某些相同的特質。這支好酒隨時拿來純飲我們都沒問題，但用它來調酒的效果也很好，無論是當單一的核心烈酒，或是與其他陳年烈酒搭配，一起調成「古典」、「茱利普」或「曼哈頓系」雞尾酒都很適合。

牙買加式蘭姆酒 JAMAICAN-STYLE RUM

西班牙式蘭姆酒純淨、帶有青草味的清新，英式蘭姆酒的酒體稍微厚實一點，也比較有深度，然而牙買加蘭姆酒則是個全然不同的類型。在風格上，牙買加蘭姆酒有著獨特深刻的酯香味（譯註：所有的蘭姆酒皆含有「酯」，而牙買加蘭姆酒的酯含量特別高，有的人形容這種味道像是過熟的香蕉，也有人形容像橡膠味）。要形容它們風味輪廓的特點很難，但了解烈酒的製作方式可能會得到一點線索。牙買加蘭姆酒一定是壺式蒸餾，所以很濃郁，又有強烈的青草香氣。因為它的強度和刺鼻味，所以我們很少用牙買加蘭姆酒做為雞尾酒的單一基酒，而是比較常和其他烈酒或加烈葡萄酒混合使用（請參考第 280 頁的「下手目標」[Fair Game] 和第 32 頁的「最後贏家」）。

建議酒款

雷叔姪高濃度白蘭姆酒（Wray & Nephew White Overproof Rum；牙買加）：這支酒非常強勁夠力，酒精純度高達 126，其中的酒精辣味壓制了牙買加蘭姆酒的酯香味 —— 這是種奇怪的中和，所以如果用來調「黛綺莉」會滿危險的：好喝，但有點太順口了。我們最常使用這支酒的時機是：喜歡調酒的風味，但覺得它們有點過緊時；少量的「雷叔姪」能把這些風味舒展開來。

漢彌爾頓牙買加壺式蒸餾金蘭姆酒（Hamilton Jamaican Pot Still Gold；牙買加）：艾德·漢彌爾頓（Ed Hamilton）是個懂蘭姆酒的行家。這位知名的雞尾酒作家，現在進口了他精選的各種類型蘭姆酒，其中包含這一支，定位介於活潑的「雷叔姪」與濃稠的深色和陳年牙買加蘭姆酒（下面會提到）之間。我們喜歡用這支酒，加上其他蘭姆酒，一起製成「邁泰」（Mai Tai）的核心。

史密斯克斯（Smith & Cross；牙買加）：這支酒，毫無疑問，是我們嚐過最不見細微差異的烈酒了：充滿酯香、非常甜和酒精純度高，如果想像一下石油混合糖蜜，放在橡木桶裡陳釀好幾年，差不多就是這支酒的味道。但很奇怪地，這居然可以是優點！使用非常少的量，「史密斯克斯」就能發光發熱，為雞尾酒增添一分熱帶風情。試著把它想成沒那麼強效的苦精，看成一個富含風味的材料，可以把其他烈酒中的熱帶特色引誘出來。

漢彌爾頓牙買加壺式蒸餾深色蘭姆酒（Hamilton Jamaican Pot Still Dark；牙買加）：這支酒和「史密斯克斯」一樣有個性，但比較不甜。因為夠精細，所以可以用多一點的份量，但還是具有嗆鼻的香味。用這支蘭姆酒調出來的「黛綺莉」會同時具有濃郁與清爽，伴隨著香蕉風味餘韻。

阿普爾頓莊園珍藏調和蘭姆酒（Appleton Estate Reserve Blend；牙買加）：這支酒的嗆辣度比其他的牙買加蘭姆酒低，相較之下，由阿普爾頓莊園生產的蘭姆酒，幾乎都很優雅。雖然珍藏調和保留了一個顯著的牙買加蘭姆酒特性 —— 濃郁的糖蜜味加上青草尾韻 —— 但這支由 20 款陳年蘭姆酒調和而成的酒多了一分細膩。在所有牙買加蘭姆酒中，這一支是我們最常用來調酒的。它在搖盪型和攪拌型的雞尾酒中，都是表現非常好的基酒，也可以與其他蘭姆酒、白蘭地、威士忌，甚至是調和式蘇格蘭威士忌一起合作。它具有明亮、清新和柑橘味的特色，其他陳年牙買加蘭姆酒往往會有燉香蕉的風味，而這支的味道嚐起來就像新鮮水果。

法式蘭姆酒 FRENCH-STYLE RUM

在 19 世紀初期「拿破崙戰爭」時，由於英國的封鎖，造成法國很難從加勒比海的殖民地把糖運回法國，所以法國人必須想辦法在本國境內製糖。他們的科學家研發出了一個加工甜菜的方法，做出來的成品激似蔗糖結晶。同時間，法國在加勒比海的殖民地，因為幾乎以糖業為全部經濟來源，所以也滿目瘡痍。隨著歐洲對加勒比海產的糖需求量減少，過剩的甘蔗就被榨成汁，製成蘭姆酒——和過去用製糖副產品——糖蜜當製酒基底的做法說再見。新原料做出來的蘭姆酒，與原本以糖蜜為基底做的酒，風味完全不同。用甘蔗汁做的蘭姆酒有比較濃的花香和植物風味。每一小口都會讓人有嚼新鮮甘蔗的獨特感受。

今日，法式蘭姆酒的主要產地為馬提尼克、瓜德羅普、瑪麗加朗特島（Marie-Galante）和海地（Haiti）。法式蘭姆酒和其他蘭姆酒一樣，有未經陳年的，也有陳釀好幾年的。但其他類型的蘭姆酒沒有強制標準化的陳年年份分類，而法式蘭姆酒則採用了與干邑大致相同的分類。而且事實上，許多法式蘭姆酒都是銅壺蒸餾，就跟干邑一樣。

這些蒸餾酒液稱為「（法式）農業型蘭姆酒」（法文為 rhum agricole），而在雞尾酒中，它們的表現也與其他蘭姆酒不同。以糖蜜為底的西班牙式蘭姆酒柔順又濃郁，英式的則能提供比較廣大的結構，可以在上頭建構風味，而農業型蘭姆酒的顆粒感與個性則是相當銳利，可以強化柑橘的風味。以糖蜜為底的蘭姆酒的確可以讓柑橘味顯現出來，讓它成為眾人矚目的焦點，但另一方面，農業型蘭姆酒則是能凸顯出柑橘明亮、充滿熱帶風情、極度清爽的酸味。

農業型蘭姆酒除了用來強化柑橘風味外，我們也會用類似使用多數未陳年「生命之水」的方法來使用它——在另一個基底材料旁當修飾劑。把它放在風味比較淡的蘭姆酒旁，可以增加整體的複雜度（如我們的根源「黛綺莉」），或也可以用它來修飾另一種完全不同類型的烈酒。未經陳年的農業型蘭姆酒與龍舌蘭或琴酒加在一起效果很好，而陳年農業型蘭姆酒與干邑放在一起則是特別美味。在雪莉酒或加烈蘭姆酒（fortified rum）當基酒的低酒精濃度雞尾酒中，加入少量風味十足的農業型蘭姆酒能夠提升雞尾酒的整體風味，讓烈度較低的雞尾酒喝起來就像強度完整的調酒一樣。

建議酒款

巴朋沽白蘭姆酒（Barbancourt White；海地）：與馬提尼克產的強力蘭姆酒方向不同，海地巴朋沽蒸餾廠產的蘭姆酒很有個性，具鑑別度，但又不像其他法式蘭姆酒，會主導雞尾酒的風味。雖然我們也喜歡巴朋沽的陳年款，但這支白蘭姆酒很適合收編到「黛綺莉」愛好者的藏酒中。

最愛坎城之心（馬提尼克）：農業型蘭姆酒的價格有時會比其他類型的蘭姆酒稍貴一點，但這一支是非常划算的選擇。它是淡色蘭姆酒，有著水果味道與青草香氣。我們喜歡用它來調製具熱帶風情的雞尾酒，與鳳梨（果汁或糖漿）搭配在一起的效果尤其好。

JM VSOP 蘭姆酒（馬提尼克）：這支蘭姆酒裡的柳橙和巧克力風味，透過剛剛好的橡木桶陳年時間達到平衡。它有著像是奶油風味的綿長尾韻，使它成為一款細緻的純飲型蘭姆酒，在酒感重的雞尾酒中也很實用，可以是獨奏者，也能與波本威士忌或卡爾瓦多斯合奏。

內森特別珍藏蘭姆酒（Neisson Réserve Spéciale；馬提尼克）：對於豪奢的調酒者而言，這支昂貴的蘭姆酒不會讓他們失望。認為這支酒只適合不加冰純飲的烈酒界假內行們，看到我們把這支充滿堅果香又長期陳年的好酒放進「黛綺莉」中，可能會唉聲嘆氣，但試試看……一次就好！說實話，我們一般都會建議把這支留著慢慢純飲；然而，它的確能調出相當獨特的「古典」。

卡沙薩 CACHAÇA

直到最近,我們才能在巴西以外的地方找到高品質的卡沙薩。事實上,在我們找不到優質卡沙薩的日子裡,若雞尾酒的酒譜需要卡沙薩,我們就用法式農業型蘭姆酒代替。但現在時代不同了。

卡沙薩產於南美洲,特別是巴西,對於烈酒界新手而言可能會造成一點困惑:它是甘蔗汁蒸餾的,那為什麼不直接稱為「蘭姆酒」——或是更精準一點,稱為「農業型蘭姆酒」就好?之所以不同主要有兩個關鍵因素:製作卡沙薩時的蒸餾過程和其陳年類型的獨特性。卡沙薩的原料一定要是巴西甘蔗,而且只能蒸餾一次(農業型蘭姆酒大多都蒸餾兩次),這樣製出來的酒,酒精濃度介於38% ~ 48%。單一蒸餾成這麼低的酒精純度,能產生酒體豐厚,風味嗆鼻的酒。和蒸餾到70% ABV左右的農業型蘭姆酒相比,高品質的卡沙薩比較柔順,也更容易入喉,而且因為受限的蒸餾過程,所以帶有香甜的風味。

許多卡沙薩都是未經陳年的,但也有些會放在木桶裡陳釀好幾年。如果是未經陳年的,稱為「白」卡沙薩(又稱「經典的、傳統的或銀的」),表示這個酒是放在中性的不鏽鋼容器或不會造成染色的木桶中。如果是陳年的(葡文為 envelhecida),就會被稱為「金」卡沙薩。

白卡沙薩

若要用於雞尾酒,最好是清淡一點,類似淡色農業型蘭姆酒的卡沙薩:有著青草香和複雜度,還有香蕉和硬核水果乾的豐厚風味。與柑橘,特別是萊姆搭配,會成為一個好的開始,但是有些花香更濃的白卡沙薩能夠與香艾酒在「馬丁尼系」雞尾酒中分庭抗禮。和農業型蘭姆酒一樣,卡沙薩的用量要少一點,才不會主導整場戲。

建議酒款

愛娃銀卡沙薩(Avuá Prata Cachaça):雖然這支卡沙薩有著農業型蘭姆酒的青草香,但它同時具有獨特、美妙、值得誇口的肉桂與紫羅蘭香氣。結尾一點點的香草味讓整體更圓融,使得這支酒成為非常實用的調酒用卡沙薩。在許多款調飲中,我們都會用它來當基酒,或加 ½ 盎司,與不甜雪莉酒或香艾酒一起和鳴。

新火銀卡沙薩(Novo Fogo Silver):這支在美國算是基準款卡沙薩。濃郁、奔放,具有植物風味,是結實耐操,帶有萬種風貌,但又不過度具侵略性的卡沙薩,能調出絕佳的「卡琵莉亞」(Caipirinha)。

陳年卡沙薩

因為卡沙薩可以放在許多不同種類的木桶中陳年,所以是個很好的機會,可以用來研究不同木頭對烈酒所造成的影響。大部分的烈酒都是放在美國或法國橡木桶中陳年,這兩者都會散發出丁香、肉桂、香草和燉水果的風味。但在巴西,會使用非常多種原生木桶來陳釀卡沙薩,所以產出的成品風味相當多元獨特。

建議酒款

愛娃青李豆木卡沙薩(Avuá Amburana Cachaça):這支在拉美青李豆木桶中陳釀兩年的卡沙薩,已經成為我們調製「古典」變化版和「曼哈頓」變化版的祕密武器之一。陳年的過程讓烈酒從木頭中染上明顯的肉桂辛香,而香草味重的基酒則賦予廣闊又甜蜜的結構,類似在橡木桶裡陳釀的烈酒。這些元素加在一起,讓這支酒幾乎像是液態的法國吐司。與許多陳年烈酒調在一起的效果都相當優秀,特別是少量使用,當修飾劑用時。如果當成雞尾酒的核心酒,可能會有點搶戲,所以我們常會用它加上至少一款的其他烈酒一起當基酒。

試驗「核心」

蘭姆酒有許多類型，而您聞得出也嚐得到差別。但這些不同類型的蘭姆酒要如何與雞尾酒中的其他材料互動？「黛綺莉」就是探索這個問題的最佳起點。這裡有個實驗可以呈現三種不同蘭姆酒的獨特本質。請先把下面三個酒譜中所列的材料和器具準備好。如果能夠同時搖三杯是最理想的，如果不行，請連續搖三杯，盡量縮短中間的間隔，這樣您在試飲時三杯酒的溫度和泡沫質地才不會差太多。

這三杯「黛綺莉」的酒譜一模一樣，但為什麼喝起來會有如此驚人的差別呢？「黛綺莉」（淡色蘭姆酒）和我們的根源酒譜最相似，而您也許會注意到它的味道和第 118 頁實驗中的「黛綺莉」（萊姆汁多版）完全相同。有相當明確的清爽感，且酒中焦點是明亮、錯不了的現榨萊姆汁風味。在「黛綺莉」（酯香蘭姆酒）中，焦點轉到農業型蘭姆酒的複雜度與青草香，使得雞尾酒有著植物，幾乎可說是鹹鮮的風味。至於用陳年牙買加調和蘭姆酒調的「黛綺莉」（陳年蘭姆酒）則和前兩者形成對比，展現出濃郁、如蜜桃和甜桃的水果風味。無疑地，換用不同的核心烈酒，會把整杯雞尾酒的風味導向不同的方向。

黛綺莉（淡色蘭姆酒）

卡納布蘭瓦白蘭姆酒 **2** 盎司
現榨萊姆汁 **1** 盎司
簡易糖漿（做法詳見第 **45** 頁）¾ 盎司

將所有材料加冰塊一起搖盪均勻，濾冰後倒入冰鎮過的淺碟寬口杯中即完成。

黛綺莉（酯香蘭姆酒）

最愛坎城之心法式農業型白蘭姆酒 **2** 盎司
現榨萊姆汁 **1** 盎司
簡易糖漿（做法詳見第 **45** 頁）¾ 盎司

將所有材料加冰塊一起搖盪均勻，濾冰後倒入冰鎮過的淺碟寬口杯中即完成。

黛綺莉（陳年蘭姆酒）

阿普爾頓莊園珍藏調和蘭姆酒 **2** 盎司
現榨萊姆汁 **1** 盎司
簡易糖漿（做法詳見第 **45** 頁）¾ 盎司

將所有材料加冰塊一起搖盪均勻，濾冰後倒入冰鎮過的淺碟寬口杯中即完成。

杏仁酸酒 Amaretto Sour

經典款

如果想要進一步延續實驗，可以用利口酒，或甚至是加烈葡萄酒做為核心。而事實上，某些經典的「酸酒」確實就是這樣調出來的，「杏仁酸酒」就是個很棒的例子。因為它用了整整 2 盎司，充滿堅果香與甜味的義大利杏仁香甜酒（amaretto），所以其他的材料用量必須相應調整；為了不讓整杯酒過甜，我們減少了簡易糖漿的用量。

拉薩羅尼義大利杏仁香甜酒（Lazzaroni amaretto）2 盎司
現榨檸檬汁 1 盎司
簡易糖漿（做法詳見第 45 頁）¼ 盎司
安格式苦精 1 抖振
裝飾：半月形柳橙厚片 1 片和用裝飾籤串起的 1 顆白蘭地酒漬櫻桃

將所有材料加冰塊一起搖盪均勻，濾冰後倒入已放了 1 塊大冰塊的雙層古典杯中。擺上半月形柳橙厚片和櫻桃裝飾即完成。

新鮮琴蕾 Fresh Gimlet

經典款

試驗核心的另一個極端方法是用完全不同的烈酒。經典「琴蕾」（gimlet）用的是萊姆糖漿，這個糖漿原本是設計用來在長程航海途中保存萊姆汁。這裡，我們用了現榨萊姆汁 —— 本質上是杯用琴酒調的「黛綺莉」。和我們的根源「黛綺莉」酒譜相同，此處放了 1 盎司的萊姆汁，以求明亮又顯著的柑橘風味。

普利茅斯琴酒 2 盎司
現榨萊姆汁 1 盎司
簡易糖漿（做法詳見第 45 頁）¾ 盎司
裝飾：檸檬角 1 塊

將所有材料加冰塊一起搖盪均勻，濾冰後倒入冰鎮過的淺碟寬口杯中。以檸檬角裝飾即完成。

新鮮琴蕾

平衡：柑橘汁

我們出國旅行時，常好奇明明是熟悉的飲料，為什麼卻有如此不同的風味，而且通常在那些遙遠的地方，味道都比較好。這是旅行的浪漫嗎？還是離家的快感？答案可能實際許多：用當地生產的新鮮食材所調的雞尾酒，會比較好喝。在芝加哥嚐到的萊姆，味道一定和在泰國吃到的不同。

這只是眾多理由中的其中一個，並不是指所有用柑橘汁當平衡的雞尾酒都是如此。除此之外，柑橘的種類太多了。想想柳橙，光是柳橙就分苦橙和甜橙，至於後者，又有好幾種主要的類型：一般柳橙、臍橙和血橙。然後，在常見的柳橙中，又有許多不同的培育變種。

當然，任何一種特定柑橘的風味，也會因為成長環境的風土而有所不同。檸檬和萊姆的風味相對來說比較一致，但我們還是建議榨汁後先嚐嚐，看看是不是比往常甜上許多，或是比較酸。葡萄柚和柳橙的風味就比較多變，所以試飲果汁變得更加重要。

一般來說，大部分的柑橘都有類似的結構：由厚的外果皮（exocarp 或 flavedo）和其底下苦味白髓（mesocarp 或 albedo；中果皮）所組成的外皮（peel），而在外皮內的則是包含無數小囊泡的囊瓣（小囊泡裡有果汁）。有些有種子，有些品種則是無籽。

如果您在柑橘果皮上劃下淺淺一刀，然後湊到燈光下看，您就會看到一堆微小的圓圈。這些是油胞層（pocket），裡頭有風味豐富的精油。若擠壓一下柑橘皮，它就會噴出霧狀的精油，而且根據柑橘的品種，您也許會聞到嗆鼻的氣味。這層薄霧就是我們噴附到雞尾酒上的皮油，且因為它是油，所以會浮在酒的表層，讓人在啜飲時能聞到柑橘香氣。

使用柑橘皮當裝飾，或做為浸漬液或糖漿的原料時，刮果皮刀（zester）通常是最適合的輔助工具。要小心不要刨太深，才不會刨到白髓，因為它們通常帶有不討喜的苦味。然而，有些柑橘類水果，如金柑（kumquat；又稱「金棗」），因為幾乎沒有白髓，所以可以整顆連皮吃，另外有些品種的橘子，因為白髓很薄，所以整張外皮都可使用。

至於其他的柑橘類水果 —— 檸檬、萊姆、柳橙，特別是葡萄柚 —— 如果皮捲中帶了一點點的白髓，就會對飲用者體驗到的風味產生負面影響。例如，想一想我們投進「古典」裡（請參考第 3 頁）的檸檬和柳橙皮裝飾。除了增添明亮的香氣外，因為是泡在雞尾酒中，所以也能增加風味。如果任何一條皮捲夾了白髓，雞尾酒就會隨著時間越長，變得越來越苦。

使用榨汁機時，也要小心白髓。壓太大力，機器就會穿進白髓，萃出苦味。

把柑橘囊瓣搗碎可以利用柑橘的每一個部分：果汁、充滿香氣的外皮和苦味白髓。我們通常會搗碎富含風味、果汁酸度高和包含芳香果皮精油的柑橘類：柳橙（和其他柳橙品種，如橘子）、檸檬和萊姆都可以。搗碎時，能抽出大範圍的各種風味，在雞尾酒中創造出高動態的柑橘算式 —— 經典「卡琵莉亞」（請參考第 137 頁）是最廣為人知的例子。我們很少搗碎葡萄柚，因為它們的精油會嚴重影響味覺，讓飲用者只嚐到葡萄柚味。此外，要小心種子，如果有任何種子被搗碎，雞尾酒嚐起來就會很苦。所以在搗之前，請盡量把種子挑出來。

關於柑橘的最後一點：根據經驗，我們一般會把萊姆汁和未經陳年的烈酒（淡色蘭姆酒、琴酒、白龍舌蘭和伏特加）放在一起，而檸檬汁則是搭配陳年烈酒（波本威士忌、蘇格蘭威士忌和干邑）。但是，當然有許多例外。

葡萄柚在雞尾酒中的使用

柑橘汁一口氣包含四種基本味道：甜、酸、鹹和苦。葡萄柚汁通常是在酸和甜間相當平衡，但有明顯的苦味。因此，我們一般會把葡萄柚汁和檸檬汁或萊姆汁混合，再加上一點甜甜的糖漿，以確保雞尾酒達到良好的平衡。

另一個問題是葡萄柚的風味差距很大。當您在調製需要大比例葡萄柚汁的雞尾酒時，一定要在使用果汁前先試試味道，如果特別酸，可考慮加一點糖漿來中和。反過來說，如果特別甜，您最好降低其他甜味食材的用量，這樣才能達到最棒的效果。

至於果皮的處理，葡萄柚皮捲能增加濃郁的香氣，但它的精油威力太強，如果太大量使用，會麻痺味覺。所以我們需提醒您，千萬不要在杯緣摩擦擠壓過的葡萄柚皮捲。最好的做法是把葡萄柚皮捲高高舉起，朝著飲料擠壓，然後投進酒裡。即便是這樣，葡萄柚的苦味精油，尤其如果皮捲上有任何白髓的話，將很快地讓酒染上風味，所以我們通常建議客人，幾分鐘後就把葡萄柚皮捲取出。

常見的柑橘類水果與其雞尾酒應用

萊姆

波斯（Persian）、大溪地（Tahitian）和比爾斯（Bearss）
- 果實大，果汁含量相對較高
- 較常用來榨汁，其次才是切成萊姆圓片、萊姆角或皮捲
- 無籽，所以特別適合搗碎

墨西哥和礁島萊姆（Key Lime）
- 果實較小，果汁含量比波斯萊姆少
- 果汁比波斯萊姆的酸
- 果皮有獨特的香氣，所以適合製成風味糖漿

泰國青檸（卡菲爾萊姆）
- 不適合榨汁（果汁具有不討喜的澀味）
- 芳香的葉子適合搗碎和製作浸漬液

檸檬

悠綠客（Eureka）
- 果汁酸甜，具有眾人印象中的檸檬味
- 厚果皮相當適合刨成皮捲

里斯本（Lisbon）
- 果汁風味與悠綠客的類似，但通常每顆的果汁含量較高
- 果皮比較薄，所以沒那麼適合刨成皮捲

梅爾
- 超多汁
- 皮屑有濃郁的香氣，所以適合放入浸漬液和糖漿中
- 果汁比悠綠客或里斯本的酸，所以是個很棒的添加物，可以用來加強雞尾酒的酸味

葡萄柚

紅寶石
- 非常多汁，有明亮的酸度和高甜度
- 色澤深沉的紅色厚果皮，適合刨成皮捲

星紅寶石（Star Ruby）
- 果汁甜中帶點微酸，顏色比其他品種的深
- 果皮比紅寶石薄，所以不像紅寶石這麼適合刨成皮捲，但可以切成半月型厚片做為裝飾

鄧肯（Duncan）
- 果汁的甜度和紅寶石或星紅寶石的類似，但比較清透
- 果肉為白色

柳橙

瓦倫西亞（Valencia；又譯為「晚崙夏橙」）
- 滿載香甜果汁，加在雞尾酒中效果很好
- 果皮一致相當薄；皮捲中若夾帶一些白髓加進酒中，能增加結構

臍橙
- 果汁風味沒瓦倫西亞的那麼鮮明有活力，所以放進雞尾酒裡的活潑度較差
- 厚果皮適合刨成皮捲

血橙
- 果汁呈暗紅色，但通常不會太酸，也沒有太明顯的風味
- 果皮為暗橘色，且帶有香氣

其他柑橘

砂糖橘（Tangerines）
- 果汁富含風味、複雜度高，若用來替換柳橙汁會很有趣
- 薄皮裡滿滿都是又甜又香的精油

克萊門氏小柑橘（Clementines）
- 超級甜的果汁，若與檸檬汁或檸檬酸溶液（做法請參考第 298 頁）混合使用可達到最佳效果
- 薄皮很適合用來製作浸漬液
- 通常無籽，所以很適合搗碎

橘子（Mandarin Oranges）
- 體積比克萊門氏小柑橘大，但果汁也超級甜，所以用途類似
- 果皮單薄脆弱，所以不適合刨成皮捲，但甜又有香味，所以可用來製作糖漿和浸漬液
- 可能有子，所以搗碎時要小心

溫州蜜柑（Satsumas）
- 與克萊門氏小柑橘的體積大小、風味和用途都相似，果汁甜度超級高
- 無籽的品種，果皮是鬆的，所以沒辦法當裝飾物，但適合用來搗碎

金柑
- 果實迷你，果汁非常酸
- 果皮超級甜且可以食用，囊瓣非常適合搗碎，或整顆用於製作糖漿

日本柚子
- 果汁酸又甜，有點像萊姆和橘子的綜合體
- 果皮有很濃的香氣，可用來製作雞尾酒或「酸酒系」調酒用的糖漿

柚子
- 類似葡萄柚，但果實比較大，有著微甜的果汁 —— 用途與葡萄柚相似
- 強效的果皮可做成具有戲劇效果又有香氣的皮捲

試驗「平衡」

如同我們在本章一開始所見，「黛綺莉」的平衡建立在柑橘與糖之間的合作，而兩者的用量都具有些微彈性，取決於飲用者對酸或甜的偏好。這裡有個有趣的「金髮姑娘實驗」（Goldilocks experiment），可以測試您的個人喜好是偏向甜還是酸。準備 1 個雪克杯、1 個量酒器（jigger）、雞尾酒隔冰器（cocktail strainer）、3 只冰鎮過的淺碟寬口杯、冰塊、2½ 盎司現榨萊姆汁、2 盎司簡易糖漿，當然，還需要 1 瓶蘭姆酒。為了實驗目的，我們省略裝飾，把焦點放在雞尾酒本身的甜酸平衡上。

我們發現這種一個接著一個的測試，對於學習如何平衡烈酒、柑橘和甜味劑是非常有用的，而且可以看到酒譜中一個小小的調整怎麼讓雞尾酒從好喝變美味。「黛綺莉」（經典版）喝起來還不錯；「黛綺莉」（少糖版）就不太討喜；即使只是稍微減少簡易糖漿的用量，都會讓整杯酒的酒味太重，而且太酸。但「黛綺莉」（萊姆汁多版）比上兩杯多加了 ¼ 盎司的萊姆汁，喝起來很清新、活潑，讓人大大滿足。因為卡納布蘭瓦是一支相對淡的蘭姆酒，所以萊姆汁的風味（不是只有酸度）對於這杯酒的整體風味而言，貢獻更大。

您很有可能會覺得「黛綺莉」（萊姆汁多版）太酸──沒關係。也許「黛綺莉」（經典版）比較合您的胃口。這個簡單的體悟，對於選擇酒譜、調整酒譜，以及建立專屬版本，將會相當具參考價值。

一旦了解基礎「酸酒」的範本，您就可以用任何烈酒來替換蘭姆酒；雖然我們不能保證結果一定好喝，但絕對會達到平衡。同樣地，您也可以把萊姆汁換成檸檬汁，或改用其他的甜味劑。這個非常有彈性的做法，能讓「酸酒」增生擴散為一個雞尾酒大家族。

既然我們已經強調過不同柑橘品種的一些重要特質了，現在讓我們看看如何拿它們來做實驗，把雞尾酒推向新的方向。當然，檸檬和萊姆汁在雞尾酒中是最常見的。但事實上，正因這個原因，所以替換或納入其他柑橘汁，是研發新酒譜的一個好技巧。這同時也是經過時間考驗的一項傳統，正如您在 1920 年代便出現的經典「黛綺莉」變化版：「海明威版黛綺莉」（Hemingway Daiquiri）中所看見的一樣。

黛綺莉（經典版）

卡納布蘭瓦白蘭姆酒 2 盎司
現榨萊姆汁 ¾ 盎司
簡易糖漿（做法詳見第 45 頁）¾ 盎司

將所有材料加冰塊一起搖盪均勻，濾冰後
倒入冰鎮過的淺碟寬口杯中即完成。

黛綺莉（少糖版）

卡納布蘭瓦白蘭姆酒 2 盎司
現榨萊姆汁 ¾ 盎司
簡易糖漿（做法詳見第 45 頁）½ 盎司

將所有材料加冰塊一起搖盪均勻，濾冰後
倒入冰鎮過的淺碟寬口杯中即完成。

黛綺莉（萊姆汁多版）

卡納布蘭瓦白蘭姆酒 2 盎司
現榨萊姆汁 1 盎司
簡易糖漿（做法詳見第 45 頁）¾ 盎司

將所有材料加冰塊一起搖盪均勻，濾冰後
倒入冰鎮過的淺碟寬口杯中即完成。

皮斯科酸酒 Pisco Sour

經典款

有些調飲可從混用檸檬汁和萊姆汁中獲益：取檸檬的溫和風味和萊姆的明亮感。我們就是用這個方法來調經典「皮斯科酸酒」的，因為我們發現單用任一種，都無法調出這麼好喝的雞尾酒。萊姆汁的嗆鼻與皮斯科酒的細粒口感配合得很好，而檸檬汁相對中性的狀態，能避免萊姆全盤通吃。

魅力之域特選皮斯科（Campo de Encanto Grand and Noble pisco）2 盎司
現榨檸檬汁 ½ 盎司
現榨萊姆汁 ½ 盎司
簡易糖漿（做法詳見第 45 頁）¾ 盎司
蛋白 1 顆
裝飾：安格式苦精 3 滴

所有材料先不加冰塊乾搖（dry shake），再放入冰塊一起搖盪均勻。雙重過濾後倒入冰鎮過的淺碟寬口杯中。小心在頂端泡沫處滴入苦精做為裝飾即完成。

海明威版黛綺莉

經典款

葡萄柚汁有著美妙的苦酸風味，所以成為調酒時我們最愛用來替代檸檬和萊姆汁的其中一種柑橘汁。要了解葡萄柚汁如何影響雞尾酒的平衡，我們必須解構經典「海明威版黛綺莉」。因為葡萄柚汁的酸度不及萊姆汁，所以如果只是簡單把我們根源「黛綺莉」酒譜中的 1 盎司萊姆汁換成葡萄柚汁，這樣調出來的酒會太過稀薄。而且誠如您所見，在這個經典變化版的酒譜中，也同時包含滿多的萊姆汁。然後，因為葡萄柚汁和瑪拉斯奇諾櫻桃利口酒都會提供甜味，所以簡易糖漿的用量減少。這杯酒很大程度與蘭姆酒、葡萄柚汁和瑪拉斯奇諾櫻桃利口酒之間的關係有關，但其驚人的活潑度則來自萊姆汁和簡易糖漿。

甘蔗之花 4 年白蘭姆酒 1½ 盎司
盧薩多瑪拉斯奇諾櫻桃利口酒 ½ 盎司
現榨葡萄柚汁 1 盎司
現榨萊姆汁 ½ 盎司
簡易糖漿（做法詳見第 45 頁）1 小匙
裝飾：萊姆角 1 塊

將所有材料加冰塊一起搖盪均勻，濾冰後倒入冰鎮過的淺碟寬口杯中。加上萊姆角裝飾即完成。

每顆檸檬和萊姆的酸度與甜度各有不同（而且您應該要試試味道，看看跟平常用的是否相同），但我們拿到的都相對穩定。然而，葡萄柚和柳橙的甜度和酸度就常常不同。如果調酒時，需要用到大量的葡萄柚汁，如「海明威版黛綺莉」，這個變數就會變得更明顯。使用果汁前先試飲，如果特別酸，可考慮把簡易糖漿的用量從 1 小匙增加到 ¼ 盎司。反過來說，如果特別甜，或許您會發現完全捨棄簡易糖漿，才能找到最佳平衡。

皮斯科酸酒

調味：柑橘裝飾

在第二章中，我們建立了香氣可以幫雞尾酒調味的概念。在「馬丁尼」的例子裡，香氣可以透過柑橘皮捲、橄欖或醃洋蔥裝飾物的形式帶進雞尾酒。至於「黛綺莉」，裝飾用的萊姆角也具有類似的功能，就像其他雞尾酒中的柑橘角、輪切柑橘厚片或半圓形柑橘厚片等。

但柑橘角可以有更多功用：把果汁擠進酒中，能增加酸度，讓飲用者可以隨喜好調整酒的味道。擠壓柑橘角也可以讓皮油噴附在酒上，所以同樣是一種香氣型調味。而且即使柑橘角未碰到杯緣，它仍然提供了顯著的明亮柑橘香氣。

另一個柑橘可以幫雞尾酒調味的方法是在上桌前，把輪切柑橘厚片或半圓形厚片投入酒裡，如同我們在「內格羅尼」（請參考第 89 頁）中所做的一樣。柑橘裡的一些果汁能為雞尾酒注入風味，酒精也可以萃取出一些柑橘精油，隨著飲用者慢慢喝慢慢調味。在「馬丁尼」中，我們提過檸檬皮捲如果泡在雞尾酒裡太久，會如何釋出苦味（請參考第 78 頁），而半圓形柑橘厚片事實上，也會造成同樣的問題 —— 但有比較大的轉圜餘地。如果喝一款裡頭放了輪切柑橘厚片的雞尾酒，我們建議您大概喝到一半時，就先將水果片取出。

試驗「調味」

一塊柑橘角會對雞尾酒產生很深遠的影響。試試底下簡單的實驗，以了解不是只有萊姆角裡的果汁會改變雞尾酒的風味，投入酒中那塊擠過的萊姆角也會慢慢改變調飲的風味。

首先，用您在本章中最喜歡的酒譜，調出兩杯一樣的「黛綺莉」。第一杯把柑橘角擺在杯緣，第二杯則是朝著飲料擠壓萊姆角後，再把水果塊投入酒中。

分別喝一小口。首先您會感覺到第二杯明顯比第一杯酸 —— 一點也不意外。您也許同時會注意到香氣的差異，因為當您擠壓萊姆角時，會釋放出嗆鼻的精油。或許您還可以偵測到在第一杯中，有類似、雖然淡了很多的香氣，這是從掛在杯緣的萊姆角散發出來的。

接著，讓兩杯雞尾酒靜置 2 分鐘，然後再喝喝看。第二杯「黛綺莉」現在喝起來可能會更苦；那是因為雞尾酒中的酒精開始抽出白髓裡的苦味複合物。再過 5 分鐘，兩杯「黛綺莉」之間的差異會更明顯：第一杯雖然溫度有點升高了，但喝起來還是平衡又清爽，然而第二杯就會很明顯地又苦又酸，不討喜的特質在雞尾酒溫度升高後，只會更加明顯。

以上的實驗說明了哪些柑橘角的特質和它對雞尾酒調味的影響呢？其中一個是，它讓我們能看清一個看似無害的裝飾，如何破壞雞尾酒的風味平衡。另一方面，它也告訴我們使用柑橘角的方法。我們自己本身喜歡酸的調飲，所以我們會把柑橘角的果汁和皮油擠進雞尾酒中後，將水果丟棄不用。

戴文・塔比

戴文・塔比是 Proprietors 有限責任公司的合夥人，除了在公司旗下的酒吧工作外，也效力於洛杉磯的 The Varnish 酒吧。

「黛綺莉」一直都是我最愛的雞尾酒。無論何時喝它都適合，想都不用想。如果我很累，它能讓我打起精神。壓力大的時候，它則能夠提振我的心情。如果想要我在外頭待的比預期久，就給我一杯「黛綺莉」吧。它就是我的「開特力」。

艾瑞克・阿爾佩林（Eric Alperin）是教我調出正確「黛綺莉」的人。我在進入他開的 The Vanish 酒吧工作之前，從來沒調過經典的「黛綺莉」。當時我們花了相當多的心思，留意每一個小細節，而我們的「黛綺莉」體現了讓 The Vanish 成為一間特別酒吧的原則。我們在營業前，才親手榨所有的萊姆。使用處於最佳溫度的手鑿冰磚，然後每 20 分鐘就換一批。所有的杯器都放在冷凍櫃裡冰鎮。不過每隔一陣子，我們就會在深夜大解放，透過製作「黛綺莉」來練習自由倒酒技巧（free pour；譯註：不使用量酒器，直接從酒瓶精準倒出需要的酒液到器皿內）。當然，曾在邁阿密夜店工作過的人，永遠表現得最好。

「黛綺莉」是一杯無情的雞尾酒。它會把一名酒吧工作者，若要調出好喝的雞尾酒，所需要做的所有微小事物全都展現出來──一項對調酒師技能的真實考驗。有些雞尾酒比較寬宏大量，如果您倒太多或倒太少酒，或搖盪太久或太短，都還不至於影響太大，但「黛綺莉」會在您搞砸時，把所有缺點都顯露出來。

調製「黛綺莉」最難的部分在於「搖盪到剛剛好」。事實上，「黛綺莉」就是我們用來教正確搖盪技巧的酒款，而「黛綺莉搖盪」（Daiquiri shake）是我們對「最長搖盪」的速記法。您真的需要全力以赴才能得到對的質地；或許需要比搖盪其他雞尾酒更大力。如果當天我要在吧台後工作，我就會調整我的健身菜單，不做心肺運動──調酒就像健身一樣棒。

調製「黛綺莉」的變化版時，我個人有一些規則。首先，這些變化版的味道和感覺還是要像「黛綺莉」：風味要明亮，而且只加足以抑制柑橘的糖量，但要比其他「酸酒系」雞尾酒的味道更酸。第二，必須要用淺碟寬口杯盛裝；一旦您把它倒在冰塊上，它就不是「黛綺莉」了。我也不調任何使用超過 ½ 盎司陳年烈酒的「黛綺莉」變化版，並且避免使用高濃度蘭姆酒。最後，調出來的酒，量必須在幾小口內就喝完。

我花了許多時間製作複雜、多層次的雞尾酒。在常規基礎上，試過許多複合風味。對於我來說，喝「黛綺莉」就像放下這所有的一切，稍微喘口氣，和埋進沙發看卡通一樣。

塔比派對 Tarby Party

外交官珍藏白蘭姆酒（Diplomático Blanco Reserve rum） 1¾ 盎司
內森法國農業型白蘭姆酒（Neisson rhum agrIcole blanc） ¼ 盎司
現榨萊姆汁 1 盎司
簡易糖漿（做法詳見第 45 頁） ¾ 盎司
裝飾：萊姆角 1 塊

將所有材料和 1 塊大冰塊一起搖盪到非常冰涼且起泡。濾冰後倒入冰鎮過的淺碟寬口杯中。加上萊姆角裝飾即完成。

深究技巧：搖盪到稀釋

有句話我們以前曾說過，然後到現在都還沒找到更好的比喻：搖盪雞尾酒和性一樣。每個人都有最適合自己的動作和韻律，而且需要大量練習，才能建立自已的風格。但相似性到此結束。任何搖盪完直接端上桌的雞尾酒，也就是我們稱為「搖盪到稀釋或完全稀釋的搖盪」，目的都一樣：創造出一杯冰涼、適當稀釋，而且飽含空氣感的調酒。在「黛綺莉」的例子中，目的是建立一杯在雞尾酒頂端浮著明顯白色泡沫層的多泡調酒。

您可以透過許多方式的搖盪達到這個目標，取決於您用的雪克杯類型和大小、加進雪克杯中的冰塊種類，以及您自己搖盪的動作。最後一點與您個人有關，所以我們不會在此多加著墨。至於雪克杯，在我們所有的酒吧裡 —— 以及在其他許多酒吧裡 —— 偏好的雪克杯配置是一對有重量的不鏽鋼搖杯，其中一個容量較小（18 盎司），另一個容量較大（28 盎司）。這種「上下搖杯」的配置之所以理想，有許多原因 —— 如果您想了解更多資訊，請參考我們的第一本書！然而，其他的配置，如「波士頓雪克杯」（Boston shaker）、「三節式雪克杯」（cobbler shaker）或任何您喜歡用的裝備，也都可以。因此，我們對「搖盪到稀釋」的討論，會針對最後一個變數 —— 冰塊的種類。在下面的部分，我們會帶您看看我們如何訓練員工，使用三種不同類型的冰塊搖盪雞尾酒：1 大塊冰磚、1 吋見方小冰塊，還有我們稱為「劣質冰塊」（shitty ice）的冰塊。

搖盪法（一塊大冰塊）

在搖盪了成千上萬杯的雞尾酒後，我們已經找到我們認為最適合用在「黛綺莉」等，搖盪到稀釋調酒的冰塊種類，：一大塊冰塊，寬度大約 6.35 公分（2½ 吋）。這個單一冰塊法有幾個好處：一大塊冰塊在液體內移動會注入許多空氣，而且不會產生許多碎冰—我們不喜歡在「黛綺莉」中看到碎冰，可省掉雙重過濾的需求（第一次用隔冰器，第二次用細目網篩）。使用一大塊冰塊也比較容易建立統一的搖盪方式和時間，因為冰塊不再是一個需要調整的變數。

從在比較小的搖杯中直調雞尾酒開始。我們通常會先加最便宜的材料，如糖漿和新鮮果汁，以防搞砸要再從頭來一次。另外，在加冰塊前先直調，也能讓您控制開始融冰稀釋的時間。

接著，緩緩將一大塊冰塊滑入搖杯中，可用長吧匙協助，慢慢將冰塊放低。然後，斜斜地把大一點的搖杯蓋在小的上頭，讓合起來的雪克杯，有一邊形成直線。

用手掌心大力敲一下大搖杯，以密合雪克杯；當您抓起上面的搖杯，而下面的不會掉落時，您就知道雪克杯已經密合了。

拿起雪克杯，小杯端朝向自己的身體。這樣如果搖杯在搖盪時分離了，才不至於傷到別人。兩隻手各舒服地握住雪克杯的兩端，牢牢抓緊但雙手接觸到雪克杯的面積越小越好；如果您的手掌整個握住雪克杯，會讓雪克杯升溫，裡頭的雞尾酒就會在達到稀釋目標前，高出理想溫度。

慢慢轉幾圈雪克杯，以穩定冰塊。這麼做可以避免您一搖，冰塊就碎掉。

搖盪與節奏息息相關 —— 不是因為韻律與雞尾酒的品質有關，而是它能幫您在每次調酒時，建立統一的方式和時間。關於動作請隨意，但我們發現最符合人體工學的技巧是將雪克杯拿在胸前，以一個柔和的弧線，像推和拉一樣搖盪。這個動作的目的是讓冰塊在雪克杯裡，以橢圓的軌跡移動（對照直線、活塞似的軌跡），因為這樣可以磨圓冰塊的稜角，而不是把冰塊撞碎。

先慢慢搖盪，然後漸漸地加快速度，直到您可以舒服地持續搖大約 10 秒的強度。用最快速度搖 10 秒後，即可開始緩和下來，加速花了多少時間，減速就大概多久。

大搖杯朝下，把雪克杯放下來。擠壓大杯的兩側，同時將小杯推開，這樣就能鬆開雪克杯，把握時間趕快用霍桑隔冰器（Hawthorne strainer）過濾雞尾酒。

一旦您學會每次都搖盪一樣的時間，和慢－快－慢的節奏後，您就可以開始多花點心思留意雪克杯中發生的事了。大冰塊在雪克杯裡鏗鏗鏘鏘的撞擊聲，隨著它的角被磨圓後，會漸漸變小，而且隨著融冰稀釋雞尾酒，您將會聽到和感覺到杯中的液體量增加。另外，您當然也會感覺到雪克杯越來越冰。要抓到正確的感覺，您需要搖非常，非常多杯雞尾酒，才能知道何時這些聽得到和感覺得到的反饋，表示酒已經稀釋到位，可以準備濾冰和端上桌了，但這本身不是一件壞事。練習調酒有許多樂趣，而且我們保證您一定可以找到人，在練習的過程中樂於幫您享用成果。

搖盪法（1 吋見方冰塊）

搖盪一些 1 吋見方的小冰塊，方法其實和前面所述非常雷同。理想狀態下，您用的是商用製冰機，如 Kold-Draft，做的冰塊。家裡冷凍庫製冰盒裡的冰塊也可以，但裡頭會含有比較多氣體，而且其中的雜質也會造成冰塊更容易碎裂，會加快調飲稀釋的速度。

和前面的方法一樣，先在小的搖杯裡直調。然後加足量的冰塊到小搖杯中，讓杯中液體幾乎到達頂端。依照上述做法，將雪克杯密合，轉動幾下讓冰塊穩定。

使用和前一個方法相同的動作和節奏，開始搖盪雞尾酒。因為現在您用的是比較小的冰塊，所以搖盪的時間可縮短；冰塊和液體接觸的總面積增加了，所以稀釋得更快。使用這個方法時，您也會聽出冰塊磨圓與融化時，杯中會出現不一樣的聲音，但不會像搖盪一大塊冰塊時這麼明顯。比較顯著的聲音會是增加的液體量在杯中晃盪的聲音。

用霍桑隔冰器和細目網篩雙重過濾調好的酒，以濾除任何小冰晶，否則會破壞「黛綺莉」和其他類似雞尾酒的質地。

搖盪法（劣質冰塊）

無論是您在飯店走廊機器、家用冰箱自動製冰功能、家裡冷凍庫裡的製冰盒（但體積小於 1 吋見方）取得的冰塊，這些日常劣質冰塊因為體積很小，所以是最難在搖盪雞尾酒時發揮效用的，另一個原因是它們通常是濕的，且裡面的雜質很多──每個都是會加速稀釋的因素。所以，雖然聽起來違反直覺，但當我們必須用這些劣質冰塊時，我們實際做法是加更多冰塊。

如同前面的方法所述，先在小搖杯中直調。把冰塊倒進小搖杯中，讓杯中液體幾乎到達頂端，接著加冰塊到大搖杯裡（大概加到杯子的 ¼ 滿）。（如果您用的是三節式雪克杯，就直接補冰塊到滿杯。）將雪克杯密合，然後在這裡，不需轉動雪克杯穩定冰塊；您要做的反而是快點搖，以避免杯中冰塊過度稀釋雞尾酒。

使用和前面方法一樣的動作與節奏，搖盪杯中雞尾酒。搖盪的歷時總長，甚至要比搖盪 1 吋見方冰塊時再短一些。而且因為雪克杯裡已經裝了這麼多冰塊了，所以除了液體晃盪的聲音外，您不會聽到太多冰塊移動的聲音。事實上，劣質冰塊常會融為一體，變成一大坨。

製作時要加倍慎重，一定要雙重過濾。

一塊大冰塊	1 吋見方冰塊	劣質冰
15 秒	10 秒	5 秒

判斷技巧的成效

您可以透過觀察雞尾酒的「滿酒線」（the wash line）來評估自己搖盪技巧的成效。「滿酒線」是指雞尾酒經過濾冰倒入杯子後，液體到杯口的距離。這不只是說明液體的量，也關於雞尾酒頂端會呈現的樣子。以「黛綺莉」而言，您會希望雞尾酒頂端有一層白色的泡沫，而且該泡沫層應該要維持 30 秒左右，或甚至更久。這代表您在搖盪的過程中，注入足夠的空氣。如果沒看到這一層泡沫，表示在搖盪力度應達到最強的階段，搖得不夠大力或不夠久。又長又慢的搖盪，永遠搖不出泡沫層。然而，短又猛力的搖盪，雖然可以形成泡沫層，但滿酒線十之八九不會那麼高，也就代表雞尾酒沒有達到完全稀釋。

杯器：提基馬克杯 TIKI MUGS

既然本章裡的雞尾酒用了各式各樣的杯器盛裝，我們覺得是個絕佳的藉口，可以談談「黛綺莉」的知名變化版——「殭屍潘趣」（Zombie Punch，請參考右側），以及提基馬克杯的大千世界，這種杯器有超級多形狀、大小，而且常有荒謬的造型。

提基系馬克杯有幾種選擇。邁泰風是矮胖的圓形，可以裝大約 16 盎司的液體。適用於任何「酸酒」容量的雞尾酒（稀釋前是 4 盎司），這類雞尾酒之後會倒在碎冰上再端上桌。酷樂系（Cooler-style）的提基杯也能裝約 16 盎司的液體，但比較細長，是設計用來盛裝各種「酷樂」和碎冰系（swizzle-style）的調飲。我們用的提基杯中，最大、最經典的——不算蠍子碗（scorpion bowl）和其他供共飲用的古怪容器——是殭屍杯（zombie glass），它的名字來自同名雞尾酒，而且可以容納高達 20 盎司的「熱帶恐懼」（譯註：即具有熱帶風情的雞尾酒）。

幾年後，我們設計了專屬的提基馬克杯，目的是創造一款萬用的容器，可用來盛裝各種類型的提基雞尾酒。我們的杯子容量是 14 盎司，高度和「殭屍杯」差不多，但我們刻意避開任何會讓人聯想到玻利尼西亞（Polynesian）的設計，而是改成一個帶著燧發槍的海盜，站在一堆顱骨上。（如果我們的客人中，有任何海盜——或殭屍——覺得被冒犯了，我們在此道歉）。

殭屍潘趣 Zombie Punch

DON THE BEACHCOMBER 酒吧，
創作於 1934 年

我們這個版本的基礎是，前 Death & Co 首席調酒師布萊恩‧米勒（Brian Miller）根據原版改造過的酒譜。布萊恩對於提基雞尾酒有著無法遏制的熱情，他一絲不苟地研究「殭屍」（Zombie）的形式，進而創出一杯美味（且非常強勁的）雞尾酒（酒譜請參考我們的第一本著作 Death & Co: Modern Classic Cocktails）。我們向他致敬的版本，稍微減少了烈酒用量（只減少了一點點！），而且對於蘭姆酒的組合也稍作改變。萊姆酒的品牌可根據您能買到的酒款調整，但關鍵是要混合一種牙買加蘭姆酒、一種陳年西班牙式蘭姆酒和陳年 151 蘭姆酒（aged 151 rum）——又稱為「火酒」（firewater）。請小心飲用。

阿普爾頓招牌調和蘭姆酒（Appleton Signature Blend rum）1¼ 盎司
巴里里托 3 星蘭姆酒 1¼ 盎司
漢彌爾頓德梅拉拉 151 高濃度蘭姆酒（Hamilton Demerara 151 Overproof rum）¾ 盎司
唐的一號預調（Donn's Mix No. 1；做法詳見第 295 頁）½ 盎司
現榨萊姆汁 ¾ 盎司
泰勒絲絨法勒南香甜酒（Tailor Velvet Falernum）½ 盎司
特製紅石榴糖漿（做法詳見第 47 頁）1 小匙
保樂苦艾酒 2 抖振
裝飾：薄荷 1 支、櫻桃 1 顆、柳橙薄片 1 片、雞尾酒裝飾傘 1 隻和鳳梨角 1 塊

將所有材料加冰塊一起搖盪均勻，濾冰後倒入裝滿碎冰的殭屍杯尺寸提基馬克杯中，以薄荷支、櫻桃、柳橙薄片、小洋傘和鳳梨角裝飾即完成。

「黛綺莉」的變化版

「黛綺莉」的變化版有許多種不同的形式，只要配有一種烈酒
當核心，再加上酸度與甜味，都可算在內。這裡我們探索了一
些我們最愛的經典變化版，以及一些我們原創、符合形式的雞
尾酒，以示範更換不同的基底烈酒（或在一杯雞尾酒中，換成
超過一種的烈酒）、添入風味糖漿，或以香草和苦精調味，會
如何創造出有巨大差異性的雞尾酒。

南方 Southside

經典款

在調酒界中，有個一直存在的爭議：究竟
這杯經典的「黛綺莉」變化版要用檸檬汁
還是萊姆汁調？老實說，不管用哪一種都
很美味，但我們投萊姆一票，理由是它和
薄荷混合時的明亮感。「南方」與我們的
「新鮮琴蕾」（請參考第 114 頁）相似，
但因為裡頭有搗碎的薄荷，所以味道更加
清爽。複雜度同樣也高一些，這是因為加
了 1 抖振苦精的緣故。

薄荷葉 5 片
普利茅斯琴酒 2 盎司
現榨萊姆汁 ¾ 盎司
簡易糖漿（做法請參考第 45 頁）¾ 盎司
安格式苦精 1 抖振
裝飾：薄荷葉 1 片

在雪克杯中，輕輕地將薄荷葉搗碎。倒入
其餘材料，並加冰塊一起搖盪均勻。濾冰
後倒入冰鎮過的淺碟寬口杯中，加上薄荷
葉裝飾即完成。

布克曼黛綺莉
Boukman Daiquiri

艾力克斯・戴，創作於 2008 年

因為「黛綺莉」的範本太簡單了，所以要擷取其精華，加減材料進行微改編其實相當容易。其中我們最愛的一個切入點是，引入另一種蘭姆酒或其他烈酒做為核心的一部分。這裡，我們把原版蘭姆酒的一部分換成濃郁柔滑的干邑，然後用香料糖漿支撐干邑的陳年特色。在選擇適合這杯調飲的柑橘時，可能會有想用檸檬汁的衝動，因為它與干邑和肉桂相輔相成的效果非常好。這樣調出來的酒也許相當不錯，但其實萊姆可以穿透干邑和肉桂，散發出意想不到的澀味，讓這杯調酒明亮又清爽（圖片請參考第 108 頁）。

> 甘蔗之花 4 年白蘭姆酒 1½ 盎司
> 皮耶費朗 1840 干邑 ½ 盎司
> 現榨萊姆汁 ¾ 盎司
> 肉桂糖漿（做法請參考第 52 頁）¾ 盎司

將所有材料加冰塊一起搖盪均勻，濾冰後倒入冰鎮過的淺碟寬口杯中。無需裝飾即完成。

傑克蘿絲

傑克蘿絲 Jack Rose

經典款

用石榴汁和柳橙精油做成的紅石榴糖漿，在風味上同時具有果汁感和酸味，這種特性能夠打亮這杯經典雞尾酒中的蘋果白蘭地。萊姆汁與紅石榴糖漿的濃郁形成對位，能穿透糖漿的深沉甜味。

> 萊爾德蘋果白蘭地（100 proof）1½ 盎司
> 清溪 2 年蘋果白蘭地 ½ 盎司
> 現榨萊姆汁 ¾ 盎司
> 特製紅石榴糖漿（做法詳見第 47 頁）¾ 盎司
> 裝飾：蘋果薄片 1 片

將所有材料加冰塊一起搖盪均勻，濾冰後倒入冰鎮過的淺碟寬口杯中。以蘋果薄片裝飾即完成。

蜂之膝 Bee's Knees

經典款

「布克曼黛綺莉」（請參考第 129 頁）讓人注意到一個把玩「酸酒」範本的有趣方式：把簡易糖漿換成風味糖漿。幫風味糖漿與柑橘配對的一般原則是檸檬汁有著柔和的酸度，不會分散蜂蜜的重點，而萊姆汁的澀味則能穿透黏稠的糖漿，或提升糖漿的風味。在這杯經典雞尾酒中，如果蜂蜜配的是萊姆汁，那蜂蜜的風味就會消失在背景裡。

倫敦辛口琴酒 2 盎司
現榨檸檬汁 ¾ 盎司
蜂蜜糖漿（做法詳見第 45 頁）¾ 盎司

將所有材料加冰塊一起搖盪均勻，濾冰後倒入冰鎮過的淺碟寬口杯中。無需裝飾即完成。

紅粉佳人 Pink Lady

經典款

您可以把這款經典雞尾酒視為「蜂之膝」（左）和「傑克蘿絲」（請參考第 129 頁）的綜合體。琴酒和一點點蘋果白蘭地一起組成核心，並透過充滿水果酸味的紅石榴糖漿加強風味。萊姆汁會蓋過琴酒的風味，而檸檬汁則像座溫柔的橋樑般，連接起琴酒、白蘭地和紅石榴糖漿。「紅粉佳人」也可以好好教我們什麼是「克制」；如果用了整整 ¾ 盎司的紅石榴糖漿，來取代基礎「酸酒」範本中的簡易糖漿，整杯雞尾酒就會都是紅石榴糖漿的味道；因此，只加 ½ 盎司的紅石榴糖漿就好，其餘的仍然用簡易糖漿。至於為什麼只用 ½ 盎司的檸檬汁呢？因為紅石榴糖漿也具有酸度，而且如果再加上蛋白會讓酒變得不甜的功用，完整 ¾ 盎司的檸檬汁就會產生一杯不甜到刮舌的雞尾酒。

普利茅斯琴酒 1½ 盎司
萊爾德蘋果白蘭地（100 proof）½ 盎司
現榨檸檬汁 ½ 盎司
特製紅石榴糖漿（做法詳見第 47 頁）½ 盎司
簡易糖漿（做法詳見第 45 頁）½ 盎司
蛋白 1 顆
裝飾：用裝飾籤串起的 1 顆白蘭地酒漬櫻桃

所有材料先不加冰塊乾搖，再放入冰塊一起搖盪均勻。雙重過濾後倒入冰鎮過的淺碟寬口杯中。擺上櫻桃裝飾即完成。

威士忌酸酒 Whiskey Sour

經典款

在許多情況下，把陳年烈酒，如波本威士忌，和萊姆汁放在一起，都會產生不討喜的結果。試著用威士忌和萊姆汁調製「基礎酸酒」（請參考第 106 頁），您就會明白我們說的是什麼意思：賦予波本威士忌美味的特質 —— 香草、香料和單寧，與萊姆汁的高酸度、澀味和風味不搭。這也是為什麼像是經典「威士忌酸酒」這類的雞尾酒酒譜，通常都要求使用檸檬汁，而不用萊姆汁的原因。

錢櫃小批次波本威士忌 2 盎司
現榨檸檬汁 ¾ 盎司
簡易糖漿（做法詳見第 45 頁）¾ 盎司
裝飾：檸檬角 1 塊

將所有材料加冰塊一起搖盪均勻，濾冰後倒入已放了 1 塊大冰塊的雙層古典杯中。以檸檬角裝飾即完成。

貓咪影片 Cat Video

納塔莎・大衛，創作於 2015 年

在這杯「皮斯科酸酒」（請參考第120頁）的微改編版中，「辛加尼」（singani）和伊薇特紫羅蘭香甜酒（Crème Yvette）座落在皮斯科酒香氣風味輪廓的對立兩端，能產生動態張力，托起由葡萄釀造的皮斯科酒。辛加尼是另一個以葡萄為主原料的烈酒，能引出埋在皮斯科深處的泥土味，而伊薇特紫羅蘭香甜酒則是能和卡帕皮斯科（kappa pisco）的花香特質同場一決勝負。

卡帕皮斯科 1½ 盎司
伊薇特紫羅蘭香甜酒 1 小匙
辛加尼 63（Singani 63）½ 盎司
現榨檸檬汁 ½ 盎司
現榨萊姆汁 ½ 盎司
簡易糖漿（做法詳見第 45 頁）¾ 盎司
蛋白 1 顆
裝飾：檸檬皮捲 1 條和食用花卉 1 朵

所有材料先不加冰塊乾搖，再放入冰塊一起搖盪均勻。雙重過濾後倒入冰鎮過的淺碟寬口杯中。朝著飲料擠壓檸檬皮捲，果皮丟棄不用，再以食用花卉裝飾即完成。

煙與鏡

煙與鏡 Smoke and Mirrors

艾力克斯・戴，創作於 2010 年

這杯雞尾酒與第 132 頁的「肯塔基女傭」（Kentucky Maid）一樣，用了少許含有強烈草木氣息的薄荷來協助連接看似不匹配的陳年烈酒和萊姆汁 —— 此酒譜中的苦艾酒也有同樣的作用。請注意這杯雞尾酒與煙幕（Smokescreen；請參考第 132 頁）的材料，除了畫龍點睛的酒材外，完全相同 ——「煙與鏡」用的是苦艾酒，而「煙幕」則是使用夏翠絲酒（Chartreuse）。雖然在兩杯雞尾酒中，畫龍點睛酒材的用量都很少，但最後的結果卻是兩個截然不同的風味輪廓，這告訴我們一些簡單、看似次要的材料，如何讓雞尾酒的風味走向不同的世界。

薄荷葉 4 片
簡易糖漿（做法詳見第 45 頁）¾ 盎司
威雀蘇格蘭威士忌 1 盎司
拉弗格 10 年蘇格蘭威士忌 ½ 盎司
現榨萊姆汁 ¾ 盎司
保樂苦艾酒 2 抖振
裝飾：薄荷 1 支

在雪克杯中，輕輕地將薄荷葉與簡易糖漿一起搗碎。加入其餘材料和冰塊一起搖盪均勻。濾冰後倒入已放了 1 塊大冰塊的雙層古典杯中。擺上薄荷支裝飾即完成。

煙幕
—

肯塔基女傭 Kentucky Maid

山繆·羅斯（SAMUEL ROSS），
創作於 2005 年

雖然一般常識都說檸檬汁比萊姆汁更適合陳年烈酒，但經過精心挑選的材料可以充當橋樑，連接這些衝突元素，形成美味、讓人驚喜的組合。我們最喜歡的案例之一就是由傳奇調酒師山繆·羅斯所創的「肯塔基女傭」。在這杯酒裡，波本威士忌和萊姆汁靠著搗碎的黃瓜和薄荷連接，塑造出意外清爽的雞尾酒。黃瓜能增加多汁感，類似檸檬的作用，而薄荷則能提供草本調味。毫無疑問，「肯塔基女傭」是我們「歡迎來到波本威士忌世界」的必備酒款——我們還沒遇過不喜歡它的人。

薄荷葉 5 片
黃瓜薄片 3 片
簡易糖漿（做法詳見第 45 頁）¾ 盎司
錢櫃小批次波本威士忌 2 盎司
現榨萊姆汁 1 盎司
裝飾：用 1 支薄荷串起的 1 片輪切黃瓜厚片

先把薄荷放入雪克杯中，接著放黃瓜。倒入簡易糖漿，開始搗壓，務必要讓黃瓜皮裂開。倒入波本威士忌和萊姆汁，和冰塊一起搖盪均勻。濾冰後倒入已放了 1 塊大冰塊的雙層古典杯中。擺上用薄荷支串起的輪切黃瓜厚片裝飾即完成。

龐巴度 Pompadour

泰森·布勒（TYSON BUHLER），
創作於 2015 年

這杯「龐巴度」探究了另一種微改編「基礎酸酒」的方法：加入低酒精濃度的材料做為基酒的一部分，在這裡，用的是法國的開胃酒「夏朗德皮諾酒」。如您所見，若與用酒味重的烈酒做為基酒一部分的情況相比，夏朗德皮諾酒的用量會多一點。「龐巴度」在法國農業型蘭姆酒的烈性、夏朗德皮諾酒的果汁感和香草的香甜圓融中，達到絕佳的平衡。

JM VSOP 蘭姆酒 1½ 盎司
帕斯卡夏朗德皮諾酒（Pasquet Pineau des Charentes）1½ 盎司
現榨檸檬汁 ¾ 盎司
香草乳酸糖漿（Vanilla Lactic Syrup；做法詳見第 286 頁）½ 盎司

將所有材料加冰塊一起搖盪均勻，濾冰後倒入冰鎮過的淺碟寬口杯中。無需裝飾即完成。

煙幕 Smokescreen

艾力克斯·戴，創作於 2010 年

「煙幕」的模式和「煙與鏡」（請參考第 131 頁）相同，但它的草本氣息來自夏翠絲酒，而不是苦艾酒。苦艾酒讓「煙與鏡」的底調有了茴香風味，可和充滿煙燻味的蘇格蘭威士忌形成對比，而夏翠絲酒因為帶有青草、類似龍蒿的風味，所以賦予「煙幕」鹹鮮的特質，同時能引出拉弗格蘇格蘭威士忌的植物性風味。

薄荷葉 4 片
簡易糖漿（做法詳見第 45 頁）¾ 盎司
威雀蘇格蘭威士忌 1 盎司
拉弗格 10 年蘇格蘭威士忌 ½ 盎司
綠色夏翠絲酒 ¼ 盎司
現榨萊姆汁 ¾ 盎司
裝飾：薄荷 1 支

在雪克杯中，輕輕地將薄荷葉與簡易糖漿一起搗碎。加入其餘材料和冰塊一起搖盪均勻。濾冰後倒入已放了 1 塊大冰塊的雙層古典杯中。擺上薄荷支裝飾即完成。

舉手擊掌 High Five

艾力克斯·戴，創作於 2010 年

這杯「海明威版黛綺莉」（請參考第 120 頁）的微改編版，是一個很棒的方法，可做出既令人興奮又清爽的新款雞尾酒。在「舉手擊掌」裡，我們用了非常類似的配方，但換成琴酒當核心。另外我們用了亞普羅（Aperol）來放大葡萄柚的苦味，而且因為亞普羅沒有「海明威版黛綺莉」裡的瑪拉斯奇諾櫻桃利口酒那麼甜，所以我們多加了一點簡易糖漿。

英人牌琴酒 1½ 盎司
亞普羅 ½ 盎司
現榨葡萄柚汁 1 盎司
現榨萊姆汁 ½ 盎司
簡易糖漿（做法詳見第 45 頁）½ 盎司

將所有材料加冰塊一起搖盪均勻，濾冰後倒入冰鎮過的淺碟寬口杯中。舉手擊個掌當裝飾吧 —— 我是認真的！

布朗德比 Brown Derby

經典款

葡萄柚汁在搭配濃重的陳年烈酒時，表現會與和淡一點的酒混合時不同。蘭姆酒和琴酒等烈酒會加強葡萄柚清爽的風味，然而陳年烈酒則往往會抽出果汁裡一些更濃厚的風味與甜度。雖然經典的「布朗德比」酒譜中，並未使用除了葡萄柚汁以外的柑橘類，但我們喜歡添加那麼一點點的檸檬汁，讓糖漿不要過於濃郁，蓋過葡萄柚汁的明亮感。

錢櫃小批次波本威士忌 2 盎司
現榨葡萄柚汁 1 盎司
現榨檸檬汁 1 小匙
蜂蜜糖漿（做法請參考第 45 頁）½ 盎司

將所有材料加冰塊一起搖盪均勻，濾冰後倒入冰鎮過的淺碟寬口杯中。無需裝飾即完成。

舉手擊掌

「黛綺莉」的大家族

莫西多 Mojito

經典款

雖然「莫西多」絕對是「黛綺莉」大家族的一員——使用相同材料（蘭姆酒、萊姆汁和甜味劑），比例也類似，但因為它上桌時，杯裡會裝滿碎冰這件事，讓它成為遠房表親（至少就我們看來）。把碎冰加入酒譜方程式代表調酒者需要把雞尾酒上桌後會有什麼演變納入考慮。關鍵在於杯子裡的冰要裝滿，碎冰的量要比雞尾酒的量多。這樣可以讓酒保持冰涼，同時不會讓冰在杯裡移動。如果冰在杯裡移動會有什麼影響嗎？如果冰載浮載沉，雞尾酒就會比較快被稀釋，很快就會變成一杯水水的怪東西。

為了避免這種情況發生，我們在調「莫西多」及其變化版時，會先採取幾項預防措施。首先，我們會選用一個能夠裝得下整份雞尾酒和適當份量碎冰的杯子。無論是「可林杯」或「雙層古典杯」，容量至少都有 16 盎司，所以可符合需求。第二，我們會把杯子放進冷凍庫裡，這樣當酒倒進杯子時，酒杯是處於超級冰的狀態。第三，不用搖盪法，而改用一種稱為「美式軟性搖盪」（whipping）的技巧：將調酒與幾塊碎冰一起搖幾下——只要混合均勻即可，無需稀釋太多。畢竟，上桌時，酒的冰涼程度無需和不另外加冰的雞尾酒一樣低，因為它會和這麼多碎冰一起端上桌，碎冰之後也會持續稀釋雞尾酒。第四，也是最後一點，在把調酒倒入杯裡後，我們會加碎冰到杯子的八分滿左右，然後用長吧匙或雞尾酒調棒攪拌幾秒，接著再補更多碎冰至尖起突出杯緣，像是雪錐一樣。最後的成果會是一杯從上到下滿滿的碎冰，且雞尾酒均勻分布其中，再加上錐狀超過滿酒線的碎冰。

薄荷葉 10 片
簡易糖漿（做法詳見第 45 頁）¾ 盎司
白方糖 1 塊
卡納布蘭瓦白蘭姆酒 2 盎司
現榨萊姆汁 1 盎司
裝飾：薄荷 1 束

在雪克杯中，輕輕地搗壓薄荷葉、簡易糖漿和方糖，直到方糖碎裂。倒入其餘材料「軟性搖盪」——和幾塊碎冰一起搖盪到融合即停止。大量傾倒入可林杯中，接著加碎冰至八分滿左右。用雞尾酒調棒攪拌幾秒鐘，然後再補更多碎冰，讓冰滿出杯緣成一座小山。在碎冰中央插入薄荷束裝飾，並附上吸管即完成。

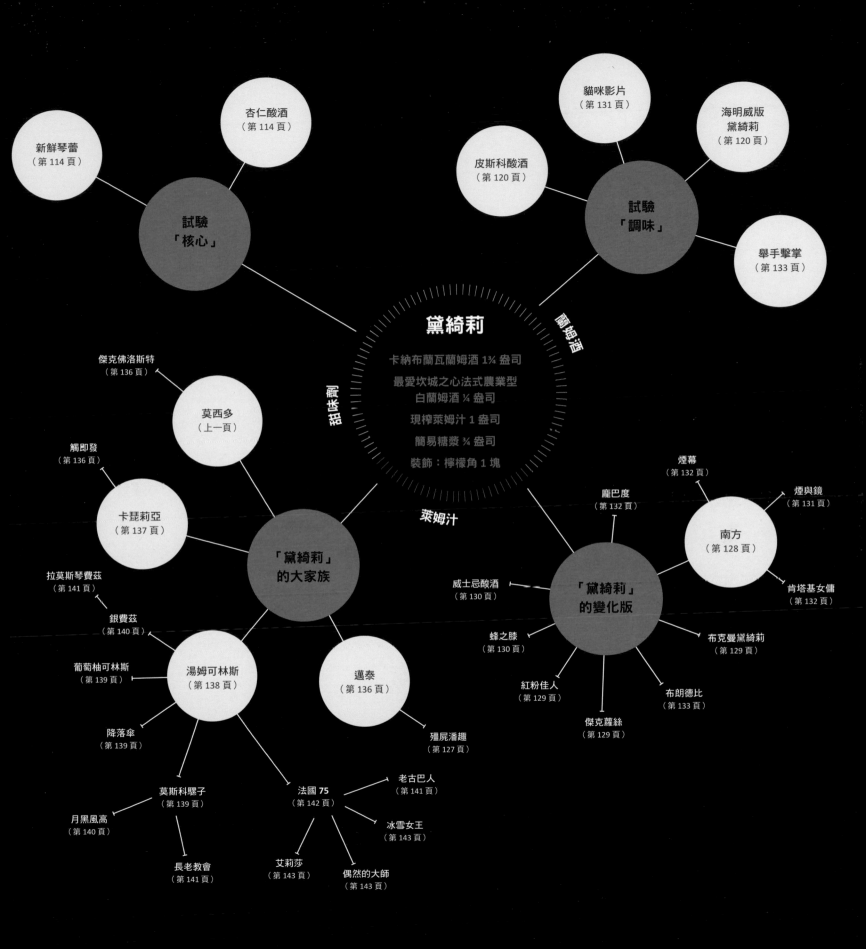

新鮮琴蕾
（第 114 頁）

杏仁酸酒
（第 114 頁）

試驗
「核心」

貓咪影片
（第 131 頁）

皮斯科酸酒
（第 120 頁）

海明威版
黛綺莉
（第 120 頁）

試驗
「調味」

舉手擊掌
（第 133 頁）

黛綺莉

卡納布蘭瓦蘭姆酒 1¾ 盎司

最愛坎城之心法式農業型
白蘭姆酒 ¼ 盎司

現榨萊姆汁 1 盎司

簡易糖漿 ¾ 盎司

裝飾：檸檬角 1 塊

蘭姆酒

傑克佛洛斯特
（第 136 頁）

莫西多
（上一頁）

觸即發
（第 136 頁）

卡琵莉亞
（第 137 頁）

甜味劑

萊姆汁

「黛綺莉」
的大家族

拉莫斯琴費茲
（第 141 頁）

銀費茲
（第 140 頁）

葡萄柚可林斯
（第 139 頁）

湯姆可林斯
（第 138 頁）

邁泰
（第 136 頁）

降落傘
（第 139 頁）

殭屍潘趣
（第 127 頁）

莫斯科騾子
（第 139 頁）

法國 75
（第 142 頁）

月黑風高
（第 140 頁）

長老教會
（第 141 頁）

艾莉莎
（第 143 頁）

老古巴人
（第 141 頁）

冰雪女王
（第 143 頁）

偶然的大師
（第 143 頁）

煙幕
（第 132 頁）

龐巴度
（第 132 頁）

煙與鏡
（第 131 頁）

南方
（第 128 頁）

威士忌酸酒
（第 130 頁）

「黛綺莉」
的變化版

肯塔基女傭
（第 132 頁）

蜂之膝
（第 130 頁）

布克曼黛綺莉
（第 129 頁）

紅粉佳人
（第 129 頁）

布朗德比
（第 133 頁）

傑克蘿絲
（第 129 頁）

傑克佛洛斯特 Jack Frost

戴文‧塔比，創作於 2015 年

「傑克佛洛斯特」是「莫西多」的變化版，但基酒拆分為龍舌蘭、西洋梨白蘭地和不甜香艾酒，並以一點點薄荷香甜酒畫龍點睛。雖然成品的薄荷味並不會太濃，但香甜酒確實能讓調酒有清涼的特質，就像在下雪的冬夜，吸入冷空氣一樣──而碎冰會再加強這個效果。

卡貝薩白龍舌蘭（Cabeza blanco tequila）¾ 盎司
清溪西洋梨白蘭地 ¾ 盎司
皇家凡慕斯極不甜香艾酒（La Quintinye Vermouth Royal extra dry）¾ 盎司
吉法白薄荷香甜酒 1 小匙
現榨萊姆汁 ¾ 盎司
簡易糖漿（做法詳見第 45 頁）½ 盎司
裝飾：薄荷＋鼠尾草 1 束與糖粉

將所有材料放進雪克杯中「軟性搖盪」──和幾塊碎冰一起搖盪到融合即停止。大量傾倒入可林杯中，接著加碎冰至八分滿左右。用雞尾酒調棒攪拌幾秒鐘，然後再補更多碎冰，讓冰滿出杯緣成一座小山。插入薄荷和鼠尾草組合而成的香草束裝飾，並灑上糖粉收尾。附上吸管即可端上桌。

邁泰 Mai Tai

經典款

碎冰有助於緩和濃郁食材的甜度。經典的「邁泰」是一杯由酯香蘭姆酒、杏仁糖漿、橙味利口酒，和萊姆汁綜合組成的複合體。產生的結果是一杯複雜度高，但一不小心就會過甜的雞尾酒。用裝滿碎冰的的杯子盛裝剛好能夠適度地沖淡風味，但仍然可以讓複雜度透出來。

阿普爾頓莊園珍藏調和蘭姆酒 1 盎司
最愛坎城之心法式農業型白蘭姆酒 1 盎司
柑曼怡（Grand Marnier）¼ 盎司
現榨萊姆汁 1 盎司
特製杏仁糖漿（House Orgeat；做法詳見第 285 頁）½ 盎司
簡易糖漿（做法詳見第 45 頁）¼ 盎司
安格式苦精 1 抖振
裝飾：薄荷 1 束

將所有材料放進雪克杯中「軟性搖盪」──和幾塊碎冰一起搖盪到融合即停止。大量傾倒入雙層古典杯中，接著補滿碎冰。插入薄荷束裝飾即完成。

一觸即發 Touch and Go

艾力克斯‧戴，創作於 2015 年

「搗壓／搗碎」（Muddling）是一個抽取出橘子等低酸度柑橘類水果風味的好技巧，這些低酸度柑橘含有香氣飽滿的外皮和甜蜜的果汁。「一觸即發」像是交叉了以龍舌蘭為基酒的「酸酒」，和即使沒有搗碎的柑橘也能達到平衡的「卡琵莉亞」，我們放了橘子，多增一層活潑鮮沛的風味。

橘子半顆，切成 4 塊
羅勒梗糖漿（做法詳見第 285 頁）¾ 盎司
海波浪白龍舌蘭（Espolòn blanco tequila）1½ 盎司
迪爾馬蓋 - 維達梅茲卡爾（Del Maguey Vida mezcal）1 小匙
現榨檸檬汁 ¾ 盎司
裝飾：羅勒葉 1 片

在雪克杯中，輕輕地將橘子和羅勒糖漿搗碎。加入其餘材料，並和冰塊一起搖盪均勻，接著大量傾倒入雙層古典杯中。加上羅勒葉裝飾即完成。

卡琵莉亞 Caipirinha

經典款

誠如本章稍早討論過的內容，柑橘皮富含充滿風味的精油。這些精油可從皮捲中擠壓出，但也可以靠搗碎的方式，融入酒中。這杯巴西的「卡琵莉亞」雞尾酒，幾乎包含了整顆萊姆，讓我們有機會可以好好深入研究搗壓柑橘的細節。當我們把萊姆切成裝飾用的萊姆角時，我們會切成容易將果汁擠入雞尾酒的塊狀，也就是從萊姆頂端開始縱切。但如果是要用於搗壓時，我們喜歡切成可以在一次平均施力往下壓後，就輕易萃取出果汁和皮內精油的大小和形狀。所以首先，我們會先將萊姆橫切成兩半，然後切面朝下放在砧板上，再分切成 4 塊。

接著，萊姆會與糖一起搗碎，這麼做有助於提出萊姆皮中的風味。我們比較喜歡用方糖，因為它可以切進萊姆皮裡，把更多的精油帶出來。我們建議先把方糖放進小搖杯中，然後再加入萊姆和簡易糖漿。藉著向下壓的力量搗每一塊萊姆，並稍微旋轉，以攤平萊姆和打散方糖。當每塊萊姆都壓碎之後，就可以停止了。

雖然一般來說我們會堅持絕對不能把搖盪雞尾酒時的冰塊，一起倒入要端上桌的玻璃杯中，但我們破例讓「卡琵莉亞」這麼做，而且依照傳統做法，和雞尾酒一起裝入杯子的不只有搖盪時的冰塊，還有搗碎的萊姆。這讓萊姆的風味可以繼續融入酒中——雖然可能會變苦，但我們發現在酒快喝完時，會出現一個相當不錯的萊姆風味。而且顏色鮮豔的柑橘，放在玻璃杯裡也很漂亮。

萊姆 1 顆
簡易糖漿（做法詳見第 45 頁）¾ 盎司
方糖 1 顆
卡沙薩 2 盎司

萊姆先橫切成兩半，然後每半顆各再切成 4 塊。將 6 小塊萊姆放入雪克杯中，其餘兩小塊留作他用。加入簡易糖漿和方糖，輕輕地搗碎萊姆，需仔細地壓到每一小塊。倒入卡沙薩，並和冰塊一起搖盪均勻，接著大量傾倒入雙層古典杯中。無需裝飾即完成。

另一個在「黛綺莉」大家族中的雞尾酒類型是──「酸酒」加上會產生氣泡的材料。這個類別很廣泛，裡頭又可再細分為幾個亞科：可林斯系雞尾酒、氣泡雞尾酒「費茲」（fizz），和許多包含氣泡酒的雞尾酒。我們將從「可林斯」開始，基本上就是「酸酒」倒在長飲杯（tall glass）中，再加冰塊和賽爾脫茲氣泡水（seltzer）。

準備「可林斯」時最大的挑戰是要避免過度稀釋。我們喜歡「可林斯」裡的氣泡越多越好，所以不像「酸酒」一樣，需搖盪到完全稀釋，我們反而只簡短搖幾下，大概 5 秒鐘就好──時間足夠讓材料冷卻即可，不需增加太多稀釋效果。這樣可以留下更多空間給賽爾脫茲氣泡水。

傳統上，可林斯系雞尾酒中的賽爾脫茲氣泡水是倒在最上頭，不和底下的酒攪在一起。我們覺得這麼做不夠理想。因為如果是用吸管喝這類的雞尾酒，通常會像喝一杯逐漸稀釋的「酸酒」，然後完全感覺不到氣泡。我們比較喜歡的方法是，先倒一定比例的賽爾脫茲氣泡水到空的雞尾酒杯中，然後再倒雪克杯中的酒液，這個倒酒的動作，就可以有效地混合酒液和賽爾脫茲氣泡水，最後再加冰塊──無需攪拌即可端上桌。

想調出最棒的「可林斯」，賽爾脫茲氣泡水要越冰越好：放在冰箱，等到要用時再打開，或更好的處理方式是打造一組碳酸化設備，自製極度冰涼，氣泡又足的賽爾脫茲氣泡水（請參考第 232 頁）。室溫的賽爾脫茲氣泡水根本就是浪費時間，氣泡會快速上升消失，讓氣泡水變得和水一樣。加這種氣泡水到雞尾酒中，真的就只是在稀釋而已。

冰賽爾脫茲氣泡水 2 盎司
英人牌琴酒 2 盎司
現榨檸檬汁 1 盎司
簡易糖漿（做法詳見第 45 頁）¾ 盎司
裝飾：半圓形柳橙厚片 1 片和用裝飾籤串起的 1 顆白蘭地酒漬櫻桃

把賽爾脫茲氣泡水倒進可林杯中。其餘材料與冰塊短搖盪 5 秒鐘左右，濾冰後將酒液倒入杯中。往杯裡補滿冰塊，再擺上半圓形柳橙厚片和櫻桃裝飾即完成。

葡萄柚可林斯
Grapefruit Collins

山姆·羅斯（SAM ROSS），
創作於 2005 年

在試驗「可林斯」範本時，要記住賽爾脫茲氣泡水含有一點點碳酸，會讓飲用者感覺比較酸。因此，在製作「可林斯系」雞尾酒時，柑橘汁和甜味劑的比例，通常會是 1：1，除非我們想要做出特別酸的雞尾酒（調製基礎「可林斯」時，我們就會這麼做，但如果是加了其他調味的酒款，我們習慣減少酸度。）在「葡萄柚可林斯」中，因為葡萄柚果汁本身已經有著平衡的酸甜風味，所以我們不會把它納進計算甜味劑的等式中，而是檸檬汁和簡易糖漿的用量 1：1。

冰賽爾脫茲氣泡水 2 盎司
英人牌琴酒 2 盎司
現榨葡萄柚汁 1½ 盎司
現榨檸檬汁 ½ 盎司
簡易糖漿（做法詳見第 45 頁）½ 盎司
裴喬氏苦精 4 抖振
裝飾：半圓形葡萄柚厚片 1 片

把賽爾脫茲氣泡水倒進可林杯中。其餘材料與冰塊短搖盪 5 秒鐘左右，濾冰後將酒液倒入杯中。往杯裡補滿冰塊，再擺上半圓形葡萄柚厚片裝飾即完成。

降落傘
Parachute

泰森·布勒（TYSON BUHLER），
創作於 2017 年

「降落傘」很適合用來解說使用低酒精純度基酒調製「可林斯系」雞尾酒的方法，這裡的基酒拆分為有果汁感的白波特酒（white port）與微苦的沙勒開胃酒（Salers aperitif）。因為這兩種材料都有強勁的風味，所以讓這杯雞尾酒喝起來像酒精純度滿載的「酸酒」，但又不會有強烈的酒精後勁。

冰通寧水 2 盎司
尹帆塔多白波特酒（Quinta do Infantado white port）1 盎司
沙勒寵膽酒（Salers Gentiane）1 盎司
現榨檸檬汁 1 盎司
簡易糖漿（做法詳見第 45 頁）¾ 盎司
裴喬氏苦精 2 抖振
裝飾：半圓形葡萄柚厚片 1 片

把通寧水倒進可林杯中。其餘材料與冰塊短搖盪 5 秒鐘左右，濾冰後將酒液倒入杯中。往杯裡補滿冰塊，再擺上半圓形葡萄柚厚片裝飾即完成。

莫斯科騾子
Moscow Mule

經典款

「莫斯科騾子」之所以有名是有道理的：它入口有濃濃的薑味，不用說也知道很清爽。您可能會注意到這個酒譜用的萊姆汁量，比一般「酸酒系」的雞尾酒少，我們這麼做是為了向原版酒譜致敬，最初始的第一杯「莫斯科騾子」，就只是伏特加和薑汁啤酒，再擠上一點點萊姆汁而已——反而比較像「高球」（Highball）而非「酸酒」。此外，薑的強勁風味很有活力，有點像柑橘類，所以如果雞尾酒裡用了薑，我們通常就會減少檸檬或萊姆汁的用量，讓薑味徹底綻放光彩。

冰賽爾脫茲氣泡水 2 盎司
伏特加 2 盎司
現榨萊姆汁 ½ 盎司
特製薑汁糖漿（做法詳見第 48 頁）¾ 盎司
裝飾：輪切萊姆厚片 1 片和用裝飾籤串起的 1 塊薑糖

把賽爾脫茲氣泡水倒進可林杯中。其餘材料與冰塊短搖盪 5 秒鐘左右，濾冰後將酒液倒入杯中。往杯裡補滿冰塊，再擺上輪切萊姆厚片和薑糖裝飾即完成。

月黑風高 Dark and Stormy

經典款

在「莫斯科騾子」（請參考第 139 頁）中，核心酒伏特加讓雞尾酒的焦點很清楚地放在薑、萊姆汁和賽爾脫茲的氣泡感之間的相互作用上。如果用了風味比較豐富的烈酒，材料間的比例可能就需要跟著調整──在我們的「月黑風高」中可清楚看到此原則（「月黑風高」和「莫斯科騾子」一樣，傳統上都是用薑汁啤酒調製的。）為了要平衡戈斯林黑豹經典蘭姆酒（Gosling's Black Seal rum）裡濃重的糖蜜風味，我們同時增加了薑汁糖漿和萊姆汁的用量。

冰賽爾脫茲氣泡水 2 盎司
戈斯林黑豹經典蘭姆酒 2 盎司
現榨萊姆汁 ¾ 盎司
特製薑汁糖漿（做法詳見第 48 頁）
1 盎司
裝飾：輪切萊姆厚片 1 片和用裝飾籤串起的 1 塊薑糖

把賽爾脫茲氣泡水倒進可林杯中。其餘材料與冰塊短搖盪 5 秒鐘左右，濾冰後將酒液倒入杯中。往杯裡補滿冰塊，再擺上輪切萊姆厚片和薑糖裝飾即完成。

銀費茲 Silver Fizz

經典款

最簡單的「費茲」（氣泡雞尾酒）基本上就是「可林斯系」雞尾酒不加冰，直接端上桌。雖然費茲最常用琴酒調，但其實使用任何烈酒都可以。這杯經典的雞尾酒「銀費茲」，就是一杯加入蛋白的簡單費茲。當雞尾酒經過搖盪後，蛋白裡鎖緊的蛋白質會打開，抓住空氣，形成泡泡。若雞尾酒頂端再疊上賽爾脫茲氣泡水，就會產生更多泡沫，因為那些蛋白質會包住二氧化碳氣泡，形成輕盈蓬鬆的泡沫。

英人牌琴酒 2 盎司
簡易糖漿（做法詳見第 45 頁）¾ 盎司
現榨檸檬汁 ¾ 盎司
蛋白 1 顆
冰賽爾脫茲氣泡水 2 盎司

將氣泡水外的所有材料先不加冰塊乾搖，然後再加冰塊一起搖盪均勻。雙重過濾後倒入「費茲杯」（fizz glass）中。緩緩倒入賽爾脫茲氣泡水，偶爾用杯底輕敲桌面或平面，以確定泡沫的位置。當您倒完賽爾脫茲氣泡水時，雞尾酒的頂端應該會有一大球白色泡沫。無需裝飾即完成。

銀費茲

拉莫斯琴費茲 Ramos Gin Fizz

經典款

這杯「拉莫斯琴費茲」或許是最有名的費茲，這杯酒發源於紐奧良，是乾淨簡單的「銀費茲」加上重鮮奶油（heavy cream）增加濃郁度。傳統上在製作這杯酒時，會花上整整 10 分鐘搖盪，來產生輕盈、充滿空氣感的質地，就像是酒香液態雲朵一樣。但我們從不覺得需要花上 10 分鐘（戲劇效果大於必要）；5 分鐘就足以搖出「拉莫斯」需要的空氣輕盈感了。（請參考第 265 頁的「N2O 拉莫斯琴費茲」，這是用發泡器製作的版本。）

福特琴酒 2 盎司
現榨萊姆汁 ½ 盎司
現榨檸檬汁 ½ 盎司
簡易糖漿（做法請參考第 45 頁）1 盎司
重鮮奶油 1 盎司
蛋白 1 顆
橙花水 3 滴
冰賽爾脫茲氣泡水 2 盎司

將氣泡水外的所有材料先不加冰塊乾搖，然後在雪克杯裡加滿冰塊，搖盪 5 分鐘。雙重過濾後倒入「品脫杯」（pint glass）中。緩緩倒入賽爾脫茲氣泡水，偶爾用杯底輕敲桌面或平面，以確定泡沫的位置。當您倒完賽爾脫茲氣泡水時，雞尾酒的頂端應該會有一大球白色泡沫。無需裝飾即完成。

長老教會 Presbyterian

經典款

我們在本章已經提過好幾次，改變雞尾酒的核心烈酒，可能就要相應調整調酒中的柑橘種類和用量。經典的「長老教會」（亦稱「長老會」）類似於「莫斯科騾子」（請參考第 139 頁）和「月黑風高」（請參考第 140 頁），就只是烈酒加上薑汁汽水的組合。但在這杯雞尾酒中，核心是裸麥威士忌，並佐以檸檬汁調味。我們調的「長老教會」，裡頭同時加了檸檬汁和萊姆汁，前者取其香甜與清爽的風味，後者則取其怡人的澀口感。

冰賽爾脫茲氣泡水 2 盎司
歐豪特裸麥威士忌 2 盎司
現榨檸檬汁 ½ 盎司
現榨萊姆汁 ½ 盎司
特製薑汁糖漿（做法詳見第 48 頁）¾ 盎司
裝飾：萊姆角 1 塊

把賽爾脫茲氣泡水倒進可林杯中。其餘材料與冰塊短搖盪 5 秒鐘左右，濾冰後將酒液倒入杯中。往杯裡補滿冰塊，再擺上萊姆角裝飾即完成。

老古巴人 Old Cuban

奧黛莉·桑德斯（AUDREY SAUNDERS），創作於 2001 年

這杯由傳奇調酒師奧黛莉·桑德斯所創的雞尾酒，有著深刻複雜的層次，就像是一杯「莫西多」加了氣泡，增添活力。為了要有更多重的複雜度，奧黛莉用了短陳蘭姆酒，並以安格式苦精和薄荷調味，創作出一杯既清爽又深刻繁複的雞尾酒。我們很愛「老古巴人」，因為它的風味會邊喝邊改變：第一口時，舌頭會感受到刺刺的氣泡感和新鮮的薄荷風味。等雞尾酒的溫度升高，氣泡也稍微緩和時，蘭姆酒的豐富濃郁就會慢慢跑出來。

百家得 8 年陳年蘭姆酒（Bacardi 8-year aged rum）1½ 盎司
現榨萊姆汁 ¾ 盎司
簡易糖漿（做法請參考第 45 頁）1 盎司
安格式苦精 2 抖振
薄荷葉 6 片
冰的不甜香檳 2 盎司
裝飾：薄荷葉 1 片

將氣泡酒外的所有材料加冰塊一起搖盪均勻，雙重過濾後倒入冰鎮過的淺碟寬口杯中。倒入香檳，接著快速將長吧匙浸入杯中，輕輕混合香檳與其他材料。加上薄荷葉裝飾即完成。

法國 75　French 75

經典款

沒錯，香檳能讓一切更美好，也包括「可林斯」！有些調酒師會用長飲杯加冰塊製作「法國 75」，就像一杯「可林斯」一樣，但我們決定時髦一點，用笛型杯（flute）盛裝。無論用哪種方法，在雞尾酒裡加入香檳（或其他相似類型的氣泡酒）都會改變平衡，因為香檳會增加酒精度與風味。因此，這杯經典調酒的配方要求減少「酸酒」中所有三元素的用量──在我們的版本中，使用一半的琴酒、 的檸檬汁和 的簡易糖漿。

普利茅斯琴酒 1 盎司
現榨檸檬汁 ½ 盎司
簡易糖漿（做法請參考第 45 頁）½ 盎司
冰的不甜氣泡酒 4 盎司
裝飾：檸檬皮捲 1 條

將氣泡酒外的所有材料加冰塊一起搖盪均勻，濾冰後倒入冰鎮過的笛型杯中。倒入氣泡酒，接著快速將長吧匙浸入杯中，輕輕混合氣泡酒與其他材料。朝著飲料擠壓檸檬皮捲，再把果皮投入酒中即完成。

艾莉莎 The Eliza

戴文·塔比，創作於 2016 年

經過仔細的調整，「法國 75」（請參考左頁）中的微妙複雜性可以被修改，進而創造出特殊的變化版。在這杯雞尾酒中，我們把柑橘味的普利茅斯琴酒換成以墨西哥菝葜主導的飛行琴酒，並加上清溪西洋梨白蘭地和鮮美的法國黑醋栗利口酒，接著入薰衣草苦精，讓整杯酒有著淡淡的誘人花香。

飛行琴酒 ½ 盎司
清溪西洋梨白蘭地 ¼ 盎司
吉法黑醋栗香甜酒（Giffard Cassis Noir du Bourgogne）¼ 盎司
現榨檸檬汁 ½ 盎司
簡易糖漿（做法請參考第 45 頁）½ 盎司
史酷比薰衣草苦精（Scrappy's lavender bitters）1 抖振
冰的不甜氣泡酒 4 盎司

將氣泡酒外的所有材料加冰塊一起搖盪均勻，濾冰後倒入笛型杯中。倒入氣泡酒，接著快速將長吧匙浸入杯中，輕輕混合氣泡酒與其他材料。

冰雪女王 Ice Queen

納塔莎·大衛，創作於 2015 年

「冰雪女王」藉由帶入「老古巴人」（請參考第 141 頁）的一些元素——蘭姆酒、薄荷和萊姆汁，擴展了「法國 75」的靈活度——另外再加入黃瓜，增加鹹鮮元素。

薄切黃瓜 1 片
簡易糖漿（做法請參考第 45 頁）½ 盎司
普雷森 3 星蘭姆酒 1½ 盎司
吉法白薄荷香甜酒 ½ 小匙
現榨萊姆汁 ¾ 盎司
冰的不甜氣泡酒 4 盎司
裝飾：萊姆皮捲 1 條

在雪克杯中，輕輕地搗碎黃瓜片與簡易糖漿。加入氣泡酒外的所有材料，並與冰塊一起搖盪均勻，濾冰後倒入冰鎮過的淺碟寬口杯中。倒入氣泡酒，接著快速將長吧匙浸入杯中，輕輕混合氣泡酒與其他材料。朝著飲料擠壓檸萊姆皮捲，再把果皮投入酒中即完成。

偶然的大師 Accidental Guru

納塔莎·大衛，創作於 2014 年

啤酒和蘋果酒也可以用來增加「可林斯系」雞尾酒的氣泡。因為這些材料在酒精含量、風味、甜味與酸度的差別很大，所以使用它們需要特別花心思調整基底烈酒、柑橘汁和甜味劑的用量。在「偶然的大師」中，只用了 1 盎司的強勁烈酒（威士忌），且柑橘汁的用量也稍作減少。甜味劑的用量也比較少，因為在這杯酒中，有蜜桃利口酒來加強甜度。

布什米爾原創愛爾蘭威士忌（Bushmills Original Irish whiskey）1 盎司
吉法酒香蜜桃香甜酒（Giffard Crème de Pêche de Vigne）½ 盎司
現榨萊姆汁 ½ 盎司
特製薑汁糖漿（做法詳見第 48 頁）½ 盎司
冰的比利時布魯塞爾白啤酒（Blanche de Bruxelles beer；或其他款的小麥啤酒）3½ 盎司
裝飾：輪切萊姆厚片 1 片

將啤酒外的所有材料加冰塊一起搖盪均勻，濾冰後倒入冰鎮過的大型費茲杯中。倒入啤酒，最後並以輪切萊姆厚片裝飾即完成。

艾莉莎

進階技巧：澄清 CLARIFYING

現榨的柑橘汁對於許多雞尾酒而言是關鍵要素，這麼說是有充分理由的：它可以抑制酒精的強度，也能增進風味和質地。但它也會讓雞尾酒染上顏色和變得不透明。所以，我們要怎麼做才能增加風味與平衡，但又不要它的顏色與稠度呢？

我們從戴夫・阿諾德的大作《從科學的角度玩調酒》（*Liquid Intelligence*），以及他在部落格「Cooking Issues」中的好文，學到許多關於「澄清」的知識。簡單地說，澄清是一個移除液體中混濁粒子，從而讓液體變透明的過程。澄清能透過濾器簡單完成。想想滴漏式咖啡和用法式濾壓壺製作的咖啡有什麼差別：滴漏式咖啡顏色比較淡，比較透光，而法式濾壓壺製作的咖啡則比較混濁。在風味上，兩者也有顯著差別：滴漏式咖啡有著比較輕盈、乾淨的風味，而從法式濾壓壺倒出來的咖啡，風味濃重又醇厚。

雖然我們也可以用濾紙讓調酒用果汁變清澈，但我們比較喜歡用離心機或寒天（agar，亦稱「洋菜」）。在我們的酒吧裡，我們會澄清各式各樣的汁液：從柑橘類水果（檸檬、萊姆、葡萄柚、柳橙、橘子）、蔬菜和水果汁（蘋果、西洋梨和球莖茴香），甚至是果泥（覆盆莓、草莓）。

在我們進入繁瑣細節前，我們想要先回答您可能已經想到的問題：為什麼要這麼麻煩，多一道「澄清」的手續？老實說，有的時候我們只是想玩弄一下人們的預期。當他們看到像「馬丁尼」一樣透明晶亮的調酒時，可能會預設它酒味重又銳利。但當他們啜了一小口，嚐到的是非常明亮又有酸度的「黛綺莉」時，那就會是一個有趣的驚喜。澄清同時也具有實用目的：在製作一杯完整碳酸化的雞尾酒時（請參考第 5 章的最後部分），需要除去所有微粒，才能讓二氧化碳更均勻地在雞尾酒中散布開來。

最後一點需要注意的：因為澄清果汁比新鮮果汁還要嬌弱，所以我們建議在一天內就使用完畢。除非是澄清果汁已經和甜味劑與烈酒一起混合成大量或桶裝的雞尾酒（kegged cocktails）時（請參考第 236 頁），就能保住它們細膩的風味。

澄清萊姆汁

萊姆汁

用澄清果汁做實驗

我們的根源「黛綺莉」酒譜將幫助您了解澄清果汁如何改變一杯雞尾酒。在您做實驗之前，請先澄清一些萊姆汁。因為您可能（還！）沒有離心機，所以請使用第146頁說明的寒天法。然後依照下面兩個酒譜操作，要注意第二杯是用「攪拌法」，而非「搖盪法」。

這個實驗很清楚地告訴我們澄清果汁和現榨果汁是兩個世界，而且有著截然不同的風味，澄清果汁比較淡，穿透力也比較弱。因此，「澄清黛綺莉」（Clarified Daiquiri）會有比較顯著的蘭姆酒風味。

澄清也可以重置偏見（reset biases）。例如，多年來我們基本上都會避免在雞尾酒裡使用柳橙汁。一個最主要的理由是因為柳橙的風味差異性太大，會根據柳橙種類、季節和您的居住地點而不同。（雖然所有種類的柑橘都有這個問題，但感覺上柳橙的最明顯。）此外，柳橙汁有驚人的均化效應（homogenizing effect），當它和其他材料混在一起時，常會讓整杯雞尾酒變得無趣。

以「猴上腺素」（Monkey Gland；請參考第146頁）為例──我們一直覺得這款雞尾酒就是一大杯「不知所云的東西」。為什麼？因為它缺乏平衡。琴酒很棒，紅石榴糖漿也有活潑的果汁感和澀口度，但柳橙汁──糖分太高又缺乏酸度──讓琴酒整個「啞掉」，也讓紅石榴糖漿變得毫無光彩。這些材料放在一起並沒有更好，反而變得更糟。每喝一口，我們就會一直想起過去的壞日子，那段雞尾酒主要是為了掩蓋次等烈酒味道的時光。但事實上，「猴上腺素」並不是無法修復的。透過改用澄清柳橙汁，並用攪拌法，而非搖盪法，我們可以把它導向較討人喜歡的平衡，創造出一杯特質有點類似「馬丁尼」的雞尾酒。（另一個也許可行的改善方法是加幾滴檸檬酸溶液 [請參考第298頁].）我們衷心建議您試試這個實驗，同樣地，這次也是使用寒天法（請參考第146頁）來澄清柳橙汁。

黛綺莉

我們的根源酒譜

卡納布蘭瓦白蘭姆酒 1¾ 盎司
最愛坎城之心法式農業型白蘭姆酒 ¼ 盎司
現榨萊姆汁 1 盎司
簡易糖漿（做法詳見第 45 頁）¾ 盎司

將所有材料加冰塊一起搖盪均勻，濾冰後倒入冰鎮過的淺碟寬口杯中。無需裝飾即完成。

澄清黛綺莉

卡納布蘭瓦白蘭姆酒 1¾ 盎司
最愛坎城之心法式農業型白蘭姆酒 ¼ 盎司
澄清萊姆汁（做法詳見第 146 頁）1 盎司
簡易糖漿（做法詳見第 45 頁）¾ 盎司

將所有材料倒在冰塊上一起攪拌均勻，濾冰後倒入冰鎮過的淺碟寬口杯中。無需裝飾即完成。

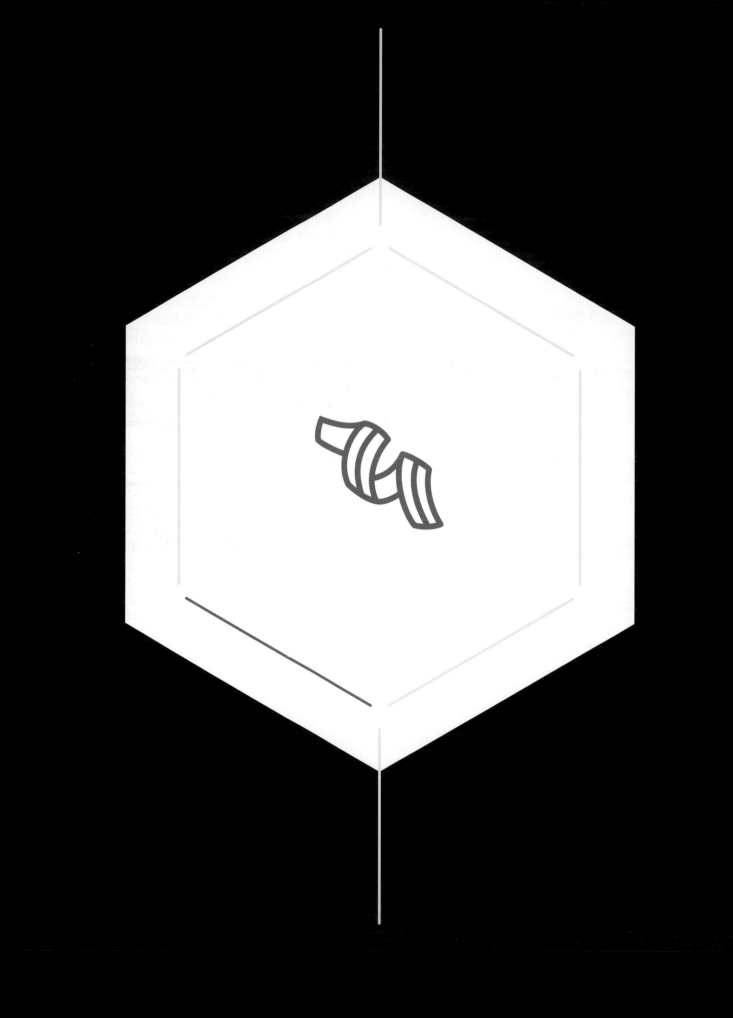

4

側車

THE SIDECAR

經典酒譜

據傳，「側車」是第一次世界大戰時，派駐在巴黎的一名美軍上尉發明的（雖然，和往常一樣，關於起源還有其他許多版本的故事）。因為這位上尉騎著一台摩特車側車在城市裡到處跑，所以他發明的酒就以此為名。「側車」的前身很有可能是一杯名為「白蘭地庫斯塔」（Brandy Crusta）的雞尾酒，這杯酒最早出現於傑瑞・湯瑪斯（Jerry Thomas）1862 年的著作《The Bar-Tender's Guide》（暫譯：調酒師的指南），酒中含有高比例的白蘭地，以及微量的檸檬汁和庫拉索酒（curaçao）（還有幾抖振的苦精）。隨著「側車」慢慢發展，酒中的比例也跟著改變。雖然有些老一點的法式酒譜會要求等量的干邑和君度橙酒（Cointreau），但據我們所知，現代沒幾個調酒師會這樣調，因為君度橙酒會蓋過干邑的水果香氣。

側車

———

干邑 1½ 盎司
君度橙酒 1 盎司
現榨檸檬汁 ¾ 盎司
裝飾：柳橙皮捲 1 條

將所有材料加冰塊一起搖盪均勻，濾冰後倒入冰鎮過的碟型杯中。朝著飲料擠壓柳橙皮捲，再用果皮輕輕沿著玻璃杯杯緣擦一圈，最後將果皮投入酒中即完成。

我們的根源酒譜

為了要研發我們專屬的的理想版「側車」，我們從選擇特定的干邑開始，然後搭配橙味利口酒。皮耶費朗的琥珀干邑在橡木桶裡陳年的時間夠長，所以能提供濃郁又充滿風味的基底，且靠著同一酒廠所產，非常不甜的庫拉索酒增色，形成美麗的整體。此外，因為庫拉索酒的低甜度實在太過清冽，所以我們加了一點簡易糖漿來提振風味，讓雞尾酒達到平衡。

我們理想的「側車」

皮耶費朗琥珀干邑 1½ 盎司
皮耶費朗不甜庫拉索酒（Pierre Ferrand dry curaçao）1 盎司
現榨檸檬汁 ¾ 盎司
簡易糖漿（做法詳見第 45 頁）1 小匙
裝飾：柳橙皮捲 1 條

將所有材料加冰塊一起搖盪均勻，濾冰後倒入冰鎮過的碟型杯中。朝著飲料擠壓柳橙皮捲，再用果皮輕輕沿著玻璃杯杯緣擦一圈，最後將果皮投入酒中即完成。

利口酒加入派對

如果「黛綺莉」像是派對裡精力旺盛的客人──認識所有人的傢伙──「側車」就是由朋友帶來，帶有異國風情的安靜外國客人，他會讀著厚厚的精裝書，然後樂意與別人談論書中內容。「側車」雖然只有三種原料，但很神祕。當您初嚐一杯「側車」時，可能會猜不出裡頭有什麼。第一口是明亮的柑橘味重擊，接著幾乎是咬嘴的緊澀感，最後則有著繚繞一陣子的尾韻。它是一杯有著複合風味和多重層次的雞尾酒，而且隨著溫度升高，會越來越好喝（不像前面提到的「黛綺莉」），會從脆爽澀口變成圓潤飽滿。

「側車」和「黛綺莉」有關，兩者都是由「酸酒」範本演變而來的，但「側車」的特點是加了大量、風味十足的利口酒──通常介於 ½ 盎司到 1 盎司之間。所以當「黛綺莉」──與許多「酸酒」──以濃郁質地和明亮酸度為決定性特徵時，「側車」和它的大家族成員通常會比較不甜，由利口酒與柑橘的組合得到複合風味。因此，當我們在教調酒師調製雞尾酒時，我們會把「側車」和「黛綺莉」分開教。且因為「側車」含有相對大量的利口酒，而利口酒的甜度、酒精純度與單寧的差異性很大，所以更難精通掌握。

在「黛綺莉」中所求的平衡──烈、甜，和酸之間的謹慎平衡──在「側車」與其變化版中也同樣達到了，但因為「側車」裡有利口酒（會帶來酒精純度、甜度與調味），所以材料間的比例也會有所不同。更複雜的是，每種利口酒都有不同的酒精純度和甜度，所以沒有一個標準的範本；您必須研究利口酒，然後對比例做出相應的調整。

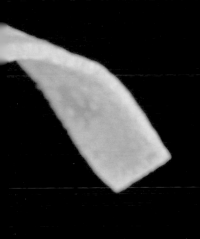

了解範本

您可能已經注意到「側車」的範本與其他幾款更有名的雞尾酒範本相似：用龍舌蘭酒、庫拉索酒和萊姆汁調成的「瑪格麗特」（Margarita），與用伏特加、庫拉索酒、萊姆汁和蔓越梅汁調成的「柯夢波丹」（Cosmopolitan）。我們之所以選用「側車」當這類型雞尾酒的代表，是因為它的平衡很難達到，其中的三個材料——干邑、庫拉索酒和萊姆汁，會隨著生產酒廠的不同，而產生相當大的差異。這讓「側車」成為一個很好的例子，可以用來解釋適當平衡材料中固有的特性有多重要。根據酒齡，干邑會是清淡且單寧強，或濃郁又甘美。庫拉索橙酒可以是極不甜（如皮耶費朗）、甜（柑曼怡），或介於兩者之間（君度橙酒）。了解每種材料的特性，能夠讓您知道如何將它們放在一起。

這裡有個實驗能幫助您開始探索這個範本。將一些檸檬榨汁，拿起您的雪克杯，還有開一瓶干邑。（和大部分這類的實驗一樣，我們將省略裝飾，把焦點放在雞尾酒本身）。讓我們從回到基礎「酸酒」範本（請參考第 106 頁）開始，大家公認的比例是 2 份烈酒、1 份檸檬汁或萊姆汁和 1 份甜味劑，這個配方的接受度很高，並被認為是美味平衡的一杯調酒。所以，在您的雪克杯中，調出一杯簡單的干邑酸酒（Cognac Sour），然後調出「側車」（強勁版）以及「側車」（平衡版）。

定義「側車」與其雞尾酒大家族的決定性特徵有：

　「側車」的核心風味是由一款烈酒和大量的風味利口酒所組成的。

　「側車」的平衡與調味都是靠利口酒，利口酒還會提供甜度，有時還會與其他甜味劑混合。

　「側車」也藉由高酸度的柑橘汁達到平衡，通常是檸檬或萊姆。

干邑酸酒

經典款

干邑（VSOP 尤佳）2 盎司
現榨檸檬汁 ¾ 盎司
簡易糖漿（做法詳見第 45 頁）¾ 盎司

將所有材料加冰塊一起搖盪均勻，雙重過濾後倒入冰鎮過的碟型杯中。無需裝飾即完成。

您覺得如何？當然，可能很好喝，但對我們來說，感覺沒什麼特別的。干邑很明顯地是這杯酒的主角，但它偏木質的調性遇到檸檬和糖的清爽組合，會完全啞掉。把這杯酒放在旁邊，幾分鐘後再回來參考。將雪克杯洗乾淨。然後開始製作下面的變化版，把簡易糖漿換成君度橙酒，就能調出一杯基本的「側車」。

「側車」（強勁版）

干邑（VSOP 尤佳）2 盎司
君度橙酒 ¾ 盎司
現榨檸檬汁 ¾ 盎司

將所有材料加冰塊一起搖盪均勻，雙重過濾後倒入冰鎮過的碟型杯中。無需裝飾即完成。

您第一個嚐到的是什麼？我們猜是濃濃的酒味。這個酒譜非常強勁，雖然這並不完全是件壞事，酒精主宰了風味輪廓，產生一杯粗糙帶苦的雞尾酒。這是雞尾酒製作時一個普遍的問題：忽視君度橙酒等較高酒精濃度修飾劑本身的酒精純度，而只是單純用它們取代甜味劑，未做任何比例調整。君度橙酒的酒精純度達到 80，所以其實和基底烈酒一樣強勁，而且因為它的甜味會抑制一些檸檬汁的效果，所以會產生一杯實在太過乾澀的雞尾酒。這就是為什麼經典的「側車」酒譜用了比較少量的干邑，並稍微增加君度橙酒的用量，以求多一點點的甜味。所以，即使您在本章一開始根據經典酒譜調了一杯「側車」，請再調一杯，這樣才能擺在一起做比較。

「側車」（平衡版）

干邑（VSOP 尤佳）1½ 盎司
君度橙酒 1 盎司
現榨檸檬汁 ¾ 盎司

將所有材料加冰塊一起搖盪均勻，雙重過濾後倒入冰鎮過的碟型杯中。無需裝飾即完成。

我們發現這個經典酒譜能達到幾近完美的平衡，其中干邑飽滿的酒體藉由君度橙酒的明亮甜度和檸檬汁的清新特質，變得更完整。然而，有鑒於這個酒譜配方對於大多數人而言還是略顯不甜澀口，所以我們在根基酒譜中，多加了微量的簡易糖漿，以達到理想的平衡和提振風味。

核心：白蘭地

干邑為「側車」提供了寬廣的基座。它夠濃郁，所以可以和檸檬的酸度糾纏，結構也夠，所以能和君度橙酒明亮的柑橘味、辛香和微甜交融在一起，形成美味的一杯酒。干邑是世界上最有名的白蘭地之一，「白蘭地」是個很籠統的術語，指的是由水果蒸餾而來的烈酒，包含以葡萄為主的白蘭地、蘋果白蘭地和「生命之水」。

目前在全世界中，用葡萄蒸餾而成的白蘭地是最普遍的，而其中源於法國的干邑是最受歡迎的。但干邑只是葡萄白蘭地的其中一個類型而已：法國還產有雅馬邑白蘭地（Armagnac）、祕魯和智利生產的葡萄白蘭地，名為「皮斯科」，美國也產有一些非常優秀的白蘭地。葡萄白蘭地的原料葡萄可以是明亮酸味重的，也可以是甜且香氣足的，然後又分陳年的與未陳年的。和其他烈酒一樣，桶陳過程產出的白蘭地通常是濃郁且果汁感足，並帶有從橡木中得到的深沉細膩香草和香料風味。相比之下，未陳年的白蘭地則濃烈又尖銳，能提供葡萄原料純粹的精華。後者可以讓人真正體會水果的特色，以及蒸餾者捕捉這些特色的技巧。

不同類型的白蘭地是很難互換的。所以雖然兩瓶陳釀年份相似的干邑，在雞尾酒中是可以互換的，但陳年的與未陳年的白蘭地，因為風味輪廓截然不同，所以會影響雞尾酒的平衡。在「側車」的例子中，一支適度陳年的干邑能提供必要的濃郁感，讓雞尾酒達到平衡，若使用酒齡較輕的干邑，則無法達到預期的效果。

在本章中，我們會依據「側車」的範本探索各式各樣的雞尾酒，而在過程中我們也會對核心進行實驗。所以在此部分，我們將概述不同種類的白蘭地：干邑、雅馬邑白蘭地、西班牙白蘭地、皮斯科、蘋果白蘭地和生命之水，而因為「側車」最有名的變化版是「瑪格麗特」，所以我們也會短暫繞道，介紹一下用龍舌蘭草（agave）釀造的烈酒。

干邑

干邑產於法國西南部，數百年來都維持同樣的製法：葡萄酒放入專門的蒸餾器中蒸餾，然後置於橡木桶中進行熟成。雖然所有的步驟都很重要（釀酒、蒸餾和桶陳），但賦予干邑個性的關鍵是「調和」（blending），每間酒廠最後的成品都具有酒廠本身的風格。這能保證每間特定酒廠製作出來的干邑，年復一年都會有相當一貫的風味輪廓。干邑根據陳釀年份，可分成三個官方等級——從最幼齡到最陳年，分為 VS、VSOP 和 XO。法文 *hors d'âge*（超齡）標示被界定為與 XO 相等，但酒廠最初之所以用這個術語是為了指出陳釀年份超越 XO 的頂級酒款。因為干邑很貴，所以我們調酒時通常用 VS 或 VSOP。VSOP 是我們比較常選的，因為它的風味和酒體都很飽足，而且用途廣泛，適用於各種雞尾酒酒譜，它經常會有類似煮過香蕉的風味。另一方面，VS 干邑，則有木質風味，對於烈性比較高的雞尾酒而言，往往太過年輕，但對於柑橘味雞尾酒來說，如側車，就非常適合。

建議酒款

軒尼詩 VS（Hennessy VS）：軒尼詩是主宰干邑世界的酒廠，掌握世界上高達 40% 的干邑供應量。雖然那些向小型精釀干邑酒廠靠攏的人，也許會貶低軒尼詩的聲譽，但我們對於軒尼詩一貫的品質感到印象深刻，也認為它相當能夠代表干邑應有的特色：有木質香氣和甜味，且帶有淡淡的丁香風味。另一個額外的好處是，軒尼詩幾乎永遠都不會缺貨。

保羅博 VS（Paul Beau VS）：大部分的 VS 干邑都是純飲時很棒，但複雜度不夠高，無法廣泛用於雞尾酒中，但相較之下，保羅博 VS 則在年輕烈酒的酒精強度和橡木桶的香草和烤木頭特徵間取得絕佳的平衡。它的價格也相當吸引人——一般介於美金 30 ～ 40 元之間。

御鹿 H 系列 VSOP（H by Hine VSOP）：為了應付逐漸增加的「雞尾酒友善」干邑需求量——價格合理，適合調酒但又有強烈的個性，御鹿創立了「H」系列。這支美味的干邑，有著強烈的花香、新鮮硬核水果的風味，和非常輕微的香料味。它的優雅若與太濃烈的烈酒相遇，會蕩然無存，但它可以單獨當一款好喝的基酒，也可以補全芬諾雪莉酒和阿蒙提亞多雪莉酒等清淡加烈葡萄酒，以及白麗葉酒等加味葡萄酒的風味。

派克 VSOP（Park VSOP）：雖然許多歸於此陳年類別的干邑，都以深沉、果味濃郁為特色，但派克 VSOP 則帶著明顯的清亮香氣和風味。酒中出現明確的煮熟香蕉調性，但上頭又疊了柑橘和新鮮蜜桃的明亮風味，讓這支酒很適合用來調製以柑橘為主的清爽雞尾酒。

皮耶費朗 1840：這是　支相對新，專為調酒而研發的產品。雖然皮耶費朗並未在其干邑上附加常見的陳釀年份說明，但 1840 和「琥珀」（Amber 請見下方說明）的表現就像 VSOP 一樣。這支酒有著強烈的烘烤香料香氣，並延展到風味中，且當大部分的干邑都在酒精濃度達 40% 時裝瓶，皮耶費朗則達到 45%。這些特性加總讓皮耶費朗 1840 在雞尾酒中能成為備受矚目的焦點，也讓它可以和具侵略性的烈酒，如美國裸麥威士忌合作，而不會被霸凌，居於弱勢。

皮耶費朗琥珀：這是我們調酒時必選的干邑。它聞起來有甜甜的香草和杏桃味，且風味深沉多重。橡木的影響在酒中清晰可見，但同時也帶有新鮮水果的特質——就像咬一口香甜的蘋果　樣——使它成為一款很精彩的平台，可以在上頭建構雞尾酒。無論是將它應用在搖盪型或攪拌型的雞尾酒，我們都很愛，可以單獨使用或和其他烈酒一起合作，尤其是陳年蘭姆酒、蘋果白蘭地，和波本威士忌。

一杯誇張好喝但沒必要的「側車」

如果您對於人一生一定至少要享受過一次奢侈品這件事感興趣，我們建議您買一瓶昂貴但完美的干邑——保羅博超齡干邑（Paul Beau Hors d'Âge），然後用下面的酒譜幫自己調一杯「側車」。這個酒譜與我們的根源酒譜（請參考第 152 頁）之間的差別，反應了這支較熟齡與較濃稠的干邑，為雞尾酒帶來的特質。

保羅博超齡干邑 1½ 盎司
皮耶費朗不甜庫拉索酒 1 盎司
現榨檸檬汁 ¾ 盎司
裝飾：柳橙皮捲 1 條

將所有材料加冰塊一起搖盪均勻，濾冰後倒入冰鎮過的碟型杯中。朝著飲料擠壓柳橙皮捲，再用果皮輕輕沿著玻璃杯杯緣擦一圈，最後將果皮投入酒中即完成。

雅馬邑 ARMAGNAC

雅馬邑是干邑的近親，兩者使用類似的原料，且皆產於法國西南部。兩者的關鍵不同處在於「風味」：干邑是濃郁且果味重，而雅馬邑雖然也有一些相同的風味，但通常更具辛香特色。我們常這樣想：波本威士忌之於裸麥威士忌，就像干邑對上雅馬邑一樣。

另一個相異處是雅馬邑經常在裝瓶時會標明蒸餾與裝瓶的年份，而因為每個單一年份的情況大不相同，所以我們幾乎沒辦法建議哪一款適合用來調酒。然而，有一些從法國外銷的調和雅馬邑，價格往往較為實惠，使它們成為調酒時的好選擇。這些調和雅馬邑採用類似的陳年等級：VS、VSOP、XO 和 hors d'âge，而我們使用它們的方法也和使用不同陳年等級干邑的方法一模一樣。

建議酒款

塔麗格經典 VS 雅馬邑：這隻酒用非常棒的價格帶領大家認識雅馬邑。雖然它算年輕，但酒體卻驚人地飽滿，有著杏桃乾與烘烤香料的風味——以丁香和些微的肉桂為主味。

塔麗格 VSOP 雅馬邑：塔麗格的雅馬邑因為在橡木桶裡陳年的時間較長，所以建立了比較好的結構與複雜度。與上一支年齡較輕、味道還有一點野的酒款相比，這支 VSOP 有著比較圓融的特質，帶著香草與煮熟硬核水果的香甜風味。它飽滿的酒體和底層的烘烤香料風味相輔相成，讓這支雅馬邑能成為攪拌型雞尾酒中的美味成分。

希望莊園白雅馬邑（Domaine d'Espérance Blanche Armagnac）：白雅馬邑（Blanche Armagnac）是一種風味相當豐富的烈酒，很適合用來代替其他款未陳年的葡萄白蘭地。南美版本的未陳年白蘭地——「皮斯科」花香味非常濃厚，而雅馬邑基酒的高酸度，則讓這支烈酒的特色是杏仁與白胡椒的偏鹹鮮香氣和風味，但依舊保有活潑輕快的新鮮度。

西班牙白蘭地

西班牙白蘭地與法國白蘭地的製作方式不同，更濃郁、顏色更深，且通常稍微甜一點。今日我們能找到少數的西班牙白蘭地，裝瓶時大多標示為「雪莉白蘭地」（Brandy de Jerez），這是一種濃郁香甜的白蘭地，產地為西班牙南端。還有其他產於赫雷茲區（Jerez region）以外，不同類型的白蘭地，但我們通常不會用這些來調雞尾酒。

調酒時，雪莉白蘭地的功用與干邑和雅馬邑相似，但因為它的陳年過程，所以通常在杯中會透出顯著的濃厚感。在處理長時間陳年的西班牙白蘭地時，我們通常只會加一點點，讓雞尾酒多點香料乾果蛋糕的後勁；如果用量多一點，就會蓋過酒中其他材料的風味。唯一的例外是「古典」，它是一個很棒的範本，可以讓很老的西班牙白蘭地閃閃發光。

建議酒款

門多薩主教索雷拉特級珍藏（Cardenal Mendoza Solera Gran Reserva）：門多薩主教的特級珍藏系列，會放在奧洛羅索（oloroso）和佩德羅·希梅內斯（Pedro Ximénez）雪莉酒的舊桶中陳釀 15～17 年，特色為突出的李子和葡萄乾香氣，以及能夠持續非常久的堅果與巧克力香甜風味。但因為它太濃稠了，所以我們一般的用法是，把它當成拆分基酒的一部分，加在烈性高的雞尾酒中，如搭配美國威士忌在「古典」中出現。

阿爾瓦大公索雷拉特級珍藏（Gran Duque de Alba Solera Gran Reserva）：多年來，由威廉漢特酒莊（William & Humbert）所產的「阿爾瓦大公」，是唯一在美國廣泛鋪貨的西班牙白蘭地，所以我們對這類別的印象與期待，有很大一部分來自這支酒。聞起來濃郁香甜，嚐起來半甜（semidry）但保有雪莉桶陳白蘭地最具代表性的葡萄乾風味（這支酒用的是奧洛羅索雪莉桶）。這支白蘭地直接啜飲就很美味，但也可以成為攪拌型雞尾酒中拆分基酒的一員。

盧世濤索雷拉雪莉白蘭地（Lustau Brandy de Jerez Solera）：盧世濤酒莊產有一些我們最愛的雪莉酒，同時也有一些價格最優惠的雪莉白蘭地。「珍藏」（reserva）是在阿蒙提亞多雪莉酒舊桶中，陳釀大約 3 年左右。香氣濃郁但不甜，有著香草、烤堅果和新鮮肉豆蔻的調性。雖然年輕，但酒體依舊夠飽滿，可以放入搖盪型或攪拌型的雞尾酒中。盧世濤的「特級珍藏」（gran reserva）則有更好的表現。陳釀超過 10 年，而且中間有一部分的時間在更濃郁的奧洛羅索雪莉桶中度過。這樣形塑出一款成熟的白蘭地，充滿核桃與太妃糖風味，並有著綿長的葡萄乾尾韻。我們很喜歡用這支「特級珍藏」調的「曼哈頓」變化版。

皮斯科

皮斯科和它的表親「辛加尼」（singani）都是產於南美洲的白蘭地，原料是花香馥郁的葡萄品種，且兩者通常都是未經陳年即裝瓶。這讓它們有著不同於歐洲陳年白蘭地的特質，套用在雞尾酒中的方法也不同。

在流行文化中，皮斯科幾乎和地球上最經典的皮斯科雞尾酒——皮斯科酸酒（請參考第 120 頁）畫上等號。在這杯雞尾酒中，銳利、帶花香的烈酒與柑橘交織出怡人的風味——代表皮斯科在搖盪型柑橘雞尾酒中，能成為一款表現優秀，富含風味與香氣的基酒。我們特別喜歡皮斯科與阿蒙提亞多系雪莉酒共同呈現的結果，如「雛菊槍」（Daisy Gun；請參考第 279 頁）中所見，在這杯雞尾酒中，皮斯科添了一層葡萄酒與葡萄白蘭地的風味。而隨著越來越多高品質的皮斯科進到美國市場，這種酒已被證實為用途相當廣泛，在攪拌型雞尾酒中表現同樣出色的烈酒。在許多款雞尾酒中，我們使用皮斯科的方法就和使用白龍舌蘭（blanco tequila）一樣，但白龍舌蘭會帶來明顯的蔬菜特性，而皮斯科則會添加花香，與強勁的酒感，這情況可透過添加白香艾酒或其他半甜的加烈葡萄酒來抑制。

建議酒款

魅力之域特選皮斯科（Campo de Encanto Grand and Noble Pisco）：這支皮斯科是為了雞尾酒而誕生的。原料中混合了酷班妲（Quebranta）、特濃情（Torentel）、麝香（Moscatel）和義大利（Italia）等葡萄品種，有著乾淨、明亮的香氣，入口滑順，且直接蒸餾到高酒精純度，中間無任何添加物。如果您只能選一款皮斯科來調酒，一定就是這支。不過，我們強烈建議您留意魅力之域的單一葡萄種酒款（single-variety bottles），它提供了一個很獨特的方式，讓我們能夠探索特定的葡萄品種如何在烈酒中表現自我。

卡普若皮斯科混釀（Capurro Pisco Acholado）：雖然這支酒具備所有皮斯科該有的代表性香氣與風味——明亮的硬核水果與花朵——但其獨一無二的泥土味，讓它可以在攪拌型雞尾酒中展露光彩，特別是加了白香艾酒的「馬丁尼」微改編版。這支皮斯科由多種葡萄混合製成，但卡普若酒廠也有單一葡萄種的皮斯科，風味令人讚嘆——看到的話，千萬不要錯過！

馬丘皮斯科（Macchu Pisco）：馬丘的產區與魅力之域相同，但馬丘皮斯科只用「酷班妲」這種無香型的葡萄製作。因此，做出來的烈酒花香比其他許多的皮斯科淡，但酒體依舊飽滿且風味富足。非常適合擔任「酸酒系」雞尾酒的基酒。

辛加尼

雖然皮斯科吸引了大部分的目光，但同樣是未經陳年白蘭地的玻利維亞國酒「辛加尼」，有著獨特的個性，其深沉的風味放在柑橘味重或烈性高的雞尾酒中都很適合。皮斯科與辛加尼之間的差別，有很大一部分和辛加尼釀酒葡萄的成長地有關：一個位於玻利維亞南部，海拔 1,585 公尺（5,200 英尺）的微小乾旱地區，那裡能產出香氣馥郁，專門用來製作辛加尼的「亞歷山大麝香」（Muscat de Alexandria；也譯為「亞歷山大蜜思嘉」）葡萄。在研發使用辛加尼的雞尾酒酒款時，可以參考使用皮斯科的酒款，只是要注意辛加尼的花香通常更濃郁。和皮斯科一樣，我們最喜歡的辛加尼用法之一，就是用它來支撐加烈葡萄酒，如第 279 頁的「出類拔萃」（Class Act）中所見，或是與另一款基底烈酒合作，如第 131 頁的「貓咪影片」。在玻利維亞，人們最愛的辛加尼飲用方式，是傳統調酒「丘伏萊」（chuflay）——辛加尼和薑汁汽水，再加上一片萊姆。

建議酒款

辛加尼 63（Singani 63）：目前，這是唯一一支在美國廣泛鋪貨的辛加尼。它有著很棒的平衡，同時兼具基底葡萄酒飽滿的風味和年輕蒸餾酒液的特質：花香和果香，並有銳利的口感。

蘋果白蘭地

蘋果白蘭地根據蒸餾與陳年的方式，可以是滑順且濃郁的，但也有可能是辛香又嗆鼻的。雖然蘋果的種類和眾多的生產方法，讓蘋果白蘭地的類型成為一條巨大的光譜，但有一個始終存在的特色：從蘋果中承襲而來的意象。在本節中，我們將討論兩種最普遍的類型：法國卡爾瓦多斯蘋果白蘭地和美國蘋果白蘭地。

卡爾瓦多斯

美麗、完美、如王者般風範——大概沒有其他烈酒能像卡爾瓦多斯這般，讓我們深深愛戀。從法國法律規定的 200 種蘋果和西洋梨中取一或許多種出來製作，水果先榨成汁，然後發酵成蘋果酒，再經過蒸餾，並置於橡木桶中陳釀至少兩年。

卡爾瓦多斯根據產區和陳釀年份標示來分類，其中「奧日地區」（Pays d'Auge）是規範最嚴格的產區。雖然關於陳釀年份分類的方法與干邑和雅馬邑類似，但酒廠可以使用許多不同的術語來表示。若是要用於調酒，我們一般喜歡陳釀至少 3 年的卡爾瓦多斯，其實任何酒齡高於 3 年的卡爾瓦多斯，如果用來調酒，花費都太高。年輕一點的卡爾瓦多斯風味通常不夠深厚，無法在雞尾酒中顯現特色，和其他材料混合後會迷失。

建議酒款

布斯奈奧日地區 VSOP 卡爾瓦多斯：對我們來說，布斯內爾 VSOP 的香氣和風味，基本上已經和卡爾瓦多斯密不可分了——這也是我們常使用它的原因。它的香氣甜甜的，帶有香料的味道，以肉桂烤蘋果、丁香和香草味為特色，還有奶油與太妃糖的微甜風味，再加上淡淡的焦糖味。這些加在一起形成一個豐厚的風味，加在許多款雞尾酒中都很適合，尤其是擔任攪拌型和搖盪型雞尾酒的核心，或少量做為調味用。

杜邦奧日地區珍藏（Dupont Pays d'Auge Réserve）：這支格外優雅的白蘭地，是用橡木桶桶陳的烈酒調和而成，其中 25% 是新桶。造就一支烘烤味稍重，用香料以及只有一絲絲的香草風味淡雅調味的卡爾瓦多斯。它是一支極為細膩的烈酒，一般在我們的雞尾酒中，都是擔任主秀。

美國蘋果白蘭地

美國蘋果白蘭地的歷史與美國一樣長。蘋果樹在殖民地成長茁壯，在那裡先是蘋果酒，後是白蘭地，成為殖民者的飲品選擇。美國境內第一個（成立於 1780 年）商業蒸餾廠，就開始製作蘋果白蘭地。當時是款很受歡迎的烈酒，也滋養了國家的歷史，但隨著時間演變，蘋果白蘭地被冷落在一旁——直到近幾十年才再度復興。在中間停歇的階段，只有一間重要的酒廠依舊生產蘋果白蘭地：萊爾德（Laird's）。萊爾德之所以重要是因為它大致上闡明了美國蘋果白蘭地的特色。它們的產品就風格上與法國蘋果白蘭地的差異非常顯著：卡爾瓦多斯和干邑是近親，而萊爾德製作的蘋果白蘭地則比較像美國威士忌。萊爾德也生產另一種蘋果白蘭地——蘋果傑克（applejack），根據法律規範，這種酒是由蘋果白蘭地和中性的穀物烈酒調和而成，使用波本威士忌舊桶中陳釀至少 4 年。雖然蘋果傑克也有其適合的用途，但我們更喜歡原料僅有蘋果的「萊爾德蘋果白蘭地（100 proof）」。

隨著人們對於美國蘋果白蘭地的興趣日益增加，美國國內開始出現越來越多的蘋果白蘭地酒廠，其中有些依照萊爾德的方法，製作出帶有威士忌靈魂的蘋果白蘭地（在焦炭橡木桶[charred oak barrels]中陳年），但也有些從法國卡爾瓦多斯中找靈感。調酒時，師法萊爾德的蘋果白蘭地，表現就和美國威士忌，尤其是波本威士忌相同。而不意外地，那些向法國取經的蘋果白蘭地，在雞尾酒中的功用則比較近似卡爾瓦多斯。雖然有幾款經典的雞尾酒會要求使用「蘋果傑克」，但誠如上一段說明，目前「蘋果傑克」這個名稱受到嚴格的法律規範。有鑒於過去「蘋果傑克」指的是純蘋果白蘭地，所以如果要精準重現老式調酒，我們建議使用下列的酒款。

建議酒款

黑土蘋果傑克（Black Dirt Apple Jack）：產於紐約州的黑土屬限量供應，是一支美味的烈酒，雖受到萊爾德啟發，但也開闢出自己的一條路。原料除了蘋果外，沒有其他的，酒釀好後，放在新的焦炭橡木桶中陳釀至少4年（但有許多批的陳釀年份為5～6年），黑土有許多在萊爾德中也看得到的辛香陳年特色，但蘋果的存在感更重，呈現柔軟、不具過多侵略性的風味。

清溪2年蘋果白蘭地：這支白蘭地有點像局外人，因為它的陳釀年分不同於萊爾德和黑土。它比較像是非常年輕的法式蘋果白蘭地，且因為它年輕，所以很強烈，帶了許多個性。在會使用萊爾德或黑土的雞尾酒中，都可以使用這支酒——一般來說就是我們可能會使用美國威士忌的酒款。

清溪8年蘋果白蘭地：用金冠蘋果製成的這支酒，採用銅壺蒸餾，且在舊與新的法國橡木桶中陳釀至少8年，所以可見法國卡爾瓦多斯的老靈魂，但又注入了太平洋西北地區（譯註：是指美國西北部地區和加拿大的西南部地區）的獨特個性。蘋果的甜味創造出明亮又飽滿的香氣，像是在大叫：

「我是用蘋果做的！」，接著是由橡木帶來的濃縮風味，帶著香草和微微的木質味，最後則是半甜柔順的收尾。這支酒用在所有的雞尾酒酒款中，我們都愛，但特別喜歡用它來強調其他陳年烈酒，如「複製貼上」（請參考第35頁）中的純壺式蒸餾愛爾蘭威士忌。

銅與國王防洪牆蘋果白蘭地（Copper & Kings Floodwall Apple Brandy）：這支由美國肯塔基州「銅與國王」蒸餾廠生產的蘋果白蘭地，採用銅壺蒸餾，並於舊的波本威士忌和奧洛羅索雪莉酒酒桶中陳釀至少4年，獨特地混合了歐式與美式的熟成風格。酒中帶有會讓人聯想到蘋果皮的辛香與風味，這是一支帶了些許蘇格蘭威士忌特質的烈酒。

萊爾德蘋果白蘭地（100 proof）：使用產自西維吉尼亞州的蘋果，並於維吉尼亞州蒸餾，這支酒可算是美國蘋果白蘭地的標竿。非常強勁且辛辣，如果沒有仔細斟酌的用量，就會主宰整杯雞尾酒的風味。在「酸酒系」雞尾酒中，請搭配使用足以和它分庭抗禮的強烈風味，可參考第129頁的「傑克蘿絲」；或者，在其他類型的雞尾酒中，用它來當可以增加意外面向的修飾劑，如第130頁的「紅粉佳人」。

萊爾德（88-proof）12年蘋果白蘭地（Laird's 88-proof 12-Year Apple Brandy）：雖然萊爾德最為人所知的是高酒精純度的蘋果白蘭地，但這間酒廠也生產細緻又優雅的壺式蒸餾蘋果白蘭地。這支酒的顏色是深琥珀色，並有著甜甜的巧克力香氣，以及通常是因為長時間陳年才會有的香草與肉豆蔻調性奶油風味。雖然它取材自歐洲傳統，但它仍有著顆粒感與酸味特質，使它很適合用來製作「古典系」雞尾酒。

生命之水，或水果白蘭地

法文 eau-de-vie 直譯就是「生命之水」，指的是清透無色，用葡萄以外的水果製成的白蘭地。雖然生命之水偶爾會經過陳年，但大多數的不會。未經陳年的生命之水，因為蒸餾後就不會加入其他風味了，所以它集中的風味和香氣全來自高度精製的蒸餾過程。成功的生命之水能捕捉水果的風味，讓探索世界上各種生命之水成為一件有趣的事：雖然不可能同時嚐到產自阿爾薩斯、奧勒岡和加州的西洋梨切片，但您可以接連品嚐產於此三地的西洋梨白蘭地。一場精彩的風味旅行……實在太神奇了！

雖然將水果白蘭地用於調酒，沒有全世界通用的法則，但若採取下面兩個策略的其中一個，通常會成功：使用 ½～¾ 盎司，做為拆分基酒的一部分；或用量少一點，通常介於 1 小匙和 ¼ 盎司之間，放進缺乏酒體的低酒精濃度調酒中，給予高度風味的重擊。雖然水果白蘭地分為許多類型，但在這節中，我們會集中介紹我們最常用的幾種：西洋梨、櫻桃和杏桃。

西洋梨白蘭地，或威廉斯梨白蘭地
POIRE WILLIAMS

在雞尾酒中，西洋梨白蘭地幾乎就像濃縮風味萃取液一樣，因此，它可以強化另一個風味，或結合其他材料，創造出全新的風味——或有時兩者兼具。比如說，如果在基酒包括蘋果白蘭地的調酒中，加入極少量的西洋梨白蘭地，它就可以襯托和放大蘋果的存在感。所產生的風味未必是西洋梨加蘋果，而是更像絢爛奪目（Technicolor）的蘋果。由於西洋梨白蘭地很萬用，所以搭配草本風味也很適合，如第 281 頁的「環遊世界富豪」（Jet Set），在這杯雞尾酒中，西洋梨白蘭地的鮮度透過雞尾酒中突出的薄荷利口酒和具有強烈草本香氣的苦艾酒，而有了更廣大的面向，造就一杯底層深刻複雜的清爽雞尾酒。

建議酒款

清溪西洋梨白蘭地：清溪酒廠的西洋梨白蘭地，在向傳統歐洲生命之水致意之際，同時也歡慶奧勒岡州的農產富饒。使用生長於胡德山（Mt. Hood）山坡的西洋梨（此處離波特蘭的蒸餾廠不遠），這支酒的風味明亮且微微帶點奶油味，但最終急邊地收攏。我們要以無比的熱誠推薦這支酒，因為它不僅品質好，價格也很合理。

瑪瑟妮威廉斯梨白蘭地（Massenez Poire Williams）：和其他同樣來自阿爾薩斯的葡萄酒高度相似（試著想想充滿礦物味的極不甜麗絲玲葡萄酒），該產區的白蘭地帶有非常明顯的純淨感與銳利度。事實上，許多生命之水的鑑賞家認為產於阿爾薩斯的酒款，是全世界最棒的。瑪瑟妮酒廠產有非常多款優秀的生命之水與利口酒，而其中威廉斯梨白蘭地是我們的最愛之一。威廉斯梨在美國本土的名稱為「巴特梨」（Bartlett），是一種很多汁的品種，其風味能在烈酒中優美地顯露出來。

櫻桃白蘭地

櫻桃白蘭地通常標為 kirschwasser 或 kirsch（即「櫻桃酒」之意），可以是很嚇人的。聞起來完完全全就是濃濃的酒精味，其他白蘭地往往會反映基底原料的風味，但櫻桃白蘭地卻很有趣，會騙人。在啜個幾口之後，您的大腦就會重置，然後您就可以在酒精的快速猛攻之後，聞到和嚐到櫻桃的風味。我們強烈建議使用少量的櫻桃白蘭地就好——通常 1 小匙到 ¼ 盎司即可。使用櫻桃白蘭地的雞尾酒中，「裸麥派」（Rye Pie；請參考第 283 頁）是我們的最愛之一。

建議酒款

清溪櫻桃白蘭地（Clear Creek Cherry Brandy）：這支產自奧勒岡州的特優生命之水，使用來自奧勒岡州和華盛頓州的新鮮櫻桃製成，櫻桃的甜味撲鼻而來，而風味則是充滿果香又強勁。

瑪瑟妮老櫻桃白蘭地（Massenez Kirsch Vieux）：不意外地，我們最喜歡的櫻桃白蘭地之一，也來自阿爾薩斯。與清溪櫻桃白蘭地相比，這支具有杏仁般的堅果特質。

杏桃白蘭地

雖然我們才剛開始嘗試杏桃白蘭地而已 —— 在生命之水中，杏桃白蘭地很稀有 —— 但我們已經迫不及待想要知道前面有什麼。「不明花禮」（Unidentified Floral Objects；請參考第 284 頁）使用杏桃白蘭地，添了果汁意象，但卻沒有增加甜度，這對於要把果味引入雞尾酒，是件艱難的任務 —— 是生命之水對雞尾酒領域的終極偉大貢獻。

建議酒款

布魯姆瑪麗蓮杏桃白蘭地（Blume Marillen Apricot Eau-de-Vie）：這支白蘭地使用來自德國多瑙河河谷的水果，有著芬芳的花香與原料「克洛斯特新堡」（Klosterneuburger）杏桃的高度濃縮香氣。它的香味會騙大腦，以為酒是甜的，但和其他生命之水一樣，這支酒不甜，且味道很集中。少量使用就能達到很好的效果，可參考第 283 頁的「在清奈相見」（Rendezvous in Chennai）。

核心：用龍舌蘭草釀的烈酒

雖然在要介紹「側車」的篇章中前往墨西哥，看似有點繞路，但我們這麼做是有充分理由的。畢竟，如同本章一開始所提到的，我們本來可以很簡單地把「瑪格麗特」，而不是「側車」，當成本章主題，因為兩款雞尾酒的配方實在非常相似。調酒師往往迷戀於，甚至是崇拜用龍舌蘭草（agave）釀的烈酒 —— 龍舌蘭酒（tequila）、梅茲卡爾，和它們的表親「巴卡諾拉酒」（bacanora）和「瑞希拉酒」（raicilla）—— 因為這些酒有著一定的誠實度：酒中風味真實反應植物原料的特性。再加上許多和這些烈酒有關，直到最近才被現代世界知悉的傳奇故事，賦予了這些酒質樸、真誠的光環。另外說個有趣的邊注：梅茲卡爾指的是所有用龍舌蘭草蒸餾出來的烈酒（就像白蘭地指的是任何用水果蒸餾的烈酒一樣）；因此龍舌蘭酒實際上是一種「梅茲卡爾」。

龍舌蘭酒

種植龍舌蘭草很費力又耗時，而這些農活實作，就外界看來，可說是古色古香 —— 甚至可說是「古樸」。在瓶身標示與行銷文章中所吹捧的蒸餾過程也是如此 —— 師傅們辛苦地操作古風壺式蒸餾，大部分靠著直覺來製酒。這些是很棒的故事，但在這底下，是更令人感到興奮的傳說 —— 這款烈酒如何擺脫廉價烈酒污名，躋身為備受尊崇的世界頂級酒類。

要區別優質與劣等的龍舌蘭酒很簡單：100% 純龍舌蘭草製成的，和混用龍舌蘭草與其他糖類製成的（西文為 *mixto*）。雖然混釀龍舌蘭酒的價格比 100% 純龍舌蘭草釀造的更實惠，但品質天差地遠。我們只使用 100% 純龍舌蘭草釀造的龍舌蘭酒。經過精心製作的龍舌蘭酒是洗鍊優雅的，可以彰顯龍舌蘭草的蔬菜特性。

和許多烈酒一樣，龍舌蘭酒也有多種陳釀年份級別，且幾乎每一種都能在雞尾酒中發揮效用。白龍舌蘭（Blanco tequila）是最淡的一種，橡木桶桶陳時間非常短，最大的優點是明亮的蔬菜風味，放在柑橘味雞尾酒，如「瑪格麗特」中的效果極好。短陳龍舌蘭（Reposado tequilas）的桶陳時間為 2 個月～1 年，所以具有一些和其他陳年烈酒一樣的特性：丁香與肉桂的辛香、香草風味和淡淡的甜味。短陳龍舌蘭很好用，放在柑橘味或酒味重的雞尾酒中皆可。陳年龍舌蘭（Añejos）的桶陳時間更長——1～3 年——因此帶有橡木更深沉、更辛香的風味。陳年龍舌蘭價格滿高的，所以我們很偶爾才會放入「曼哈頓」變化版中。最後一個陳年等級是「額外陳年」（extra añejo），是指桶陳時間超過 3 年的龍舌蘭酒，但這款對於調酒來說價格實在太高。底下的建議酒款，依照陳年時間（由短到長）排列。

建議酒款

錫馬龍白龍舌蘭（Cimarrón Blanco）：錫馬龍是一支價格實惠的優質白龍舌蘭，豐厚的蔬菜風味中，帶有一點白胡椒的酯香。這支龍舌蘭酒整體的個性有一點點偏向鹹鮮，但它與下面會提到的「老部落」（Pueblo Viejo）一樣用途廣泛，是我們在製作「瑪格麗特」等搖盪型雞尾酒時，必用的酒款。

老部落白龍舌蘭：（Pueblo Viejo Blanco）：老部落的白龍舌蘭，明亮帶有胡椒味，有著強烈的個性，非常適合調酒——而且價格出奇地便宜。這支是我們在製作「瑪格麗特」和其他包含柑橘的雞尾酒時最愛用的酒款之一。

藍色收成白龍舌蘭（Siembra Azul Blanco）：由捍衛龍舌蘭酒產業之專業操守與品質的大衛·蘇羅（David Suro）生產。藍色收成帶有純淨的花香，嘗起來有水果味。這支龍舌蘭酒的特質在所有雞尾酒中都能大放異彩，從柑橘味雞尾酒到攪拌型都適合。還有一個加分點：它的價格也很合理。

七聯盟白龍舌蘭（Siete Leguas Blanco）：白龍舌蘭的用途不僅限於搖盪型雞尾酒；我們也非常喜愛它在攪拌型雞尾酒中所呈現的蔬菜特色。雖然錫馬龍和老部落的白龍舌蘭也能做出相當不錯的攪拌型雞尾酒，但當龍舌蘭酒要與加烈葡萄酒混合時，我們習慣用風味稍微深奧一點的酒款。七聯盟是一支製作精良的龍舌蘭酒：明亮、有泥土味，且絲滑順口。其風味輪廓中的隱約香草味，讓它很適合搭配白香艾酒和利口酒，尤其是蜜桃利口酒。

錫馬龍短陳龍舌蘭（Cimarrón Reposado）：錫馬龍的短陳龍舌蘭在陳年龍舌蘭中算相當罕見的例外，因為價格只比同一酒廠生產的白龍舌蘭貴一點點而已。雖然它的精緻度沒有其他短陳龍舌蘭那麼高，但能不花大錢就為雞尾酒增加陳年酒的多重風味。

唐胡立歐短陳龍舌蘭（Don Julio Reposado）：在研究龍舌蘭酒時，我們發現自己會把注意力放在較小型的酒廠上，因為它們通常能提供比較有個性的烈酒，並使用古法生產出風味濃厚又獨特的龍舌蘭酒。但可惜的是，這種龍舌蘭酒並不是到處都買得到。唐胡立歐是生產龍舌蘭酒的重要大廠，其產品不僅到處可見，也都維持一貫的高水準。它的短陳龍舌蘭在濃郁的龍舌蘭草風味與陳年帶來的肉桂與暖烘烘橡木辛香間，取得良好的平衡。這支酒很適合加進攪拌型雞尾酒中，因為帶有香料調性，所以也可以少量使用，幫雞尾酒調味。

珍寶短陳龍舌蘭（El Tesoro Reposado）：我們喜歡「珍寶」所產的一切酒款，但短陳是它們的龍舌蘭酒產品中最優秀的。在這支酒中，可清楚看見橡木桶桶陳的影響如何優雅地帶入酒中，使用波本威士忌舊桶創造出輕微的橡木甜味，但又不會蓋過存在於未陳年龍舌蘭酒中的通透度——這是我們希望在陳年龍舌蘭中看到的平衡。我們很喜歡用這支酒來調「古典系」雞尾酒，但它和甜香艾酒一同調製「曼哈頓」的微改編版，也同樣完全沒問題。

老部落陳年龍舌蘭（Pueblo Viejo Añejo）：這支陳年龍舌蘭的價格意外地便宜，裡頭充滿香草甜味和柳橙調性，可以延續龍舌蘭草的蔬菜味特性。這使它很適合用來代替波本威士忌，特別是在柑橘味雞尾酒中。若是與波本威士忌搭配，也可以用在「曼哈頓系」調酒中。然而，雖然它經過陳年，但卻缺乏結構，所以無法成為「古典」中的主秀。

梅茲卡爾

近幾年來，梅茲卡爾靠著它極為獨特的風味，和有關其來歷的傳奇故事——一款由匠人恪守傳統生產方式，數代相傳下來的鄉野烈酒，把烈酒和雞尾酒愛好者唬得一愣一愣。的確，許多烈酒熱愛者幾乎都已經棄龍舌蘭酒，轉投入梅茲卡爾的懷抱了，因為梅茲卡爾與龍舌蘭酒不同，到目前為止都還屬於小規模的工藝產品。梅茲卡爾通常是未經陳年就裝瓶（白或年輕 [西文為 *joven*]），然而也有幾間酒廠會把梅茲卡爾放入橡木桶桶陳。就我們看來，橡木並不一定會對梅茲卡爾獨特的風味產生加分效果，但有一間酒廠的短陳梅茲卡爾是我們喜歡純飲的：愛侶（Los Amantes）（它們的年輕梅茲卡爾也相當特別。）

建議酒款

迪爾馬蓋 - 維達（Del Maguey Vida）：迪爾馬蓋酒廠近來生產越來越多優異的梅茲卡爾，而這支「維達」算是其中的入門款，也是雞尾酒的命定款。有著梅茲卡爾典型的煙燻味特徵和滑順的蔬菜底味，非常萬用，足以撐起調酒中主要烈酒的角色，也可以成為配角，支撐白龍舌蘭或短陳龍舌蘭等另一款烈酒。

孤獨聖母 - 拉康帕尼亞埃胡特拉（Nuestra Soledad La Compañia Ejutla）：這支梅茲卡爾是另一個價格實惠的選擇，煙燻味沒那麼重，但有著滿滿的明亮草本香氣和風味（薄荷和香菜），還嗜得到包含芒果在內的新鮮熱帶水果風味，結尾則以青椒味劃下句點。雖然其他的梅茲卡爾常是很外顯地濃烈，且會蓋過其他烈酒，但這支可以和白龍舌蘭，甚至是琴酒共處都沒問題。

愛侶短陳（Los Amantes Reposado）：雖然這支酒並不如其他梅茲卡爾這麼常見，但我們一次又一次發現自己著迷於愛侶酒廠的產品，尤其是短陳梅茲卡爾。我們一般比較喜歡未陳年的梅茲卡爾，因為它頌揚了龍舌蘭草天生的特性和傳統製作方法。然而，這支放在法國橡木桶中陳年長達 8 個月的烈酒，取得了很棒的平衡，橡木桶帶來的影響非常適度——比較像是修飾了梅茲卡爾的稜角，而非重重地將風味加入其中。

巴卡諾拉酒和瑞希拉酒

巴卡諾拉酒來自墨西哥索諾拉州（Sonora），原料是龍舌蘭草，其製程和風格通常與梅茲卡爾類似：龍舌蘭草的鱗莖部分（piña，也有人稱為「龍舌蘭之心」）放在裡頭鋪了火山岩的土炕中，以牧豆樹（mesquite）做成的木炭煮熟。經過發酵與兩次蒸餾後，會在酒液裡加水，以達到理想的酒精濃度（通常是 40% ～ 50% ABV，會因酒廠而異）。巴卡諾拉酒有很重的泥土味與鹹鮮風味，幾乎就像炭火烤肉一樣。

雖然有傳聞說瑞希拉酒是種墨西哥的私釀酒，但現在由高品質酒廠生產的酒款也逐漸獲得肯定。瑞希拉酒產於墨西哥哈利斯科州（Jalisco），用多種不同的龍舌蘭草製成。龍舌蘭草會先用架高的爐子煮熟，所以瑞希拉酒通常會隱約帶有梅茲卡爾也有的煙燻味。這種酒通常分為兩類：來自海岸的（西文為 *de la coasta*）和來自山裡的（西文為 *de la sierra*），每一類都具有類似龍舌蘭酒中「產地高度差」（the elevation differences；譯註：龍舌蘭酒的產地分為「高地」[Highlands] 和「低地」[Lowlands]）的特徵：「來自海岸的」風味低沉，泥土味也比較重，而「來自山裡的」則有比較尖銳的風味。

試驗「核心」

誠如我們在前幾章示範過的，要創作新款雞尾酒的最簡單方法之一，就是直接把基底烈酒換成其他的。這個方法有時行得通，但通常需要調整雞尾酒中其他材料的份量。讓我們來看看這個方法在「側車」和它的親戚「瑪格麗特」身上如何發揮作用。如果您從我們的根源「側車」酒譜（請參考第 152 頁）開始，然後只是直接把干邑換成白龍舌蘭，檸檬換成萊姆汁，這樣做出來的酒不甜、有蔬菜風味，且有過重的柳橙味。為什麼會這樣呢？問題出在基酒。干邑經過多年的橡木桶桶陳，所以會比較柔軟，也比白龍舌蘭容易讓人感受到豐厚度。此外，干邑融合君度橙酒的甜味，可以創造出協調的核心風味。如果只是單純把干邑換成白龍舌蘭，這樣調出來的酒會分崩離析，且有明顯的酒味，利口酒的強烈風味也會蓋過龍舌蘭酒。為了修正這點，並讓龍舌蘭酒展露光芒，我們稍微減少了君度橙酒的份量，並增加龍舌蘭酒的用量，且加了一點點的簡易糖漿來補償因為利口酒用量減少，而喪失的甜度（儘管我們的個人取向永遠是偏向不甜的那一端）。

不過，我們知道每個人對於酸和甜的愛好不同，所以我們建議您試試下面的「金髮姑娘」實驗，以決定您的偏好落在何處。和往常一樣，為了實驗目的，我們將省略裝飾。

瑪格麗特

經典款

萊姆角
猶太鹽，製作「鹽口杯」用
藍色收成白龍舌蘭 2 盎司
君度橙酒 ¾ 盎司
現榨萊姆汁 ¾ 盎司
簡易糖漿（做法詳見第 45 頁）¼ 盎司

用萊姆角沿著雙層古典杯上緣 1.27 公分（½ 吋）處塗抹半圈，然後把沾濕的部分放進鹽裡滾上鹽邊。放一塊大冰塊到酒杯中。其餘材料加冰塊一起搖盪均勻，濾冰後倒入準備好的酒杯，無需裝飾即完成。

瑪格麗特（不甜版）

萊姆角
猶太鹽，製作「鹽口杯」用
藍色收成白龍舌蘭 2 盎司
君度橙酒 ¾ 盎司
現榨萊姆汁 ¾ 盎司

依照上頁酒譜的做法用萊姆角沾濕雙層古
典杯半圈杯緣，並滾上鹽邊，接著放一塊
大冰塊到酒杯中。其餘材料加冰塊一起搖
盪均勻，濾冰後倒入準備好的酒杯中，無
需裝飾即完成。

瑪格麗特（甜版）

萊姆角
猶太鹽，製作「鹽口杯」用
藍色收成白龍舌蘭 2 盎司
君度橙酒 ¾ 盎司
現榨萊姆汁 ¾ 盎司
簡易糖漿（做法詳見第 45 頁）½ 盎司

依照上頁酒譜的做法用萊姆角沾濕雙層古
典杯半圈杯緣，並滾上鹽邊，接著放一塊
大冰塊到酒杯中。其餘材料加冰塊一起搖
盪均勻，濾冰後倒入準備好的酒杯中，無
需裝飾即完成。

瑪格麗特（甜版）

進一步試驗「核心」

讓我們更具體來看每一款選用的烈酒如何影響平衡。經典「床笫之間」（Between the Sheets）是簡單的「側車」變化版，將原本的基酒干邑，拆分為干邑和蘭姆酒 —— 您能在無數的雞尾酒書中找到和底下酒譜雷同的版本。看了我們對干邑（請參考第 156 頁）和蘭姆酒（請參考第 107 頁）的分析後，我們了解不同品牌的烈酒在風味和能感受到的甜度上，有著相當巨大的差異。

床笫之間

經典款

在經典「床笫之間」的雞尾酒酒譜中，
將基酒拆分為干邑與蘭姆酒。

干邑 ¾ 盎司
蘭姆酒 ¾ 盎司
君度橙酒 ¾ 盎司
現榨檸檬汁 ¾ 盎司

將所有材料加冰塊一起搖盪均勻，濾冰後倒入冰鎮過的碟型杯中，無需裝飾即完成。

在沒有任何指導的情況下，您可能會選擇 VS 干邑和未經陳年的西班牙式蘭姆酒，然後就會調出一杯酒味重，但風味單薄的雞尾酒。但如果您走到光譜的另一端，改用充滿酯香的牙買加式蘭姆酒和具有明顯強烈風味的 XO 干邑，情況會如何呢？這樣調出來的酒會過於濃甜，且很嗆辣 —— 完全失去平衡。在了解烈酒，以及知道它們之間如何交互作用後，我們就能選出能讓所有材料和諧運作的酒款。

床笫之間

我們的理想酒譜

「床笫之間」很適合用來探索特定的酒款如何影響雞尾酒。我們對這杯經典調酒的獨門配方是將基酒拆分為年輕的 VS 干邑和具有強大個性的牙買加蘭姆酒，接著再用皮耶費朗的不甜庫拉索酒平衡。如果我們繼續用君度橙酒，如經典「側車」（請參考第 151 頁）中所示範的，可能就不需要額外的甜味劑，但因為皮耶費朗的甜度實在太低，所以我們加了一點點的德梅拉拉樹膠糖漿，讓整杯雞尾酒的酒體更飽滿一點。

保羅博 VS 干邑 1 盎司
阿普爾頓莊園珍藏調和蘭姆酒 1 盎司
皮耶費朗不甜庫拉索酒 ¾ 盎司
現榨檸檬汁 ¾ 盎司
德梅拉拉樹膠糖漿（做法詳見第 54 頁）
1 小匙

將所有材料加冰塊一起搖盪均勻，濾冰後倒入冰鎮過的碟型杯中，無需裝飾即完成。

經典款

另一個能看到簡單核心代換的教學範
例是「白色佳人」，它是公認的「側
車」微改編版，把核心的干邑換成琴
酒。和「瑪格麗特」一樣，如果其他
材料的份量還是和「側車」範本相
同，琴酒的風味就會被橙味利口酒蓋
過，然後會出現令人不快的澀味。所
以為了要重新平衡這杯經典雞尾酒，
我們增加了琴酒的用量，以加強它的
個性，同時縮減君度橙酒的量，再加
入一點點簡易糖漿。

「白色佳人」也可以說明蛋白怎麼影
響一杯雞尾酒，以及左右飲用者對於
平衡的感知。雖然我們在本書其他地
方才會真正提到蛋白的用法（請參考
第 253 頁和第 264 頁），但在「側
車」大家族中，蛋白會呈現另一個面
向。蛋白泡沫可讓雞尾酒的整體份量
更豐盈，也能把風味擴散到每一處。

普利茅斯琴酒 2 盎司
君度橙酒 ½ 盎司
現榨檸檬汁 ¾ 盎司
簡易糖漿（做法詳見第 45 頁）
¼ 盎司
蛋白 1 顆
裝飾：檸檬皮捲 1 條

所有材料先不加冰塊乾搖，然後加入
冰塊一起搖盪均勻。雙重過濾後倒入
冰鎮過的碟型杯中。

朝著飲料擠壓檸檬皮捲，再將果皮掛
在杯緣即完成。

蜜桃與煙

理性思維 Rational Thought

戴文・塔比，創作於 2017 年

教導新進調酒師使用西洋梨白蘭地調酒的方法有很多，其中我們最愛的一個就是把它當成拆分基酒的一部分，放入經典「側車」中。在這杯雞尾酒裡，西洋梨白蘭地會配上保羅博干邑，之所以選這款干邑，乃取其會讓人想起西洋梨外皮的樸實質地。糖漿裡隱約的肉桂辛香，可以帶來暖味，修飾酒味過重的銳利尖角。

保羅博 VSOP 干邑 1 盎司
清溪西洋梨白蘭地 ½ 盎司
皮耶費朗不甜庫拉索酒 1 盎司
現榨檸檬汁 ¾ 盎司
肉桂糖漿（做法詳見第 52 頁）1 小匙

將所有材料加冰塊一起搖盪均勻，濾冰後倒入冰鎮過的碟型杯。無需裝飾即完成。

蜜桃與煙 Peach and Smoke

艾力克斯・戴，創作於 2014 年

低酒精濃度的調酒越來越受歡迎，這現象出現有好幾種原因。就我們而言，我們承認自己很想在一段時間內好好享用許多杯不同的調酒，但又不想喝得太醉，而我們的客人中很多也是這樣想的。要做出低酒精濃度調酒的方法之一是把核心拆分成大比例的加烈葡萄酒和小比例的強勁烈酒。在「側車」中，強勁烈酒之後會與充滿風味的利口酒一起作用，讓調酒達到平衡與充分調味。請注意，因為加烈葡萄酒通常帶點甜味，所以可能需要稍微減少利口酒的用量。

蜜桃角切 1 塊
粉紅麗葉酒 1½ 盎司
皮耶費朗琥珀干邑 ½ 盎司
拉弗格 10 年蘇格蘭威士忌 1 小匙
吉法蜜桃香甜酒 ¾ 盎司
現榨檸檬汁 ¾ 盎司
簡易糖漿（做法詳見第 45 頁）¼ 盎司
裝飾：蜜桃角切 1 塊

在雪克杯中，將蜜桃塊搗碎。加入其餘材料，並和冰塊一起搖盪均勻，濾冰後倒入冰鎮過的碟型杯。放上蜜桃塊裝飾即完成。

博索萊伊 Beausoleil

戴文・塔比，創作於 2016 年

「博索萊伊」中主要的風味組成（不甜香艾酒、義大利檸檬甜酒 [limoncello] 和檸檬汁）密切反映出經典「側車」裡的風味成分。但因為香艾酒的酒精純度相當低，所以我們加了一點義式渣釀白蘭地（grappa）來支撐，也增加了簡易糖漿的用量──這兩個調整，可以避免雞尾酒的味道像水一樣淡。

多林純香艾酒 1½ 盎司
清溪黑皮諾義式渣釀白蘭地（Clear Creek Pinot Noir grappa）½ 盎司
梅樂提義大利檸檬甜酒（Meletti limoncello）1 盎司
現榨檸檬汁 ¾ 盎司
簡易糖漿（做法詳見第 45 頁）¼ 盎司
裝飾：百里香 1 支

將所有材料加冰塊一起搖盪均勻，濾冰後倒入裝滿冰塊的可林杯。以百里香支裝飾即完成。

平衡和調味：利口酒

因為利口酒有好幾百種，且每一種都有獨特的性質，所以我們很想寫一本書介紹各式各樣的利口酒（liqueur，又譯為「香甜酒」），以及它們在雞尾酒應用中的可能性。但為了本書的目的，我們只會提供一個大致的輪廓，告訴大家利口酒是什麼，以及它們的特質，像是甜度和酒精含量，如何在雞尾酒中相互作用。

利口酒是酒精、調味品與甜味劑的混合物。雖然它們看起來彷彿只和風味有關，但放在雞尾酒中時，一定要考量它們的甜度與酒精純度，因為這兩者對於雞尾酒的平衡都會產生深遠的影響。雖然利口酒的甜度有時是來自天然水果中的糖類，但更常見的是額外添加的糖。但比較大的問題是，利口酒的酒瓶上鮮少看到裡頭含糖量的標示。幾個關於利口酒的大分類，可讓我們大概知道其甜度。以水果為主的利口酒，如黑醋栗或覆盆子，通常都滿甜的，而橙味利口酒，如橙味庫拉索酒，則是會讓人嚇一跳地不甜。

至於酒精純度，則受法律規範，一定要出現在酒標上。一般來說，為了易於保存，利口酒通常至少一定要有 20% ABV，但其實有許多款利口酒的酒精濃度都比 20% 高，如綠色夏翠絲酒（green Chartreuse）的酒精濃度就高達 55% ABV。低酒精濃度的利口酒嚐起來比較甜，而高酒精濃度的利口酒則讓人感覺比較不甜。

水果利口酒

幾乎所有您能想到的水果，都已經被用來製成風味利口酒。對於所有的水果利口酒，有一點要特別注意：優質利口酒與便宜品牌間的差異極大。人工風味絕對不會好喝，所以請鎖定品質精良的好東西。

橙味利口酒

有些專門品牌名稱現在都已成為橙味利口酒（又稱為「白橙皮酒」[triple sec] 或「庫拉索酒」）的同義詞，其中又以「君度橙酒」和「柑曼怡」最為出名。重要的是，庫拉索酒的風味來源並不只有柳橙外皮，它同時含有可以撐起柳橙風味的香料。橙味利口酒可以用沒有特殊味道的烈酒來製作，如君度橙酒；也可以使用比較濃郁的白蘭地做為基酒，如柑曼怡，但無論是哪一種都能帶些不同的風味到雞尾酒中。

因為庫拉索酒通常都不甜（至少以利口酒的標準而言），所以它們異常地萬用。在「側車」中，橙味庫拉索酒是個非常重要的的成分——通常用量為足足 1 盎司——讓它成為雞尾酒裡的關鍵風味。庫拉索酒的用量如果少一點，可以支撐加烈葡萄酒的風味，如第 284 頁的「麻煩的閒暇時光」（Troubled Leisure）中所見。它也可以微量使用，讓雞尾酒 出活潑的柳橙風味，如第 262 頁的「插隊」（Jump in the Line）。

建議酒款

君度橙酒： 君度橙酒是最具代表性的橙味庫拉索酒，味道純淨，用途廣泛，是「側車」和「瑪格麗特」等搖盪型雞尾酒的最愛。由於它相對不甜，所以也可以放進直調型的雞尾酒中，如第 282 頁的「護士海瑟」（Nurse Hazel）。

柑曼怡： 陳年干邑形成的基酒，讓這支橙味利口酒更深厚美味，但這也限縮了柑曼怡在雞尾酒中的用途。我們特別喜歡在經典雞尾酒，如「邁泰」（請參考第第 136 頁）和「黑馬」（Dark Horse；請參考第 280 頁）中，使用柑曼怡配上蘭姆酒。

葡萄柚利口酒

葡萄柚利口酒的酒標上，常寫著 *pamplemousse*（即法文的「葡萄柚」），是在「酸酒」類型中刮起一陣炫風的新兵。葡萄柚

利口酒的風味輪廓中，有著平衡的酸度與甜味，可以加進柑橘味雞尾酒中，加深水果的意象。調酒時，我們很少使用超過 ½ 盎司，在「酸酒系」雞尾酒中，我們試過 ½ 盎司的葡萄柚利口酒加上 ½ 盎司的簡易糖漿能得到最佳的效果。

建議酒款

吉法葡萄柚香甜酒（Giffard Crème de Pamplemousse）：這支利口酒有著很濃郁的香氣，在甜味與明亮酸度中達到不錯的平衡。它已經成為新的「聖杰曼接骨花利口酒」——任何用它調的雞尾酒都會變好喝。

莓果利口酒

莓果利口酒模仿成熟水果的甘美風味，非常甜而且有果汁感，完全就是　款會甜到讓人墮落的酒，但是有些酒款，如黑醋栗利口酒，帶有一點酸澀，很容易就會獨攬雞尾酒的風味。在調酒時，我們會少量使用——一般用量為 ¼ 盎司～ ½ 盎司。

建議酒款

清溪覆盆莓利口酒（Clear Creak Raspberry Liqueur）：這支酒在酸甜間達到良好的平衡，味道也不會太像果醬，但一點點效果就很足。在柑橘類雞尾酒中，我們通常會將這支利口酒與等量的簡易糖漿混合，用來平衡現榨檸檬汁的風味。這支酒如果配上苦味開胃酒，如亞普羅和金巴利，表現會更出色。

亡者復甦，二號

第戎加布里埃爾黑醋栗利口酒（Gabriel Boudier Crème de Cassis de Dijon）：這支黑醋栗利口酒是「皇家基爾」（請參考第223頁）的標配，果味重、單寧強，但卻意外地不甜，所以用量最多可增加到¼盎司，也不會讓酒太過甜膩。

吉法草莓香甜酒（Giffard Crème de Fraise des Bois）：這支利口酒用野草莓製成，風味很有深度也極具個性，底味裡微微帶一點像是青草香的草本特質。

硬核水果利口酒

在所有的水果利口酒中，杏桃和蜜桃是我們最喜歡放進雞尾酒裡的酒款；前者用於我們的「諾曼第俱樂部的馬丁尼，二號」（請參考第282頁），提供一絲絲的水果酸味。

建議酒款

吉法胡西雍杏桃香甜酒（Giffard Abricot du Roussillon）：這支利口酒的製法是把胡西雍杏桃浸泡在酒精裡，所以有著絢爛奪目的杏桃顏色，和杏桃乾的香氣。

瑪瑟妮蜜桃香甜酒（Massenez Crème de Pêche）：瑪瑟妮的蜜桃利口酒是我們到目前為止的最愛，它帶有很淡的煮熟水果味，放在柑橘味和攪拌型雞尾酒中效果很好，可以讓整體的風味輪廓保持清淡爽口。

西洋梨利口酒

我們喜歡使用西洋梨風味的利口酒，來為雞尾酒增添一點點甜度與口感。

建議酒款

清溪西洋梨利口酒：這支利口酒的基酒使用第162頁介紹過的「清溪西洋梨白蘭地」，所以是一款具有深沉結構和多重風味的烈酒。下面會提到的「瑪蒂達西洋梨利口酒」的主要

風味是新鮮西洋梨，而清溪西洋梨利口酒則有更多烘烤的風味，讓它非常適合搭配陳年烈酒或「被氧化的葡萄酒」（oxidized wines），如阿蒙提雅多和奧洛羅索雪莉酒。

瑪蒂達西洋梨利口酒（Mathilde Pear Liqueur）：瑪蒂達西洋梨利口酒有著集中的新鮮西洋梨香氣與風味，可用於非常多類型的雞尾酒中。和清溪西洋梨利口酒一樣，這支酒也用了西洋梨白蘭地做為基酒，讓它的風味輪廓有非常完整純粹的新鮮西洋梨風味。當我們想要在柑橘味雞尾酒中，加入銳利的西洋梨口感時，我們就會選用這支酒。

瑪拉斯奇諾櫻桃利口酒

瑪拉斯奇諾櫻桃利口酒是一款迷人有趣的利口酒，眾多雞尾酒愛好者總會因某個點而注意到它，它也是世界上許多熱門雞尾酒、復古雞尾酒和當代雞尾酒裡的祕密武器。「飛行」（Aviation，請參考第278頁）和「馬丁尼茲」（請參考第86頁）如果沒有瑪拉斯奇諾櫻桃利口酒的酯香重擊，就無法成形了。這支利口酒的原料來自克羅埃西亞海岸區域的酸瑪拉斯卡櫻桃（marasca cherries），因為果肉和壓碎的果核同時用來製酒，所以利口酒裡帶有類似杏仁的風味。它是一款強勁的蒸餾烈酒，與渣釀白蘭地（pomace brandy）相似。最終成果是一支有著酯香和極度複雜風味的利口酒。

建議酒款

盧薩多瑪拉斯奇諾櫻桃利口酒：這支是最容易買到的瑪拉斯奇諾櫻桃利口酒，盧薩多完全照著說明走：酯香、複雜且有甜味。其中的櫻桃風味相當細膩，是您未曾體驗過的。單喝難度有點高，但如果適量加進雞尾酒裡，就能以極佳的方式強化其他風味。我們習慣把盧薩多瑪拉斯奇諾櫻桃利口酒用在含有柑橘的雞尾酒中。

瑪拉斯卡瑪拉斯奇諾櫻桃利口酒：這支瑪拉斯卡雖然與盧薩多使用相同的原料與製程，但比較甜，也有比較明顯的櫻桃風味。我們習慣微量（1小匙～¼盎司）使用這支酒，把它當作「布魯克林」（請參考第87頁）等攪拌型雞尾酒的調味。

花卉和草本利口酒

雖然水果利口酒得到許多的關愛，但有幾款利口酒可以展現花卉的香氣與風味，其中又以接骨木花和紫羅蘭的利口酒最被廣泛使用。

接骨木花利口酒

聖杰曼接骨木花利口酒又稱為「調酒師的番茄醬」，因為任何東西只要加了它都會變好喝。這支酒於 2007 年上市，為接骨木花利口酒打下「什麼類型的雞尾酒都可以丟進去」的基礎。聖杰曼最先引領風潮，之後很快就有幾間酒廠跟上它的腳步。

建議酒款

聖杰曼：如果您沒有聽過（或喝過）聖杰曼，那您可能是隱世不出，與世隔絕。聖杰曼靠著它會讓人想起餐後甜點酒的甜味、花香和飽滿風味，成為超級萬用款。我們真的想不出有什麼烈酒是它駕馭不了的。若微量使用，聖杰曼可以增加雞尾酒的果汁感，但又不會造成明顯的甜味，可參考第 282 頁的「小夜燈」（Night Light）。用量多一些，且再加上一點點酸度平衡的話，就可以成為一種基底烈酒，可參考第 225 頁的「諾曼第俱樂部的氣泡雞尾酒，三號」（Normandie Club Spritz #3）。

紫羅蘭利口酒

紫羅蘭利口酒是幾款經典雞尾酒中不可或缺的根本要素，其中又以「飛行」最為出名。如果適量使用，能為雞尾酒增添迷樣的風味，但如果用量太多，就會喧賓奪主，讓調酒喝起來很像液態肥皂或香水。目前市面上能看到幾種不同類型的紫羅蘭利口酒：其中之一是具甜味且酒精濃度低的「紫羅蘭香甜酒」（crème de violette）；另一種類型的紫羅蘭利口酒，在美國只有唯一一款 —— 伊薇特紫羅蘭香甜酒（Crème Yvette），這支酒的酒精純度比較高，且裡頭加了其他風味。兩種類型的紫羅

蘭利口酒不可互換，除非您調整雞尾酒中的甜味劑或基底烈酒用量。

建議酒款

吉法紫羅蘭香甜酒（Giffard Crème de Violette）：這支酒的顏色為深紫色，且有鮮明活潑的紫羅蘭香氣，並具有剛剛好適合調酒的甜度。雖然甜，但裡頭的糖並未扼殺紫羅蘭的花香調。

薄荷香甜酒（利口酒）

薄荷香甜酒是增加調酒酷涼與清新特質的好方法。它是「史汀格」（請參考第 13 頁）與「綠色蚱蜢」（Grasshopper；請參考第 268 頁）裡的重要成分，傳統做法是將乾薄荷浸到酒精裡數週，然後把葉子濾出再加糖。有的版本會用天然食材或食物色素將利口酒染成綠色；但基本上風味與透明款的一模一樣。

建議酒款

吉法白薄荷香甜酒：試著和法國人一樣，把這支利口酒加在碎冰上，或放進經典薄荷香甜雞尾酒（crème de menthe cocktails）裡。也可以只加一點點到含有新鮮薄荷的調酒中，強調酒中的薄荷特性，如第 283 頁的「救贖茱利普」（Salvation Julep）中所見，或微量用於包含草本利口酒的雞尾酒中，以放大其他風味，可參考第 281 頁的「最棒的舞者」（Greatest Dancer）。

光陰似箭薄荷利口酒（Tempus Fugit Crème de Menthe:）：同時使用胡椒薄荷和綠薄荷，還有祕方藥草植物原料製成，所以這支利口酒的薄荷風味光譜深刻又複雜。和往常一樣，酒中的複雜度可以讓風味好好與雞尾酒中的烈酒或其他材料配對。

草本利口酒

到目前為止，所有我們討論過的利口酒，都是以單一風味為靈感來源；即使後來添加了香料等其他材料，也都是為了強調主要風味。但利口酒裡也可以混合多種而有力的風味，讓它們協力創造出一種新風味——DOM、加利安諾香甜酒（Galliano）和夏翠絲酒是其中幾個例子。大部分的草本利口酒當初都是為了醫療目的而研發的，那個時候的想法是小酌幾口風味十足的仙丹妙藥，就能常保健康與延年益壽。這種利口酒因為裡頭塞滿了各種風味，所以通常單喝都不會太好喝；喝一手，就像被吸滿酒味的香草、樹皮、樹根、花卉和柑橘連番猛力攻擊一樣。的確，這種利口酒的酒精純度通常都很高，所以少量使用就好，而且要考慮增加更多的甜味劑以馴化其風味。

建議酒款

DOM：DOM 是這類型的利口酒中最平易近人的其中一款，有著範圍寬廣的風味，從泥土氣息的香料味中透出類似蜂蜜的甜味。

加州夏洛蘆薈利口酒（Chareau California Aloe Liqueur）：這支 2014 年上市，以蘆薈為主原料的新款利口酒，並沒有看起來那麼簡單。建構在未陳年白蘭地形成的骨幹上，有著蘆薈、黃瓜、檸檬皮、香瓜和綠薄荷的多重風味，讓這支利口酒的複雜度極高。雖然蘆薈佔據了第一意象，但時間一久，您就會發現清爽和層次多元的草本特質，能賦予雞尾酒很棒的風味。雖然它屬於一款利口酒，也因此加了糖，但卻出奇地不甜。調酒時，我們比較常以使用烈酒，而非使用利口酒的方式使用它，而且如果用這支酒代替其他款利口酒時，往往會再多加一點糖，可參考第 184 頁的「睡蓮浮葉」（Lily Pad）。

夏翠絲酒：夏翠絲酒有著悠久和充滿故事性的歷史，數個世紀以來由加爾都西會（Carthusian，又譯為「加爾森會」）的修士在法國阿爾卑斯山山腳下生產。常見的夏翠絲酒有兩種：黃色（酒精純度 80）和綠色（酒精純度 110）。兩者都有確切的木質香氣和甜味，高亢的草本風味能為雞尾酒添加絕佳的面向與複雜度。黃色夏翠絲酒因其酒精純度（相對）低，所以用量可以比較多——通常最多到 ½ 盎司。相反地，綠色夏翠絲酒因為很容易主導雞尾酒的風味，所以用量最好謹慎斟酌，足以增加獨特的草本複合風味就好。但也有例外，如「寶石」（Bijou）靠大量的綠色夏翠絲酒來創造出，具有高度複雜風味，且用金巴利的苦味來平衡的雞尾酒。

加利安諾香甜酒（Galliano l'Autentico）：加利安諾有著濃重的茴香、杜松子、肉桂，尤其是香草的風味。這個主控的香草甜味將加利安諾與其他草本利口酒區隔開來，也使得它成為幫雞尾酒添加隱約香草調性的聰明好選擇，但因為它很容易蓋過其他材料的風味，所以我們習慣少量使用——通常少於 ½ 盎司（請參考第 278 頁的「黑桃 A8」[Aces and Eights]）。

女巫利口酒（Strega）：這款利口酒因為加了番紅花，所以有著識別度極高的黃色，但番紅花只是酒中超過 70 種調味品中的其中一種。這麼多的原料造就一瓶風味獨一無二，鹹鮮中帶著淡淡茴香調性的利口酒。女巫利口酒的用法幾乎可和黃色夏翠絲酒相同，但它的風味會增加我們在調酒時的難度。我們一般會適量使用：少少 1 小匙就能為攪拌型雞尾酒增添另一個風味面向，也可以和簡易糖漿一起用於「酸酒」中。

濃味利口酒

在第六章我們會討論「蛋蜜酒」和其他濃味雞尾酒，而在那裡我們也會集中探討濃郁香甜的利口酒，如可可香甜酒（crème de cacao）、香草利口酒、咖啡利口酒和奶酒（cream liqueur）等。然而我們現在在討論利口酒，我們就在這裡先提一下。

這些利口酒常因其甜味而蒙受惡名，但其實有許多款的用途都非常廣泛，不僅限於幫雞尾酒增加風味。若是謹慎使用，它們可以在不壓垮整杯調酒的情況下，幫雞尾酒調味。

可可香甜酒

由於「白蘭地亞歷山大」（Brandy Alexander；請參考第 257 頁）過去廣受歡迎，所以可可香甜酒已經常駐酒吧一個世紀之久。那杯雞尾酒濃甜至極，讓可可香甜酒成為調製史上最濃郁雞尾酒的專家。然而，其他經典雞尾酒則是以較細膩的方式使用它，如可可香甜酒與琴酒、白麗葉酒和檸檬汁製成的的「二十世紀」（20th Century；請參考第 179 頁）。目前能買到的可可香甜酒有兩種版本：淺色和深色的。深色的通常是加了焦糖色素染色，但也會把風味加深到我們通常會避免的方向。顏色較淡的版本——白可可香甜酒則是我們在調酒時，比較喜歡用的。

建議酒款

吉法白可可香甜酒（Giffard White Crème de Cacao）：吉法的可可香甜酒用可可豆和少量的香草製成，是支優質可靠的選擇。我們在調酒時，往往會非常小心斟酌它的用量：任何多於 ¾ 盎司的量，都會造成雞尾酒喝起來像巧克力奶粉。

香草利口酒

雖然許多利口酒裡都含有香草，但只有幾款是真正把重點放在它的風味上。由於香草容易讓其他風味變「啞巴」，因此我們往往會適度使用香草利口酒，尤其要特別注意雞尾酒中若是含有陳年烈酒，且此陳年烈酒因橡木的影響，本身就已帶有香草特性的。香草利口酒通常甜度也滿高的——是另一個要節制使用的好理由。

建議酒款

吉法馬達加斯加香草香甜酒（Giffard Vanille de Madagascar）：這支利口酒以馬達加斯加香草精調味，直截了當，就是單一風味。調酒時，我們發現它最有用的時刻是，當我們想要引出本來就已經存在於調酒中的甜甜風味，但又不想要雞尾酒太甜時，可參考「死魚眼」（請參考第 23 頁）中所示。

咖啡利口酒

如果您已經涉足過精品咖啡的領域，您一定非常了解咖啡的不穩定性。現磨現煮咖啡的香甜與集中風味，在短時間內就會變質。有些咖啡利口酒也面臨同樣的問題：雖然酒中有咖啡風味，但沒有一丁點極新鮮優質咖啡的複雜度。還好，高品質咖啡烘炒機不斷上市，帶來一個意想不到的結果：現在在本地市場就能買到許多職人精品咖啡利口酒。我們強烈建議您多看看能找到的款式，下面我們推薦的酒款，是最容易買到的兩種。

建議酒款

蘿莉塔咖啡利口酒（Caffé Lolita Licor de Café）：這支墨西哥產的咖啡利口酒帶有強烈的咖啡風味，但又不會讓酒太過甜膩，使它在調酒時更萬用。雖然它可以較大量用於「白色俄羅斯」（White Russian；請參考第 267 頁）等經典酒譜中，，但也可以少量添加以發出微妙的咖啡重音，就像「椰子與冰」（Coco and Ice；請參考第 279 頁）裡一樣。

加利亞諾咖啡利口酒（Galliano Ristretto）：加利亞諾咖啡利口酒的靈感來自強勁的義式濃縮咖啡，風味極為複雜，除了咖啡外，還有肉桂和巧克力。最好的用法是微量，給予淡淡的咖啡意象就好，不要蓋過雞尾酒的核心風味，可參考第 278 頁的「黑桃 A8」。

試驗「平衡」與「調味」

剛剛知道了利口酒的萬千學問，現在您應該很想趕快試試看用庫拉索酒以外的其他利口酒，來調「側車」的變化版。這個提議和「黛綺莉」的實驗相比，讓人卻步許多。因為在「黛綺莉」中，柑橘就能同時起平衡與調味的作用，但每款利口酒的酒精純度和含糖量差異極大，更不用說風味了。

理論上，可以放進「側車」範本，創造出新調酒的利口酒種類有「一拖拉庫」。但在這麼做之前，我們需要知道這個要代換的利口酒，與橙味庫拉索酒相比，酒精純度，甜度和風味的差別為何。雖然橙味庫拉索酒，如君度橙酒，相對不甜且風味溫和，但儘管如此，它仍含有糖，且酒精純度低。如果我們換成另一種酒精純度和甜度都比較高的利口酒，如第 179 頁「臨別一語」（Last Word）裡的綠色夏翠絲酒，結果會如何呢？或者是，換成另一款酒精純度更低，但甜度比較高的利口酒（如第 179 頁「二十世紀」裡的白可可香甜酒），又會發生什麼樣的變化呢？您可能需要增加核心酒用量和減少利口酒的量，才能找到平衡。底下的各種雞尾酒將說明，每一款替代利口酒的特性會如何支配雞尾酒成品中的各種材料用量。

露肚裝

二十世紀 20th Century

經典款

把君度橙酒換成濃郁的可可香甜酒——並加少許白麗葉酒來舒展可可的甜味——您就會得到「二十世紀」，一杯有巧克力味，但喝起來不會像液態甜點的雞尾酒。（您會注意到這杯雞尾酒用了 1½ 盎司的琴酒——這是必要的調整，因為可可香甜酒和君度橙酒相比，甜度比較高、酒精純度較低。由於琴酒帶有明亮的草本植物風味，再加上檸檬汁和白麗葉酒的酸度，所以這杯酒給人的感覺是有果味的可可碎粒，而非甜到讓人發昏的巧克力棒。

倫敦辛口琴酒 1½ 盎司
白麗葉酒 ¾ 盎司
白可可香甜酒 ¾ 盎司
現榨檸檬汁 ¾ 盎司

將所有材料加冰塊一起搖盪均勻，雙重過濾後倒入冰鎮過的碟型杯中。無需裝飾即完成。

臨別一語 Last Word

經典款

經典的「臨別一語」用了草本風味相當濃厚的綠色夏翠絲酒和具有酯香的瑪拉斯奇諾櫻桃利口酒代替君度橙酒。這兩種利口酒居於最重要的位置，為雞尾酒帶來許多酒精純度，因此需要減少琴酒的用量。在這杯酒中，綠色夏翠絲酒和瑪拉斯奇諾櫻桃利口酒都是主要風味，能夠帶來甜味並平衡萊姆汁的酸度，而琴酒則可以讓整杯調酒往不甜的方向走。

倫敦辛口琴酒 ¾ 盎司
綠色夏翠絲酒 ¾ 盎司
瑪拉斯奇諾櫻桃利口酒 ¾ 盎司
現榨萊姆汁 ¾ 盎司

將所有材料加冰塊一起搖盪均勻，濾冰後倒入冰鎮過的碟型杯。無需裝飾即完成。

露肚裝 Crop Top

戴文·塔比，創作於 2013 年

在這杯雞尾酒裡，我們把充滿各種強味重擊的「臨別一語」（請參考左側）調整為較柔和、較清淡的一款。用義大利苦酒做為基酒的一部分，能產生明顯較為清爽，不像「臨別一語」這麼濃稠的雞尾酒。這杯雞尾酒的風味組合直接取材自「唐的一號預調」——一種用葡萄柚汁和肉桂糖漿調成的經典提基雞尾酒糖漿，用了滿載葡萄柚味的葡萄柚香甜酒加上具有肉桂辛香調性的蒙特內哥義大利苦酒。

英人牌琴酒 ¾ 盎司
蒙特內哥義大利苦酒 ¾ 盎司
吉法葡萄柚香甜酒 ¾ 盎司
現榨檸檬汁 ¾ 盎司

將所有材料加冰塊一起搖盪均勻，濾冰後倒入冰鎮過的尼克諾拉雞尾酒杯中。無需裝飾即完成。

深究技巧：
在杯緣圍上鹽邊或糖邊 RIMMING

由於我們發現達到正確平衡的雞尾酒，其實並不需要額外的鹽或糖，所以我們很少製作「鹽（或糖）口杯」。但有些經典雞尾酒，如「帕洛瑪」（Paloma）、「瑪格麗特」和「血腥瑪莉」──以及「側車」──通常都會在杯緣圍上鹽（或糖）邊，而為了表達對這些傳統的尊重，我們在調這些酒款，以及一些它的變化版時，也會照做，以完成歷史的薪傳。

我們把鹽（或糖）邊分為兩種尺寸：窄和寬（skinny and fat）。對於鹽、糖或其他標準的圍邊材料，我們會在半圈杯緣的部分沾上寬幅約 1.3 公分（½ 吋）的圍邊材料。如果是比較具刺激性的圍邊材料，如辣椒粉和其他香料，寬幅就會窄一點。我們之所以只沾半圈，是因為這樣客人就可以自行調整每一口，或乾脆選擇不喝有鹽（或糖）邊的那頭。

如何在杯緣圍上鹽邊或糖邊

在大部分的情況下，我們會用柑橘角沾濕酒杯杯緣，最好是使用調酒中出現的同種類柑橘。（如果雞尾酒裡未使用柑橘，我們就會用檸檬汁，因為味道比較中性。）我們也喜歡柑橘風味與鹽（和／或）糖互相牽制的作用，共同創造出不張揚的鹽（或糖）邊，但有時我們會根據雞尾酒的風味輪廓，改用其他液體，如椰子油或糖漿。重點是，我們只會沾濕酒杯的外杯緣；任何沾到杯子內緣的圍邊材料，都有可能會掉進雞尾酒裡，影響酒的風味。

將酒杯外杯緣沾溼後，我們就會滾上圍邊材料。首先，需將圍邊材料倒在平盤上單層攤開，這樣才比較容易均勻沾到杯緣上。然後，等酒杯圍上鹽邊或糖邊後，我們會把杯子倒著拿，輕輕拍一下，以抖掉多餘的顆粒粉末。

圍邊材料

經典「側車」端上桌時，通常會在酒杯杯緣圍上糖邊。之所以會有這樣的安排，應該是因為這杯雞尾酒本身不甜，但也有可能只是畫蛇添足，因為糖在「側車」發明的時候，還是個奢侈品。不過，我們認為用我們的「側車」酒譜調出來的雞尾酒，已經達到充分平衡，所以不需要額外的糖，因此如果是依照這個配方調的話，我們通常會省略圍邊的程序。如果真的需要圍糖邊，我們會選擇顆粒比較細的蔗糖。密度較高的糖，像是德梅拉拉糖和黑粗糖（muscovado），因為顆粒大，本身風味也比較足，所以會讓雞尾酒真正的風味無法顯現。最後，是個人的選擇：要想想糖邊會如何影響雞尾酒的平衡。如果您覺得這杯雞尾酒偏甜一點會更好喝，那就去做吧！

至於鹽邊，雖然我們用的比例比糖邊高，但若要達到同樣的效果，我們通常會改加幾滴鹽水（做法詳見第 298 頁）。無論是鹽邊或鹽水，一點點的鹹度可以拉提明亮水果利口酒的風味，或有助於馴化苦味食材。鹽也可以強化雪莉酒、琴酒和其他具鹹味烈酒裡的鹹鮮或礦物風味。最後，鹽有助於融合濃稠的義大利苦酒，以及其他帶有巧克力或焦糖調性食材的風味。當我們選擇要在杯緣圍上鹽邊時，會根據我們想要在飲用體驗中增加什麼樣的質地，來選擇要使用的鹽種類。雖然我們一般會用猶太鹽，但有時也會選用片狀海鹽以增加一些脆度。

現在，我們通常會混用多種材料一起做圍邊。這讓我們可以添入芳香材料，如黑胡椒和其他具有刺激性風味的香料，或是脫水柑橘粉末，脫水柑橘粉末的做法是將柑橘薄片放入食物烘乾機裡脫水乾燥，再磨成粉。探索多元的圍邊材料很好玩，而且可以為雞尾酒增添另一層的創意。只是要記住，無論圍邊材料為何，它們都一定要能強化雞尾酒的風味，而不是毫不相關，或蓋過調酒的風味。

我們最愛的圍邊材料

特殊鹽：喜馬拉雅玫瑰鹽、猶太鹽、海鹽、灰鹽

煙燻鹽

鹽＋胡椒

鹽＋茴香花粉（fennel pollen）

鹽＋西芹了粉末（ground celery seed）

卡宴辣椒粉，或其他辣椒粉

卡宴辣椒粉＋鹽

糖＋肉桂粉

脫水乾燥後打成粉的水果：草莓、覆盆莓等

脫水乾燥後打成粉的柑橘：檸檬、萊姆或葡萄柚

喜馬拉雅玫瑰鹽＋打成粉的粉紅葡萄柚果乾＋檸檬酸＋椰子油

杯器：碟型杯

碟型杯是我們最喜歡用來盛裝「側車」和其他搖盪型雞尾酒，還有許多款攪拌型雞尾酒的的杯器，偶爾也會用來裝香檳雞尾酒。它的杯體屬於淺碟寬口，兩側向杯口慢慢變窄。多年來，我們在酒吧裡用的都是標準通用的碟型杯，因為它們是唯一價格合理，又容易取得的杯型。它的容量只裝得了 5½ 盎司左右的液體，也就是說一般標準的雞尾酒剛好會把杯子裝滿——直到有些酒液，無法避免地在運送過程中灑出來。而且，除非您完全算準搖盪融冰後的稀釋液體量，否則倒進杯子後，雪克杯裡可能還會剩下一點酒液。對於「側車」（或「黛綺莉」，就這個議題而言），這特別麻煩，因為在雪克杯裡剩下的那一點點，通常就是效果極好的白色泡泡。頂部沒有完美泡泡的「側車」，是很令人失望的。

現在我們用的是可以裝 7 盎司液體的碟型杯。這個多出來的容量可以讓杯內留有餘裕，讓我們可以加一些氣泡類和其他蓬鬆型的材料到調酒上頭。我們現在最愛的款式是「城市酒具」（Urban Bar）做的 Retro Coupe Glass，它可以盛裝 7 盎司的液體量，而且夠耐用，能禁得起忙碌酒吧日常的使用與損耗。

時間允許的話，我們會預先冰鎮碟型杯。雖然這麼做的其中一個理由，是讓雞尾酒能保冰久一點（杯器可以留住低溫，然後在您飲用時，低溫再慢慢滲入調酒中），但另一個重要的原因是從冰涼杯緣啜入一口現搖雞尾酒的感官體驗。這個額外的體驗不會讓酒變好喝，但絕對能對喝雞尾酒的感受加分。

如果您沒有碟型杯，當然可以用「古典杯」或小一點的玻璃酒杯來盛裝「側車」和其他類似的雞尾酒。誒～對我們來說，只要能喝到「側車」，用什麼裝都可以！

「側車」的變化版

「側車」是個很棒的出發點，可讓您好好把玩範本，做出越發複雜的變化版。它是一杯強調平衡重要性的雞尾酒；利口酒用了太多，它就會壓垮整杯調酒；加了太多柑橘，您的舌頭會像被砂紙刮過一樣。「側車」中的三個要素會影響平衡和最終成功與否，在此處，我們將告訴您如何操控其中任何一個。我們之後在探究「側車」的大家族時，還會繼續延伸這個做法。

何不 Why Not

戴文·塔比，創作於 2017 年

「威士忌酸酒」（請參考第 130 頁）和「側車」（請參考第 151 頁），會在「何不」裡相會。雖然用威士忌調一杯簡單的「側車」，也會平衡又好喝，但我們把一半的君度橙酒換成楓糖漿，不只是加入甜味，還增添濃郁的風味。此外，我們選用鼠尾草葉片做裝飾，取其草本香氣。這樣調出來的是杯很清爽的雞尾酒，非常適合秋冬飲用。

伊凡威廉「黑標」波本威士忌 1¾ 盎司
君度橙酒 ½ 盎司
現榨檸檬汁 ¾ 盎司
深色濃味楓糖漿 ½ 盎司
裝飾：鼠尾草葉 1 片和輪切檸檬厚片 1 片

將所有材料加冰塊一起搖盪均勻，濾冰後倒入裝滿冰塊的雙層古典杯中。以鼠尾草葉片和輪切檸檬厚片為裝飾即完成。

柯夢波丹 Cosmopolitan

我們對托比・切契尼（TOBY CECCHINI）1988 年原創版的演繹

凱莉・布雷蕭的玩笑歸玩笑，認真地說，真的很難有人不喜歡「柯夢波丹」。它極為清爽，而且如果有一杯可以帶領大家探索其他雞尾酒的閘道調酒，可能就是這杯「柯夢波丹」。它也很清楚地展現一個既定的範本如何快速轉變為一杯全新的雞尾酒。「柯夢波丹」是用了柑橘伏特加取代干邑，把檸檬汁換成萊姆汁，還加了少量蔓越梅汁的「側車」。這杯酒會且經常出錯的地方是使用蔓越梅綜合果汁（cranberry cocktail），而且加太多。這樣一來，整杯酒會過甜，變得一塌糊塗，對於不習慣強勁烈酒的人而言，可能反而覺得不錯，但這麼做會破壞雞尾酒的複雜度、精心設計過的風味和平衡。雖然「柯夢波丹」原版用的就是蔓越梅綜合果汁，但我們建議您試試看無糖的純蔓越梅汁。我們承認這種果汁的單寧澀味很重，且加進雞尾酒中所產生的效果也很不同，所以在我們的版本中，我們會用等量的簡易糖漿來平衡純蔓越梅汁，同時稍微增加伏特加的用量，以穿透甜中帶酸的風味。

> 柑橘伏特加 2 盎司
> 君度橙酒 ¾ 盎司
> 現榨萊姆汁 ½ 盎司
> 無糖純蔓越梅汁 ½ 盎司
> 簡易糖漿（做法詳見第 45 頁）½ 盎司
> 裝飾：輪切萊姆厚片

將所有材料加冰塊一起搖盪均勻，雙重過濾後倒入冰鎮過的碟型杯中。加上輪切萊姆厚片裝飾即完成。

澄清版柯夢波丹
Clarified Cosmopolitan

戴文・塔比與艾力克斯・戴，創作於 2015 年

為了要做出理想的「柯夢波丹」，我們堅持用優質材料，並使用澄清萊姆汁來仿造出眾人印象中「柯夢波丹」該有的「通透感」，且除去玫瑰牌（Rose's）濃縮萊姆汁和糟糕的蔓越梅綜合果汁。除了使用純蔓越梅汁外，我們放棄使用風味伏特加，改為加入檸檬和萊姆皮捲一起搖盪，以得到柑橘風味。這是一個比較有彈性的風法，讓我們可以根據顧客的要求，調整使用他們喜歡的伏特加品牌。

> 伏特加 1¼ 盎司
> 君度橙酒 ¾ 盎司
> 澄清萊姆汁（做法詳見第 146 頁）½ 盎司
> 無糖純蔓越梅汁 ½ 盎司
> 簡易糖漿（做法詳見第 45 頁）½ 盎司
> 檸檬皮捲
> 萊姆皮捲
> 裝飾：柳橙皮捲 1 條

將所有材料加冰塊一起搖盪均勻，濾冰後倒入冰鎮過的碟型杯中。朝著飲料擠壓柳橙皮捲，並輕輕地沿著杯緣摩擦一圈，最後再把果皮投入酒中即完成。

柯夢波丹

睡蓮浮葉
Lily Pad

戴文·塔比，創作於 2015 年

白香艾酒因其糖含量，所以在搖盪型雞尾酒中可以扮演利口酒的角色。此處，白香艾酒與「夏洛」——一款以蘆薈為主原料的利口酒——一起在這杯「側車」的變化版中充當利口酒元素。因為夏洛的甜度實在太低了，所以我們增加了甜味劑的用量，讓酒體更豐厚。

羅勒葉 5 片，泰國羅勒（Thai basil）尤佳
簡易糖漿（做法詳見第 45 頁）½ 盎司
龐貝琴酒（Bombay gin）1½ 盎司
白香艾酒 ½ 盎司
夏洛蘆薈利口酒（Chareau aloe liqueur）
½ 盎司
現榨檸檬汁 ¾ 盎司
聖喬治苦艾酒（St. George absinthe）
1 抖振
鹽水（做法詳見第 298 頁）1 滴
裝飾：羅勒葉 1 片，泰國羅勒尤佳

把羅勒葉和簡易糖漿放入雪克杯中輕輕搗碎。將所有材料加冰塊一起搖盪均勻，雙重過濾後倒入冰鎮過的碟型杯中。加上羅勒葉裝飾即完成。

勃固俱樂部雞尾酒
Pegu Club Cocktail

經典款

高強度的苦精也可以加進雞尾酒裡協助調整平衡。如您所見，這個酒譜遵照的基礎範本比例與第 168 頁我們所製作的「床笫之間」相同。琴酒是一個配角，支撐起君度橙酒的果汁風味和甜度，而藉由各 1 抖振的安格式苦精和特製柳橙苦精，我們可以引入調味，讓酒稍微不甜一點，同時又能抑制萊姆的尖銳感。

倫敦辛口琴酒 2 盎司
君度橙酒 ¾ 盎司
現榨萊姆汁 ¾ 盎司
安格式苦精 1 抖振
特製柳橙苦精（做法詳見第 295 頁）
1 抖振
裝飾：萊姆角 1 塊

將所有材料加冰塊一起搖盪均勻，雙重過濾後倒入冰鎮過的碟型杯中。加上萊姆角裝飾即完成。

睡蓮浮葉

納塔莎・大衛

納塔莎・大衛是曼哈頓 Nitecap 酒吧的共同所有人，並與另一半 Jeremy Oertel（傑瑞米・歐特爾）一起經營酒吧諮詢公司「You and Me Cocktails」。

我為了唸大學第一次搬到紐約時，我的姊姊用她的人脈幫我找了個在東村（East Village）愛爾蘭酒吧當調酒師的工作。當時，我真的對調酒一無所知，甚至連啤酒都倒不好。當有顧客點真的雞尾酒時，我要嘛根據我自己猜想的原料亂調，不然就是稍微參考一下放在酒吧後頭的酒譜。我完全不知道什麼是「平衡」，也從來沒聽過調酒用的「量酒器」，所以不管倒什麼我都是用目測。當時有個常客，每次都會點「側車」，而我就是隨便倒一點白蘭地、白橙皮酒和酸甜汁（sour mix）到糖口杯裡，就端給他了。我試喝過一次我做的「側車」，超噁的。但這個人（真的很感謝他！），每次不管我調什麼給他，他都會喝完。

後來，我找到一個在地下酒吧（speakeasy）工作的機會 —— 是真的地下酒吧，名為 Woodson and Ford。當時我的老闆吉姆・基恩斯（Jim Kearns）和琳妮特・馬雷羅（Lynette Marrero）教我怎麼調製正確的「側車」：好的白蘭地、君度橙酒和現榨檸檬汁。那是一杯達到完美平衡的調酒，看了之後，腦袋裡真的會浮現「啊哈！」。不久之後，我決定放棄我的演藝事業，全職投入酒吧工作。

從「側車」出發往外擴展，我學會怎麼調製正確的「瑪格麗特」，也是我最愛的雞尾酒，還有其他屬於這個「酸酒」家族的成員。這些雞尾酒證明三項原料如何和諧合作，並互相帶出彼此的最佳面向。

「側車」的範本超級萬用，所以我研發新款雞尾酒時，很常參考它。我在創作「側車」變化版時，全都與修飾劑的拆分有關。君度橙酒很有趣，因為它同時甜又不甜，所以當我用其他東西代替它時，我喜歡混用某些甜的 —— 可能是風味糖漿，和某些不甜的 —— 如雪莉酒。而且除非客人特別指定，否則我不會做「糖口杯」。我喜歡調製剛好達到平衡，不需再額外加任何糖的雞尾酒。

最重要的是，我很喜歡「側車」讓材料發光的方式。這杯雞尾酒看似如此簡單，但當您啜飲一口，您就會嚐到一層接過一層的風味。而且因為您會嚐到每個組成分子的風味，所以每項材料的品質都很重要；這杯酒讓人沒辦法魚目混珠。

現代顯示 Modern Display

皮耶費朗 1840 干邑 1½ 盎司
盧世濤・羅斯埃克羅阿蒙提亞多雪莉酒 ½ 盎司
吉法葡萄柚香甜酒 ½ 盎司
現榨檸檬汁 ¾ 盎司
香草乳酸糖漿（做法詳見第 286 頁）½ 盎司
裝飾：檸檬皮捲 1 條

將所有材料加冰塊一起搖盪均勻，濾冰後倒入冰鎮過的碟型杯中。朝著飲料擠壓檸檬皮捲，再將果皮掛在杯緣即完成。

「側車」的大家族

香榭麗舍 Champs-Élysées

經典款

在經典的「香榭麗舍」中,「側車」裡的君度橙酒被換成綠色夏翠絲酒。因為夏翠絲酒的高酒精純度(110 proof)和強烈的草本風味,所以配方需要相應調整。如您所見,利口酒的用量減少了。此外,干邑的量稍稍增加,且加了簡易糖漿以將雞尾酒推回平衡。

干邑 2 盎司
綠色夏翠絲酒 ½ 盎司
現榨檸檬汁 ¾ 盎司
簡易糖漿(做法詳見第 45 頁)½ 盎司
安格式苦精 1 抖振
裝飾:檸檬皮捲 1 條

將所有材料加冰塊一起搖盪均勻,濾冰後倒入冰鎮過的碟型杯中。朝著飲料擠壓檸檬皮捲,最後再將果皮掛在杯緣即完成。

千真萬確 Four to the Floor

戴文‧塔比,創作於 2014 年

當利口酒負責引領雞尾酒的風味時,通常代表柑橘類需做一些調動。在「千真萬確」這杯「亡者復甦,二號」(請參考第 188 頁)的變化版中,基酒是皮斯科酒和葡萄柚利口酒的美麗組合,所以我們選擇用酸葡萄汁(verjus)取代酸度比較高的柑橘汁,以免搶了基酒的風采。因為這杯酒屬於攪拌型(搖盪會產生氣泡),所以在製作時需要一定的技巧,才能讓成品帶有絲滑的質地。

魅力之域特選皮斯科 1½ 盎司
吉法葡萄柚香甜酒 ¾ 盎司
多林白香艾酒 ½ 盎司
融合納帕谷酸白葡萄汁 ¾ 盎司
裝飾:用裝飾籤串起的 1 顆綠葡萄

將所有材料倒在冰塊上攪拌均勻,濾冰後倒入冰鎮過的碟型杯中。放上綠葡萄裝飾即完成。

千真萬確

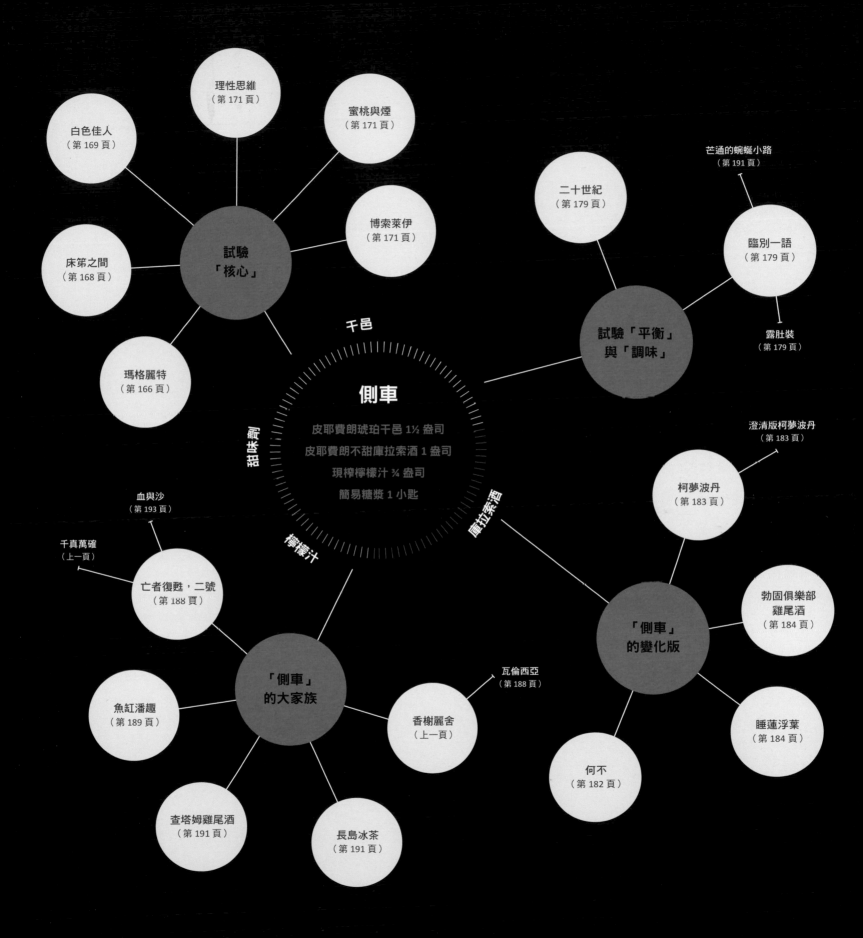

理性思維
（第 171 頁）

蜜桃與煙
（第 171 頁）

白色佳人
（第 169 頁）

博索萊伊
（第 171 頁）

試驗
「核心」

床笫之間
（第 168 頁）

瑪格麗特
（第 166 頁）

芒通的蜿蜒小路
（第 191 頁）

二十世紀
（第 179 頁）

臨別一語
（第 179 頁）

試驗「平衡」
與「調味」

露肚裝
（第 179 頁）

千邑

甜味劑

側車

皮耶費朗琥珀干邑 1½ 盎司
皮耶費朗不甜庫拉索酒 1 盎司
現榨檸檬汁 ¾ 盎司
簡易糖漿 1 小匙

庫拉索酒

檸檬汁

澄清版柯夢波丹
（第 183 頁）

柯夢波丹
（第 183 頁）

血與沙
（第 193 頁）

千真萬確
（上一頁）

亡者復甦，二號
（第 188 頁）

勃固俱樂部
雞尾酒
（第 184 頁）

魚缸潘趣
（第 189 頁）

「側車」
的大家族

瓦倫西亞
（第 188 頁）

香榭麗舍
（上一頁）

「側車」
的變化版

睡蓮浮葉
（第 184 頁）

查塔姆雞尾酒
（第 191 頁）

長島冰茶
（第 191 頁）

何不
（第 182 頁）

酸葡萄汁 VERJUS

Verjus 在法文中，指的是「綠色的果汁」，做法是把未成熟的釀酒葡萄榨汁，然後將此未發酵的液體裝瓶。這種鮮明活潑的非酒精性果汁很嬌弱，一旦開瓶後，即使密封或冷藏了，都還是必須在幾天內用完。此產品分為白葡萄汁與紅葡萄汁的版本，就調酒而言，我們偏愛用途較為廣泛的酸白葡萄汁。

市面上買得到瓶裝的酸葡萄汁。要注意製造日期：如果已經超過兩年，味道就不活潑了。酸葡萄汁一開始是用來做菜，放在雞尾酒裡則能同時增加酸度和風味。有時我們會使用相當大比例的酸葡萄汁，來為雞尾酒建立明亮，富含酸度的骨幹，尤其是在攪拌型的「酸酒」中。用酸葡萄汁調出來的酒很通透，像一杯「馬丁尼」一樣，但有著出奇清爽，意想不到的風味輪廓。

瓦倫西亞
La Valencia

艾力克斯 · 戴，創作於 2008 年

這杯「香榭麗舍」（請參考第 186 頁）的微改編版，把基酒拆分為不甜且帶鹹味的曼薩尼亞雪莉酒（manzanilla sherry）和洋甘菊浸漬裸麥威士忌。黃色夏翠絲酒的蜂蜜與草本風味，非常適合用來引出裸麥威士忌浸漬液中的洋甘菊風味。

洋甘菊浸漬裸麥威士忌（做法請參考第 288 頁）1 盎司
吉普賽女郎曼薩尼亞雪莉酒（La Gitana manzanilla sherry）1½ 盎司
黃色夏翠絲酒 ½ 盎司
現榨檸檬汁 ¾ 盎司
簡易糖漿（做法詳見第 45 頁）½ 盎司
安格式苦精 1 抖振

將所有材料加冰塊一起搖盪均勻，濾冰後倒入冰鎮過的碟型杯。無需裝飾即完成。

亡者復甦，二號
Corpse Reviver #2

經典款

「側車」的大家族包含許多款酒味很重的雞尾酒，但這裡有杯往另一個方向走的先例。在「亡者復甦」裡，由琴酒和白麗葉酒組合而成的拆分基酒取代了干邑。我們視它為高度「民主」的酒譜：調酒中的各個材料之間存在一個和諧的平衡，但每一個都完成了自己分內的工作。白麗葉酒貢獻了它的特性，可以映照酒中其他材料的特質：酒精純度、甜味和酸度。然而，因為白麗葉酒整體的風味輪廓比琴酒、君度橙酒和檸檬汁更柔和，也較細微，所以能有效地降低較喧囂材料的音量，讓它們能快樂地共存（圖片請參考第 173 頁）。

倫敦辛口琴酒 ¾ 盎司
白麗葉酒 ¾ 盎司
君度橙酒 ¾ 盎司
現榨檸檬汁 ¾ 盎司
苦艾酒 2 抖振

將所有材料加冰塊一起搖盪均勻，雙重過濾後倒入冰鎮過的碟型杯中。無需裝飾即完成。

經典款

經典的「魚缸潘趣」顯然與「側車」有關係，它含有干邑、利口酒和檸檬汁，比例也和「側車」的極為相似。兩者之間關鍵的差異點在於「魚缸潘趣」另外含有賽爾脫茲氣泡水，會讓飲用者感覺比較酸——很像我們在「黛綺莉」章節中談論過的「可林斯」（請參考第 138 頁）。在這裡，經典酒譜已經涵蓋核心烈酒和甜味蜜桃利口酒中豐沛的濃郁度，而糖漿會撐起這些材料，進而形成飽滿的酒體。

冰賽爾脫茲氣泡水 2 盎司
皮耶費朗琥珀干邑 ¾ 盎司
阿普爾頓莊園珍藏調和蘭姆酒 ¾ 盎司
吉法酒香蜜桃香甜酒 ¾ 盎司
現榨檸檬汁 ¾ 盎司
蔗糖糖漿（做法請參考第 47 頁）¼ 盎司
檸檬外皮 1 條
裝飾：輪切檸檬厚片 1 片和肉豆蔻

將賽爾脫茲氣泡水倒入可林杯或高腳杯中。其餘材料加冰塊短搖盪 5 秒鐘左右，濾冰後倒入酒杯中。往杯裡補滿冰塊，接著放上輪切檸檬厚片並在最上頭磨一點肉豆蔻做為裝飾即完成。

塔姆雞尾酒

查塔姆雞尾酒
Chatham Cocktail

戴文・塔比，創作於 2015 年

在「查塔姆雞尾酒」裡，核心由數種加烈葡萄酒調而而成，所以會為調酒帶來更多糖與酸度，而雞尾酒最後又疊了香檳，會追加更多酸度。因此，我們把柑曼怡和檸檬汁的量都減少，並增加簡易糖漿的用量。

公雞美國佬（白）¾ 盎司
盧世濤・普爾托芬諾雪莉酒（Lustau Puerto fino sherry）¾ 盎司
柑曼怡 ¼ 盎司
現榨檸檬汁 ½ 盎司
簡易糖漿（做法請參考第 45 頁）¼ 盎司
鹽 1 小撮
香檳 1½ 盎司
裝飾：葡萄柚皮捲 1 條

將除了香檳外的所有材料加冰塊短搖盪 5 秒鐘左右，濾冰後倒入冰鎮過的笛型杯中。倒入香檳，接著快速將長吧匙浸入杯中，輕輕混合香檳與其他材料。朝著飲料擠壓葡萄柚皮捲，最後把果皮投入杯中即完成。

芒通的蜿蜒小路
Twist of Menton

戴文・塔比，創作於 2015 年

這是另一杯「臨別一語」（請參考第 179 頁）的微改編版，這個酒譜用了兩種苦味利口酒取代夏翠絲酒和瑪拉斯奇諾櫻桃利口酒。為了添入必要的甜味對比和增加這杯雞尾酒的酒體，我們加了甜美醇厚的草莓糖漿。

灰雁伏特加 ¾ 盎司
亞普羅 ¾ 盎司
諾妮義大利苦酒（Amaro Nonino）½ 盎司
現榨檸檬汁 ¾ 盎司
草莓乳霜糖漿（Strawberry Cream Syrup；做法詳見第 286 頁）½ 盎司
裝飾：薄切草莓 1 片

將所有材料加冰塊一起搖盪均勻，雙重過濾後倒入冰鎮過的碟型杯中。加上草莓薄片裝飾即完成。

長島冰茶
Long Island Iced Tea

經典款

對「側車」大家族的探索，如果少了惡名昭彰的「長島冰茶」就不算完成。造成這杯酒與標準「側車」酒譜間的關鍵分歧絕對是烈酒的用量。「長島冰茶」的核心總共有驚人的 3 盎司強勁烈酒，由伏特加、琴酒、龍舌蘭酒和蘭姆酒共同組成。然而，君度橙酒和檸檬汁的用量並未增加，所以額外添加的可樂貢獻了大量的糖和酸度，把整杯雞尾酒帶到平衡的狀態。

冰可口可樂 2 盎司
埃斯波雷鴨伏特加 ¾ 盎司
普利茅斯琴酒 ¾ 盎司
錫馬龍白龍舌蘭 ¾ 盎司
普雷森 3 星蘭姆酒 ¾ 盎司
君度橙酒 ¾ 盎司
現榨檸檬汁 ¾ 盎司
裝飾：檸檬角 1 塊

將可樂倒入品脫杯中。其餘材料加冰塊一起短搖盪 5 秒鐘左右，濾冰後倒入酒杯中。往杯裡補滿冰塊，最後以檸檬角裝飾即完成。

進階技巧：使用代用酸

許多雞尾酒都建構在檸檬汁和萊姆汁形成的骨幹上，但它們能帶來的酸度也可以透過其他方式取得。現在我們會走進我們稱為「代用酸」（alternative acids）的世界。您很快就會知道每種酸的細節，但首先我們將探討如何用下列三種方式：取代、調味和操縱，來使用這些酸。

取代 REPLACEMENT

一個使用代用酸的方式就是直接省略雞尾酒裡的檸檬汁或萊姆汁，然後用足量的代用酸取代，以增加相同的酸度。如同我們之前說過的，澄清柑橘汁與非澄清柑橘汁就本質上是不一樣的（請參考第 144 頁），我們看這些代用酸時，並不是把它們視為檸檬汁或萊姆汁的風味替代品，而是一個能夠用不同方式展現雞尾酒的機會，類似於第三章中的「澄清黛綺莉」（請參考第 145 頁）的概念——用一個意想不到的方式來呈現一杯大家所熟悉的雞尾酒。我們能利用這部分討論的代用酸來建立酸味雞尾酒的攪拌版，這一點是我們很喜歡的；也就是說，平常屬於搖盪型且會有泡沫的雞尾酒，也可以變成滑順的攪拌型雞尾酒。這裡有個簡單的「側車」實驗，讓您可以親自體會其效用。請依照下面兩個酒譜製作「側車」，然後把兩杯放在一起試飲看看。

側車（經典版）

皮耶費朗琥珀干邑 1½ 盎司
君度橙酒 1 盎司
現榨檸檬汁 ¾ 盎司

將所有材料加冰塊一起搖盪均勻，雙重過濾倒入冰鎮過的碟型杯中。無需裝飾即完成。

側車（檸檬酸版）

皮耶費朗琥珀干邑 1½ 盎司
君度橙酒 1 盎司
檸檬酸溶液（做法詳見第 298 頁）1 小匙

將所有材料倒在冰塊上攪拌均勻，濾冰後倒入冰鎮過的碟型杯中。無需裝飾即完成。

您覺得如何？能感覺得到酸度，但沒有果粒這件事，絕對會讓人產生混淆，覺得這不是「側車」，但用檸檬酸代替檸檬汁的版本有沒有比較好喝？（鄭重聲明，我們並不覺得攪拌型的「側車」是比較好的版本。）

調味 SEASONING

代用酸也可以用來幫雞尾酒調味，它們會用微妙的方式來放大特定材料或整杯雞尾酒的風味。和調酒師會把糖製成糖漿，以方便使用和統一雞尾酒的質地一樣，我們通常也會把粉類的酸調成溶液，再加幾滴到雞尾酒裡。例如，適量使用的磷酸（phosphoric acid；最常見於軟性飲料）可以增加酸度，但不會讓飲用者感覺到味道，使它成為我們探索「高球」（High Ball）變化版時最愛用的小把戲。同樣地，在含有柳橙汁的雞尾酒裡加幾滴檸檬酸溶液，可以增添明亮的酸韻，提升果汁的風味，如下面實驗所示。

「血與沙」（Blood and Sand）是「側車」的變化版，使用較常見於攪拌型雞尾酒的材料。柳橙汁貢獻了適度的酸味，和甜香艾酒與希琳櫻桃香甜酒（Cherry Heering）互相輝映。有些版本的「血與沙」會要求使用等量的蘇格蘭威士忌、香艾酒、櫻桃白蘭地和柳橙汁，但我們發現稍微增加一咪咪的蘇格蘭威士忌，和加一點檸檬汁可以製作出更平衡，不會過於甜膩的雞尾酒。

血與沙 Blood and Sand

經典款

威雀蘇格蘭威士忌 1 盎司
安堤卡古典配方香艾酒 ¾ 盎司
希琳櫻桃香甜酒（Cherry Heering）¾ 盎司
現榨柳橙汁 1 盎司
裝飾：白蘭地酒漬櫻桃 1 顆

將所有材料加冰塊一起搖盪均勻，雙重過濾
倒入冰鎮過的碟型杯中。放上酒漬櫻桃裝飾
即完成。

血與沙（我們的版本）

威雀蘇格蘭威士忌 1 盎司
安堤卡古典配方香艾酒 ¾ 盎司
希琳櫻桃香甜酒 ¾ 盎司
現榨柳橙汁 1 盎司
檸檬酸溶液（做法請參考第 298 頁）2 滴
裝飾：白蘭地酒漬櫻桃 1 顆

將所有材料加冰塊一起搖盪均勻，雙重過濾
倒入冰鎮過的碟型杯中。放上酒漬櫻桃裝飾
即完成。

您覺得如何？第二杯嚐起來雖然沒有比較酸，但柳橙汁的清亮
更明顯。就整體而言，我們覺得第二杯更協調。

操縱 MANIPULATION

最後，酸類可以用來操縱其他材料。如我們在第一章「糖漿」
部分（請參考第 42 頁）所記錄的，我們通常會在糖漿裡加入
少量的酸類粉末，以引出想要的風味，如「覆盆莓糖漿」（做
法詳見第 51 頁）裡的檸檬酸。酸類也可以用來補全柑橘汁裡
不一致的風味。如第三章所討論的，柑橘汁的風味會隨季節變
化，甚至每一種柑橘都不同。因為檸檬和萊姆的一致性往往比
較高，所以我們鮮少用代用酸來調整它們的風味。但在處理柳
橙等酸度變動性比較高的柑橘類水果時，我們會在必要時使用
檸檬酸來打亮果汁的風味。

代用酸與使用方法

代用酸不只是一個可以不要用檸檬和萊姆來製作雞尾酒的機會，同時也是一個減少廚餘的方法。您一定不敢相信榨柑橘汁時會產生多少垃圾，所以代用酸可以幫助我們在一杯清爽的雞尾酒中找到平衡，同時又能對環保盡一份微薄的心力。風味會不同嗎？絕對會。但是進步就是要嚐起來不一樣，對吧？請注意，有一點很重要：如果您要用酸類粉末，請務必使用可以準確測量到 0.01 公克的高精密度公克磅秤。

磷酸

是什麼： 如果沒有磷酸，就做不出我們認識的「可口可樂」了。磷酸負責市售汽水裡的大部分酸度——讓我們想要喝更多的清爽暢快感。它製成的溶液本身無臭也無味，所以和其他大部分酸類一樣，不會產生任何風味；但是，它會讓舌頭感覺到刺刺麻麻的。

如何準備： 雖然可以找到大塊的磷酸，但並不容易。此外，磷酸通常是高度濃縮，一定要稀釋。如果您選擇自己試試看，請務必找到安全的方法。不想這麼麻煩？在 Art of Drink 的線上商店（請參考第 299 頁的「選購指南」），就可購得由 Darcy O'Neil 生產的現成商品「Extinct Acid Phosphate」（不活躍的酸式磷酸鹽）。

如何使用： 即使是稀釋過的磷酸，還是一定要少量使用。您可以用兩種方法加到雞尾酒裡：加幾滴以增強其他材料的酸度，或成為唯一的酸味骨幹。針對後者，我們建議從 ½ 小匙到 1 小匙的用量試試看。勸您不要使用超過 1 小匙，否則會有金屬味。

檸檬酸

是什麼： 檸檬與萊姆中最主要的酸類就是「檸檬酸」，也讓它成為大家最熟悉的代用酸之一。本身帶有酸味與檸檬味，如果單吃絕對不會錯認。

如何準備： 製作糖漿時，檸檬酸粉末可直接加到裡頭，但在調酒時，最好先用水溶解。我們會先製成溶液，以方便直接倒進雞尾酒裡。用公克磅秤來測量材料的重量，100 公克的過濾水與 25 公克的檸檬酸粉末混合，攪拌到溶解。用玻璃滴管瓶或其他玻璃容器室溫保存——無需冷藏。

如何使用： 雖然檸檬酸不能完全仿照出檸檬汁和萊姆汁的風味，但幾滴檸檬酸溶液在雞尾酒中幾乎可以完全等同檸檬汁或萊姆汁的功用。1 小匙檸檬酸溶液大概可以達到檸檬汁或萊姆汁在「側車」或「黛綺莉系」雞尾酒中能帶來的酸度（用量大約為 ¾ 盎司）；直接用它來代替現榨果汁，是具有教育效果的實驗，但並沒有超級有趣。與其靠檸檬酸來代替檸檬汁或萊姆汁，我們反而比較常加幾滴到有一點鬆軟無力，確實需要一點活力的雞尾酒中，如第 193 頁的「血與沙」。如果製作的糖漿之後會加進碳酸類雞尾酒中，我們也會用檸檬酸來提升它的酸度。

乳酸

是什麼：乳酸是個很萬用的材料，加到雞尾酒裡能產生奶滑的質地，但不會有乳製品或堅果奶的濃密厚重感。

如何準備：與檸檬酸和蘋果酸（詳見下方說明）相同，乳酸粉末在製作糖漿時，可直接使用。它的強度和蘋果酸差不多，所以我們採用水兌酸 9：1 的比例。使用公克磅秤秤出 90 克的過濾水，加入 10 克的乳酸粉攪拌至溶解。倒進玻璃容器裡室溫保存——無需冷藏。

如何使用：我們很喜歡用乳酸讓糖漿有更圓融的質地，如我們做的「香草乳酸糖漿」（做法請參考第 286 頁）和「草莓乳霜糖漿」（做法請參考第 286 頁）。

蘋果酸

是什麼：如果您咬過青蘋果，您就知道蘋果酸的味道是什麼——明亮且特別地酸。

如何準備：蘋果酸粉末能讓糖漿有明亮的風味。對於調酒而言，我們會和處理檸檬酸一樣：製成溶液。然而，因為它的味道比檸檬酸強勁，所以我們會調成比較淡的溶液。用公克磅秤秤出 100 克的過濾水，加入 10 克的蘋果酸粉攪拌至溶解。倒進玻璃容器裡室溫保存——無需冷藏。

如何使用：在我們的「特製紅石榴糖漿」（做法請參考第 47 頁）中，食譜要求相當份量的蘋果酸與檸檬酸混合，以支撐石榴汁的澀味。在雞尾酒中，蘋果酸會增加酸溜溜的口感，可以強調雞尾酒裡本來就有的風味。在第 222 頁的「蘋果氣泡雞尾酒」（Apple Pop）中，我們用澄清蘋果西芹汁做了無酒精碳酸汽水，在裡頭我們加了蘋果酸以重現蘋果汁經過澄清後流失的新鮮蘋果風味。

酒石酸 TARTARIC ACID

是什麼：酒石酸是一種天然產生的酸，可以在杏桃、香蕉、蘋果，還有也許是最明顯的，葡萄中找到，葡萄中的酒石酸在很大程度上決定了日後所釀之葡萄酒的酸度。我們將它用在雞尾酒時，乃取其具有讓調酒變不甜的效果。

如何準備：我們很少單獨用酒石酸。如果您想要把它加進雞尾酒的話，請依照蘋果酸的做法，製作 10：1 的溶液。

如何使用：我們比較喜歡的方法是把酒石酸與乳酸混合成我們所稱的「香檳酸」（Champagne acid），這可以仿製出香檳中的酵母濃郁感，而且嘴裡會感受到單寧。要製作香檳酸溶液，需將 3 公克的酒石酸與 3 公克的乳酸，和 94 克的過濾水混合攪拌至溶解。這是雞尾酒「慶典」（請參考第 29 頁）裡的一項重要材料，因為它能強化不甜香檳裡的微酸。

抗壞血酸 ASCORBIC ACID

是什麼：抗壞血酸又稱為「維生素 C」，幾乎無法增進風味。然而，因為它是一種抗氧化劑，所以非常適合用來保存會因接觸到空氣而受損的脆弱材料。

如何準備：我們會直接使用粉末狀的抗壞血酸，來延緩果汁、糖漿甚至是浸漬液的氧化。

如何使用：像是現榨蘋果汁之類的材料，因為會氧化，所以很容易就會變成咖啡色——加一點點抗壞血酸就能延緩或避免產生氧化。同樣地，把抗壞血酸粉末加進水裡，漂洗一些嬌弱的裝飾物，如蘋果或西洋梨薄片，就可以防止它們產生褐變。一般來說，每 0.95 公升（1 夸脫）的液體（可以是果汁，或用來存放裝飾物的清水）加 1 小匙的抗壞血酸，然後用湯匙或打蛋器攪拌到粉末完全溶解。

5

威士忌高球

WHISKY HIGHBALL

經典酒譜

我們永遠不知道第一個把蘇格蘭威士忌和氣泡水加在一起的人到底是誰，但有一點倒是滿清楚的──從這杯雞尾酒的名字可以知道，它大約是在剛進入 20 世紀時出現的。它的名字可能是參考往日的蒸氣火車：當蒸氣火車頭加速時，全部的壓力會把一顆球往上推一段距離──因此火車就是「高球中」（highballing）。但也有可能是參考當時火車的信號，如果有個球高掛，代表前方鐵軌已清空，火車可以快速通行，這也可以成為一個隱喻，代表威士忌與氣泡水的重力衝擊。另一個比較無趣的猜測是，它的名字可能就只是沿襲 19 世紀一個常見的玻璃杯稱法（不用 a glass，而用 a ball）而已，表示這杯飲料是用高身杯裝的蘇格蘭威士忌。無論事實為何，用來盛裝這種雞尾酒的高身玻璃杯已經和調酒本身密不可分。

威士忌高球

蘇格蘭威士忌 2 盎司
冰賽爾脫茲氣泡水 6 盎司
裝飾：檸檬角 1 塊

把蘇格蘭威士忌倒入「高球杯」（Highball glass）中，放 3 塊冰塊。攪拌 3 秒鐘。加入賽爾脫茲氣泡水，攪拌一圈。以檸檬角裝飾即完成。

我們的根源酒譜

為了要建構我們理想中的「威士忌高球」，我們先從選定基底烈酒開始——這是一個帶有濃濃個人色彩的選擇。有些人喜歡威力十足，帶有煙燻泥煤味的艾雷島蘇格蘭威士忌，但有些人則比較喜歡有水果穀物風味的調和式愛爾蘭威士忌。因為在經典的「威士忌高球」中，除了威士忌和氣泡水就沒有其他材料了，所以我們比較傾向選用不要蓋過氣泡水微刺感的烈酒：白州（Hakushu）威士忌，一款 12 年的日本威士忌，柔軟又優雅，只有一絲絲的煙燻味。再者，雖然大部分的酒吧都會用檸檬角來裝飾「威士忌高球」，但我們覺得完全沒有必要，所以我們刻意省略，讓根源「高球」酒譜成為調酒中細微差異的見證，讓優秀的威士忌與刺刺的氣泡水之間保持和諧互動。

當然，這杯理想「威士忌高球」的和諧很大部分來自日本威士忌的細緻，如果您偏好風味強勁的威士忌，如艾雷島單一麥芽（single-malt）威士忌、美國裸麥威士忌或波本威士忌，您可能需要調整威士忌和氣泡水的比例。就我們個人而言，如果是較濃烈的威士忌，我們喜歡用 5 盎司的冰賽爾脫茲氣泡水兌上 2 盎司威士忌，做出「高球」。另一個解決辦法是，手邊另外擺著一杯冰賽爾脫茲氣泡水，視需要添加。

我們理想的「威士忌高球」

白州 12 年日本威士忌 2 盎司
冰賽爾脫茲氣泡水 4 盎司

把威士忌倒入「高球杯」（Highball glass）中，放入 1 塊冰塊。靜置 3 秒鐘。加入賽爾脫茲氣泡水，攪拌一圈。無需裝飾即完成。

魔鬼藏在細節裡

理論上，「威士忌高球」就只有威士忌和碳酸水，很像其他熟悉的雙材料調酒——伏特加與汽水、琴酒與通寧水、蘭姆酒與可樂……等。這些是形式最簡單的調酒，在許多酒吧裡都能找到，雖然您可能會因為它沒有冰涼的「馬丁尼」來得繁複深刻，也不像「側車」需經過專業搖盪而忽略它，但我們把精通「威士忌高球」的技術視為調酒師的重大成就。好的一杯「威士忌高球」能清楚表明製作者的知識、準備和技巧。如果這聽起來很牽強，請忍耐一下，我們之後會在本章深入探討（請參考第 214 頁「深究技巧：直調『威士忌高球』」。

雞尾酒狂粉們很喜歡私下耳語——在東京銀座的迷你酒吧裡，有神級的「威士忌高球」。在那裡，「威士忌高球」中僅有的幾個要素，不管是單獨拉出來看還是彼此之間如何相互作用都經過妥善考量。這些要素包括威士忌的特性；冰塊的尺寸、形狀和通透性；水的溫度、冒泡度和礦物質含量；玻璃杯的重量和杯緣的厚度；還有組合雞尾酒，再擺到客人面前的嚴謹手法。簡而言之，日本調製「威士忌高球」的儀式是一種全然工藝的呈現，帶有些許的劇場效果，當中製作雞尾酒的過程感覺就和客人享用雞尾酒的體驗一樣重要。我們由衷贊同這個方法，並相信要製作一杯好喝的「高球」需要對材料和工具都非常熟悉——且需無時無刻盡可能地提升和精進。

了解範本

任何「威士忌高球」要成功，都需仰賴幾個要素。首先，您必須從能夠搭配在一起的材料開始。在基本面上，這包含對根本風味親和性的了解，如琴酒和通寧水一起放進杯裡會產生的魔法一樣。再來是從比較深刻細膩的層面，需要了解烈酒與調酒副材料的本質，如某款氣泡水的礦物質含量將會如何與特定蘇格蘭威士忌的鹹度相互作用。

同時還包括了解「高球」是一個非常簡單，且具有高度彈性的範本。廣義地說，「高球」就只是烈酒和某種調酒副材料混合在一起的結果。它的彈性來自於任何烈酒都能擔任核心酒，而調酒副材料的選擇也非常多：賽爾脫茲氣泡水或通寧水、薑汁汽水或薑汁啤酒，和各種口味的可樂或汽水是最基本的，甚至連果汁也可以。比如說「含羞草」（Mimosa）就是用香檳和柳橙汁調的「高球」，而「粉灰狗」（Greyhound）則是由琴酒和葡萄柚汁調的清爽雞尾酒。我們最喜歡的解宿醉良藥之一：「血腥瑪麗」，則是一款鹹味的「高球」。

而且如果核心烈酒、調酒副材料或兩者都再拆分為好幾種，那麼可能性還會迅速增加。例如，第208頁的「美國佬」（Americano），它的核心就拆成為金巴利和甜香艾酒，然後再疊添上賽爾脫茲氣泡水；而第223頁的「亞普羅之霧」（Aperol Spritz）則是一杯用亞普羅當核心，並將調酒副材料拆分為賽爾脫茲氣泡水和普羅賽克的「高球」。若要建立風味更多重的雞尾酒，可擴充此範本，納入少量的其他調味品，如「哈維撞牆」（Harvey Wallbanger；用了伏特加和柳橙汁，並加了「加利安諾」浮在最上頭）或「龍舌蘭日出」（Tequila Sunrise；由龍舌蘭、柳橙汁和紅石榴糖漿組成）。

最後，要做出好喝的「高球」是一門學問，只能靠不斷地練習才能出師。我們認為調酒的工藝應該是仔細研究每項材料，並根據經驗不斷地精修技巧。這項工藝同時也和知識有關：需要更了解烈酒、材料、工具和技巧，才能在調酒時更上一層樓。

「藝術」則不同，即使它是站在工藝的肩膀上，但藝術是把創意套用在已經學會的技能上。一位音樂家在寫出巨作前，需先學會音階；雕塑家一定要能夠掌握形體；畫家需要知道怎麼調和原色。而這裡，在第五章深處，埋了我們寫這本書的真正動機：藉由學習經典雞尾酒，以及解釋我們和其他人如何詮釋這些形式，我們提供給您建構專屬藝術創作時的必備基礎技能與知識。考慮到這一點，我們將「高球」視為一個把之前在本書中提過的所有學問，全都表達清楚的機會。

隨著本章內容推進，我們將涵蓋各個層面的變數，開始著手處理那些看起來已經完全不像基礎「高球」範本的雞尾酒。這將模糊界定「高球」的定義，變成另一個類型的雞尾酒。事實上，我們不需要走太遠，就能看到「高球」與「可林斯」之間原本清楚的界線開始暈開，特別是當我們想到「高球」裡用的調酒副材料，可能會擁有類似傳統酸酒元素的屬性。我們根據柑橘汁的用量畫了一條界線：多於¾盎司的，就比較近似酸酒，如「黛綺利」；而在「高球」中，柑橘和其他酸味成分，是用來強調雞尾酒裡的其他風味，而非重要組成。

核心和調味：威士忌

一杯恰當的「威士忌高球」，其基礎是建立在高品質的威士忌上，因為這杯雞尾酒沒有什麼東西可隱藏，特別如果是「高球」最簡單的形式：只有威士忌和賽爾脫茲氣泡水而已。此外，因為賽爾脫茲氣泡水沒有什麼特殊風味，所以威士忌也擔任主要調味的角色。

在我們的酒吧裡，我們大多用美國威士忌來調基酒為威士忌的雞尾酒。這不是因為我們覺得美國威士忌最好，而是因為使用波本威士忌或裸麥威士忌製作的經典雞尾酒為數眾多，此外，還有一個重要事實，國產威士忌在價格上通常比進口的划算（烈酒的國際運費非常昂貴）。但是，隨著越來越了解其他國家製作的威士忌，我們發現更多價格適合用來調酒的酒款，於是我們便開始將多一點的他國產威士忌納入我們的雞尾酒「表演曲目」（酒單）中。

在本節中，我們會大致介紹來自蘇格蘭、愛爾蘭、日本和幾個其他國家的威士忌，然後建議一些特定酒款。但首先，這裡有個整體類別的簡要概述。和美國威士忌一樣，這些威士忌全都是由穀物製成的，首先穀物會先煮成醪（mash，也就是「麥芽漿」），然後經過蒸餾，再置於橡木桶中桶陳。它們之間的差別在於使用的穀物種類、穀物在發酵前與發酵時的處理方式、蒸餾過程、用來陳年酒液的酒桶類型、桶陳時間，和陳年威士忌是直接從桶中撈出裝瓶，還是先和其他威士忌調和後再裝瓶等。

蘇格蘭威士忌

在全世界的烈酒中，蘇格蘭威士忌是唯一一個能引出這麼多死忠粉絲的，而這其來有自：最頂級的蘇格蘭威士忌是人類成就的珍寶，經過世世代代耐心陳釀，而且有時蒸餾這些產品的酒廠甚至已經消失。在某種意義上，老蘇格蘭威士忌的吸引力在它能夠帶我們回去往日時光。雖然聽起來可能有點過度懷舊，但製作蘇格蘭威士忌的特質是如此地獨一無二，真的是浸淫在傳統、工藝和藝術性當中——再加上適度的高明行銷手段。

市面上能看到十分完美、價格非常高昂的蘇格蘭威士忌，而這些酒款確實值得我們讚賞。但除非錢不是問題，否則您應該會想用一些比較實惠的酒款——無論是純飲或用於調酒——只是要找到適合的酒款並不簡單，因為在品質好、價格合理和可用來調酒的蘇格蘭威士忌之間，存在了很大的差距。下面我們建議的酒款是我們最愛的必選品牌，用途廣泛且價格也不太高。

蘇格蘭威士忌可分為兩大類：單一麥芽與調和式。主張單一麥芽天生就比調和式好的說法是不正確的，它們就只是不同類別而已。

單一麥芽蘇格蘭威士忌

單一麥芽蘇格蘭威士忌的原料只能有大麥和水，且一定要用銅壺壺式蒸餾兩次，然後蒸餾完的酒液需放在橡木桶裡陳釀至少3年。這種烈酒必須是從單一酒廠產出的，但可以調和多種陳釀年份不同的蒸餾酒液。如果酒標上標示了年份，如12年，代表裡頭調和的威士忌中，最年輕的是陳釀12年。

蘇格蘭威士忌的產區可分為數個區域：高地（Highlands）、低地（Lowlands）和島嶼（Islands）是最簡單的劃分方式，其中以高地為產業重鎮，尤其是斯佩賽（Speyside）區域。絕大部分的蘇格蘭威士忌都產於此區，許多知名的蒸餾廠都集結在此，幾乎是一間挨著一間：百富（Balvenie）、格蘭利威（the Glenlivet）、格蘭菲迪（Glenfiddich）、麥卡倫（the Macallan），還有許多其他的。斯佩賽的蘇格蘭威士忌是清淡帶有花香（格蘭利威），或濃郁且有果味（百富），後者的風味來自使用雪莉桶桶陳。

蘇格蘭低地產的威士忌數量遠比高地少，但有幾個是我們一直使用的品牌。它們通常酒體比較輕盈，帶有一點甜味，和極少的泥煤煙燻味。放在雞尾酒裡，低地的單一麥芽可以成為一塊寬闊的基質，讓風味在上頭構建，但因為我們最愛的酒款（歐肯特軒三桶 [Auchentoshan Three Wood]）屬於限量供應，所以我們幾乎不會用它來調酒。

所有單一麥芽中最獨特，通常也具侵略性的是產自艾雷島的威士忌，這個島位於蘇格蘭西南方的海面上。艾雷島的蘇格蘭威士忌有很重的煙燻味，但同時酒體也很豐厚飽滿。在雞尾酒中，艾雷島單一麥芽的煙燻味很容易就會蓋過其他材料的風味，所以我們通常會將它與調和式蘇格蘭威士忌混合，如第131頁的「煙與鏡」。我們有時會把艾雷島蘇格蘭威士忌放在「苦精瓶」（dasher bottle）裡，少量加在雞尾酒裡，稍微增添一點活潑的風味，或者是放進噴霧器中，灑在雞尾酒頂端，增加鹹鮮的香氣，最後這個妙招是我們從山姆·羅斯的新古典雞尾酒「盤尼西林」（請參考第282頁）中學來的。

建議酒款

歐肯特軒三桶（Auchentoshan Three Wood；低地）：歐肯特軒是三種蒸餾酒液（而不是一般單一麥芽蘇格蘭威士忌常見的兩種）的成果，放在三種不同的橡木桶裡陳年：第一個是舊波本桶，最多陳釀 12 年，接著改到奧洛羅索雪莉桶桶陳 1 年，最後放到佩德羅・希梅內斯（Pedro Ximénez）雪莉桶中陳釀 1 年。結果是一支充滿動態、層次豐富的蘇格蘭威士忌，來自不同木桶的風味達到令人印象深刻的平衡。

波摩 12 年（Bowmore 12-Year；艾雷島）：在所有艾雷島產的單一麥芽中，波摩是煙燻泥煤味最節制的一款。它不是沒有煙燻風味 —— 絕對不是 —— 而是因為其他具代表性的艾雷島蘇格蘭威士忌（拉加維林 [Lagavulin]、亞柏 [Ardbeg]和拉弗格 [Laphroaig]）都有著濃重的煙燻香氣和風味，而波摩則比較細膩，在煙燻味下，還帶有像是柳橙的柑橘與香草風味。

格蘭利威 12 年（The Glenlivet 12-Year；高地）：優雅具有花香，並帶著一點點蜂蜜味，格蘭利威是一款大量生產，可見於世界各地的單一麥芽蘇格蘭威士忌。雖然不是特別複雜，但一直很美味。然而，正因為極度缺乏複雜度，讓格蘭利威成為很實用的調酒用單一麥芽，因為它不具攻擊性，不會蓋過其他風味。

高原騎士 12 年（Highland Park 12-Year；奧克尼群島 [Orkney Islands]）：這支也許是我們純飲時最愛的單一麥芽，因為它很優雅且價格可親。它來自奧克尼群島，在它淡淡的煙燻味和微微的甜味底下，能感覺到海洋的影響縈繞在背景。高原騎士主要會將它的威士忌放在舊雪莉桶裡陳年，所以能為威士忌帶來柔軟的杏桃風味。

在雞尾酒中使用單一麥芽蘇格蘭威士忌（和其他昂貴的烈酒）

對於許多熱愛威士忌的人士而言，一瓶高級的單一麥芽是不應該與幾滴水以外的物品混合的 —— 甚至連冰塊都被認為是褻瀆神聖。為什麼？因為他們認為威士忌不應該摻雜太多東西，脫離出廠狀態太遠。很顯然地，我們並不同意。只要做的對，雞尾酒可以向好酒致上最崇高的敬意，能夠帶上其他風味來強調它們的特質，用整杯雞尾酒的組成來強化烈酒的存在感 —— 這就是我們用高級烈酒調酒時所採取的策略。

大部分的單一麥芽蘇格蘭威士忌對於眾多酒吧調酒用而言，真的都太貴（除非您願意付美金 50 元買一杯雞尾酒，這樣的話，我們就可以另外花時間好好談談）。但在家裡，我們發現能用純飲時最愛的單一麥芽，特別是來自斯佩賽和艾雷島的，製作出美味的雞尾酒。如果您是在家自己調酒，且花費是個問題，那麼我們提供一個對我們來說很管用的方法：

調酒時不要只用單一麥芽蘇格蘭威士忌，而是用它來為其他威士忌畫龍點睛。基酒就用比較便宜實惠的調和式蘇格蘭威士忌，如威雀，然後再加少量的單一麥芽，增加風味的深度。這個策略在面對煙燻味超級重的艾雷島單一麥芽時特別好用，因為這種威士忌如果（不計成本）大量使用，很容易就會主宰整杯雞尾酒的風味。

另一個用單一麥芽來調酒的方法就比較浪漫。它們當中許多都會根據其陳年地點的地理位置和天候狀況，做出一些抒情性的描述 —— 海的氣味、生長在附近的石南花（heather）有多柔軟等等。這些動人的敘述，能提供許多很棒的靈感。例如，為了強調大海的氣味，我們可以把基酒設為帶鹹味的曼薩尼亞雪莉酒；或是為了放大石南花的意象，我們或許可以放入具花香的聖杰曼接骨木花利口酒。

拉弗格 10 年（Laphroaig 10-Year；艾雷島）：我們之所以愛這支艾雷島蘇格蘭威士忌，不只是因為它有很濃的煙燻味和海水鹹味，只需要幾滴，就能夠增加雞尾酒的風味，還因為它帶有複雜的香料風味：黑胡椒、小荳蔻和香草。它同時還有能夠持續很久的香草調性，能和薄荷成為很好的搭檔，如同您在「煙與鏡」（請參考第 131 頁）和「煙幕」（請參考第 132 頁）中所見。

調和式蘇格蘭威士忌

雖然單一麥芽蘇格蘭威士忌近來得到比較多的關愛，但在不久之前，調和式才是主宰蘇格蘭威士忌類別的王牌。然而，由於單一麥芽蘇格蘭威士忌的價格越來越高，因此調和式蘇格蘭威士忌得以扭轉情勢，許多創新酒廠，像是約翰·格拉瑟（John Glaser）和威海指南針（Compass Box），也都成為優質調和式威士忌重返榮耀的推手。

若就雞尾酒的用途而言，調和式威士忌的價格夠合理，適合用來調酒，而且用途也很廣泛，所以我們常常使用它。我們偏好獨特但又不會太強勁逼人的調和式威士忌，而且也希望能找到在濃郁度和香料風味（因陳釀得來的）間，達到一致平衡的酒款。我們最愛的調和式威士忌中，大部分都帶有蘋果的果味和煙燻菸草風味，特別適合放在柑橘味雞尾酒裡。它們在攪拌型雞尾酒中的表現也很好，菸草和煙燻特性得以大放異彩。

建議酒款

威海指南針 —— 水果小丑（Compass Box Asyla）：雖然此處所描述的大部分酒款都以濃郁為主要特色，但這支「水果小丑」完全就只有「優雅」二字可形容。它擁有一些讓調和式威士忌在雞尾酒中相當實用的特性 —— 果香核心風味，再疊上香料調性 —— 但風味比較溫和，比較會讓人想到新鮮蘋果，而不是煮過的蘋果。「水果小丑」單喝酒體比較薄，但

放在雞尾酒裡，就能夠以繁複成熟的方式顯現出來，特別是在「曼哈頓」的微改編版中，如「鮑比伯恩斯」（Bobby Burns；請參考第 279 頁）。

威雀（The Famous Grouse）：這是我們調酒時最愛用的調和式蘇格蘭威士忌。這支酒裡調和的單一麥芽來自「高原騎士」和「麥卡倫」蒸餾酒廠，且酒液在混合後，還會放在橡木桶裡桶陳 6 個月。奶滑的濃郁感中融入煮熟蘋果的風味，而一點點的香料味則讓它更有個性，但又不會太搶戲。它真的是一支用途廣泛的威士忌，可用來調許多款雞尾酒，而且價格對於調酒而言正合適。

威海指南針 —— 木桶達人（Compass Box Oak Cross）：這支獨特的調和式威士忌，由三款單一麥芽組成，並放在美國橡木與法國橡木組成的混血桶中陳釀 6 個月。風味相當飽滿，有著麥芽香草和烘烤香料的甜味。因為夠強勁，所以即使雞尾酒裡混有香艾酒的濃郁風味 —— 尤其是在帶苦味的「曼哈頓系」雞尾酒中，如第 278 頁的「親密關係」（Affinity），這支威士忌也能顯現自我。

愛爾蘭威士忌

愛爾蘭威士忌被認為是世界上最早的威士忌之一，兩百年來在顯學與幾乎滅絕之間來回震盪，但現在正處於復興階段。許多代代相傳的品牌都已經成功打入外銷市場，我們因此能夠更了解愛爾蘭威士忌，不再受限於多年來熟識的哪幾支。

有幾件事能區分愛爾蘭威士忌和蘇格蘭威士忌。魔鬼藏在細節裡：大部分的愛爾蘭威士忌都需經過三次蒸餾，而不是兩次，且當它們使用壺式蒸餾時，一般來說它們用的容器會比蘇格蘭用的大上許多。而且雖然有些愛爾蘭威士忌等同於單一麥芽蘇格蘭威士忌 —— 在單一蒸餾酒廠生產，且只用大麥 —— 但愛爾蘭威士忌明顯比較喜歡「調和」這門藝術，偏好混合由不同穀物組成、木桶種類與大小，和蒸餾方法製作出來的威士忌。

當我們用愛爾蘭威士忌來調酒時，我們不會像對蘇格蘭威士忌一樣，著重於類型或區域。這很大的原因是因為區域對愛爾蘭威士忌的影響遠不及比較大、遍及全國的威士忌類型。雖然愛爾蘭的某些地方過去曾有象徵性意義，但當今的愛爾蘭威士忌產業絕大部分已經被整併為幾間蒸餾酒廠。不過，隨著愛爾蘭威士忌近來重振雄風，現在每年都有一些新的酒廠設立。比較淡一點的調和款，如帕蒂（Paddy）、尊美醇（Jameson）和愛爾蘭之最（Tullamore Dew）有著柔軟又香甜的個性，很像年輕的波本威士忌。這些調和式威士忌放在柑橘味雞尾酒裡也很美味，但它們如果要在「曼哈頓」或「古典系」雞尾酒裡當主角，往往又會有點平庸。

純壺式蒸餾的愛爾蘭威士忌是完全不一樣的東西。它擁有足夠的深度和酒體，適用於許多款雞尾酒。我們喜歡將它們和其他能夠引出威士忌特質的材料混合在一起，藉此強調純壺式蒸餾愛爾蘭威士忌的特色。

建議酒款

布什米爾經典（Bushmills Original）：這支威士忌放在美國橡木桶裡陳釀 5 年，和其他布什米爾酒廠生產的威士忌相比，屬於比較淡的類型。其通透性讓它很適合用來調製柑橘味雞尾酒。若要用於「曼哈頓」或「古典系」雞尾酒，我們建議使用布什米爾酒廠的其他酒款，如「黑樽」（Black Bush），它含有大量在奧洛羅索雪莉桶中陳年的威士忌，或是用布什米爾酒廠生產的其他多款單一麥芽，這些酒會依據陳年時間，發展出越趨複雜的風味。

知更鳥 12 年（Redbreast 12-Year）：這支酒是傳統壺式蒸餾愛爾蘭威士忌的縮影。濃郁且幾乎可稱「油質豐厚」（oily），是未發芽的與發芽的大麥醪經過銅壺蒸餾的結果。它有著激似椰子的特質，還有淡淡的茴香風味。調和在

美國橡木桶和雪莉桶中陳年的蒸餾酒液，在辛香與濃郁、葡萄乾般的雪莉酒尾韻間找到美麗的平衡。酒中細緻入微的部分若放進「酸酒系」雞尾酒裡，可能會無法顯現（雖然我們不會勸你打消念頭），但如果放在烈性高的雞尾酒中當基酒，就能發光發熱，如在「複製貼上」（請參考第 35 頁）中，「知更鳥 12 年」和陳年蘋果白蘭地混合在一起，形成一杯有果汁感的「賽澤瑞克」微改編版。

日本威士忌

日本威士忌默默無名的日子已經過去了。由於它已經進入美國市場好幾十年，人們對於日本威士忌的懷疑已經演變成十足的狂熱，而且因為它獲獎無數且屢獲讚譽，所以現在被稱為世界上最高級威士忌的一員。日本人毫不保留，追求完美的特性體現在每一滴我們嚐過的日本威士忌中，但因為它在美國仍屬珍稀，所以我們常因而感到失落。

關於日本威士忌製造的規範，驚人的少；這個產業更仰仗傳統來形塑。其中一個例子是用來陳年的木桶。雖然許多日本酒廠也會使用和別處相同的木桶，如舊波本桶、雪莉桶和波特桶，但它們也大量使用日本水楢桶（mizunara oak barrels）和梅酒桶（plum wine casks）。這樣能做出各式各樣的威士忌，從與單一麥芽蘇格蘭威士忌有驚人相似度的，到很像蘇格蘭和愛爾蘭產的調和式威士忌，再到日本獨有，與眾不同的類型。這種多元性讓人等不及想要去探索，但也增加提供日本威士忌調酒通用指南的困難度，所以我們不會談到此部分。我們的替代做法是在下面建議酒款的敘述中，指出某特定酒款最像哪種類型的威士忌——單一麥芽或調和式蘇格蘭威士忌；愛爾蘭調和式或壺式蒸餾；或美國威士忌——並從那個角度提出用於調酒的方法。

上面說了這麼多，但您可能面臨最實際的阻礙：大部分的日本威士忌在海外市場都是限量供應，而我們能買到的通常都很貴。還好，還是有幾支通常不會讓人破產的酒款──但前提是要能找到。就我們看來，值得您去試試。

建議酒款

白州 12 年（Hakushu 12-Year）： 在我們推薦的日本威士忌中，「白州 12 年」是最像單一麥芽蘇格蘭威士忌的，但它絕不只是日本版的蘇格蘭威士忌；它是一個很棒的例子，能說明日本威士忌如何成為一個獨特、具辨識度的類型。白州酒廠位於海平面上約 793 公尺（2,600 英呎），一處被森林覆蓋的偏遠地區。這個地點的水質被認為與白州的柔軟風味大有關係，這個特點再加上壺式蒸餾所帶來的淡淡煙燻泥煤味，以及在波本桶和雪莉桶桶陳的過程，造就出一支帶有溫和果香與花香的威士忌。我們很樂意使用更細緻，價格更昂貴的日本威士忌來調「高球」，但白州的優雅能樹立一款理想的「高球」基準，讓我們可以依此來評論其他杯調酒。

日果考菲穀物威士忌（Nikka Coffey Grain Whisky）： 當許多日本威士忌都直接向單一麥芽蘇格蘭威士忌取經時，日果考菲穀物威士忌的特色則是介於愛爾蘭威士忌和波本威士忌之間。它最主要的原料是玉米，會產生讓人聯想到波本威士忌的香草和香料風味，接著會放入多種不同類型的木桶中進行陳年，最後再經過調和，創造出獨一無二的最終風味輪廓。也許您會想知道這支酒的酒名中有「考菲」（coffey），但為何和「咖啡」沒有任何關係；其實，它是指用來蒸餾的器具：是一種連續式蒸餾器，也稱為「考菲式連續蒸餾器」（Coffey still）──名字來自其發明者伊涅阿斯·考菲（Aeneas Coffey）。

三得利－季調和式威士忌（Suntory Toki）：「季」調和了三得利旗下三間蒸餾廠的原酒（山崎 [Yamazaki]、白州和知多 [Chita]），是一支柔順且清淡的威士忌，價格通常是美金 45 元左右，讓它不僅是一款價格實惠（就日本威士忌而言）的選擇，也是了解日本威士忌的一個溫和入門。這支酒用穀物威士忌的一些顆粒感和辛香特質，來平衡蘇格蘭式單一麥芽威士忌的精細。

其他國家的威士忌

全球威士忌產業被少數幾個國家主導（美國、蘇格蘭、愛爾蘭、加拿大和日本），但在其他國家也有非常不錯的威士忌，到目前為止，印度、台灣、瑞士、瑞典、丹麥、德國、奧地利、法國、南非、澳洲、泰國和紐西蘭等國都產有優質的陳年威士忌，而這些僅是我們知道的而已。未來一定還會出現更多。

如果您想要好好瀏覽這些威士忌，請回顧我們在本章前面部分和第一章所提過的威士忌概述。如果該款新威士忌的製作方法類似於某種熟悉的形式，您就可以大概知道風味會是如何，這將有助於您預測未知威士忌的特質和它在雞尾酒中的可用性。不過，研究新產品同時也需了解它的產地及產地的氣候等。

試驗「核心」與「調味」

若單獨使用調和式蘇格蘭威士忌來調酒時，我們通常會拆分核心以帶入與威士忌相合的風味。有個做法是使用加烈葡萄酒，因為許多用來陳釀蘇格蘭威士忌的酒桶，之前都曾裝過雪莉酒、馬德拉酒和波特酒。美國威士忌，尤其是波本威士忌，基於同樣的理由，所以也是候選人之一，只是美國橡木的侵略性也許會蓋過調和式蘇格蘭威士忌的風味。有兩個主要的方法可以處理這個問題：一是將核心拆分為大比例的蘇格蘭威士忌（1½ 盎司）和少量的波本威士忌（½ 盎司），讓調酒有以蘇格蘭威士忌為主的風味，但多了一點點額外的辛香。另一個方法是顛倒過來──以波本威士忌為主的核心，配上少量的蘇格蘭威士忌，這樣能創造出一杯擁有美國威士忌所有的辛香和個性，但同時又帶有柔軟、泥土味，像是蘋果一般的底味。

當然，威士忌以外的烈酒也能調出好喝的「高球」，部分原因是賽爾脫茲氣泡水和任何烈酒都很搭。看著賽爾脫茲氣泡水如何改變核心酒的風味，著實有趣，它的氣泡會加強香氣，並提供酸味調性。例如，白龍舌蘭單喝帶有泥土氣息和植物風味，但如果取代威士忌調成「高球」的話，就會突然換成有柑橘味。此外，雖然琴酒最有名的搭檔是通寧水，但若把通寧水換成賽爾脫茲氣泡水，就能調出一杯好喝又深奧的「高球」，因為賽爾脫茲氣泡水能讓植物性藥草風味綻放。因為這也是超級簡單的核心實驗方法，所以我們就說到這邊，讓您自己去試試。

核心實驗的下一階段自然是把強勁的烈酒換成其他酒類。關於這點完全沒有極限，您可以順著自己的意願操作，但可把那些具有獨特風味的材料列入考慮，如加烈葡萄酒和苦味開胃酒。這是一種傳統做法，可參考下頁經典的「美國佬」。

美國佬 Americano

經典款

「美國佬」是一杯基本但不可或缺的開胃雞尾酒，類似「內格羅尼」（「馬丁尼」家族的一員，請參考第 89 頁），但將裡頭的琴酒換成賽爾脫茲氣泡水，所以就變成一杯「高球」。其中由金巴利和甜香艾酒共同組成核心，這兩個材料都是既濃又苦，即使酒精濃度較低，但還是可以讓這個基礎「高球」的格式照常運作，無需任何調整。話雖如此，但柳橙裝飾對這杯調酒很重要：它能讓您的鼻子聞到香氣，且風味會隨著慢慢喝，慢慢滲入酒中。我們強烈建議手邊放著超級冰的賽爾脫茲氣泡水，這樣就可以隨時補倒在「美國佬」上，這是傍晚看本好書的最佳良伴。

金巴利 1 盎司
安堤卡古典配方香艾酒 1 盎司
冰賽爾脫茲氣泡水 4 盎司
裝飾：半圓形柳橙厚片 1 片和小瓶的冰賽爾脫茲氣泡水

將金巴利和香艾酒倒入高球杯中，放 3 塊冰塊，攪拌 3 秒鐘。倒入賽爾脫茲氣泡水，攪拌一圈。以半圓形柳橙厚片做為裝飾，並附上 1 瓶賽爾脫茲氣泡水即完成。

平衡：氣泡水

大部分的雞尾酒都是透過能提供酸度或甜味（或兩者兼具）的材料平衡，然而威士忌高球卻只靠氣泡水平衡。這需要更注意氣泡水的品質，傾倒的時候也要特別謹慎。所以讓我們來仔細觀察這個看似簡單的材料吧。

氣泡水在「高球」中有個很容易理解的功用：它能稀釋烈酒，舒展烈酒強烈的風味，讓整杯酒比較容易入口。但它也會改變烈酒的風味。緊繃又複雜的風味會稍微放鬆，變得更容易辨識。氣泡水的第二個角色是加入酸味的意象。它並不像檸檬或萊姆汁這麼酸；而是會在舌頭上產生一股舒服的刺麻感。最後，氣泡水也能強化烈酒的香氣，讓香氣瀰漫在雞尾酒上方的空間，使飲用者能夠聞到上升的揮發性香氣。

因此，我們會特別留意氣泡水中的碳酸化情況，因為氣泡越多，在雞尾酒中的效果越好。我們也會確定氣泡水是完全冰涼的，這樣才能保住氣泡（二氧化碳在溫的液體中消散的速度會比較快）。氣泡水的標示和販售方式有許多種，著實會讓人感到困惑，所以我們在此想要釐清氣泡礦泉水、蘇打水和賽爾脫茲氣泡水之間的差別。

氣泡礦泉水： 有些天然泉水會含有比較高濃度的礦物質，這些礦物質是從地底下的岩層溶解到水中的。雖然有些氣泡礦泉水是自然冒泡，但有些則是另外填充二氧化碳，所以氣泡礦泉水內的發泡程度差別很大。礦物質的種類，以及數量多寡，還有酸度或酸鹼值等，也會因泉水來源不同而有極大的差異。因為這些天然的變數，所以這個類別整體上並沒有一致性，不同產品之間不能互換。然而，某些礦泉水的風味——可能很細微——若和威士忌一起調成「高球」會很好喝。

蘇打水： 英文稱為 soda water 或 club soda，是一種模仿礦泉水天然風味的產品，方法是添加少量的多種礦物質到不含氣泡的水中（通常是碳酸氫鈉、檸檬酸鈉和硫酸鉀），然後再將水碳酸化，這樣就能產生微鹹的風味。直接喝蘇打水幾乎感覺不到這些礦物質的風味；可試著將蘇打水和賽爾脫茲氣泡水擺在一起喝喝看，看看您能不能察覺兩者之間的差別。然而，在雞尾酒中，這些礦物質會發揮功用，可以打亮柑橘的風味並抑制苦味，就像加一點鹽水（做法詳見第 298 頁）的效果一樣。調酒時，因為我們想要盡可能地掌握各種情況，所以我們不常使用蘇打水，而是改用賽爾脫茲氣泡水，然後再視需要另外添加鹽分。

賽爾脫茲氣泡水： 這純粹就是經過碳酸化的過濾水。不含任何添加物，所以是非常中性且具一致性的產品。因此，在調酒時我們一般比較喜歡使用賽爾脫茲氣泡水，且強烈建議用它來製作「高球」，因為它乾淨的風味不會明顯地改變核心烈酒。

最後，「高球」並不一定要有氣泡，它也可以用非碳酸的調酒副材料，通常是果汁來製作。用柑橘汁做的老牌「高球」，如「螺絲起子」（Screwdrivers）和「鹹狗」（Salty Dogs），通常名聲都不好，這是有原因的：大家常用殺菌和加工處理過的果汁來調這些雞尾酒，結果便是風味平淡，很淒慘的一杯調酒。然而，如果換成新鮮原料，這些雞尾酒簡單調也可以很好喝。在無氣泡「高球」光譜的最末端有著最讓人意外的「高球」之一——血腥瑪麗（Bloody Mary）。

試驗「平衡」

因為調酒副材料佔了「高球」整體份量的很大比例，且副材料的選擇又幾乎沒有底線，所以更換調酒副材料，就能創造出一張可供探索的極大畫布。可以很簡單，直接把賽爾脫茲氣泡水換成不同的市售調酒副材料，如通寧水或可樂，也可以激進一點，換成啤酒、氣泡酒，甚至是果汁，包括可用蔬菜汁把範本導到鹹鮮的走向，如「血腥瑪麗」和其眾多變化版。

帕洛瑪 Paloma

經典款

雖然「瑪格麗特」也許是世界矚目的焦點，但墨西哥人調上一杯「帕洛瑪」的可能性其實更高，只需葡萄柚汽水、龍舌蘭酒和擠一點萊姆汁就完成了。這杯雞尾酒也可以用梅茲卡爾製作，而且我們強烈建議您試試這個變化版。我們的「帕洛瑪」採用傳統的版本並放大它的風味，首先，用新鮮葡萄柚自製葡萄柚汽水，然後再加一點葡萄柚利口酒，讓雞尾酒有更棒的複雜度。

萊姆角
猶太鹽，製作「鹽口杯」用
白龍舌蘭 1¾ 盎司
吉法葡萄柚香甜酒 ¼ 盎司
現榨萊姆汁 ¼ 盎司
冰自製葡萄柚汽水（做法詳見第295頁）
4 盎司
裝飾：葡萄柚角 1 塊

用萊姆角沿著高球杯上緣 1.27 公分（½吋）處塗抹半圈，然後把沾濕的部分滾上鹽邊。倒入龍舌蘭酒、葡萄柚香甜酒和萊姆汁，放 3 塊冰塊，攪拌 3 秒鐘。加入汽水，攪拌一圈。擺上葡萄柚角裝飾即完成。

自由古巴
Cuba Libre

經典款

在這杯經典的「自由古巴」中，用蘭姆酒和可樂組成的簡樸「高球」，靠著一點點的萊姆汁升級了。這是一個靈光乍現的選擇，因為萊姆外皮是大多數可樂的關鍵原料，所以萊姆汁可以引出可樂裡的風味，同時又能斬斷甜味。核心烈酒的選擇也是讓這杯雞尾酒成功的關鍵：蘭姆酒的甘蔗味骨幹能和可樂的圓融香料風味相輔相成，而威士忌的辛香則能和可樂的苦味與柑橘風味絕妙搭配，但若用伏特加，其細微的風味就會讓雞尾酒太過平淡，而琴酒的植物藥草風味則是會和調酒副材料互相衝突。

白蘭姆酒 2 盎司
現榨萊姆汁 ¼ 盎司
冰可口可樂 4 盎司
裝飾：萊姆角 1 塊

將蘭姆酒倒入高球杯中，放 3 塊冰塊，攪拌 3 秒鐘。加入萊姆汁和可樂，攪拌一圈。擺上萊姆角裝飾即完成。

錯誤的內格羅尼
Negroni Sbagliato

經典款

還記得「試驗『核心』與『調味』」中的「美國佬」嗎？如果我們把賽爾脫茲氣泡水換成氣泡酒，會產生什麼樣的變化呢？這樣做起來的美味成果就是經典「錯誤的內格羅尼」。因為氣泡酒的風味比賽爾脫茲氣泡水豐富，所以需要減少用量，才能造就一杯在苦、甜和清爽間曼妙飛舞的雞尾酒。

安堤卡古典配方香艾酒 1 盎司
金巴利 1 盎司
冰普羅賽克氣泡酒 1 盎司
裝飾：柳橙角 1 塊

將香艾酒和金巴利倒入高球杯中，攪拌均勻。往杯裡補滿冰塊，接著倒入普羅賽克，並快速將長吧匙浸入杯中，輕輕混合氣泡酒與其他材料。最後再以柳橙角裝飾即完成。

螺絲起子
Screwdriver

經典款

如同我們先前提過的，「螺絲起子」（以及其他同樣用柑橘汁當調酒副材料的類似「高球」）的材料如果是市售加工果汁，結果會頗讓人失望。然而，如果用當季新鮮柳橙現榨的果汁，就可以救這些雞尾酒一命。果汁因為本身就已經達到平衡，具有明亮的酸度和甜味，所以能做出一杯清爽的雞尾酒。然而，有時甚至連新鮮果汁都會落得平淡無味。別擔心！只要加一點點檸檬酸溶液就能解決。

現榨柳橙汁 4 盎司
檸檬酸溶液（做法請參考第 298 頁），視情況而定
伏特加 2 盎司

調酒前先嚐嚐果汁的味道。如果感覺有點淡，就加些許檸檬酸溶液，一次一滴慢慢加，直到風味變成甜中帶點微酸。把柳橙汁和伏特加倒入高球杯中混合均勻，接著放 3 塊冰塊。攪拌 3 秒鐘，無需裝飾即完成。

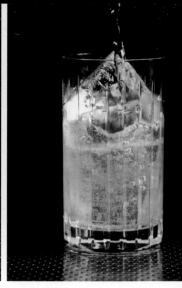

深究技巧：直調「威士忌高球」

技巧對於所有的「高球」都很重要，但在「威士忌高球」中尤其關鍵，所以在這個部分，我們將詳細說明在調這杯簡單卻深奧的雞尾酒時，會建議用哪些技巧。我們在直調「威士忌高球」時，腦裡會牢記三件事：威士忌酒兌賽爾脫茲氣泡水的比例；材料和杯器的溫度，還有冰塊的類型。我們同時也會使用非常特殊的攪拌技巧。

如果我們用了太少的賽爾脫茲氣泡水，威士忌嚐起來是被稀釋過的，但氣泡感不足，用太多賽爾脫茲氣泡水，又會降低威士忌的風味。讓兩者能好好配合的比例是賽爾脫茲氣泡水與威士忌 2：1，這樣可以讓威士忌成為主角，由賽爾脫茲氣泡水形成的翻騰氣泡骨幹托起，清爽但風味十足。

第二個重要的考量因素是杯器和材料的溫度。我們從使用內杯壁平滑的玻璃杯開始，因為任何刻紋都會讓賽爾脫茲氣泡水內的氣體附著到比較大的表面面積，然後消失。此外，我們比較喜歡用冰鎮過的杯子盛裝「高球」，且只用超級冰的賽爾脫茲氣泡水來製作。這並不只是端上一杯會冰到讓人頭痛的雞尾酒，也有助於在整杯調酒飲用的時間裡，維持賽爾脫茲氣泡水的氣泡。

第三個，同時也是最後一個考量點是，我們所使用的冰塊類型——另一個會影響冒泡度的因素。這也和表面面積有關，許多小塊冰塊加起來的總表面面積會比幾塊大一點的冰塊多很多，因此會讓更多的氣體從酒液中消失，造成雞尾酒很快就沒氣。雖然一塊有著較小表面面積的大冰塊——這裡是指長條狀的冰塊——有助於維持氣泡，但它們卻無法讓調酒非常冰。我們選擇取中間值，用 1 吋見方大小的冰塊。

要調酒時，從冷凍庫把冰鎮過的高球杯拿出來，倒入威士忌。小心將直接從冷凍庫拿出來的 1 塊冰塊（1 吋見方或大一點的尤佳），用長吧匙協助，慢慢將冰塊放入威士忌中，這樣冰塊才不會碎裂。讓冰塊靜置 10 秒鐘左右；如果您馬上攪拌，威士忌與冰塊之間極大的溫差，可能會造成冰塊裂開。等冰塊調溫（temper）後，慢慢攪拌，直到外杯壁有凝結的水珠，一般大概需要 10 秒鐘。再加另一（或二）塊冰塊，讓冰塊到達杯子的 高，然後大致攪拌一下。倒入一些冰過的賽爾脫茲氣泡水——適量就好，才不會讓冰塊浮起來。把長吧匙插進杯裡，一路直接插到底，然後小心把最底部的冰塊撈起大約 2.54 公分（1 吋），然後再把它放回杯底。這樣就可以輕輕拌勻威士忌和賽爾脫茲氣泡水。放入最後一塊冰塊，接著倒入剩下的賽爾脫茲氣泡水。最後再攪拌一次——一圈就好，這樣才不會造成氣泡減少！馬上端上桌。

杯器：高球杯

「威士忌高球」與其大家族中的大部分雞尾酒酒款，全都和氣泡有關，所以使用一個能夠盡可能留住氣泡的玻璃杯特別重要。簡單來說，寬口的玻璃杯，如古典杯或碟型杯裝的雞尾酒，若和裝在窄身高杯壁玻璃杯裡的酒液相比，前者因為雞尾酒會有比較大的表面積接觸到空氣，所以調酒副材料中的氣體會比用窄口高身杯更快從溶液中衝出來消失。

我們理想中的高球杯可以盛裝 12 盎司的液體。我們比較喜歡底部和杯壁較厚、有重量，然後杯緣滿薄的款式。沉重的底座可以讓雞尾酒穩穩地放在桌面上，而精緻的杯緣則是感官與實用效果兼具（雖然薄杯緣容易裂，但天啊，它們真的很迷人）。有些高球杯在外杯壁會有刻紋，這主要是裝飾用，但也會用飲用者比較好握。對於許多我們喜歡的杯款都是來自「高球」的應許之地 —— 日本這件事，您應該不會感到太訝異。在美國販售的日本品牌中，我們最愛的是 Hard Strong，它們有幾款非常耐用的高球杯，同時保有我們喜愛的重量和細緻度。

我們應該要說清楚高球杯和可林杯，雖然外型相似，但並不一定能互換。正確且恰當的可林杯比較大，可以盛裝約 14 盎司的液體。如果您想想「高球」是 2 盎司的烈酒加上調酒副材料，而「可林斯」是整杯雞尾酒搖盪到稀釋，然後倒在冰上，最後再疊上氣泡酒，這樣您就會知道兩種杯子的容量差異是有道理的了。大一點的可林杯也許可以用來裝「高球」，但如果您想試試用高球杯裝「可林斯系」雞尾酒，可能就必須減少調酒副材料的用量，或犧牲一點冰塊量，以讓出空間給調酒。「碎冰雞尾酒」（swizzles）或「酷樂」（cooler）也適用同樣的情況，它們比較適合用大一點的杯子盛裝，這樣才能容納所需的冰塊量。

「高球」的變化版

因為「高球」的簡單，所以前幾章重點雞尾酒中的元素，都可以用來產生一杯平衡又好喝的「高球」變化版。例如，酸味檸檬或萊姆汁和糖之間的相互平衡（「黛綺莉」的動態根本）也可以少量套用在「高球」，以提振風味——但不要加太多，否則就變成「酸酒」了！同樣地，在「古典」和「馬丁尼」中體現的原則——使用苦精來強調烈酒風味，或透過將烈酒和加烈葡萄酒結合在一起，而達到平衡——也可以用在「高球」。如您將看到的，本章之後會提到的某些雞尾酒，確實很像是「酸酒」、「古典」的微改編版，或是用調酒副材料舒展過的「馬丁尼」。

龍舌蘭日出

龍舌蘭日出 Tequila Sunrise

經典款

「龍舌蘭日出」和「螺絲起子」（請參考第 213 頁）一樣，是一杯經常受到非議的經典雞尾酒，它同樣可以靠著新鮮、非市售的果汁大大改善。我們同時也發現經典版本因為紅石榴糖漿的關係，所以有一點甜膩，因此我們加了一咪咪，和龍舌蘭酒也很搭的萊姆汁來調整。最後的結果是一杯清爽、有果汁感的調酒，超級適合白天飲用。

白龍舌蘭 2 盎司
現榨柳橙汁 4 盎司
現榨萊姆汁 ¼ 盎司
特製紅石榴糖漿（做法請參考第 47 頁）
¼ 盎司
裝飾：半圓形柳橙厚片 1 片和萊姆角 1 塊

將龍舌蘭酒、柳橙汁和萊姆汁倒入高球杯中混合均勻，放 3 塊冰塊，攪拌 3 秒鐘。加入紅石榴糖漿，不要攪拌，讓糖漿可以沉在杯底。以半圓型柳橙厚片和萊姆角裝飾即完成。

琴通寧 Gin and Tonic

經典款

「琴通寧」受歡迎的程度或許比「威士忌高球」還高，原因也許是當中兩個簡單的材料彼此交互作用的方式。通寧水不只是帶苦味的賽爾脫茲氣泡水，它還含有相當數量的糖，能提供甜度，有助於強調高酒精純度英式琴酒的植物性藥草風味，同時又能抑制它的酒精強度。

倫敦辛口琴酒 2 盎司
冰通寧水 4 盎司
裝飾：萊姆角 1 塊

將琴酒倒入高球杯中，放 3 塊冰塊，攪拌 3 秒鐘。加入通寧水，攪拌一圈。以萊姆角裝飾即完成。

哈維撞牆 Harvey Wallbanger

經典款

讓我們繼續來探索壞名聲的「高球」變化版，想想「哈維撞牆」——基本上是一杯「螺絲起子」（請參考第 213 頁）的頂端浮了加利安諾香甜酒——只用了少量的利口酒來幫簡單的「高球」增添風味和複雜度。在我們對這杯經典的演繹中，因為加利安諾也含有酒精，所以我們稍微減少了伏特加的量，另外，和我們調的「龍舌蘭日出」（請參考左側）一樣，我們加了一點點柑橘汁（這裡用的是檸檬汁）來抵銷加進來的甜度。我們也放棄讓加利安諾浮在頂端，因為我們發現這麼做會造成不平衡的雞尾酒，而且無論如何，利口酒最後都還是會沉入杯底。

埃斯波雷鴨伏特加 1½ 盎司
加利安諾 ½ 盎司
現榨柳橙汁 3 盎司
現榨檸檬汁 ½ 盎司
裝飾：半圓形柳橙厚片 1 片

將所有材料和 3 塊冰塊短搖盪 5 秒鐘左右，濾冰後倒入裝滿冰塊的高球杯中。加上半圓形柳橙厚片裝飾即完成。

「高球」的大家族

「高球」的大家族從玩弄範本開始——1 份基酒兌 2 份副材料——用不同的方式呈現。在完全與調酒副材料有關的鹹味「高球」，如「血腥瑪麗」中，我們增加了每杯雞尾酒裡副材料的用量；在用香檳調的雞尾酒，如「含羞草」中，我們翻轉了範本的比例，用了少量的柳橙汁（調酒副材料）當調味劑。雖然這些雞尾酒開始都和「高球」的公式有關，但本質上，都只是酒精和調酒副材料的組合而已。

諾曼第俱樂部的血腥瑪麗

戴文・塔比，創作於 2015 年

到目前為止，您知道我們大力支持使用新鮮果汁，但過去多年來，我們一直無法駕馭番茄汁，因為新鮮蕃茄汁的味道很稀薄，而且和烈酒混合後往往會分層。後來我們找到解答，原來需把新鮮的番茄汁和一點點罐裝的蕃茄汁混合在一起，這樣既可穩定它的質地，又仍然可以傳遞新鮮的蕃茄風味，這就是我們把「血腥瑪麗預調」（Bloody Mary mix）帶進這杯雞尾酒的方法。另一個讓我們覺得很煩的是有渣渣或微粒的「血腥瑪麗」，如香料或辣根。所以在我們的「血腥瑪麗預調」中，沒有香料或辣根，而是改用一點點新鮮的西芹汁和甜椒汁。在做了這麼多努力，讓預調達到完美後，我們選用鹹鮮的阿夸維特來進一步深化風味。這個預調很百搭：把基酒換成伏特加、琴酒，或甚至是阿蒙提亞多雪莉酒都可以。

檸檬角
檸檬胡椒鹽（做法詳見第 297 頁）
克羅格斯塔德阿夸維特（Krogstad aquavit）1½ 盎司
諾曼第俱樂部的血腥瑪麗預調
（做法詳見第 296 頁）5 盎司
現榨檸檬汁 ¼ 盎司
現榨萊姆汁 ¼ 盎司
裝飾：用裝飾籤串起的 1 顆小番茄和 1 塊檸檬角

用檸檬角沿著可林杯上緣 1.27 公分（½ 吋）處塗抹半圈，然後把沾濕的部分滾上檸檬胡椒鹽。往杯裡補滿冰塊，倒入其餘材料，攪拌幾下。放上小番茄和檸檬角裝飾即完成。

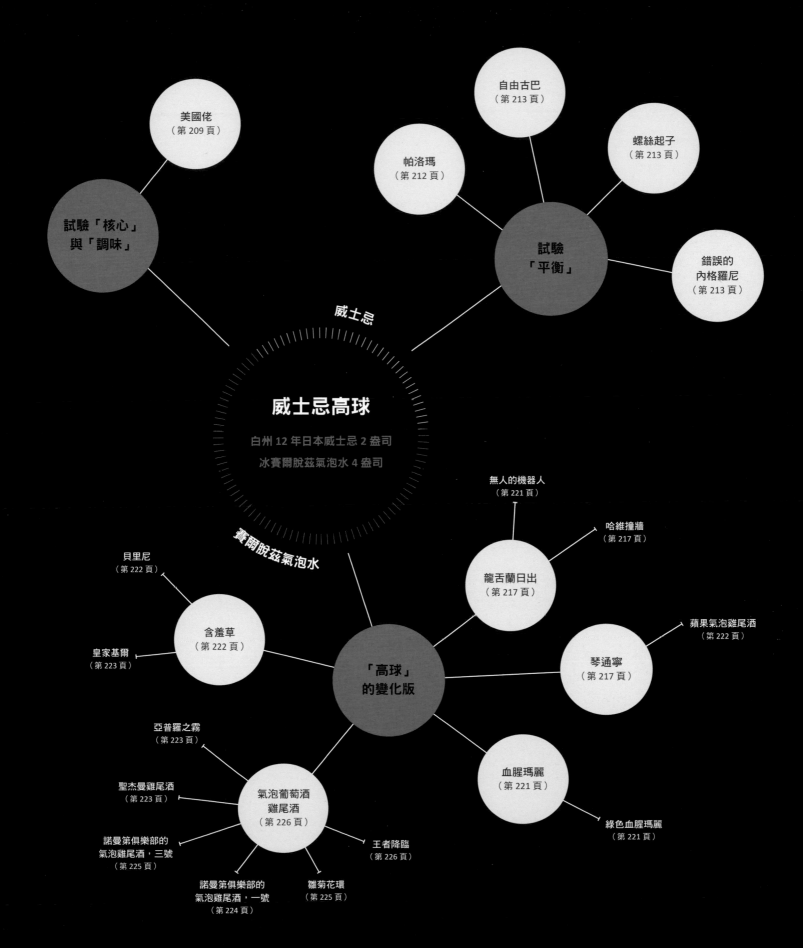

美國佬
（第 209 頁）

試驗「核心」
與「調味」

自由古巴
（第 213 頁）

螺絲起子
（第 213 頁）

帕洛瑪
（第 212 頁）

試驗
「平衡」

錯誤的
內格羅尼
（第 213 頁）

威士忌

威士忌高球

白州 12 年日本威士忌 2 盎司
冰賽爾脫茲氣泡水 4 盎司

無人的機器人
（第 221 頁）

哈維撞牆
（第 217 頁）

賽爾脫茲氣泡水

貝里尼
（第 222 頁）

含羞草
（第 222 頁）

皇家基爾
（第 223 頁）

龍舌蘭日出
（第 217 頁）

蘋果氣泡雞尾酒
（第 222 頁）

琴通寧
（第 217 頁）

「高球」
的變化版

亞普羅之霧
（第 223 頁）

聖杰曼雞尾酒
（第 223 頁）

氣泡葡萄酒
雞尾酒
（第 226 頁）

血腥瑪麗
（第 221 頁）

諾曼第俱樂部的
氣泡雞尾酒，三號
（第 225 頁）

王者降臨
（第 226 頁）

綠色血腥瑪麗
（第 221 頁）

諾曼第俱樂部的
氣泡雞尾酒，一號
（第 224 頁）

雛菊花環
（第 225 頁）

泰森・布勒（TYSON BUHLER）

泰森・布勒是 Death & Co 的吧台總監，也是 2015 年「世界頂尖調酒大賽」
（World Class bartending competition）的冠軍。

「高球」或許是每一位調酒師第一個學的雞尾酒。引我入門的是幾位老先生，當時我在一個高爾夫球場當球童，而他們每次都會點威士忌蘇打，然後說：「蘇打水少一點。」

直到不久前，我都還是認為威士忌加蘇打水是老人喝的，但有個從日本傳來的高檔「高球」整體文化出現在我們的眼前。高球酒吧現在在日本十分流行，而且他們真的很用心鑽研直調這些「高球」的方法。那裡有「水割」（日文為 *mizuwari*）的喝法，是調酒師在酒杯裡裝滿冰塊，然後攪拌讓容器變冰，倒掉杯中融水，把冰塊留下。接著倒入威士忌，不多不少確切攪拌 13½ 圈，一定要順時針。最後，加入氣泡水，再攪拌 3½ 圈。有些調酒師會用一塊大冰塊，從頭攪拌到底；有些則是會在每個過程中，補點冰塊。不要讓我開始講他們對水的類型有多講究。一切都非常「禪」啊。

如果我爺爺看到這個，他一定會覺得很好笑。但最近美國的調酒師們完全被這種專注講求細節的態度，以及整個過程的浪漫理想所吸引。但是，我必須承認，有時很難向客人傳達我們對這些細微差異的珍視。他們看到酒中只有兩種材料，而且大部分還是水，就很難體會這杯調酒到底有多深奧，和我們對杯中細節所付出的諸多心力。沒關係；他們不需要知道所有的枝微末節，只要覺得酒好喝就好。

說了這麼多，我是要講「高球」最美的地方就是它的「簡單」。您只需要烈酒、玻璃杯、一些冰塊和碳酸水。不需要雪克杯或攪拌杯，也不用看起來很厲害的糖漿或苦精。天啊！甚至連正式的長吧匙都不需要。因此，無論您到哪裡，都可以調出一杯很棒的「高球」。

正因範本如此簡單，所以留了很多值得探索的空間，除了常見的琴酒＋通寧水、蘭姆酒＋可樂和帕洛瑪外，還可以另闢出無數的變化版。分支太多，但時間太少⋯⋯底下我提供的酒譜，結合了舒心的卡爾瓦多斯和有著明亮苦味的通寧水。這個搭配聽起來也許有點驚人，但是杯非常清爽，且具有深刻複雜度的雞尾酒。

卡爾瓦多斯通寧
Calvados and Tonic

蒙特勒伊酒莊奧日地區珍藏卡爾瓦多斯
（Domaine de Montreuil Pays d'Auge Réserve Calvados）2 盎司
冰的芬味樹通寧水（Fever-Tree tonic water）4 盎司

將卡爾瓦多斯倒入高球杯中，放 3 塊冰塊，攪拌 3 秒鐘。加入通寧水，攪拌一圈。無需裝飾即完成。

血腥瑪麗
Bloody Mary

經典款

如同我們先前提過的,「高球」也可以是鹹的──而「血腥瑪麗」堪稱所有鹹味雞尾酒之后。我們的基線「血腥瑪麗」是簡單的,而且需要最少的準備程序。用這個酒譜當範本,再加以調整,做出符合您喜好的雞尾酒。這也是一張適合做實驗的好畫布。您可以灑一點梅茲卡爾,增加煙燻味,或是把伏特加換成曼薩尼亞雪莉酒,加重鹹味,同時也降低酒精濃度(吃早午餐,沒必要讓自己喝醉)。也可以考慮用我們的「烤大蒜胡椒浸漬伏特加」(Roasted Garlic–and Pepper-Infused Vodka;做法請參考第 292 頁)製作。

猶太鹽和胡椒,製作「鹽口杯」用
檸檬角
埃斯波雷鴨伏特加 2 盎司
基礎血腥瑪麗預調(做法詳見第 295 頁)
5 盎司
現榨檸檬汁 ¼ 盎司
裝飾:檸檬角 1 塊和西芹 1 根

在小平盤上,混合等量的鹽和胡椒。用檸檬角沿著品脫杯上緣 0.64 公分(¼ 吋)處塗抹半圈,然後把沾濕的部分滾上鹽和胡椒。往杯裡補滿冰塊,倒入其餘材料,攪拌幾圈。以檸檬角和西芹裝飾即完成。

綠色血腥瑪麗
Bloody Mary Verde

戴文·塔比,創作於 2013 年

請叫我們「古典派」,但我們並不常遠離前一杯雞尾酒所用的,以番茄為基底的血腥瑪麗預調。有個例外是我們用墨西哥綠番茄(tomatillo,又譯為「酸漿果」)做的綠色版預調,它非常適合用來搭配辣味浸漬伏特加。這杯酒需要用的糖量,比您想像的還要多,因為黃瓜和墨西哥綠番茄天生甜度比番茄低,所以我們在預調中加了蜂蜜,也能增添微微的泥土味,有助於整合其餘材料。

猶太鹽和辣椒粉,製作「鹽口杯」用
萊姆角
綠色版預調(做法詳見第 296 頁)5 盎司
哈拉皮諾辣椒浸漬伏特加(做法詳見第 291 頁)1½ 盎司
現榨萊姆汁 1 盎司
裝飾:用裝飾籤串起的 1 顆小番茄和 1 塊檸檬角

在小平盤上,混合等量的猶太鹽和辣椒粉。用萊姆角沿著可林杯上緣 0.64 公分(¼ 吋)處塗抹半圈,然後把沾濕的部分滾上鹽混合物。往杯裡補滿冰塊,倒入其餘材料,攪拌幾圈。放上小番茄和檸檬角裝飾即完成。

無人的機器人
Nobody's Robots

艾力克斯·戴,創作於 2013 年

「無人的機器人」是「螺絲起子」(請參考第 213 頁)的怪奇進化版,透過將整杯雞尾酒碳酸化,製造出特別好喝的結果。如果您有把雞尾酒製成小桶裝(keg)的設備(應該大家都有,對吧?),這杯雞尾酒就變成一個很棒的方式,可以用來騙人喝下非常、非常多的雪莉酒。整體而言,這杯雞尾酒的風味比更典型「高球」──簡單的烈酒疊上調酒副材料──的風味濃縮,所以讓它更像是一杯深奧繁複的調酒。

絕對伏特加 1¼ 盎司
威廉漢特微甜雪莉酒 1 盎司
澄清柳橙汁(做法詳見第 146 頁)1 盎司
香草乳酸糖漿(做法詳見第 286 頁)
1 盎司
檸檬酸溶液(做法詳見第 298 頁)1 小匙
「大地香料」柳橙萃取液(Terra Spice orange extract)1 滴
冰賽爾脫茲氣泡水 2½ 盎司
裝飾:半圓形柳橙厚片 1 片

把所有材料冰涼,將它們放入碳酸瓶(carbonating bottle)中,灌入二氧化碳,然後輕輕搖晃,以幫助二氧化碳溶於酒液中(有關「碳酸化」的細節,請參考第 228 頁)。開瓶前,先將碳酸瓶放到冰箱冷藏至少 20 分鐘(冷藏 12 小時尤佳)。將冰鎮的雞尾酒倒進裝滿冰塊的高球杯中,最後以半圓形柳橙厚片裝飾即完成。

含羞草 Mimosa

經典款

在第一章中，我們（非常簡略地）探索了氣泡酒的世界（請參考第 28 頁）。由於它們每一種在酸度和糖含量的差異非常大，所展現的風味也從尖銳到濃郁帶有酵母香調都有，因此這些氣泡酒在雞尾酒裡通常是不能代換的。和「螺絲起子」（請參考第 213 頁）一樣，用當季柳橙現榨果汁調的「含羞草」，其美味是使用巴斯德法滅菌果汁調的版本無法比擬的。前者明亮又清新，而後者通常是平淡無味。話雖如此，但柳橙的甜度和酸度還是各有不同，所以我們加了一點檸檬酸溶液，以確保雞尾酒能有明亮活潑的風味。

現榨柳橙汁 1 盎司
檸檬酸溶液（做法詳見第 298 頁）3 滴
冰的不甜氣泡酒 5 盎司

將柳橙汁和檸檬酸溶液放到冰鎮過的笛型杯中混合均勻。倒入氣泡酒，接著快速將長吧匙浸入杯中，輕輕混合氣泡酒與其他材料。無需裝飾即完成。

蘋果氣泡雞尾酒 Apple Pop

戴文·塔比，創作於 2015 年

「蘋果氣泡雞尾酒」是我們為直接簡單「高球」所創的高雅版，靈感來自「琴通寧」的簡約。我們把未陳年法國蘋果白蘭地配上一點點的西洋梨白蘭地，和白香艾酒的草本甜味；充滿果汁感的自製蘋果西芹汽水能夠舒展這些風味，成為一杯清爽的「高球」微改編版。

諾曼第德魯安布蘭奇蘋果白蘭地
（Drouin Blanche de Normandie apple brandy）1 盎司
清溪西洋梨白蘭地 ½ 盎司
多林白香艾酒 1 盎司
蘋果西芹汽水（做法詳見第 295 頁）5 盎司
裝飾：薄荷 1 支和西芹葉 1 片

將除了汽水外的所有材料放到高球杯中混合均勻，放 3 塊冰塊，攪拌 3 秒鐘。倒入汽水，攪拌 1 圈。以薄荷支和西芹葉裝飾即完成。

貝里尼 Bellini

經典款

雖然「貝里尼」終年在世界各地的酒吧都點的到，但它們最美味的時候是蜜桃成熟高峰期——一個很少人有機會能體驗的特殊待遇。即使是最高品質的市售蜜桃果泥，若和盛產期的蜜桃果泥放在一起相比，也會變得黯淡。留意您當地的農夫市集，看看什麼時候可以買到蜜桃，然後把握機會製作這杯經典的雞尾酒。不過，「貝里尼」之美在於，幾乎用任何新鮮、成熟的水果來做都可以，為無數新創意敞開大門。

新鮮蜜桃果泥（見下方補充說明）1 盎司
冰普羅賽克 5 盎司

將蜜桃果泥放入笛型杯中。倒入普羅賽克，接著快速將長吧匙浸入杯中，輕輕混合氣泡酒與其他材料。無需裝飾即完成。

製作水果泥

要製作水果泥，您需要果汁機和細目網篩。首先，將水果完全洗乾淨。如果水果皮會苦或有不討喜的味道，就先去皮，同時也去掉任何果核或種子。蜜桃、西洋梨和蘋果等水果，只要接觸到空氣就會變成咖啡色；要解決這個問題，可把檸檬酸粉末與水果一起加到果汁機裡（2 杯水果加 ½ 小匙的檸檬酸）。攪打到細滑之後，用細目網篩過濾果泥。倒進保存容器裡，加蓋。冷藏最多可保存 1 週，若是冷凍，最多則可保存 1 個月。

皇家基爾 Kir Royale

經典款

另一個用來探索以氣泡酒為基酒之「高球」變化版的管道是，使用水果利口酒當調味劑；但要小心，用量不要太多，否則會讓雞尾酒過甜。經典的「皇家基爾」取得了剛剛好的平衡，它適度地使用黑醋栗利口酒（crème de cassis）── 一種保有水果明亮酸度的黑醋栗利口酒。那個酸度讓這種利口酒在調酒時很萬用，因為能同時帶來甜味和酸味，還有水果的果汁風味。雖然這杯雞尾酒傳統上會使用香檳，但用法國布根地氣泡酒（Crémant de Bourgogne）也很不錯，且不要害怕進一步嘗試，要盡量去探索利口酒配上氣泡酒的無限可能。

第戎加布里埃爾黑醋栗利口酒 ½ 盎司
冰的不甜香檳 5½ 盎司

將黑醋栗利口酒倒入冰鎮過的笛型杯中，接著倒入香檳，並快速將長吧匙浸入杯中，輕輕混合香檳與其他材料。無需裝飾即完成。

聖杰曼雞尾酒
St-Germain Cocktail

經典款

聖杰曼雞尾酒和亞普羅之霧（請參考右側）享有共同的基本原則。為了確保氣泡酒不會蓋過聖杰曼利口酒的細緻特色，我們會把相當份量的氣泡酒用賽爾脫茲氣泡水補足，讓氣泡最大化，同時又能有平衡的風味輪廓，讓聖杰曼得以展露光芒。

聖杰曼接骨木花利口酒 1½ 盎司
冰的不甜氣泡酒 2 盎司
冰賽爾脫茲氣泡水 2 盎司
裝飾：檸檬皮捲 1 條

將聖杰曼利口酒倒入高球杯中。在杯裡裝滿冰塊，接著倒入氣泡酒和賽爾脫茲氣泡水，並快速將長吧匙浸入杯中，輕輕混合氣泡酒與其他材料。朝著飲料擠壓檸檬皮捲，再把果皮投入酒中即完成。

亞普羅之霧
Aperol Spritz

經典款

經典的「亞普羅之霧」和「美國佬」並列為無法取代的開胃雞尾酒 ── 一種餐前喝、可增進食慾的飲品。雖然我們堅信氣泡酒可以讓一切變美味，但太多的氣泡酒確實會蓋過細緻的風味。這杯用最淡開胃酒「亞普羅」調的雞尾酒，就是一個例子。如果用更多的氣泡酒，只會讓酒味更重，所以我們同時加了賽爾脫茲氣泡水，讓整杯酒維持在清爽但氣泡又夠多的狀態，不會過度干擾風味輪廓。

亞普羅 2 盎司
冰的普羅賽克或不甜香檳類氣泡酒 3 盎司
冰賽爾脫茲氣泡水 2 盎司
裝飾：葡萄柚角 1 塊

將亞普羅倒入葡萄酒杯中。在杯裡裝滿冰塊，接著倒入氣泡酒和賽爾脫茲氣泡水，並快速將長吧匙浸入杯中，輕輕混合氣泡酒與其他材料。以葡萄柚角裝飾即完成。

諾曼第俱樂部的
氣泡雞尾酒，三號

雛菊花環

諾曼第俱樂部的
氣泡雞尾酒，一號

諾曼第俱樂部的
氣泡雞尾酒，一號
Normandie Club Spritz #1

戴文・塔比與艾力克斯・戴，
2015 年創作於諾曼第俱樂部酒吧

這杯雞尾酒因為用了完全澄清的果汁，所以很容易會被認為只是杯簡單的氣泡雞尾酒，但它裡頭有滿滿的明亮酸味和無比複雜的松樹香調——感謝清溪洋松生命之水（Clear Creek Douglas Fir eau de vie）。

多林白香艾酒 1½ 盎司
清溪洋松生命之水 ½ 盎司
澄清黃瓜水（做法詳見第 146 頁）3 盎司
澄清萊姆汁（做法詳見第 146 頁）½ 盎司
簡易糖漿（做法詳見第 45 頁）½ 盎司
鹽水（做法詳見第 298 頁）1 滴
不含氣泡的水 ½ 盎司
裝飾：薄荷 1 支

把所有材料冰涼，將它們放入碳酸瓶中，灌入二氧化碳，然後輕輕搖晃，以幫助二氧化碳溶於酒液中（有關「碳酸化」的細節，請參考第 228 頁）。倒進已經放了冰塊的小型白酒杯中。放上薄荷支裝飾即完成。

雛菊花環 Daisy Chain

戴文・塔比，創作於 2015 年

「雛菊花環」用了與「諾曼第俱樂部的氣泡雞尾酒，三號」（請參考右側）相似的方法，產生一杯能模仿氣泡酒風味的雞尾酒。由極不甜又帶鹹味的曼薩尼亞雪莉酒、甜且具花香的聖杰曼利口酒，以及多汁酸葡萄汁構成的組合，幾乎可以騙您以為自己是在喝一杯不甜的蜜思嘉氣泡酒（Muscat）。帶苦的蘇茲酒是用來抑制聖杰曼利口酒的糖果香調，也加入開胃酒的特質。同時，氣泡蘋果酒則能帶來酒體和酯香——這是在賽爾脫茲氣泡水或氣泡酒中找不到的特質。

曼薩尼亞雪莉酒 1½ 盎司
聖杰曼接骨木花利口酒 ½ 盎司
蘇茲 ¼ 盎司
融合納帕谷酸白葡萄汁 ½ 盎司
現榨檸檬汁 ¼ 盎司
鹽水（做法詳見第 298 頁）2 滴
諾曼第氣泡蘋果酒（Normandy sparkling apple cider）3 盎司
裝飾：用裝飾籤串起的 5 片蘋果薄片

將蘋果酒以外的材料倒入葡萄酒杯中混合均勻。在杯裡裝滿冰塊，然後攪拌至冰鎮。疊上蘋果酒，輕輕拌勻，最後放上蘋果薄片裝飾即完成。

諾曼第俱樂部的
氣泡雞尾酒，三號
Normandie Club Spritz #3

戴文・塔比，創作於 2015 年

我們參考第 226 頁的「改良版氣泡葡萄酒雞尾酒」，並將其中的想法延伸，就得到了這杯「諾曼第俱樂部的氣泡雞尾酒，三號」，基酒由不甜香艾酒和聖杰曼利口酒共同組成，並加上澄清果汁，能提供平衡但又不會改變雞尾酒類似香檳的質地。我們同樣選擇將整杯雞尾酒碳酸化，而不只是倒入賽爾脫茲氣泡水而已。這樣的做法能讓整杯雞尾酒有一致的冒泡程度，使它喝起來無敵順口。

布瓦西埃不甜香艾酒（Boissiere dry vermouth）1 盎司
聖杰曼接骨木花利口酒 1 盎司
老部落白龍舌蘭 ¼ 盎司
魅力之域特選皮斯科 ¼ 盎司
吉法葡萄柚香甜酒 ¼ 盎司
澄清葡萄柚汁（做法詳見第 146 頁）1 盎司
澄清檸檬汁（做法詳見第 146 頁）½ 盎司
冰賽爾脫茲氣泡水 2½ 盎司
裝飾：半圓形葡萄柚厚片 1 片

把所有材料冰涼，將它們放入碳酸瓶中，灌入二氧化碳，然後輕輕搖晃，以幫助二氧化碳溶於酒液中（有關「碳酸化」的細節，請參考第 228 頁）。開瓶前，先將碳酸瓶放到冰箱冷藏至少 20 分鐘（冷藏 12 小時尤佳）。將冰鎮的雞尾酒倒進裝滿冰塊的高球杯中，放上半圓形葡萄柚厚片裝飾即完成。

改良版氣泡葡萄酒雞尾酒
Improved Wine Spritz

戴文・塔比，創作於 2016 年

我們的「改良版氣泡葡萄酒雞尾酒」展示了我們如何整合第三章中「黛綺莉」和「酸酒」的一些原則，製作出一杯更棒的「氣泡葡萄酒雞尾酒」（請參考右側），但又不會偏離「高球」範本太遠。我們做的只有添加少量檸檬汁和簡易糖漿，但這能為雞尾酒帶來迷人的酸甜平衡，提升葡萄酒的風味，也能賦予雞尾酒更豐厚的酒體。

冰的脆爽（crisp）白葡萄酒或粉紅酒
4 盎司
現榨檸檬汁 ¼ 盎司
簡易糖漿（做法詳見第 45 頁）¼ 盎司
冰賽爾脫茲氣泡水 2 盎司
裝飾：輪切檸檬厚片 1 片

將葡萄酒、檸檬汁和簡易糖漿倒入葡萄酒杯中混合均勻。在杯裡裝滿冰塊，再加進賽爾脫茲氣泡水，輕輕地拌勻，最後以輪切檸檬厚片裝飾即完成。

氣泡葡萄酒雞尾酒
Wine Spritz

經典款

您也可以用不含氣泡的葡萄酒當雞尾酒的核心。因為葡萄酒的酒精純度和風味都比烈酒低很多，所以用量要增加，而賽爾脫茲氣泡水的量則要相應減少。完成了！經典的氣泡葡萄酒雞尾酒，它確實是一種「高球」。雖然葡萄酒有很多種甜度和酸度，但請維持使用少量的賽爾脫茲氣泡水，因為這項副材料可以伸展和傳遞葡萄酒特有的風味，效果通常很好。喜愛「氣泡葡萄酒雞尾酒」一點也不會讓我們覺得難為情。一杯冰冰涼涼的葡萄酒疊上賽爾脫茲氣泡水有什麼好不喜歡的呢？它是一杯媽媽和雞尾酒怪咖都適合的酒。

冰的脆爽（crisp）白葡萄酒或粉紅酒
4 盎司
冰賽爾脫茲氣泡水 2 盎司
裝飾：輪切檸檬厚片 1 片

將葡萄酒倒入葡萄酒杯中。在杯裡裝滿冰塊，再加進賽爾脫茲氣泡水，攪拌一圈，最後以輪切檸檬厚片為裝飾即完成。

王者降臨
King's Landing

艾力克斯・戴，創作於 2013 年

依據它的材料，這杯「王者降臨」如果稍微偏酸一點，看起來就滿像典型的「酸酒系」雞尾酒。但如果您仔細看酒譜的份量，您就會看到這杯酒絕大多數是由西班牙氣泡酒「卜瓦」和我們自製的樺木浸漬香艾酒組成，再加入相對少量的檸檬汁和西洋梨利口酒來平衡，讓這杯雞尾酒穩穩地站在「高球」的領地上。

樺木浸漬公雞托里諾香艾酒
（Birch-Infused Cocchi Vermouth di Torino；做法詳見第 287 頁）1½ 盎司
清溪西洋梨利口酒 ½ 盎司
現榨檸檬汁 ¼ 盎司
冰卡瓦氣泡酒 3½ 盎司
裝飾：輪切檸檬厚片 1 片

將浸漬香艾酒、西洋梨利口酒和檸檬汁放入葡萄酒杯中混合均勻。在杯裡裝滿冰塊，接著倒入卡瓦，並快速將長吧匙浸入杯中，輕輕混合卡瓦與其他材料。以輪切檸檬厚片裝飾即完成。

王者降臨

進階技巧：碳酸化雞尾酒

我們對於所有會冒泡物品的熱愛已經帶領我們探究了多種不同的技巧，幫助我們讓雞尾酒盡可能地發泡，而因為碳酸化作用會影響香氣與風味，所以能讓調酒更加美味。當您把帶有泡泡的飲料端到鼻前時，二氧化碳翻騰的氣泡會托起飲料中的香氣分子，提高您對風味的感知。啜入第一口時，氣泡會讓舌頭覺得癢癢的。隨著您的飲用，酒中的二氧化碳會玩弄您對酸度的感覺，讓飲料似乎更清爽。

碳酸化可以是自然發生，也可以是靠外力灌入的。雖然市面上有許多品質卓越的碳酸調酒副材料，但有時我們還是想自己製作 —— 或把整杯雞尾酒碳酸化。科技救援！用一些不貴的器材，我們可以組出一套幾乎能讓所有飲料冒泡的系統。但在我們告訴您細節前，讓我們先來看看碳酸化如何操作，以及怎樣能達到最佳效果。

一些關於碳酸化的基本原理

碳酸化就是把二氧化碳溶於液體中。當您要把二氧化碳強制灌入液態溶液中時，牢記三個關鍵變數很重要：通透度、溫度和時間。

一般來說，透明的液體比較適合進行碳酸化。混濁的液體會造成比較不穩定的碳酸化，因為任何漂浮在液體中的微粒，如柑橘果肉，都會形成讓氣泡脫逃的路徑，二氧化碳氣泡會附著在微粒上，跟著一起浮到表面，然後消失。因此，我們比較喜歡用透明液體來操作，若需要，會先將液體「澄清」。（請參考第 144 頁「進階技巧：澄清」。）

液體的溫度也會嚴重影響碳酸化。有打開過溫的汽水嗎？它裡頭的氣體可能會到處噴，這是因為罐內液體的溫度越高，能抓住的二氧化碳就越少。相反地，一瓶冰的汽水，打開的時候，通常不會噴氣，發出嘶嘶聲，且氣泡也會持續較長的時間。所以在進行碳酸化之前，我們會先確定所有的材料盡可能冰涼，然後在碳酸化後也要繼續冷藏。

最後，當然是時間。二氧化碳即使是灌入很冰的清澈液體，氣體也需要一點時間才能完全溶解。我們發現我們特製的碳酸化雞尾酒，如果有機會能夠靜置至少一天的話，會有更細、更密的氣泡。

何時適合（及不適合）灌入二氧化碳？

光是清澈的液體，並不代表就是個適合碳酸化的好選擇。不久之前，興致高昂的調酒師們，會把眼前看到的所有一切都拿來碳酸化（罪名成立！），其中包括烈性高的雞尾酒。雖然這世上我們最愛的就是「內格羅尼」和氣泡，但它們兩個真的不適合放在一起。這裡有一些理由，要說服您避開含碳酸化又酒味重的雞尾酒。

據說含二氧化碳的雞尾酒比較容易讓人喝醉。雖然這未經完全證實，但我們發現人們在喝帶有氣泡的雞尾酒時，往往會喝得比較快。因此，我們傾向只對酒感較輕，較淡的雞尾酒進行碳酸化。

其次，請回顧碳酸化如何影響飲用者的經驗，改變雞尾酒的香氣、質地和風味。一杯像是「內格羅尼」的雞尾酒，裡頭包括了強勁、甜和苦間的微妙平衡，這是由各種富含個性的材料建構而成的。但碳酸化會改變這項平衡，增加金巴利和香艾酒的香氣強度，也會讓飲用者覺得比較酸，且入口後會有比較重的酒精味。最後，一杯經過碳酸化的「內格羅尼」，並不是非常好喝，這個過程完全沒有對雞尾酒加分。

碳酸化的方法與工具

我們馬上將開始闡述家用碳酸化的三種方法：使用蘇打槍（soda siphon）、自製碳酸化瓶裝液體的設備（我們最愛的方法），和組裝類似的設備來幫桶裝的雞尾酒灌入二氧化碳。（另一個選擇是「佩利尼」[Perlini] 這個牌子出的系統，使用特殊的雪克杯配上二氧化碳氣彈 [CO_2 cartridges] 或二氧化碳壓力罐 [CO_2 pressure tank]）。您可能會想，為什麼不能簡單用 SodaStream 氣泡水機或其他類似的裝置，來將二氧化碳灌入雞尾酒中呢？或許可以，但我們力勸您不要這麼做。首先，用 SodaStream 氣泡水機來幫雞尾酒打氣，會讓機器的保固失效。再者，您並不能控制 SodaStream 氣泡水機每次要加到液體中的壓力大小。我們寧可站在擁有控制權的那端。

準備碳酸化材料的一般注意事項

1 準備材料：過濾並澄清（請參考第 144 頁）任何混濁的果汁、浸漬液或糖漿。

2 把所有材料冰涼：將所有烈酒（酒精濃度 40% 或以上的）放入冷凍庫至少 12 小時。酒精純度低一點的材料（如香艾酒、靜態葡萄酒和利口酒）不能冷凍，而是改為冷藏，或泡在冰塊水裡至少 1 小時（能達到最佳效果）。糖漿和果汁冷藏的時間，應該要足夠讓液體冰透，但又不能太久，造成果汁氧化，理想冷藏時間為 1～4 小時。

3 清出空間和準備工具：將所有碳酸化要用的配備（請見下方說明）清潔過並集合起來。如果用的是蘇打槍隔熱金屬罐，請先放到冷凍庫冰鎮。（所有東西都必須是冰的！）把公克磅秤、吧台用擦巾和量杯拿出來擺好，這樣在開始組合雞尾酒時，才方便取用。

4 備好所有輔助性材料：除了用量比較多的材料需要冰鎮外，酒譜中可能還會要求一些少量的材料，如苦精、風味萃取液和酸類溶液等。這些東西也要事先準備好，擺在順手處。

5 要考慮到稀釋：當您在碳酸化一杯自製雞尾酒時，就是在製造一杯成品，而您會希望它的稀釋程度和這杯雞尾酒的攪拌版或搖盪版相似。我們發現用非常冰的賽爾脫茲氣泡水來稀釋，可以達到最棒的效果。雖然氣泡水確切的用量，取決於雞尾酒裡的其他材料，但我們通常在稀釋碳酸化雞尾酒時，會讓它總量中 20% 是水。

6 把所有東西組合起來：從冷凍庫、冷藏庫或冰塊水中，一次一個，取出所有材料。將所有需要的材料量好，倒進要調酒的容器中，速度要快，讓所有東西保持在冰涼的狀態。現在您可以準備用底下細述的方法，將二氧化碳灌入雞尾酒中了。

碳酸水果

二氧化碳也可以用來讓固體材料冒泡，形成獨特的裝飾物。使用 iSi 發泡器（不是蘇打水槍），任何含有水分的水果或蔬菜（基本上就是所有的蔬菜水果），都可以進行碳酸化。這個過程類似於在碳酸雞尾酒（在這個例子中，也可以指碳酸水）中會發生的事。當二氧化碳和水果在加壓環境中混合時，二氧化碳會穿過水果的外膜，溶入水果裡的水分。這樣會造成水果吃進嘴裡時，舌頭會感覺到意外的微刺感。

因為發泡器的開口很小，所以最容易使用的水果就是葡萄——是我們的最愛。莓果類太嬌弱了，會裂開。大一點的水果則需要切成小塊；柑橘類的話，我們通常會把每瓣切成四小塊。把水果放入發泡器中，不要超過瓶內的「MAX」標示線。鎖緊上蓋，一邊用二氧化碳氣彈充氣，一邊讓洩氣閥保持開啟。這樣能除去鋼瓶內的環境氣體。然後，將洩氣閥關閉，更換氣彈，再次灌入二氧化碳。

把發泡器放入冰塊水中，冷卻所有材料；水果內的液體越冰，就能留住越多的二氧化碳。靜置至少一小時。水果在發泡器內放越久，就會變得越有氣——放隔夜，就會有「氣很足」的水果。

如果用的是完整的水果，如葡萄，這個過程可能會造成水果爆開，因為氣體的壓力超過水果表皮的韌度。解決方法之一是在碳酸化前，先將小顆的水果切半。另一個解決方法是加互補的液體到發泡器中，讓液體成為作用時的緩衝，並且保住水果的細胞壁。如果是葡萄，我們就會加酸葡萄汁，這樣做出來的結果是注入明亮酸葡萄汁風味的碳酸葡萄。

最後一個關於氣泡水果的說明：這會是趟關於想法的旅程。在我們的大腦深處，天生就具有一個無法改變的動物本能，我們會認為帶氣泡的水果是已經發酵的，因此可能是腐爛的或有害健康的。對於某些人而言，這是條很難跨越的線。因此，我們在碳酸化整顆水果時，通常會用互補的液體，就像葡萄和酸葡萄汁的例子。這樣能夠強化水果的新鮮特質，變成討喜又獨特的裝飾物。

蘇打槍

蘇打槍是厚壁金屬罐，專門用來幫液體灌入二氧化碳。我們最喜歡的是 iSi 公司製造的（這個牌子也有賣我們製作快速加壓浸漬液的 N2O 鮮奶油發泡器，請參考第 97 頁）。要用蘇打槍來灌二氧化碳，需先將液體倒入金屬罐中，注意不要超過瓶內的「Max」標示線；這點很重要，事關安全和最佳碳酸化。此外，一定要把蓋子關到非常緊。填入一個二氧化碳氣彈，然後大力搖晃。（雖然製造商並不建議這麼做，但我們每次都會進行第二次充氣，然後再度搖晃，讓冒泡最大化。）接著整罐放入冰箱冷藏，或若要更快速冷卻，可泡冰塊水。無論是哪一種方法，最好都讓金屬罐冷卻至少 2 小時（6 小時尤佳），這樣可以讓二氧化碳有更足夠的時間可以溶入液體中。

蘇打槍是個不貴且萬用的工具，但它有三大缺點。首先，一定要先浪費一個完整的氣彈，才能移除環境氣體。第二，因為無法調整施加到液體中的壓力大小，所以無法控制最終成品的氣泡強度。第三，所有這些小金屬罐，都是一筆花費，且會對環境造成影響。單單第三個原因就讓蘇打槍變成一個不是那麼具永續性的方法，特別是對忙碌的酒吧而言。但對於剛開始摸索自製碳酸化雞尾酒的人而言，它仍是一個現成的好選擇。

自行幫瓶裝液體灌入二氧化碳

到目前為止我們最愛的碳酸化方法，無論是在酒吧裡，還是自己家裡，都是一個由雞尾酒奇才戴夫·阿諾德和以波特蘭為據點的調酒師傑佛瑞·莫根塔勒（Jeffrey Morganthaler）推廣，使用自釀啤酒器材拼湊而成的配備。幸好這種配備現在已經夠常見，所以您也許不需要為了找正確的零件，翻遍整間自釀啤酒器材行，然後在旁邊看的店員還覺得一臉困惑。（當然，如果您在當地的自釀啤酒器材行真的找不到的話，這些用品在網路上也買得到。）

這個系統中，我們最喜歡的部分是，只要在前期花一點錢之後，自製碳酸雞尾酒（或只是讓家裡有源源不絕的賽爾脫茲氣泡水）就會變得超級便宜。

家用碳酸化設備，需要買的東西

- **大型二氧化碳氣瓶（CO₂ tank）**：一般 5 磅的就夠了（約 35.5 公分 ×12.7 公分／ 14 吋 ×5 吋），但如果您雄心勃勃的話，也可以買 20 磅的，這樣大概可以打氣成千上百次。不管是哪個規格，只要您用完一瓶，都可用少少的錢，換一個充飽氣的回家。

- **初級二氧化碳調節器（Primary CO₂ regulator）**：這個東西會接在大型二氧化碳氣瓶旁的耦合器（coupler）上。要選購有針盤指示器，會顯示壓力（單位為 PSI，即「磅力每平方吋」）和大型氣瓶罐內準位的，另外在氣體管線上，還要有個緊急關閉閥（shutoff valve）。要確定調節器無論是從前面的旋鈕或從螺絲都能輕鬆地調整，而且能夠承受高達 60PSI 的壓力。我們比較喜歡 Micro Matic 製造的調節器。

- **軟管**：您會需要管內口徑（ID；internal dimension）為 7.94 公釐（5/16 吋）的軟管 152 公分（5 呎）。常見的紅色彈性軟管就可以，但我們喜歡 Micro Matic 的厚壁編織軟管，因為這種管子可以承受我們在碳酸化雞尾酒時，所產生的較大壓力（啤酒系統的壓力通常不會超過 20PSI）。

- **氣體球鎖連接器（Gas ball lock connector）**：這個塑膠或不鏽鋼的極小零件可以連接軟管和碳酸化蓋（carbonation cap）。

- **防脫落管夾（Worm clips）**：您至少會需要兩個管夾來固定軟管和調節器的接合處，以及軟管與氣體球鎖連接器的結合處。多買幾個備用！

- **碳酸化帽蓋（Carbonation cap）**：這是一個單向閥，連接氣體球鎖連接器和塑膠瓶。

- **塑膠瓶**：這是用來盛裝要進行碳酸化之雞尾酒的容器。重複使用 1 ～ 3 公升裝的 PET 賽爾脫茲氣泡水或蘇打水塑膠瓶也沒關係，但如果您是重複使用瓶子，請務必完全清洗乾淨，以去除任何之前殘留的味道。

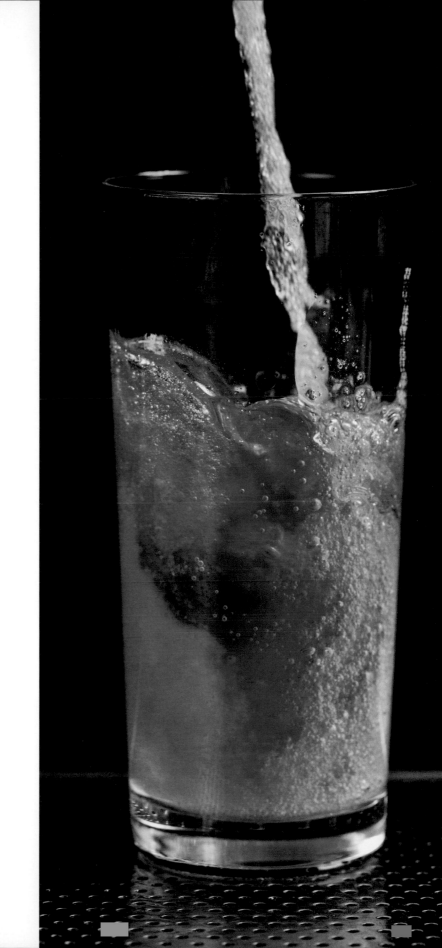

如何碳酸化瓶裝液體

1 把所有材料準備好，並確定它們越冰越好。

2 用漏斗把材料倒進塑膠瓶裡，不要裝超過 8 分滿。頂部留空讓氣體有空間可以和液體相互作用；如果您一口氣把塑膠瓶裝滿，就會得到一瓶沒氣的雞尾酒。

3 擠壓瓶子中間，以盡量排出瓶中空氣，然後裝上碳酸化帽蓋，關緊。要確定碳酸化帽蓋是鎖緊——但又不能完全鎖死到之後打不開的程度。（如果要一次碳酸化好幾瓶，或瓶內的材料還不夠冰，可把塑膠瓶置於冷藏，或泡在冰塊水裡。）

4 打開氣瓶，並將初級調節器設定在 45PSI。

5 將氣體球鎖連接器接到碳酸化帽蓋上，往內壓直到卡入定位。因為二氧化碳會快速灌入，所以瓶子在幾秒內就會膨脹。

6 在瓶子仍接著氣瓶的情況下，搖晃塑膠瓶 10 秒鐘左右，然後從碳酸化帽蓋上取下氣體軟管。

7 將塑膠瓶放入冰箱冷藏，或泡在冰塊水裡至少兩小時後再開瓶使用。

8 若想得到最佳效果，可考慮再次碳酸化。操作方法是，在冷藏 1 小時後，打開塑膠瓶，擠出多餘空氣後，再把蓋子蓋起來，接著重複步驟4到步驟7。完成後冷藏或用冰塊水冰鎮 1 小時。

9 準備好要端出雞尾酒時，先直立握好塑膠瓶，然後小心打開碳酸化帽蓋。會有很大的嘶嘶聲，那是因為灌入的二氧化碳跑出來的緣故。儘速端上桌，以維持氣泡。

自行幫桶裝液體灌入二氧化碳

有個類似於幫瓶裝液體灌氣的方法，可以用來幫桶裝液體灌入二氧化碳。您只需要使用比較大的裝備，但因為容量比較大，所以多幾個步驟很重要，才能確保碳酸化達到最大功效。

桶裝雞尾酒在雞尾酒界已經成為一種趨勢，之所以這麼流行有充分的理由：若能事先準備好一大批雞尾酒，調酒師就能用迅雷不及掩耳的速度端上獨特的碳酸雞尾酒。這個模式也讓我們可以用新方法處理雞尾酒；一次做好比較大的量的話，就比較容易做無法對單杯雞尾酒進行的小調整。但有件事要提醒您：在商業場所裡，提供不是從原瓶倒出的酒類商品，可能會觸犯當地法律，所以請先確認您所在地的法律規定。

經過多年在我們的酒吧裡建構這些系統後，我們發現幾個關鍵。其中最重要的是，改裝一個啤酒系統給桶裝雞尾酒用，並不是一個長久之計。傳統自釀啤酒的管線並不是設計用來讓雞尾酒等，酸性較強，且酒精純度也比較高的液體流過。此外，如果您改裝一個啤酒系統給桶裝雞尾酒用，很快就會讓管線染上味道，然後清洗就會變成一場惡夢，不然就要換新的。

桶裝雞尾酒並不只有酒吧能用；也適合一次做一大批放在派對上，然後讓要喝的賓客自己裝。我們是不是很懶惰的主人？沒錯，我們就是！我們在酒吧裡的做法也同樣可以套用在家裡，但不要用 5 加侖裝（1 美式液體加侖＝ 3.785 公升）的大桶，我們建議改用小一點的，容量 2.5 加侖的即可。

桶裝雞尾酒碳酸化設備，需要購買的東西

- 您需要所有第 233 頁「瓶裝液體碳酸化設備」中所提到的零件（除了碳酸蓋和塑膠瓶外）。

- **球鎖型科尼利厄斯小桶（Ball lock cornelius keg）**：這些桶子在自釀啤酒器材行與好幾個網路商店都能找到全新的與二手的，最常見的尺寸是 5 加侖裝，但也有小一點或大一點的。對於專業酒吧，我們建議 5 加侖的桶子；而對於家用消費者而言，2.5 加侖的會比較好操作。要確認所有墊片都是乾淨且新的，且球鎖連接器也能正常使用。在運送過程中，頂端開口非常容易彎曲，這樣會造成之後無法密合，導致碳酸化成果不彰，或無法將二氧化碳灌到雞尾酒中。我們比較喜歡可堆疊，由 Morebeer.com 販售的 Torpedo 桶，因為這些桶子有堅固的把手，可以防止桶與桶連接處被擠壓到。

- **碳酸化蓋（Carbonating lid）**：這個科尼利厄斯小桶專用的蓋子上連接了一條管子，在管子尾端有一個碳酸鹽岩（carbonating stone）。當蓋子固定在桶上時，管子和碳酸鹽岩會沒入液體中。碳酸鹽岩上有許多小洞，可以用比較一致的方式，釋放二氧化碳到整桶液體裡，加速碳酸化。（如果您做一些研究，就可以將小桶的進氣連接器 [gas-in connector] 改成接有碳酸鹽岩，這樣就不用花錢買額外的蓋子。）

- **分裝液體專用的龍頭**：自釀啤酒器材行也許能幫您把球鎖液體連接器和一條水管及簡單的水龍頭裝在一起，或在網路上也可以找到許多方法：請搜尋「啤酒水龍頭、科尼利厄斯球鎖分離」（beer faucet, cornelius ball lock disconnect）。

如何碳酸化桶裝液體

1. 把所有材料準備好，並確定它們越冰越好。

2. 將桶子裡外清洗乾淨。要確定所有 O 型墊片都已放上且狀況良好。（蓋子上有一個大的 O 型墊片，而球鎖連接器上有幾個比較小的 O 型墊片。）

3. 將冰涼的材料倒入桶內，預留足夠的稀釋空間 —— 只能倒大約半滿。

4. 在桶子要封上灌氣前的最後一刻，才倒入非常冰的賽爾脫茲氣泡水稀釋桶內雞尾酒。這個讓半批雞尾酒含有氣泡的步驟，能夠讓我們贏在起跑點，同時也能確保測量精確。最多只能裝到桶子的八分滿，不要超過。頂部留空讓氣體有空間可以和液體相互作用；如果您一口氣把桶子裝滿，就會得到沒氣的雞尾酒。

5. 打開氣瓶，並將初級調節器設定在 45PSI。

6. 把氣體對氣體連接器（gas-to-gas connector）接到碳酸化蓋上。是蓋子中間那個，不是桶子旁邊的氣體管線。雖然您也可以用桶子旁邊的連接器來打氣，但要使用標準蓋子（而不是碳酸化蓋），且需要花比較長的時間才能達到完全碳酸化。

7. 給氣體 1 分鐘的時間擴散到液體中。

8. 拉起蓋子上的洩氣閥大約 2 秒鐘，以洩出桶子內頂部空間的氧氣，進而換成二氧化碳。您會聽到二氧化碳注入液體的聲音。

9. 如果從調節器接到桶子的管線承受得住的話，請把桶子倒下來側放，來回滾動 5 分鐘。因為桶子是長形，所以把它側放，能增加氣體與液體接觸的表面面積，而讓液體不斷晃動，也可以加快它溶解氣體的速度。如果您想要在非常短的時間完成碳酸化，就來回滾動桶子久一點。

10. 讓桶子靜置。理想狀態下，最好讓桶子繼續接著碳酸化的管線過一夜，能確保達到冒泡最大化，但更重要的是，要讓桶子與桶內液體變冰涼。空間允許的話，可把桶子和碳酸化設備放入冰箱，在持續加壓的狀態下靜置。如果沒有空間，或您馬上就要端出雞尾酒的話，可把桶子放在水桶內，周圍鋪滿冰塊，然後加水變成冰浴。

11. 要分裝雞尾酒前，再把氣體管線拔掉。

如何分裝桶裝雞尾酒

1. 把氣體管線從桶子上拔掉。

2. 拉開蓋子上的洩氣閥。會有相當大的嘶嘶聲。別擔心！這只會洩出桶內頂部空間的氣體，不會洩掉溶解在液體中的氣體 —— 除非您打開洩氣閥太久。所以打開 10 秒鐘左右，直到聲音漸漸停歇，就可以關上洩氣閥。

3. 在這個階段，您可以把碳酸化蓋換成桶子的標準蓋，但除非您是要將碳酸化蓋用於其他桶子，否則沒必要這麼做。

4. 把初級調節器的壓力改為 5PSI。將氣體球鎖連接器接到桶子上 —— 不是您用來碳酸化雞尾酒的碳酸化蓋球鎖連接器 —— 然後打開氣體。

5. 再次拉開洩氣閥，這次開 10 秒鐘左右。

6. 把龍頭接到桶子上。要確定液體球鎖連接器是「關」的狀態。

7. 小心從龍頭倒入一些液體，如果液體出來的速度太慢，可以微量增加 PSI，直到液體可以順暢流出，但不會產生泡沫。反過來，如果液體流出的速度太快且有泡沫，則稍微減少 PSI 的量。重點是慢慢來，對於壓力只做小小的調整。

8. 我們建議在分裝時，還是讓桶子一直放在冰塊上 —— 就像您大學派對時做的那樣。

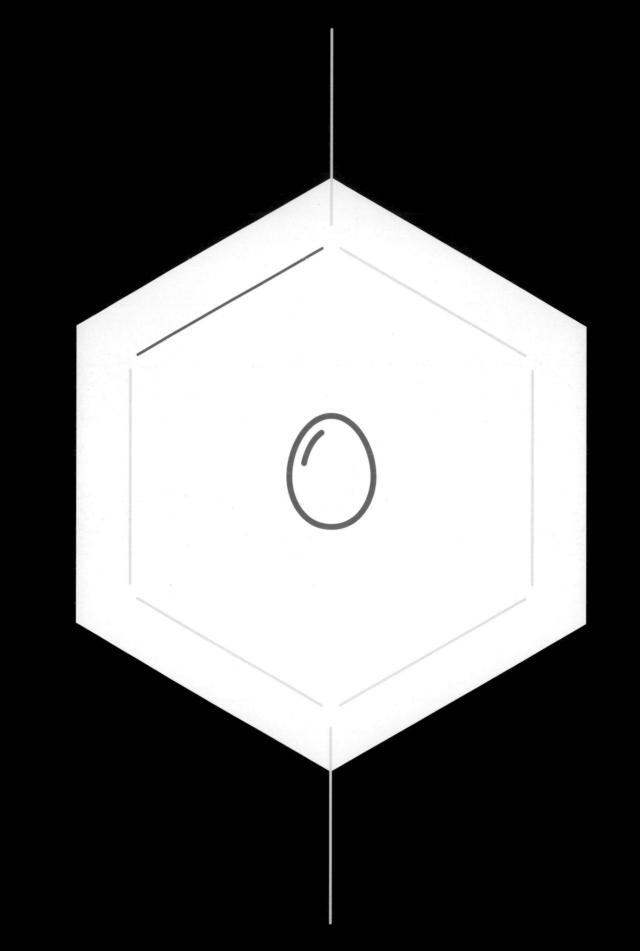

6

蛋蜜酒

THE FLIP

經典酒譜

「蛋蜜酒」的起源可追溯回 17 世紀的英格蘭，當時那裡的人們將啤酒、蘭姆酒和砂糖混合後加熱，做出一杯溫暖的冬天調飲。當時那個混合物（尚未稱為「蛋蜜酒」）在殖民地美國大流行，且在美國經過幾世紀的演進後，發展出一個方法——把燒得熱紅的鐵棍迅速插入液體中，造成杯裡酒液劇烈起泡，或「翻動」（flip），雞尾酒因此得名。漸漸地，人們不再喜歡熱紅鐵棍（呼，謝天謝地！），對啤酒也一樣；雞尾酒從熱飲變成冷飲；至於後來為什麼會出現加蛋的版本，在歷史上依舊是個謎。最後的結果，就是我們今日所稱的「蛋蜜酒」——一杯結合烈酒、糖和全蛋，且冷著喝的雞尾酒。

蛋蜜酒

烈酒或加烈葡萄酒 2 盎司
德梅拉拉糖 2 小匙
全蛋 1 顆
裝飾：肉豆蔻

先乾搖所有材料，再加入冰塊搖盪均勻。
雙重過濾後倒入冰鎮過的碟型杯中。在頂
部刨一點肉豆蔻裝飾即完成。

我們的根源酒譜

老實說，我們之所以決定用雪莉酒當根源「蛋蜜酒」酒譜的核心烈酒，乃因它在 19 世紀雞尾酒的鼎盛時期，是項重要的材料，且也是最早期「蛋蜜酒」的常見成分——也許是這樣。然而，我們也承認用加烈葡萄酒當基酒的「蛋蜜酒」是我們的最愛，特別是用奧洛羅索雪莉酒製作的。所以在我們的根源酒譜中，我們選用了一支非常複雜的奧洛羅索雪莉酒，並用濃郁的德梅拉拉糖漿來搭配。這樣做出來的雞尾酒，雖然既濃又甜，但卻也驚人地清爽和具有豐盈的泡沫。

我們理想的「蛋蜜酒」

岡薩雷比亞斯‧瑪度沙頂級雪莉酒
（González Byass Matusalem oloroso sherry）2 盎司
德梅拉拉樹膠糖漿（做法詳見第 54 頁）
½ 盎司
全蛋 1 顆
裝飾：肉豆蔻

先乾搖所有材料，再加入冰塊搖盪均勻。
雙重過濾後倒入小型白酒杯中。在頂部刨
一點肉豆蔻裝飾即完成。

濃味重擊

現在在雞尾酒宇宙裡，除了「蛋蜜酒」及其大家族外，沒有什麼雞尾酒會歌頌完全不加修飾的濃與甜。有許多雞尾酒會和濃郁沾上邊，但「蛋蜜酒」是唯一一杯完全忽視健全營養的。它就是用杯子裝的甜點，通常會用奶滑的材料製作，且張開雙臂歡迎長期被時髦雞尾酒酒吧視為笑柄的風味：巧克力、薄荷和咖啡等甜口味的利口酒。「泥石流」（Mudslide）、「白色俄羅斯」、「綠色蚱蜢」和「白蘭地亞歷山大」（Brandy Alexander）都是從基礎「蛋蜜酒」衍生出來的。但就我們看來，這些雞尾酒的研究價值並不會比那些最精緻的工藝雞尾酒少。事實上，這些濃郁的雞尾酒具有薪傳意義，可以延伸到雞尾酒歷史深處。

雖然「蛋蜜酒」看似經過精雕細琢，但它的酒譜其實一點也不複雜。就是少量的雪莉酒（或其他烈酒）、一些甜味劑和一顆蛋。搖一搖，頂部再撒上少許肉豆蔻粉裝飾就完成了。帶有葡萄乾味的雪莉酒能提供密集的水果和木質風味，德梅拉拉糖則會產生濃郁的甜味，而雞蛋，經過搖盪和乳化後，能賦予雞尾酒充滿脂肪且起泡的質地。這三個常見材料混在一起的方式像是煉金術，可以創造出獨特的成果。也讓這杯酒成為創意的跳板，我舉一個例，把重鮮奶油加到「蛋蜜酒」裡就會變成「蛋奶酒」。

人們會說「蛋蜜酒」是杯粗糙的雞尾酒，因為濃郁和糖帶來的甜味蓋過了烈酒的風味。「蛋蜜酒」確實常常既濃又甜，但一杯平衡的「蛋蜜酒」是很美好的：烈酒的核心風味是主角，加上雞蛋、糖，有時還有鮮奶油來當配角。如果「古典」和「馬丁尼」是嚴肅深沉的酒款，而「黛綺莉」、「側車」和「高球」是提神爽快的，那麼「蛋蜜酒」就是一杯可以讓您完全放鬆的調酒 —— 是所有感官的羽絨褥墊。

「蛋蜜酒」的公認特色

定義「蛋蜜酒」與其雞尾酒大家族的決定性特徵有：

「蛋蜜酒」的特色風味來自核心烈酒或加烈葡萄酒與濃味材料的組合。

「蛋蜜酒」靠其中的濃味材料，如雞蛋、乳製品、椰奶或濃稠的利口酒和糖漿達到平衡。

「蛋蜜酒」的調味來自成品頂端充滿香氣的香料，也可以用義大利苦酒等富含風味的利口酒來調味。

當我們在創作「蛋蜜酒」的微改編版時，我們會從核心風味開始，使用加烈葡萄酒或烈酒都可以，接著我們會牢記核心酒的強度與甜度，同時考量如何用和諧比例的糖、雞蛋、鮮奶油或其他材料，讓整杯雞尾酒達到平衡。在 1862 年《The Bar-Tender's Guide: How to Mix Drinks》的初版中，現代調酒學教父傑瑞・湯瑪斯示範了五花八門的「蛋蜜酒」酒譜及其變化版。他先把冷的「白蘭地蛋蜜酒」定為標準，然後提供許多變化版，冷熱皆有，也有把核心換成蘭姆酒、琴酒、威士忌、波特酒、雪莉酒或愛爾啤酒（ale）的版本。事實上，這些變化版代表了早期的探索，也正是本書常提到的：用不同的材料調整酒譜，然後做出一杯平衡的雞尾酒。許多「蛋蜜酒」的變化版的確是仰仗於烈酒或加烈葡萄酒與利口酒間的相互作用，以及它們對濃味材料的親合性。

了解範本

「蛋蜜酒」的經典酒譜反映出核心酒個性、砂糖甜味與雞蛋脂肪和泡沫間的謹慎平衡。雞蛋的貢獻相對靜態，而甜味的來源及用量，則通常與個人偏好有關，所以基酒材料，無論是烈酒或加烈葡萄酒，就變成主要的考量成分。如果用的是清淡的未陳年烈酒，如伏特加、琴酒或未陳年蘭姆酒，做出來的「蛋蜜酒」會酒味過重、不平衡，因為最突出的會是酒精的純度，而不是其較清淡的風味。有著比較強烈個性的未陳年烈酒，如梅茲卡爾、龍舌蘭或生命之水，也許有足夠的酒體和個性，可以和雞蛋混合在一起，但它們可能需要用濃郁的加烈葡萄酒，如甜型雪莉酒或波特酒來調合，才能讓雞尾酒有理想的飽滿風味。一般來說，陳年的烈酒是比較合適的選擇。陳年白蘭地或威士忌的香草和香料調性，剛剛好就是能讓「蛋蜜酒」圓融飽滿的風味。

至於酒的用量，我們覺得 2 盎司的強勁烈酒（2 盎司是一杯雞尾酒的典型份量）混合只有一點點的糖和一顆蛋，仍然會產生一杯酒味相當明顯的「蛋蜜酒」，即便使用的是陳年烈酒，結果也是如此。因此，在製作「蛋蜜酒系」雞尾酒時，我們常會稍微減少酒精含量，可能會把高酒精純度的烈酒量減少到 1½ 盎司，或使用酒精濃度較低的材料。

把加烈葡萄酒放進雞尾酒的優點在於，它們具有豐富的風味，也有足夠的酒精純度可以凸顯自己，但又不會讓整杯雞尾酒只剩酒味。這就是為何它們適合「蛋蜜酒」的原因。選擇要用來製作「蛋蜜酒」的加烈雞尾酒時，要考量的點和選用烈酒時相同：有豐厚酒體的最適合，無論是在橡木桶桶陳多年或另外添加甜味的都可以。清淡的加烈葡萄酒，如芬諾雪莉酒，因為不夠剛健，所以無法成為主導的風味。最適合「蛋蜜酒」的雪莉酒有阿蒙提亞多、帕洛科塔多（palo cortado）和奧洛羅索，因

為它們具有堅果和水果風味。雖然這些雪莉酒本身不甜，但雞蛋的脂肪加上額外的甜味劑，會讓它們的風味綻放，又濃又甜，讓人滿足。最後收尾時，在雞尾酒頂端刨一點肉豆蔻，可以引出雪莉酒裡的堅果和香料風味。

核心：加烈葡萄酒

在第二章中，我們探索了各種類型的香艾酒：經過加烈且用植物性藥草增加風味的葡萄酒。在這一章，我們會把焦點放在未調味的加烈葡萄酒上，這個類別包括雪莉酒、波特酒，和馬德拉酒等等。這些葡萄酒在我們製作雞尾酒時非常重要。它們可以扮演核心烈酒的角色，創造出主要的風味輪廓，或隨時取代香艾酒，當修飾劑用。即使只是極少量的未調味葡萄酒，對於所有雞尾酒而言，都能增加微妙的複雜度 —— 無論是芬諾雪莉酒的鹹鹹礦物味，或紅寶石波特（ruby port）的燉水果風味。

雪莉酒

雞尾酒與雪莉酒有著長久的共同歷史。從 19 世紀末開始，雪莉酒就被廣泛用於調飲中，當時它和其他烈酒一樣，是個常見的基酒材料。除了用雪莉酒當基酒的「蛋蜜酒」外，其他的雞尾酒，像是「雪莉酷伯樂」（請參考第 37 頁），在過去雞尾酒的繁盛時期，也是眾所矚目的焦點。在轉入 20 世紀之際，雪莉酒（還有其他歐洲葡萄酒）的高人氣，因為葡萄園被根瘤蚜蟲（一種會侵蝕葡萄藤根部的蚜蟲）摧毀，而漸漸消退。此外，兩次世界大戰時的產量衰退，以及美國的「禁酒令」，造成雪莉酒從此在美國的雷達上徹底消失。

但現在高品質的雪莉酒，強勢回歸，已經成為雞尾酒裡的珍寶。我們發現每一種類型的雪莉酒，都能為調酒帶來許多有趣的貢獻：芬諾會賦予不甜的感受和鹽度；阿蒙提亞多則會提供香氣，和迷人的低甜度收尾；奧洛羅索則能帶來稠度和葡萄乾般的風味，至於佩德羅‧希梅內斯則有著如果汁般的甜度。雪莉酒的甜度可從極不甜到非常甜，這是由兩種不同的熟成方法所造成的結果：生物（biological）和氧化（oxidative）。

所有的雪莉酒都是放在橡木桶中陳年，但不同於其他葡萄酒的酒桶會裝滿，以減少氧化的影響，雪莉酒的酒桶只會加到八分滿。這樣讓桶內年輕酒的表面可以發展出一層酵母（稱為「酒花」[西文為 flor]），形成一個保護膜，避免底下的葡萄酒氧化。同時，酒花也會在雪莉酒熟成的過程，把它當作食物，吃掉一些成分，再產生一些其他的，賦予雪莉酒獨特的風味和質地。這就叫做「生物熟成」，且會形成最不甜的雪莉酒：芬諾和曼薩尼亞。這也是製作阿蒙提亞多和帕洛科塔多雪莉酒的第一步，之後這兩種會在氧氣存在的情況下繼續熟成 —— 換句話說，就是進行「氧化熟成」。

其他類型的雪莉酒永遠不會形成酒花，且酒桶裡刻意留下足夠的空間，讓氧氣能和酒液相互作用。漸漸地，雪莉酒會氧化，產生堅果風味，且因為會蒸發到空氣中，所以桶內的酒會越來越濃縮。這就是較濃郁雪莉酒，如奧洛羅索和佩德羅‧希梅內斯的製作方式。

除了生物和氧化熟成外，雪莉酒以及少數其他葡萄酒，如波特酒，還會使用一個與其他葡萄酒和烈酒不同的熟成過程，稱為「索雷拉陳釀系統」（Solera）。許多葡萄酒、啤酒和烈酒在蒸餾後會放入木桶內陳年，然後就裝瓶或調和（或甚至是放到不同的木桶裡再次陳年），但在索雷拉系統裡，葡萄酒（偶爾也會有其他烈酒，如蘭姆酒或白蘭地）的陳釀是混合多批不同年次的酒水原液到同一個木桶裡，這個過程稱為「分段式熟

成」（fractional aging）。索雷拉系統傳統上是由疊為好幾層的木桶組成，新的葡萄酒會加到最上層的酒桶裡，而底下每一層的木桶裡分別裝的是越來越老的調和酒。今日，木桶通常都不疊，但過程保持不變：一年裡會有幾次，將最老酒桶（就是最底層的，也就是這個系統的名字「索雷拉」[solera]，在西文裡的意思）裡的一些雪莉酒裝瓶，然後換注入次老桶中的調和雪莉酒，以此類推，而新酒（西文稱為 sobretabla）則放進最上層的桶中。在這些木桶中，沒有任何一個會被完全抽乾，也因為這樣，索雷拉系統裡的雪莉酒能找到非常古老葡萄酒的蹤跡，有些甚至可追溯回好幾世紀前。這方法除了非常酷以外，也能讓每年雪莉酒的品質都具有驚人的一致性 —— 這在葡萄酒產業中實屬罕見。

芬諾和曼薩尼亞

「芬諾」是最不甜的雪莉酒，由帕諾米諾（Palomino）葡萄初榨的汁液釀造，然後再用一些以葡萄為主原料的烈酒加烈到15% ABV。雪莉酒原液的產地，會大大影響其風味——因此產於桑盧卡爾-德-巴拉梅達（Sanlúcar de Barrameda）靠海城鎮的芬諾，會標為「曼薩尼亞」，這是一個子類別，此區產的葡萄酒以明顯的海水鹹香和風味為特色。

在雞尾酒裡，芬諾或曼薩尼亞的細緻如果碰到烈酒等其他比較強勁的材料，就會迷失，所以我們習慣將它們放到氣泡雞尾酒或「高球」等低酒精濃度的雞尾酒中當基酒，或用來幫襯伏特加或白龍舌蘭等，風味較不明確具體的烈酒。事實上，我們常微量使用這些雪莉酒，加個 1 小匙～ ½ 盎司到雞尾酒裡，增添淡淡的鹹味和細滑的酵母感，能成為一個結合風味和放大香氣的小技巧，如「慶典」（請參考第 29 頁）中所示。

和香艾酒一樣，芬諾與曼薩尼亞雪莉酒也非常嬌弱；一旦開瓶，就會快速氧化，所以要用軟木塞塞好，置於冷藏，並大概在一週內用畢。它們也是設定為一裝瓶就要趕快喝的酒款，所以購買時要詳細查看酒標上的裝瓶日期，避免買到已經裝瓶好幾年的。一瓶新鮮的雪莉酒，風味是奔放活潑又清新的，但比較老的，味道就不鮮明且只有單向度。如果您在一間酒吧的後面櫃子裡，看到一瓶開過的芬諾雪莉酒，請趕快換別間。

建議酒款

岡薩雷比亞斯·「貝貝叔叔」芬諾雪莉酒（González Byass Tio Pepe Fino）：「貝貝叔叔」是歷史悠久、充滿代表性的品牌，是芬諾雪莉酒的標竿。一打開新鮮、冰鎮過的「貝貝叔叔」，您就會注意到它的乾草金黃色、新鮮麵包的香氣，和只有一絲絲堅果味的極不甜風味。這支酒的個性非常直接，讓它成為調酒時，很有實用價值的選手。

伊達爾戈酒莊·吉普賽女郎曼薩尼亞雪莉酒（Hidalgo La Gitana Manzanilla）：「吉普賽女郎」的產地與大海只有幾步之遙，是我們必選的曼薩尼亞。這支酒不甜，具鹹味以及淡淡的酵母味，還帶有類似麵包的風味，無論是當雞尾酒的基酒或修飾劑都沒有問題。

盧世濤·加拉納芬諾雪莉酒（Lustau Jarana Fino）：盧世濤酒莊產有大量、各種不同類型的雪莉酒，且因為它的品質穩定且每一瓶都有其特色，所以我們是這個酒莊的忠實粉絲。盧世濤的芬諾就像一本教科書一樣合乎規範——不甜且具酵母感的葡萄酒，帶著微微的杏仁風味。盧世濤還產有「拉伊娜芬諾」（La Iña fino），這支酒的酒體會比「加拉納」的稍微飽滿一點。

未過濾雪莉酒（EN RAMA SHERRIES）

現在有越來越多的雪莉酒酒廠開始將過去專屬於產地的酒款：未過濾雪莉酒，出口到世界各地。要出口的雪莉酒，為了維持新鮮度，通常會先過濾，以移除所有沉澱物，而未過濾雪莉酒，只經過極少的過濾就裝瓶，讓它的酵母風味更重，質地也比較絲滑。未過濾雪莉酒因為沒經過什麼過濾程序，所以即使未開瓶，也很容易變質，因此盡可能取得最新鮮的是關鍵。我們在赫雷斯（Jerez）試飲過直接從酒桶舀出來的未過濾雪莉酒，也喝過裝瓶輸出到這裡的版本，然而我們可以說，即使只是經過短短的幾個月，風味卻已經明顯的不同。很可惜，出了西班牙就很難找到優質的未過濾芬諾和未過濾曼薩尼亞雪莉酒。我們認為值得去一趟西班牙，直接殺去產地喝喝看。我們相約那裡見！

阿蒙提亞多

阿蒙提亞多雪莉酒因為同時經歷過生物和氧化熟成，所以有著酒花能帶來的所有好處（不甜與酵母味），也具有氧化能帶來的優點（濃縮的香氣與風味）──兩個加總起來，讓這款雪莉酒帶有明顯的堅果味特色。除了成為某些討喜、最適合單飲的葡萄酒外（大公開：本書大部分，都是我們邊喝著阿蒙提亞多，邊完成的），它們也是調酒時的重要資產，因為不甜的骨幹和濃郁的香氣，所以獨特又萬用。這些雪莉酒與陳年烈酒有著特別強的親合性，尤其是波本威士忌和干邑，雪莉酒的堅果香可以強調木桶陳釀的特性（香草和烘烤香料風味）。

建議酒款

巴爾巴迪略王子阿蒙提亞多雪莉酒（Barbadillo Príncipe Amontillado）：雖然這支酒擁有阿蒙提亞多常見的果乾香氣，但它的鹹味很明顯，所以讓它在雞尾酒中的表現，不同於「盧世濤酒莊・羅斯埃克羅」等其他阿蒙提亞多雪莉酒，可為雞尾酒增添另一個層次的調味，並能用一種極佳的方式引出其他風味。因為鹹度能同時打亮柑橘風味和抑制苦味，所以這支雪莉酒在調整雞尾酒中的這些風味時很管用。

盧世濤・羅斯埃克羅阿蒙提亞多雪莉酒（Lustau Los Arcos Amontillado）：大概在十幾年前，美國能買到的雪莉酒很少，很大的原因是當時美國人還不知道如何使用雪莉酒。後來，有幾位酒吧業界專家開始把優質的雪莉酒推到調酒師面前──這個舉動徹底改變了我們調酒的願景，其中一支最先引起我們注意的雪莉酒，就是這支，而從那個時候開始，它就成為我們的最愛。這支酒聞起來很濃郁，但卻驚人地不甜，具有夠獨特，能夠展現自我，但又不會讓雞尾酒往過甜方向傾斜的風味。

帕洛科塔多

帕洛科塔多雪莉酒包裝在神祕魅力裡頭，且常被各種行銷話術吹捧。過去，每隔一段時間就會有一桶原本要做成芬諾的雪莉酒，會突然失去它的酒花，而此時距離它可以發展為阿蒙提亞多的時間，又還差得遠。如果雪莉酒的品質夠好，就可以在有氧氣的環境下熟成，最後就會變成帕洛科塔多。現在，有許多酒廠會刻意介入，讓芬諾變成帕洛科塔多。

帕洛科塔多雖然在許多方面都和阿蒙提亞多類似，但它有比較濃郁的咖啡香氣，再加上微微的糖蜜調性。而且因為它們在酒花底下待的時間較短，所以有比較多您會預期在奧洛羅索中發現的葡萄乾香氣與風味（我們會在下一頁詳加說明），但有著不甜的收尾。要描繪帕洛科塔多特色最簡單的方法便是，它聞起來像是奧洛羅索，而嘗起來像阿蒙提亞多，這樣的比喻對於我們要決定它的用法時，非常有幫助。重要的是，因為帕洛科塔多的關鍵特質在複雜的雞尾酒中會迷失，所以我們通常把它當成核心，以避免它被其他帶有強勁風味的材料壓垮。

建議酒款

盧世濤・半島帕洛科塔多雪莉酒（Lustau Península Palo Cortado）：帕洛科塔多因為比阿蒙提亞多稀少，所以通常比較貴。雖然許多我們喜愛的酒廠也產有無懈可擊的帕洛科塔多，但盧世濤的產品價格合理又非常美味。它優雅地搖擺在阿蒙提亞多的低甜度和奧洛羅索的濃郁之間，帶有強烈明顯的果乾香氣，和深沉的堅果風味。

奧洛羅索

奧洛羅索雪莉酒是不甜雪梨酒中最濃郁的一型。在製作過程中，葡萄酒——通常是帕諾米諾葡萄的二榨（初榨會用來製作芬諾）——會被加進桶子裡直到幾乎全滿，然後加烈到稍微高一點的酒精濃度（17% ABV），阻止酒花生成。然後酒就會放入索雷拉系統裡熟成。酒液因廣泛與氧氣接觸，所以會濃縮到聞起來甜甜的，充滿無花果和葡萄乾的香氣，但骨幹卻是嚇人地不甜。

奧洛羅索因其深沉的個性，所以可被視為和甜香艾酒非常相像——但少了香艾酒裡精心堆疊的香料、藥草、苦味劑和甜味劑。所以如果您想要用奧洛羅索取代香艾酒，來調「曼哈頓」的變化版，您需要找到可以把上述特質加回雞尾酒的方法。奧洛羅索的酒體也夠厚實，能當雞尾酒裡的主角，且因為它們常常帶有強烈的香氣和風味，所以頂得住濃郁型雞尾酒裡的奶滑稠度——如本章的中心雞尾酒：「蛋蜜酒」。

建議酒款

盧世濤・阿瑪尼斯塔「母雞之爪」奧洛羅索雪莉酒（Lustau Almacenista Pata de Gallina Oloroso）：盧世濤酒莊的入門款奧洛羅索（「東努諾」[Don Nuño]）是一支不錯的雪莉酒，但多花一點錢（約美金 25 元），您應該可以找到「阿瑪尼斯塔」系列的「母雞之爪」。「阿瑪尼斯塔」（西文為 almacenista）這個詞，直譯是「倉庫管理員」，是指雪莉酒來自小型、家庭式的索雷拉系統，然後再由盧世濤等大一點的酒廠販售。這支酒非常出色，奇蹟般地用帶著巧克力和香料風味，但完全不具甜味的廣大酒體，平衡出一個極不甜的結尾。

甜型雪莉酒

甜型雪莉酒是高度濃縮的甜點葡萄酒，由佩德羅・希梅內斯葡萄和麝香（Moscatel；也譯為「蜜思嘉」）葡萄製成。佩德羅・希梅內斯雪莉酒是最甜的類型，製程的第一步會先讓葡萄日曬到幾乎變成葡萄乾。因為水果內含的水分蒸發了，所以裡頭的糖類會變得更濃縮，進而產生高黏稠度且自然具甜味的葡萄酒。雪莉酒經加烈終止後續的發酵後，就會放進索雷拉系統熟成。這樣就能做出一些世界上最甜的葡萄酒，以成熟無花果和椰棗風味為最明顯的特色。在雞尾酒中，它們的用法就和您使用利口酒或甜味劑時一樣。我們常常開玩笑說佩德羅・希梅內斯是自然界中最高級的簡易糖漿，而一瓶老的佩德羅・希梅內斯的確會和我們用於雞尾酒中的任何糖漿一樣稠密濃郁。然而，和糖漿不同的地方是，它會增加雞尾酒的酒精純度，所以當您做那樣的代換時（用雪莉酒取代糖漿），要留意雞尾酒的平衡。

麝香雪莉酒的甜度也滿高的，但因為原料葡萄「亞歷山大麝香」（Muscat of Alexandria）的香味特性，所以做出來的雪莉酒不只濃稠，還會帶有馥郁的花香，聞起來就像是香水一樣。因此，這些雪莉酒最好適量使用，就像花香利口酒一樣，為雞尾酒增加風味。

建議酒款

岡薩雷比亞斯・「諾埃」佩德羅・希梅內斯雪莉酒（González Byass Noé Pedro Ximénez）：這支酒的平均熟成年份為 30 年，是異常強烈的酒款。酒液已經減少到能明顯感覺得到黏稠度，而且有直接完整、強烈嗆鼻的葡萄乾、無花果、肉桂和茴香風味。通常它的價格都太高，無論用量多寡都不適合拿來調酒，但因為它具有非常深沉的風味，所以 1 小匙就能提供很大的效用。試試看在使用蘭姆酒調成的「古典」中，用它來取代甜味劑，結果絕對不會讓您失望。

盧世濤‧聖艾密里歐 PX 雪莉甜酒（Lustau San Emilio Pedro Ximénez）：盧世濤酒莊的佩德羅‧希梅內斯相當符合此類型的特色：濃郁、香甜且酒體飽滿。聞起來和嚐起來都有葡萄乾、無花果、堅果、糖蜜和烘烤香料的味道。葡萄酒的甜味靠活潑的酸度來平衡，使它單喝美味又濃郁，但也相當適合放在雞尾酒裡，與其他材料合作；它在雞尾酒中的表現幾乎就和水果利口酒一樣，能夠帶來集中的水果特質、甜味和酸度。雖然配上檸檬汁就能達到完美的平衡，但我們習慣較少量使用（約 ½ 盎司），再用糖漿填補不足之處。

盧世濤‧艾蜜林蜜思嘉雪莉甜酒（Lustau Emilín Moscatel）：盧世濤是少數幾個產有麝香（或稱「蜜思嘉」）雪莉甜酒的酒莊，且價格合理，貨源又充足。這支酒熟成了 8 年，味道香甜濃郁，有著果乾的特色香氣，尤其是李子，和像是柳橙一樣的風味。

奶油雪莉酒 CREAM SHERRY

除了上述的多種雪莉酒外，各種類型的調和雪莉酒也具有悠久的傳統。這些調和版的專業術語是「奶油雪莉酒」——可以是不甜的、甜的，或介於兩者之間，雖然這類別的雪莉酒通常和市售烹調用的次等產品有關，但有些奶油雪莉酒很有活力、表現優越，在雞尾酒中極度實用。

建議酒款

岡薩雷比亞斯‧瑪度沙頂級雪莉酒：這支可能是所有我們推薦的調酒用雪莉酒中，價格最高的，但絕對值得。「瑪度沙」平均在索雷拉系統中熟成 30 年（也就是說裡頭包含比 30 年還要老的酒），是大部分的帕諾米諾葡萄，與一些佩德羅‧希梅內斯的奇異混合體，讓它嚴格說來就是一款「奶油雪莉酒」（即「調和款」），而不是單純的奧洛羅索。它滿甜的，但風味非常複合多元，有著果乾、咖啡和可可的調性，以及柔軟的酸度。

盧世濤‧東印度索雷拉雪莉酒（Lustau East India Solera）：這支酒調和了大部分的奧洛羅索和一些佩德羅‧希梅內斯，在酒窖裡較溫暖的地方陳釀三年，為的是仿造出過去長時間運送的效果：在海上顛簸起伏數月，並接觸到較高的溫度後，雪莉酒會產生不同的風味。盧世濤酒莊現代的暖化熟成，能讓雪莉酒入口有著活躍的木質香氣，也能壯大其結構，讓它在雞尾酒裡的表現特別優異。這支酒很適合用來代替甜香艾酒，尤其是與亞普羅和金巴利等開胃利口酒互相輝映。

威廉漢特微甜雪莉酒（Williams & Humbert Dry Sack）：這支旗艦版來自雪莉酒界其中一間最大酒廠，幾乎在全世界各個角落都能找到。調和了阿蒙提亞多、奧洛羅索和佩德羅‧希梅內斯雪莉酒，香氣和風味類似阿蒙提亞多，但底味稍微濃郁些。當我們手邊沒有阿蒙提亞多時，這支「微甜」就成為很值得信賴的替代品。

波特酒

波特酒是產於葡萄牙杜爾河谷（Douro Valley）的一種加烈葡萄酒。波特酒有許多獨特的地方，其中一個是它的原料混合了多種不同的葡萄牙葡萄。典型的是紅葡萄酒，裝瓶後，又以「茶色」（tawny）、紅寶石（Ruby）或「年份」（vintage）等類別販售。（然而，市面上也可看到白波特酒或粉紅波特酒，有時我們也會用這些來調酒。）不同的葡萄品種通常會同時採收，然後榨取出顏色和風味都很棒的原液。當酵母吃掉大概一半的可發酵糖類後，就會開始進行「加烈」的程序——加入年輕的葡萄白蘭地，把葡萄酒的酒精濃度拉高到至少 17.5% ABV，並保留一些葡萄的甜度。

一般來說，葡萄酒會留在沒有特殊味道的中性槽裡，待人評估它的品質。葡萄酒的特性決定它將要陳年的時間，以及該歸到哪個類別。底下是快速拆解紅波特酒酒標上的類型：

- **紅寶石波特**：在木桶裡桶陳至少 2 年的非年份波特酒。

- **年份波特**：先桶陳至少 2 年，再瓶陳數年的波特酒。瓶陳能夠軟化年輕波特酒中具侵略性的單寧，讓酒中的水果風味得以發展，複雜度越來越高。

- **晚裝瓶年份波特**（Late-bottled vintage port）：桶陳的時間比年份波特長（4～6 年），然後裝瓶，一般來說能比年份波特早一點開來喝。有些酒廠用這個名詞來代表充滿果香又年輕的波特酒，但也有些酒廠指的是充滿木質風味，且明確桶陳多年的波特酒。

- **茶色波特**：混合多種年份波特，不會進行瓶陳的波特酒。

- **單一年份茶色波特**（Colheita Port）：取自單一年份的葡萄酒，且桶陳時間非常長，同樣也不會進行瓶陳。

波特酒通常是富含單寧，且會添加酒精的烈性葡萄酒，所以很適合用在「曼哈頓系」雞尾酒中取代甜香艾酒。波特酒同時也具有足夠的特性，可以擔任所有雞尾酒中的核心酒；然而，因為它往往比較甜，所以需要相應調整雞尾酒中的其他材料。

年輕的茶色波特因為混合了不同年份的波特酒，所以能夠賦予雞尾酒相當具深度的特色，但同時又保有清新和果汁感。年份較高的茶色波特則能夠為雞尾酒帶來更多的結構，也能與強烈的風味合作，如經典「總理」（Chancellor；請參考第 279 頁）中的單一麥芽蘇格蘭威士忌。我們發現把茶色波特和甜香艾酒放在一起，可以凸顯香艾酒中隱藏的果汁感。若要用紅寶石波特來調酒，則取決於您選擇的類型。年輕的紅寶石波特清新又有滿滿的莓果風味，可和柑橘好好搭配，但如果是放在酒感重的雞尾酒中，可能會因缺乏結構而無法展現它的光芒，此時您需要改用年份波特或晚裝瓶年份波特。

建議酒款

葛拉漢酒莊六顆葡萄紅寶石波特（**Graham's Six Grapes Ruby Port**）：喝這支酒時，您第一個會嚐到李子、覆盆莓和黑莓的風味，但在這些風味底下是一支具有椰子調性、結構健全的葡萄酒。如果您只能囤一支紅寶石波特，它會是好選擇。

山地文紅寶石波特（**Sandeman Ruby Port**）：山地文酒莊產有品質一貫優越，且價格合理的波特酒，其中也包含這支很容易買到的紅寶石波特。它比葛拉漢的更甜一點，且莓果類（覆盆莓、黑莓）的風味也比較像果醬。

至尊 10 年茶色波特（**Otima 10-Year Tawny Port**）：在這支波特酒中有非常柔和之處。它陳釀的年份恰好足以建立木質的結構，但又同時能保有清新、活潑的莓果風味。較老或較稠的波特酒會讓雞尾酒了無生氣，而這支年輕的「至尊」則能提供層次複雜的風味。我們特別喜歡用它加上法國白蘭地，如干邑或卡爾瓦多斯，調成「曼哈頓系」雞尾酒。

馬德拉酒 MADEIRA

馬德拉酒會根據年紀分類，從「雨水」（rainwater —— 在橡木桶內陳釀至少 3 年）到比較老的版本。若是要用於調酒，我們傾向選擇淡一點的類型，特別是雨水馬德拉。「雨水」具有的甜度介於最不甜與次不甜的馬德拉酒之間，因為有一絲絲的殘糖，所以能夠在拉抬其他材料的同時，又增添一分水果風味。雨水馬德拉帶有令人印象深刻的能力，它可以讓雞尾酒變輕盈，但又不會讓人覺得過度稀釋。

建議酒款

博班特雨水半甜型馬德拉（Broadbent Rainwater Medium-Dry Madeira）：博班特的雨水馬德拉，複雜度比下面會提到的山地文雨水馬德拉高。它的香氣更濃縮，帶有無花果乾和堅果調性，但仍有其代表性的輕盈。顏色是深銅色，有著淡淡的，但感覺得到的甜味，再加上明亮的柑橘酸度。某些方面它會讓我們想起茶色波特 —— 橡木桶帶來的影響，濃縮度和相對的低甜度 —— 但其來自原料葡萄的獨特風味讓它能夠發光發熱。

山地文雨水馬德拉（Sandeman Rainwater Madeira）：酒體輕盈、帶有乾淨的堅果香氣，以及脆爽且豐富的味道，這支酒是很棒的雨水馬德拉入門款。因為它的個性比較淡，所以適合用來舒展濃稠的風味，如第 10 頁的「金色男孩」所示，其中馬德拉酒加進用葡萄乾浸漬蘇格蘭威士忌（做法詳見第 292 頁）調的「古典」中，能稍微柔化雞尾酒的剛硬。

試驗「核心」

在「蛋蜜酒」的三元素中——烈酒、糖、蛋——其烈性高的核心提供了一個最棒的機會，可以好好在風味上做文章。而在經典雞尾酒書的酒譜中，也明白指出幾乎所有的加烈葡萄酒或烈酒都可以用來製作「蛋蜜酒」。雖然在理論上這完全正確，但在實際操作上，我們卻面臨了一些挑戰。

白蘭地蛋蜜酒
Brandy Flip

經典款

我們最喜歡的「蛋蜜酒」是用雪莉酒製作的，因為它有堅果香氣和葡萄乾風味尾韻。另一個熱門的版本是經典「白蘭地蛋蜜酒」。為了找出這杯雞尾酒的理想配方，我們首先微調了核心，選用帶有木質香氣與果汁感的干邑，它能夠和蛋的脂肪好好搭配。然後，雖然有些酒譜用了整整 2 盎司的白蘭地，但我們覺得白蘭地的酒精純度較高，應該要稍微減少它的用量：太多的酒精在「蛋蜜酒」中，只會讓它嚐起來像有奶滑感的烈酒而已。最後，我們稍微增加甜味劑的用量，以補足不用奧洛羅索雪莉酒而失去的甜味。

干邑 1½ 盎司
德梅拉拉樹膠糖漿（做法詳見第 54 頁）
¾ 盎司
全蛋 1 顆
裝飾：肉豆蔻

先乾搖所有材料，再加入冰塊搖溫均勻。雙重過濾後倒入冰鎮過的碟型杯中。在頂部刨一點肉豆蔻裝飾即完成。

咖啡雞尾酒
Coffee Cocktail

經典款

根據傑瑞·湯瑪斯 1887 年出版的《The Bar-Tender's Guide》，這杯雞尾酒的名字其實不是來自它的風味（咖啡到底在哪裡？），而是來自它的外表：看起來像一杯咖啡。幸好雞尾酒命名在過去 150 年來，已經有很大的進展。不管怎樣，這杯調飲還是很適合用來解釋「蛋蜜酒」的核心基酒如何拆分為一款加烈葡萄酒和一款烈酒，把兩杯根基——雪莉酒做的「蛋蜜酒」和「白蘭地蛋蜜酒」結合在一起。在這杯雞尾酒中，茶色波特同時帶來相當份量的風味和甜度——所以糖漿的用量要減少才能平衡——干邑則能用其木質複雜度支撐波特酒。

茶色波特 1½ 盎司
皮耶費朗琥珀干邑 1 盎司
簡易糖漿（做法詳見第 45 頁）¼ 盎司
全蛋 1 顆
裝飾：肉豆蔻

先乾搖所有材料，再加入冰塊搖溫均勻。雙重過濾後倒入冰鎮過的碟型杯中。在頂部刨一點肉豆蔻裝飾即完成。

平衡：蛋與乳製品

蛋和乳製品能為雞尾酒帶來獨特的風味與質地，也會影響調酒的甜度。蛋能同時提供脂肪的風味（如果用的是全蛋或蛋黃）和蛋白所產生的泡沫，乳製品則具有許多風味，也會帶來甜味和泡沫質地（如果用的是高乳脂鮮奶油）。但這些材料也很嬌貴，在製作時，需要小心留意才能做好充分準備——和避免腐敗變質或結塊（請參考第 264 頁的「深究技巧」）。

蛋

如果沒有蛋，「蛋蜜酒」就只是一杯加冰塊搖盪的甜味烈酒。蛋會增加酒體和質地，平衡酒精以創造出滑順又怡人的雞尾酒。除了「蛋蜜酒」與其變化版外，蛋也可以透過多種方式，加進雞尾酒裡，轉換風味與質地，效果從在雞尾酒頂部形成輕盈的泡沫，到讓雞尾酒濃郁豐厚。

坊間對於蛋的安全有許多錯誤的資訊。生蛋會造成的最人感染風險，是一種由「腸道沙門氏菌」（Salmonella enterica）細菌造成的食物中毒。這種細菌進入雞蛋的方式有兩種：如果母雞帶有沙門氏菌，那麼即使是未受損的蛋，也會帶菌，因為細菌會在蛋殼形成前，就污染蛋的內部。但在這種情況下，沙門氏菌的含量可能非常低，比較沒有造成疾病的危險性。第二個途徑則是透過破裂或受損的蛋殼感染。

和一般人相信的相反，雞尾酒裡的酒精含量其實並不足以殺死細菌，也沒有任何證據可以說明柑橘的酸度能夠殺死細菌。我們建議您盡可能購買最新鮮的蛋，並確定它們是乾淨的，蛋殼上沒有任何裂痕，然後置於冷藏保存，直到需要用時再取出。雞蛋買回家後，要盡快使用。新鮮雞蛋的蛋白能夠產生堅挺強壯，不會很快消散的泡沫，而新鮮雞蛋的蛋黃，風味也比較有深度，而不只是乏善可陳的濃郁而已。我們會選用有機蛋，且有機會的話，就到當地農場購買。

某些含蛋白的雞尾酒會讓酒產生絲滑的質地。最有名的就是費茲和酸酒，如「拉莫斯琴費茲」（請參考第 141 頁）和皮斯科酸酒（請參考第 120 頁）。起泡的蛋白也會增加雞尾酒的總量，舒展它的風味。這是一個很棒的方法，可用來緩和像是金巴利裡頭的苦味，或是調和茶味浸漬烈酒中的單寧。可惜的是，蛋白雞尾酒有時聞起來會奇怪，像是濕透的狗，這和蛋白接觸到空氣時，氧化的速度有關。這也是為什麼大部分的調酒師都會在蛋白雞尾酒的頂端加一抖振的苦精，如「皮斯科酸酒」，或刨一點肉豆蔻或肉桂，增加怡人的香氣。

只用蛋黃的雞尾酒數量少很多。蛋黃中的水分比蛋白少很多，但含有更多的蛋白質，脂肪和維生素，會為雞尾酒帶來濃濃的蛋味。蛋黃也含有卵磷脂，這是一種高效的乳化劑，能結合分離的材料，如烈酒和鮮奶油，創造出滑順、厚實、一致的質地，如第 257 頁的「紐約蛋蜜酒」（New York Flip）。但是，若酒譜需要的是蛋黃的脂肪感，一般來說就會直接用全蛋。

事實上，使用全蛋並同時利用蛋白與蛋黃的優點，可能是最常見的用法——也是和經典「蛋蜜酒」有關的方法。這樣能做出既有泡沫又風味十足的雞尾酒。有幾個經典的「酸酒系」雞尾酒會使用全蛋，如老派「皇家費茲」（Royal Fizz）、「蛋蜜酒」、「蛋奶酒」和它們的變化版。

另一個使用全蛋的非傳統方法，是在蛋還包在半透膜中時，注入風味。把全蛋和薰衣草等香氣材料一起放入密封容器中，很快地蛋白就能吸收香氣。

關於蛋的最後 一個小提醒：與其他的雞尾酒相比，含蛋的雞尾酒通常都需要搖盪更久，且需要雙重過濾。

乳製品

把乳製品加到酒精中，能讓烈酒變可口，這個方法自古就存在，要歸功於乳製品的濃郁度和乳酸的微微酸味。當鮮奶油第一次碰到「蛋蜜酒」時，雞尾酒變得奶滑濃郁，也就是現在眾人所知的「蛋奶酒」。

雖然「乳製品」這個詞可泛指所有哺乳類的奶，但調酒時，我們只用各種形式的牛奶製品，尤其是高乳脂含量的，如重鮮奶油，偶爾也會用奶油。我們之所以偏好重鮮奶油勝過「半對半」（half-and-half）或全脂鮮奶的原因，並不只是因為它很濃郁（乳脂含量通常達到 35 ～ 40%），能讓飲用者感覺到甜味，也因為高一點的乳脂含量比較不會在碰到酸時產生凝塊。鮮奶油也能更有效地將風味帶到舌頭。沒錯，鮮奶油確實熱量較高，但也正是因為比較高的乳脂含量，才能帶來這些可取的特點。

由一半牛奶和一半鮮奶油組成的「半對半」，乳脂含量通常為 10 ～ 15%，而全脂牛奶的則是 3.5%。這讓半對半適用於某些雞尾酒中，特別是要求特定用量乳製品的酒款，如「白色俄羅斯」（White Russian；請參考第 267 頁）。在這些雞尾酒中，使用半對半而不用鮮奶油，可避免乳製品蓋過其他風味，或造成雞尾酒太沉重。

使用乳製品來調酒時，其中一個最關鍵的考量因素是「雞尾酒的溫度」：無論是熱飲或冷飲，雞尾酒在調好端上桌時，都應該處於最理想的溫度，並裝在酌情事先冰鎮或預熱過的容器內。此外，整體的量要少少的，這樣酒在喝完前，整杯的溫度才不會改變太多。這意味著，冷的雞尾酒端上桌時要結霜，而熱的雞尾酒則應該要冒著熱氣──如果含乳雞尾酒的溫度介於中間，就會變得不討喜。

和蛋一樣，使用乳製品來調酒時，新鮮度和品質是重要因素。乳牛如果受到妥善照顧並攝取優質的膳食，當然就能產出更營養美味的牛奶。因此，我們建議您購買有機的乳製品，並看看有沒有機會能找到當地品質優良，以自家產品為傲的牛奶場。

至於技術，搖盪含有乳製品的雞尾酒時，最好比平常的搖盪稍微久一點；這樣能產生多泡、滑順的質地。我們也建議雙重過濾這些雞尾酒，以確保它們有滑順、一致的質地，沒有任何討人厭的冰晶。

乳製品替代品

有許多人可能因為乳糖不耐症或過敏、潛在健康因素，或對動物福祉或乳製品對環境造成的影響有所疑慮，而無法或不食用乳製品。還好，有許多乳製品替代品能提供類似的質地。我們比較喜歡堅果奶，因為堅果所含的油脂比其他許多用來製成植物奶的原料高。因此，堅果奶最能夠仿造出重鮮奶油的質地，並把風味帶到舌頭。

雖然在某些雞尾酒中，可以用堅果奶取代乳製品，但因為它們通常比較稀，所以用量要比牛奶多。使用堅果奶製作雞尾酒時，我們也會多加一點甜味劑，以補足堅果奶所欠缺的豐厚度。使用堅果奶時，有個重要的考量點是它們會顯現原料的風味，因此在雞尾酒中會產生截然不同的結果。我們最常用杏仁奶，因為它的風味柔和，且和各種不同類型的烈酒和利口酒搭配的效果都不錯。雖然市面上就有許多選擇，但在家自製堅果奶其實很簡單。請參考我們下頁的杏仁奶食譜。

杏仁奶

去皮杏仁片 **600** 克
過濾水 **7½** 杯

將杏仁片和水倒入果汁機中。攪打到非常
細滑,接著倒在已經墊了幾層起司濾布
的細目網篩上過濾,讓液體慢慢滴 1 ∼ 2
小時。要等到過程接近尾聲,渣渣大部分
都乾掉時,才能壓濾布上的固體;這樣累
積在起司濾布底部的渣渣,能夠進一步過
濾杏仁奶。

試驗「平衡」

「蛋蜜酒」的變化版分為兩個分支，其平衡的處理方式大相徑庭：不含乳製品的，和含有乳製品的。關於第二類會再細分，包括某些含蛋的變化版，與不含蛋的變化版。

蛋奶酒 Eggnog

經典款

乳製品和雞蛋的濃郁度是天生一對。兩者中的任一個都能以戲劇性的方式讓雞尾酒的質地產生變化，而當它們加在一起時，效果會更為放大。「蛋奶酒」當然是杯經典的實例。雖然一般做法是一次完成一大批工序繁複的蛋奶糊基底，然後再加烈酒（如第 268 頁的「湯姆與傑瑞」[Tom and Jerry]）── 但這樣並不一定方便，所以我們想出這個單杯版的「蛋奶酒」，可以快速做好，且不用準備很多東西。

普雷森 5 年巴貝多蘭姆酒（Plantation Barbados 5-year rum）¾ 盎司
皮耶費朗琥珀干邑 ¾ 盎司
吉法馬達加斯加香草香甜酒 1 小匙
蔗糖糖漿（做法詳見第 47 頁）¾ 盎司
重鮮奶油 1 盎司
全蛋 1 顆
裝飾：肉桂和肉豆蔻

先乾搖所有材料，再加入冰塊搖盪均勻。雙重過濾後倒入冰鎮過的古典杯中。在頂部刨一點肉桂和肉豆蔻裝飾即完成。

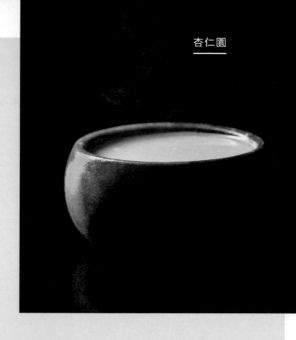

白蘭地亞歷山大
Brandy Alexander

經典款

要試驗「蛋蜜酒系」雞尾酒之「平衡」的方法之一是省略蛋，只靠鮮奶油的濃郁度。事實上，這種類型的雞尾酒甚至比含蛋的更常見，而且有更多的變化。其中最有名的或許就是「亞歷山大」（Alexander），它本身就可因不同的核心烈酒，而做出許多變化版。我們的最愛是經典的「白蘭地亞歷山大」，裡頭混合了白蘭地、可可香甜酒和重鮮奶油，在這杯調酒中，濃味利口酒就是甜味劑。和我們製作的「白蘭地蛋蜜酒」（請參考第252頁）一樣，在這杯酒中我們也偏好使用濃郁的干邑。請注意，因為這杯雞尾酒的酒精含量稍微高一點，所以搖盪的時間要長一些，這樣才會達到足夠稀釋，稀釋完的量才能填滿一只標準的碟型杯。

皮耶費朗琥珀干邑 1½ 盎司
吉法白巧克力香甜酒 1 盎司
重鮮奶油 1 盎司
裝飾：肉豆蔻

將所有材料加冰塊搖盪均勻。雙重過濾後倒入冰鎮過的碟型杯中。在頂部刨一點肉豆蔻裝飾即完成。

紐約蛋蜜酒
New York Flip

經典款

經典「蛋奶酒」與其他版本的蛋奶酒已經激發出許多同時納入雞蛋和鮮奶油的雞尾酒。在這些變化版中，有些會以「蛋蜜酒」為名，包含這杯經典的「紐約蛋蜜酒」，它的靈感來自另一杯經典——「紐約酸酒」（New York Sour）。「紐約酸酒」是「酸酒系」雞尾酒，材料有波本威士忌、檸檬汁和簡易糖漿，搖盪後倒在碟型杯中，最上頭浮以如果汁般的紅葡萄酒。「紐約蛋蜜酒」是濃郁許多的版本，用重鮮奶油取代檸檬汁，另外還加了顆蛋黃：可想成「紐約酸酒」的意象用「蛋蜜酒」的方式呈現，其中以波本威士忌和波特酒做為連接成分。

錢櫃小批次波本威士忌 1 盎司
茶色波特 ¾ 盎司
簡易糖漿（做法詳見第45頁）¼ 盎司
重鮮奶油 ¾ 盎司
蛋黃 1 顆
裝飾：肉豆蔻

先乾搖所有材料，再加入冰塊搖盪均勻。雙重過濾後倒入冰鎮過的碟型杯中。在頂部刨一點肉豆蔻裝飾即完成。

杏仁園
Almond Orchard

戴文·塔比，創作於 2015 年

對於不食用乳製品和蛋的人，堅果奶能提供類似的滑腴質地，以及獨特的風味。「杏仁園」是一杯很舒心療癒的調酒，用茶葉浸漬的年輕蘋果白蘭地和杏仁奶製作，再加上一點點乳酸，以增加乳脂感。

杏仁奶（做法詳見第255頁）4¼ 盎司
「因斯布魯克的田園」調和茶浸漬蘋果白蘭地（A Field in Innsbruck Tea–Infused Apple Brandy 做法詳見第287頁）1½ 盎司
瑪拉斯卡瑪拉斯奇諾櫻桃利口酒 ¼ 小匙
德梅拉拉樹膠糖漿（做法詳見第54頁）¾ 盎司
乳酸溶液（做法詳見第298頁）2 滴
鹽水（做法詳見第298頁）1 滴

將所有材料放入小醬汁鍋中，以中小火加熱，需頻繁地攪拌，煮到熱氣騰騰但未冒小滾泡的程度。倒入咖啡馬克杯、小木碗或大清酒杯中。無需裝飾即完成。

調味：義大利苦酒 AMARO

雖然義大利苦酒並未出現在經典的「蛋蜜酒」——或甚至是一些變化版中——但在試著自創「蛋蜜酒系」雞尾酒時，它會是個很棒的材料。我們之所以會想到這個，有很大的部分來自經典「蛋蜜酒」頂端的香料裝飾：現磨的肉豆蔻讓雞尾酒染上香氣，但同時也讓每一口都有香料的風味。義大利苦酒富含香料辛香和苦味，能在雞尾酒中發揮同樣的功用。所以雖然義大利苦酒並未出現在本章一開始的經典或根源酒譜，但我們希望這裡提供的資訊，能幫助您將「蛋蜜酒」帶往新的方向。

大部分的酒類，無論是烈酒、利口酒或是葡萄酒，要分類都滿簡單的。在任何一個類別中，材料、產區特色和製作方法的相似性，都會大大影響酒的個性。但有一種烈酒真的很難分類：就是「義大利苦酒」。

義大利苦酒（義文為 Amaro，複數是 Amari）的名字來自義大利文的「苦」。這暗示了它們的風味，但所有義大利苦酒的相似處，僅止於此。大部分義大利苦酒的製法都是將香草、樹皮、植物根部、花、柑橘和其他植物性藥草泡在酒精性基底中（每種基酒的強度和本質都不同，但通常是無特殊風味的穀物釀造酒），萃取出風味。萃取出來的烈酒之後會加甜，有時還會經過陳年。最後做出的烈酒用途很廣泛，但卻很難歸類。它們全都是苦的嗎？大部分是。它們全都是甜的嗎？嗯，並不完全是。它們是獨特的嗎？絕對是。如果被逼著一定要給出定義，我們只會說義大利苦酒是一種苦甜利口酒。

關於義大利苦酒的製法和分級，並沒有通用的規範，至於它的使用方式，無論是在義大利當地或其他地方，也都沒有太多共識。為了我們自己的目的，我們把持續增長的選擇分為好幾組，每組分別能反應這些義大利苦酒是落在苦甜光譜上何處，並因此能指出特定的酒款為何較適合調酒：義大利開胃酒（aperitivi）、淡（light）義大利苦酒、中等（medium）義大利苦酒和濃（dense）義大利苦酒。鑑於義大利苦酒的多樣性，關於它們在雞尾酒中的用法，並沒有不可改變的規則，但這也可說明為何它們是雞尾酒中，是珍貴添加物的部分原因：它們可以扮演許多角色，從調味和增加複雜度、到強調烈酒或加烈葡萄酒，甚至是站上舞台中央，成為核心風味都沒問題。

義大利開胃酒

處於光譜最淡端點的就是義大利開胃酒（aperitivo bitters 或 aperitivi）。在義大利，「開胃酒」這個詞和餐前輕鬆小酌有關，此時他們會喝酒精濃度低、略帶苦味且相對不甜的飲品來刺激食慾。義大利開胃酒也是許多這類餐前雞尾酒中的主角，通常會和賽爾脫茲氣泡水或普羅賽克一起調成「高球」或氣泡雞尾酒。

建議酒款

亞普羅（Aperol）：亞普羅的酒精濃度為 11%，是所有義大利開胃酒中最淡的一款。聞起來有新鮮柳橙和大黃的味道，風味清淡，有微苦的底調。我們喜愛亞普羅的原因是它很萬用：可以微量用來提升葡萄柚汁或葡萄柚利口酒的苦味、當成拆分基酒的一部分，或若是當雞尾酒主秀時，可以讓調酒喝起來更清爽。雖然亞普羅放在酒感重的雞尾酒中，表現也不錯，尤其是「馬丁尼」的變化版，但我們比較常將它用於柑橘味的雞尾酒中，如經典的「亞普羅之霧」（請參考第223頁）和其他氣泡雞尾酒，或者是當酸酒的調味劑，如它在「舉手擊掌」（請參考第133頁）中的作用。

金巴利（Campari）：喔～金巴利，你是所有調酒師羽翼下的風。沒有你，我們就調不出「內格羅尼」，而沒有「內格羅尼」，這世界就不值得活了。金巴利的酒精濃度為24%，座落在所有我們推薦的義大利苦酒酒款的正中央，酒精含量、甜度與苦味都非常適中。這讓它適合許多調酒應用：夠清淡，所以可以用多一點的量，但又夠強勁，所以即使是少量使用，也還是有存在感。金巴利帶有深色、像是紅寶石的顏色，以及花香柳橙風味，若和賽爾脫茲氣泡水合作，可調出好喝又好看的「高球」。它在柑橘味雞尾酒與酒感重的雞尾酒中，也能發揮不錯的功用。

蘇茲（Suze）：法國人製作苦味利口酒的傳統也很悠久。我們通常把「蘇茲」看成是法國版的金巴利，雖然這是一個過分簡化的類比，但我們對兩者的用法也類似。蘇茲有泥土氣息、甜味和柑橘味，酒體輕盈，顏色為亮黃色。酒精濃度為20%，所以夠溫和，可以混入酒精濃度低、柑橘味的雞尾酒中，但它也具有強烈的個性，所以在酒感重的雞尾酒中，同樣表現良好——具體來說是「馬丁尼」的變化版，如「白內格羅尼」（請參考第89頁）——這都多虧了龍膽根（讓許多義大利苦酒帶苦味的材料）。

淡義大利苦酒

如先前提過的，我們依據酒精含量、風味強度和苦味把義大利苦酒分為「淡、中等和濃」三類。底下推薦的淡義大利苦酒酒款，用怡人的苦味平衡淡淡的甜味，讓它們成為用途廣泛的調酒材料——夠淡，所以無論是在柑橘味或酒味重的雞尾酒中，都能擔任拆分基酒的一部分，但又有存在感，所以能較少量使用，以強調核心烈酒，就像水果或草本利口酒的功用一樣。

推薦酒款

梅樂提義大利苦酒（Amaro Meletti）：梅樂提的酒精濃度有32%，有著明顯、強勁的肉桂和柳橙與檸檬皮香氣，背景則是清涼的薄荷味。這個具薄荷味的特色貫徹在它的風味上，再加上焦化焦糖的調性和悠長繚繞的柑橘味。梅樂提義大利苦酒因其輕盈的酒體，在柑橘味和酒味重的雞尾酒中都能加強基底烈酒的風味。它也可以成為拆分基酒的一部分，和香艾酒一起調成「馬丁尼系」或「曼哈頓系」的雞尾酒。

蒙特內哥義大利苦酒（Amaro Montenegro）：這支酒是我們調酒時的長期愛將，帶有獨特的玫瑰、可樂和焦橙（burnt orange）香氣。小口喝時，這些風味會讓位給悠悠綿長的苦味，幾乎就像是糖量減少很多的可口可樂。酒精濃度為23%，有著輕盈的酒體，能和柑橘美妙結合，我們常在調酒時做這樣的搭配，如「露肚裝」（請參考第179頁）。

諾妮美麗花語義大利苦酒（Amaro Nonino Quintessentia）：在談論本書幾支特定的酒款時，我們加了點詩意的描述，但這支諾妮義大利苦酒在我們用來調酒的所有烈酒中，排名數一數二。雖然它的酒體相對輕盈，但它的基酒是義式渣釀白蘭地，這種富含風味的基酒，讓它比其他義大利苦酒多了更深沉的骨幹。聞起來的味道非常活潑，混合了新鮮柳橙精油、香草和樺木。風味多重複合且具有淡淡苦味，其中柳橙的風味比較像是柳橙糖的特性。諾妮單喝就很美味，但加在雞尾酒裡更是棒透了。我們特別喜歡把諾妮當成「曼哈頓系」雞尾酒中，拆分基酒的一部分——如第281頁的「葡萄園」（La Viña）所示。由於它的酒精濃度高（35%）但又不會太甜，所以我們也會用它來當「古典」微改編版的基酒，如第11頁的「退場策略」。

中等義大利苦酒

在我們的分類架構中，中等義大利苦酒是那些比淡義大利苦酒稍微濃一點，但又不會濃到蓋過其他風味的酒款。它們的顏色通常是暗紅色或琥珀色，甜味和焦化焦糖風味更重，且尾韻也比較苦。調酒時若使用中等義大利苦酒，我們一般會用比較少的量，把它當成調味劑用。這麼做在「馬丁尼」或「曼哈頓」微改編版中的效果很好，在這些雞尾酒中，義大利苦酒取代了部分香艾酒，同時，我們也省略了芳香苦精。

建議酒款

亞維納義大利苦酒（Amaro Averna）：不久之前，我們能持續入手的少數幾支義大利苦酒中，就有這支亞維納，它在義大利非常普遍，而且在全球也廣泛鋪貨。它比大部分的義大利苦酒再甜一點，但這也幫它平衡了茴香、檸檬、杜松子和鼠尾草等強烈風味。對於許多人來說，亞維納是個完美的義大利苦酒入門，因為它明顯的甜味能讓苦味和緩許多。

喬恰羅義大利苦酒（Amaro CioCiaro）：喬恰羅有著可樂和柳橙的香氣，風味中以焦橙為特色，帶有適度的甜味，而酒精濃度為 30%，它跨坐在一條細線的兩端：並不會過分強勁，但在複雜度高的雞尾酒中也不會迷失。它是一支適合所有人的萬用酒款，而且在經典的雞尾酒，如「布魯克林」（請參考第 87 頁）中，若買不到比格蕾吉娜苦味利口酒，喬恰羅是最受人喜愛的「皮康」利口酒（Amer Picon）最佳替代品。

比格蕾吉娜苦味利口酒（Bigallet China-China Amer）：這支苦味利口酒（酒名的法文 *amer*，就是義大利文中的 *amaro*）介於義大利苦酒和庫拉索酒之間，在柑橘、香料和綿長的怡人苦味中達到平衡。中等的甜度能夠增加橘子的特性。我們很喜歡少量（1 小匙～¼ 盎司）使用它來增加雞尾酒的酒體，還能賦予明亮的柳橙特質，能夠抬起干邑等濃重的烈酒。

吉拿義大利苦酒（Cynar）：雖然吉拿有個「超級苦」的名聲，但它其實介於「喬恰羅」的相對清淡和濃義大利苦酒（下面會詳述）的強度之間。聞起來具有辨識度極高的蔬菜和草本味。而正如其名所暗示的，吉拿含有朝鮮薊（是「菜薊屬」[Cynara]），但這麼說可能會造成誤解；其實朝鮮薊只是酒中眾多調味品之一，但這支酒確實聞起來有明顯的泥土味。此外，它所包含的尤加利樹風味，和綿長的苦味尾韻，都有助於舒展雞尾酒中的風味。

拉瑪佐蒂（Ramazzotti）：這支酒有著明顯的樺木、煮過的柑橘和香草香氣，苦味也很重。能嚐得到甜味和泥土味，但因為有苦味劑，所以甜度驚人地低。這支義大利苦酒裝瓶時酒精濃度為 30%，其複雜的風味和苦味讓它很適合加到「曼哈頓系」雞尾酒裡，如「貝絲進城去」（請參考第 87 頁），在這杯調酒中，拉瑪佐蒂取代了義大利苦酒苦精，以及一部分的香艾酒。也可以用它來調「古典」，它可以取代大部分的甜味劑，同時補足苦味，可參考第 17 頁的「突擊測驗」。

濃義大利苦酒

和之前提過的所有類別相比，濃義大利苦酒會更甜或更苦（或兩者兼具）。像這類的酒，加到雞尾酒中都會有辨識度極高的存在感。關於此點我們欣然接受，所以常把它們當成雞尾酒中的主要成分。偶爾才會微量使用 —— 份量夠讓它們具體明確的個性，能夠在核心風味底下顯現出來就好，可參考第 278 頁的「黑森林」（Black Forest）。

建議酒款

芙內布蘭卡（Fernet-Branca）：芙內布蘭卡的味道不會讓人第一口就愛上，需要經年累月，才會慢慢習慣。如果您初嘗芙內布蘭卡，一開始可能會因為它強烈的苦味而倒退三步，但時間一久，它就會顯露出其細膩之處，那個本來嚇跑您的香味，會轉變為像是焦糖、咖啡和茴香的味道，而強烈的風味也會慢慢發展成濃郁的焦橙甘味，並以薄荷味收尾。不要對「要花很久的時間才懂得欣賞芙內」這件事感到絕望。事實上，許多烈酒界的人士，即使多年來都會在深夜時分，與志同道合的人喝點芙內，但他們仍將芙內視為「裹著薄糖衣」的藥。（至少我們有乖乖吃藥，對吧！）要用芙內布蘭卡來調酒時，必須和處理其他濃義大利苦酒時一樣謹慎；先從少量，當成調味劑開始，如果喜歡，再一點一點慢慢增加。

盧薩多阿巴諾義大利苦酒（Luxardo Amaro Abano）：阿巴諾義大利苦酒的原料是小荳蔻、肉桂，苦橙皮、金雞納（cinchona）和其他目前仍屬機密的材料，風味輪廓極為獨特。我們有時覺得遠遠地就能嚐到它的味道。香氣中帶有柑橘和滿滿的烘烤香料味，但放入口中時，又有刺刺的、會停留好幾分鐘之久的肉桂風味。因為這個風味會主導任何它加入的雞尾酒，所以我們建議您僅用少量就好；否則整杯酒會只剩這個味道。

調味劑：苦味重且風味十足的義大利苦酒，可以微量使用（1 抖振～ 1 小匙），大概就像使用芳香苦精的方法。它們的強度能夠結合原本無法無縫接軌的材料，或是增添獨特的調味，用來強化其他材料。

香艾酒的替代品：這個方法並不一定管用，但如果該款義大利苦酒夠清淡的話，有時就能在調酒時取代甜香艾酒。

取代一部分的香艾酒和苦精：除了完全用義大利苦酒取代香艾酒外，我們建議您可以試著移除「曼哈頓」微改編版中的芳香苦精以及一點點的香艾酒，改用少量的（¼ ～ ½ 盎司）義大利苦酒代替，做出有趣的變化版。

放到拆分基酒中：任何類型的義大利苦酒都能成為拆分基酒的一部分，一切取決於您對苦味的忍受度。不過，像是芙內布蘭卡等的濃義大利苦酒，因為威力太逼人，所以可能會過於壓迫，無法和其他拆分基酒的材料好好合作，但如果材料間達到良好平衡的話，濃義大利苦酒還是有機會放入拆分基酒的。

當成基酒：用義大利苦酒做為基酒材料，需要使用高酒精濃度的酒款（30% 或以上最為理想），並且本身就有足夠的平衡，才能接受其他材料的影響。我們發現中度風味的義大利苦酒最適合當雞尾酒的基酒。

試驗「調味」

在「蛋蜜酒」和它的變化版中，中度風味的義大利苦酒可以擔任一個強力的調味劑，能夠切穿蛋或奶製品等濃郁材料的厚重風味。中度風味的義大利苦酒本身幾乎就像是完全成型的雞尾酒：它展現了烈和甜的特點，有時還帶點酸，然後隨時都有一層苦味。您可以根據義大利苦酒的酒精純度、甜度和苦味，透過多種方式將其放入雞尾酒中。因為具有這些特性，所以加到

「蛋蜜酒系」雞尾酒裡的義大利苦酒，會和每個材料相互作用，因此其他材料的比例就需要調整。在「巴納比瓊斯」（請參考下方）中，因為加了 ½ 盎司的「吉拿」利口酒，所以蘇格蘭威士忌的用量就必須降到 1½ 盎司，且因為吉拿具有甜度，所以楓糖漿用 ½ 盎司就能達到平衡。

巴納比瓊斯 Barnaby Jones

莫拉・麥吉根（MAURA MCGUIGAN），創作於 2013 年

「巴納比瓊斯」是杯將吉拿帶入核心，增加複雜度的蛋奶酒變化版。把咖啡豆放入雞尾酒中一起搖盪，能增添微微的咖啡風味，同時也能幫助鮮奶油發泡，產生滑順的質地。

威雀蘇格蘭威士忌 1½ 盎司
吉拿義大利苦酒 ½ 盎司
深色濃味楓糖漿 ½ 盎司
重鮮奶油 ½ 盎司
全蛋 1 顆
咖啡豆 12 顆
裝飾：肉桂

先乾搖所有材料，再加入冰塊搖盪均勻。雙重過濾後倒入冰鎮過的碟型杯中。在頂部刨一點肉桂裝飾即完成。

插隊 Jump in the Line

勞倫・科里沃（LAUREN CORRIVEAU），創作於 2015 年

這是杯繁複深奧、不含乳製品的熱帶「鳳梨可樂達」（請參考第 269 頁）微改編版，其中用了安格式香料義大利苦酒（Amaro di Angostura）來幫「核心」阿蒙提亞多雪莉酒調味。這樣做出來的結果，是杯具有高度複雜度的池畔雞尾酒。

半圓形柳橙厚片 1 片
草莓 ½ 顆
盧世濤・羅斯埃克羅阿蒙提亞多雪莉酒 1½ 盎司
安格式香料義大利苦酒 ½ 盎司
最愛法國農業型琥珀蘭姆酒（La Favorite Ambre rhum agricole）¼ 盎司
皮耶費朗不甜庫拉索酒 1 小匙
特製椰漿（做法詳見第 295 頁）½ 盎司
安格式苦精 1 抖振
裝飾：鳳梨葉 1 片、半圓形柳橙厚片 1 片和薄荷 1 支

在雪克杯中，輕輕地搗壓半圓形柳橙厚片和草莓。加入其餘材料，並和冰塊一起短搖盪，雙重過濾後倒入可林杯中。往杯裡補滿碎冰，以鳳梨葉、半圓形柳橙厚片和薄荷支裝飾，並附上吸管即完成。

崔佛 · 伊斯特（TREVOR EASTER）

崔佛 · 伊斯特曾在 2016 ～ 2017 年間擔任 the Walker Inn 和 the Normandie Club 的總經理，之前也曾在舊金山的 Bourbon & Branch 和 Rickhouse，與聖地牙哥的 Noble Experiment 等多間高級酒吧工作過。

我到現在都還記得我喝第一杯「蛋蜜酒」時，屁股坐的酒吧高腳椅長什麼樣子。當時，我在舊金山一間叫 15 Romolo 的酒吧裡，我點了一杯飲料，只因為我覺得它的名字很耐人尋味──「性黑豹蛋蜜酒」（Sex Panther Flip）。那杯酒裡頭有什麼我已經想不起來，但我只記得當時是我第一次看到有人在酒吧裡打蛋，然後還把全蛋放進杯裡。當您把全蛋丟進搖杯時，人們忍不住會問：「您是準備要參加拳擊比賽嗎？」類似這樣的問題會激起他們的興趣，然後他們就會想，好像很有趣，那我也來一杯。

對於調酒師而言，「蛋蜜酒」其實是杯有點煩人的雞尾酒，因為調一杯就會弄得很髒亂，還會讓工作的節奏慢下來。因此，我們通常不會把「蛋蜜酒」放入我們酒吧的酒單上，但我喜歡把它們當成是調酒師的特選，如果客人想要一些又濃又甜、像甜點的雞尾酒時，我們就可以提出來。

當我在創作「蛋蜜酒」的變化版時，我會堅守老派傑瑞 · 湯瑪斯的理念。我喜歡用陳年烈酒當基酒，也喜歡木質味對這杯酒產生的作用。我通常會加雪莉酒或波特酒，然後嘗試一下不同的甜味劑──也許用楓糖漿或蜂蜜取代糖，讓這杯酒更往甜點的方向去。

「蛋蜜酒」和其他雞尾酒身上扛著一個特定的污名，那就是質地比較沉重。許多人會把濃郁和甜味聯想在一起，但一杯平衡的「蛋蜜酒」其實並不甜，但絕對很濃。「蛋蜜酒」很酷：它介於雞尾酒和蛋奶醬（卡士達醬）之間，讓它成為飯後想喝點東西，而不是吃甜點時的最佳選擇。

我所學到的「蛋蜜酒」製作技巧中，其中一個最重要的地方是要讓蛋在打入雞尾酒前，有一點溫度。我會在開始調雞尾酒前，就先把蛋從冰箱拿出來，而那一分多鐘的回溫時間，就有助於確保雞尾酒成品頂端能有大家都愛的巨大泡泡頭。另外，我還喜歡做我稱為「大衛和歌利亞搖盪」（David and Goliath shake）的技巧。在將所有材料乾搖之後，我會加一塊大冰磚，和一些 Kold-Draft 製冰機做的小冰塊到搖杯中。那一大塊冰磚會立刻抹滅小冰塊的存在。這樣可以迅速降溫，然後在搖盪時，大冰磚就能像活塞一樣作用，增加空氣和質地。

每當我製作需要蛋白的雞尾酒時，我喜歡把剩下的蛋黃用於「蛋蜜酒系」的雞尾酒，當成是我給客人的小小驚喜。當您可以把某人的夜晚變得很特別時，為什麼要把蛋黃丟掉呢？

我認為「蛋蜜酒」對於多數調酒師而言，仍是尚未接觸過的邊境。我們花了很多時間製作「古典」、「曼哈頓」和「黛綺莉」，而任何像樣的調酒師都能快速做出這些雞尾酒的微改編版，但如果請他們調一杯「蛋蜜酒系」的雞尾酒，您可能會走進死胡同。對於我來說，這表示在那個類別中存在著巨大的潛力，有很多實驗的空間。有時我會夢想有個世界，在那裡我可以走進一間酒吧，然後在酒單上就有一整區的「蛋蜜酒」和其他甜點雞尾酒。

帶我逃離這裡吧，義式脆餅
Bean Me Up Biscotti

陳年蘭姆酒 1½ 盎司
咖啡利口酒 ½ 盎司
法雷蒂義式脆餅名利口酒（Faretti Biscotti Famosi liqueur）¼ 盎司
重鮮奶油 1 盎司
全蛋 1 顆
裝飾：肉豆蔻

先乾搖所有材料，再加入冰塊搖盪均勻。雙重過濾後倒入小型白酒杯中。在頂部刨一點肉豆蔻裝飾即完成。

杯器：調酒者的選擇

「蛋蜜酒」及其大家族中的雞尾酒並沒有最適合的杯器，部分原因是這些雞尾酒有太多種不同的形式：熱的或冰的、體積適中的或泡沫超多的。這讓我們有一個很好的機會，可以聊聊如何為不同種類的雞尾酒，挑選最理想的盛裝容器。

對於經典「蛋蜜酒」及其他蛋或乳製品製成的冰雞尾酒，我們會用容量夠大，足以盛裝額外泡沫的玻璃杯，但杯子也不能太大，不能讓雞尾酒的頂端和杯緣有一大段距離。一個裝得下 7 到 8 盎司的玻璃杯，應該就可以。有杯頸的玻璃杯最棒，因為它能避免飲用者的手溫造成雞尾酒的溫度升高。最後，杯子的口徑要相當寬，這樣雞尾酒頂端才會有足夠的表面面積可以撒上香料粉，或附上其他裝飾，這些對於這類型雞尾酒而言，通常是一個重要的元素。

我們常用碟型杯，或本來是用來裝白酒或粉紅酒的小型葡萄酒杯盛裝「蛋蜜酒系」雞尾酒。我們的最愛之一是德國蔡司做的粉紅酒酒杯，這個杯子的頂端微微向外打開。

正如冰雞尾酒需要杯頸，熱雞尾酒就需要握把。對於「愛爾蘭咖啡」（請參考第 268 頁）或「湯姆與傑瑞」（請參考第 268 頁）之類溫熱奶滑的雞尾酒，我們通常會用透明的托迪杯，用這個杯子還有個好處，可以讓客人看看裡頭美麗的雞尾酒。但對於其他的熱雞尾酒，如「杏仁園」（請參考第 257 頁），一個有裝飾的木碗，咖啡馬克杯，或是茶杯，能讓雞尾酒更有特色，就像用提基馬克杯盛裝熱帶風雞尾酒一樣。

「蛋蜜酒」的變化版

「蛋蜜酒」的變化版已經發展出幾條不同的道路。如同前面內容提過的，基底烈酒或加烈葡萄酒可以在「蛋蜜酒」的範本上換來換去，也可以不用蛋和乳製品，或在甜味劑上做文章。但這些變化版與根基酒譜的相同處在於整體的濃郁度和奶滑質地。底下我們會探索幾個承接「蛋蜜酒」公認特色，並將其推往不同方向的知名變化版。

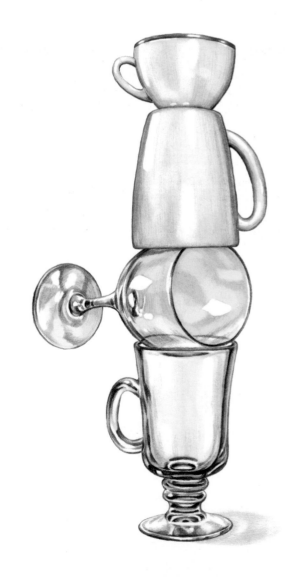

白色俄羅斯 White Russia

經典款

有些套用「蛋蜜酒」範本的變化版，就
純粹只是省略蛋，只包含幾種材料的混
合物，然後在要端上桌的酒杯裡直調。
經典的「白色俄羅斯」就是這樣的一杯
飲料。因為這些雞尾酒中，沒什麼太複
雜的，所以材料的品質就成為首要考
量。和本章裡其他許多雞尾酒一樣，
「白色俄羅斯」常被嘲笑，但事實上它
經過相當審慎的平衡，並不似其壞名聲
所指稱的。它用的是「半對半」，而非
鮮奶油，使它夠輕盈，可以每天飲用；
此外，如果它用的是重鮮奶油，利口酒
裡的咖啡風味可能就會被蓋過。

絕對伏特加 Elyx 1½ 盎司
蘿莉塔咖啡利口酒 1 盎司
半對半 1 盎司
裝飾：咖啡豆 3 顆

將伏特加和利口酒倒入雙層古典杯中混
合均勻。在杯裡補滿冰塊，並大致攪拌
一下。於頂端疊一層半對半，再放咖啡
豆裝飾即完成。

愛爾蘭咖啡

愛爾蘭咖啡 Irish Coffee

經典款

在這杯「蛋蜜酒」的變化版中，鮮奶油並未混入雞尾酒裡；而是打發之後，浮在雞尾酒上頭。由於底下材料的熱氣會破壞打發鮮奶油的結構，造成它滲入液體中的樣子不太美觀，因此我們建議您把鮮奶油打到濕性發泡，這樣奶泡就能維持久一點。

重鮮奶油 2 盎司
尊美醇愛爾蘭威士忌（Jameson Irish whiskey）1½ 盎司
德梅拉拉樹膠糖漿（做法詳見第 54 頁）¾ 盎司
熱的濾滴咖啡 3 盎司

用碗和打蛋器把鮮奶油打到開始形成濕性發泡。在咖啡馬克杯或托迪馬克杯中裝滿滾水，靜置 1～2 分鐘，再把水倒掉，讓杯子溫熱。倒入威士忌和糖漿，接著邊不停攪拌，邊慢慢倒入咖啡。小心將打發的鮮奶油用湯匙撈到雞尾酒上即完成。

綠色蚱蜢 Grasshopper

經典款

「綠色蚱蜢」以利口酒為基酒，濃郁卻又異常地清新。這杯雞尾酒與其他許多同類已經被貶到廉價小酒吧好幾十年，但隨著優質的利口酒進入市場──用真正的薄荷和可可製作，而非人工香料──我們重新思考了這些經典款，並把一些拉回我們的酒單上。在這杯雞尾酒中，裝飾用的新鮮薄荷能同時提供香氣和視覺效果，加強這杯雞尾酒的薄荷特色。

光陰似箭白薄荷香甜酒 1 盎司
吉法白巧克力香甜酒 1 盎司
重鮮奶油 1 盎司
薄荷葉 8 片
裝飾：薄荷葉 1 片

將所有材料加冰塊一起搖盪均勻。雙重過濾後倒入冰鎮過的碟型杯中。把薄荷葉放在雞尾酒頂端裝飾即完成。

湯姆與傑瑞 Tom and Jerry

經典款

早在中央暖氣系統可以照料我們度過惡劣天候之前，人類就已經很聰明，想到要將乳製品和一些烈酒混合，喝下肚暖身以抵擋寒風和雨淋。事實上，這有可能就是「蛋蜜酒」產生的方式，一開始就是把蛋、愛爾啤酒和糖混合在一起加熱。雖然現代版的「蛋蜜酒」幾乎都是冰的，但在冷冷的天喝上一杯熱飲的概念，還是很吸引人的，而其中一杯最舒心暖胃的飲品，就是「湯姆與傑瑞」，這是冬日裡的最愛，混合了蘭姆酒、干邑、乳製品和蛋（蛋是「湯姆與傑瑞預拌糊」[Tom and Jerry Batter] 的一個成分）。

杜蘭朵 12 年蘭姆酒 1 盎司
皮耶費朗琥珀干邑 1 盎司
湯姆與傑瑞預拌糊（做法詳見第 296 頁）2 盎司
熱牛奶 2 盎司
裝飾：肉豆蔻

在咖啡馬克杯或茶杯中裝滿滾水，靜置 1～2 分鐘，再把水倒掉，讓杯子溫熱。倒入蘭姆酒和干邑，再加入預拌糊，攪拌到完全均勻，接著緩緩倒入熱牛奶。在頂端刨些肉豆蔻即完成。

金色凱迪拉克 Golden Cadillac

經典款

經典的「金色凱迪拉克」是另一杯酷似「綠色蚱蜢」的雞尾酒，但加利安諾的香草與甘草風味，把這杯酒帶往了另一個方向。雞尾酒頂端的黑巧克力薄片，可以加強利口酒的風味，引出一些怡人的苦味特質。

加利安諾 1 盎司
吉法白巧克力香甜酒 1 盎司
重鮮奶油 1 盎司
裝飾：黑巧克力

將所有材料加冰塊一起搖盪均勻，雙重過濾後倒入冰鎮過的碟型杯中。在頂端刨一些黑巧克力裝飾即完成。

鳳梨可樂達 Piña Colada

經典款

雖然「鳳梨可樂達」是一杯會讓人聯想到沙灘和茅草屋頂酒吧的知名雞尾酒，但若分析它的酒譜，會發現它基本上就是另一種類型的「蛋蜜酒」。把「鳳梨可樂達」剔除在「酸酒系」雞尾酒外的想法，著實讓我們感到震驚，但事實就是這樣。蘭姆酒帶來了酒精純度，椰漿（coconut cream）增加了脂肪和甜度，而鳳梨汁則提供了甜味與酸度。

卡納布蘭瓦白蘭姆酒 2 盎司
酷尚黑糖蜜蘭姆酒 ½ 盎司
新鮮鳳梨汁 1½ 盎司
特製椰漿（做法詳見第 295 頁）1½ 盎司
裝飾：鳳梨角切 1 塊和用雞尾酒小陽傘串起的 1 顆白蘭地酒漬櫻桃

將所有材料放在雪克杯中「軟性搖盪」（whip）── 和幾塊碎冰一起搖盪到融合即停止，接著大力倒入雙層古典杯中，並往杯裡補滿碎冰。放上鳳梨角和櫻桃裝飾，並附上吸管即完成。

鳳梨可樂達

「蛋蜜酒」的大家族

「蛋蜜酒」的大家族將範本進一步擴大。保留範本重視的濃郁度，但用好幾種有趣的形式呈現。在「縱情」（Indulge；請參考第 272 頁）中，清淡的杏仁奶取代了鮮奶油，形成一杯比較細緻的「蛋蜜酒」微改編版。「漢斯格魯伯」（Hans Gruber；請參考第 272 頁）取材自經典的「白色俄羅斯」（請參考第 267 頁），但在杯裡盡可能地塞滿了假期風味。這些雞尾酒只展示了幾種將「蛋蜜酒」格式套入自創作品的方式，可能性還有很多。

霜凍泥石流　Frozen Mudslide

戴文．塔比，創作於 2016 年

我們知道您在想什麼：一杯「泥石流」？現在是什麼年代，*1985 年*？沒錯，看到這杯雞尾酒，我們很難不嘲笑它，因為它就是一杯加了酒精的奶昔。但話又說回來，那有什麼問題？「泥石流」之所以名聲不好，也許是因為它慣用的製作方式：幾乎等量的咖啡利口酒、伏特加，和貝禮詩奶酒（Bailey's Irish cream）混合在一起。雖然那樣做也沒錯，但我們比較喜歡這個加了冰淇淋的版本，多了這項濃郁又可口的材料，就可以不用和冰塊一起搖盪了，否則冰塊融化很快就會沖淡雞尾酒。

埃斯波雷鴨伏特加 1 盎司
貝禮詩奶酒 1½ 盎司
卡魯哇咖啡利口酒（Kahlúa coffee liqueur）1 盎司
香草或咖啡冰淇淋 3 球
裝飾：刨成細屑的黑巧克力

將所有材料放進果汁機，攪打至滑順。倒入可林杯中，並附上吸管和長湯匙。以黑巧克力細屑裝飾即完成。

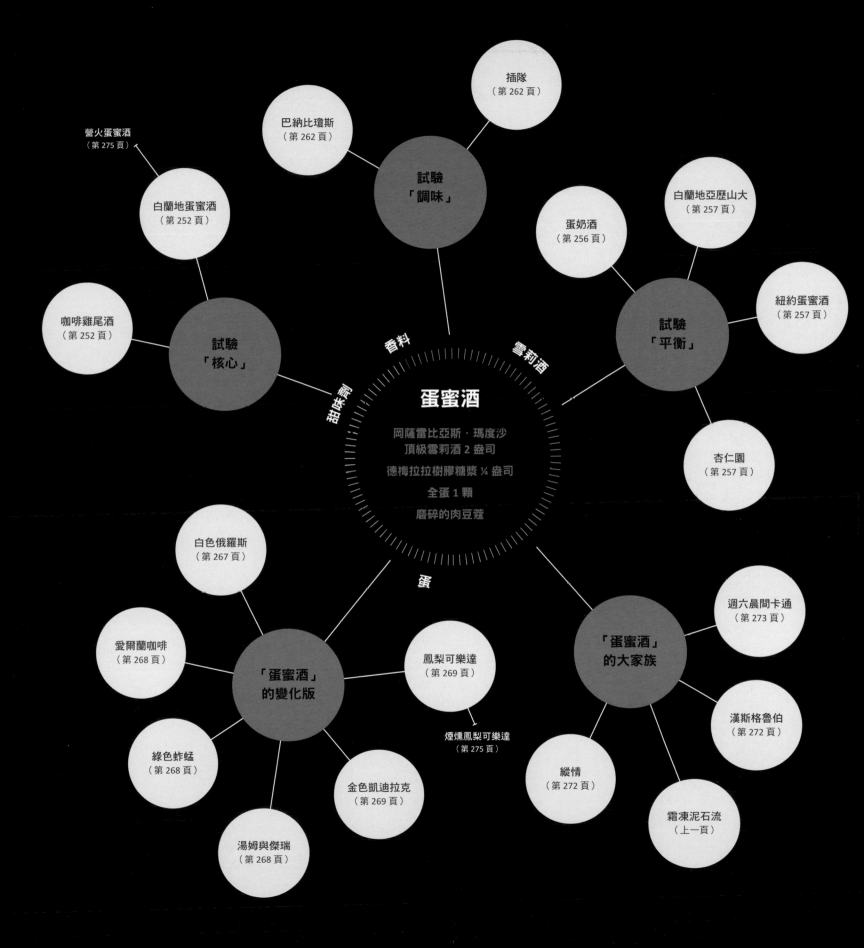

插隊
（第 262 頁）

巴納比瓊斯
（第 262 頁）

試驗
「調味」

營火蛋蜜酒
（第 275 頁）

白蘭地蛋蜜酒
（第 252 頁）

白蘭地亞歷山大
（第 257 頁）

蛋奶酒
（第 256 頁）

紐約蛋蜜酒
（第 257 頁）

咖啡雞尾酒
（第 252 頁）

試驗
「核心」

試驗
「平衡」

杏仁園
（第 257 頁）

香料

雪莉酒

甜味劑

蛋蜜酒

岡薩雷比亞斯・瑪度沙
頂級雪莉酒 2 盎司

德梅拉拉樹膠糖漿 ¼ 盎司

全蛋 1 顆

磨碎的肉豆蔻

蛋

白色俄羅斯
（第 267 頁）

週六晨間卡通
（第 273 頁）

愛爾蘭咖啡
（第 268 頁）

鳳梨可樂達
（第 269 頁）

「蛋蜜酒」
的大家族

漢斯格魯伯
（第 272 頁）

「蛋蜜酒」
的變化版

煙燻鳳梨可樂達
（第 275 頁）

綠色蚱蜢
（第 268 頁）

縱情
（第 272 頁）

金色凱迪拉克
（第 269 頁）

霜凍泥石流
（上一頁）

湯姆與傑瑞
（第 268 頁）

漢斯格里伯 Hans Gruber

戴文・塔比，創作於 2015 年

「漢斯格里伯」是我們最愛的分層「白色俄羅斯」變化版之一，這是我們在 2015 年，為了 the Walker Inn 的假期主題而創作的雞尾酒。在這當中，我們利用了經典「白色俄羅斯」的每一個組成成分，創作出一杯繁複深刻，風味輪廓像是胡桃派加冰淇淋的雞尾酒。這杯酒雖然既濃又甜，但胡桃浸漬蘭姆酒中的烘烤堅果香氣，與焦化奶油浸漬白蘭地中隱含的濃郁度，被充滿無花果味的佩德羅・希梅內斯雪莉酒平衡了。楓糖風味的打發鮮奶油是我們最愛的驚喜之一，只用了少量的楓糖漿調味，讓鮮奶油更美味。我們也試過用其他材料「玩」出風味鮮奶油，如橙味庫拉索酒和不甜雪莉酒。如果您也想這麼做，要記住您在鮮奶油裡加了多少酒精；每杯鮮奶油裡的酒精含量如果超過 ½ 盎司左右，就會變得比較難打發。

重鮮奶油 2 盎司
深色濃味楓糖漿 ¼ 盎司
烤胡桃浸漬普雷森蘭姆酒（做法詳見第 293 頁）1 盎司
焦化奶油浸漬蘋果白蘭地（做法詳見第 287 頁）¾ 盎司
盧世濤・聖艾密里歐 PX 雪莉甜酒 1 盎司
吉法馬達加斯加香草香甜酒 1 小匙
蔗糖糖漿（做法詳見第 47 頁）¼ 盎司
鹽水（做法詳見第 298 頁）3 滴
裝飾：噴 1 下酷尚黑糖蜜蘭姆酒

用碗和打蛋器將鮮奶油和楓糖漿一起打到開始形成濕性發泡。在攪拌杯中，混合其他材料和冰塊，濾冰後倒入冰鎮過的碟型杯中。小心用湯匙將打發的鮮奶油舀到雞尾酒頂端，再朝著飲料上方噴一下黑糖蜜蘭姆酒即完成。

縱情 Indulge

戴文・塔比，創作於 2016 年

這杯受「湯姆與傑瑞」啟發的雞尾酒，示範了幾滴乳酸溶液的微酸和奶滑如何讓一杯雞尾酒產生戲劇性的差異。這杯調飲從兩個關鍵材料──焦化奶油浸漬蘋果白蘭地和香滑的杏仁奶──得到額外的滑膩感，而義大利杏仁香甜酒則能提供些許堅果風味，造就出一杯滑順又濃郁到不行的雞尾酒。

杏仁奶（做法詳見第 255 頁）4¼ 盎司
焦化奶油浸漬蘋果白蘭地（做法詳見第 287 頁）¾ 盎司
卡納布蘭瓦 7 年蘭姆酒 ¾ 盎司
拉薩羅尼義大利杏仁香甜酒 1 小匙
香料杏仁德梅拉拉樹膠糖漿（做法詳見第 56 頁）½ 盎司
乳酸溶液（做法詳見第 298 頁）2 滴
鹽水（做法詳見第 298 頁）1 滴

將所有材料放到小醬汁鍋中，以中小火加熱，需不時攪拌，煮到熱氣騰騰但尚未冒小滾泡的程度。倒進咖啡馬克杯或小茶杯。無需裝飾即完成。

週六晨間卡通
Saturday Morning Cartoons

戴文·塔比，創作於 2015 年

這杯是我們對穀片牛奶（cereal milk）大開玩笑的雞尾酒，具體示範浸漬液和利口酒如何把經典「蛋蜜酒」的濃度和甜度，帶入不含乳製品的版本。在這杯酒中，愛娃青李豆木卡沙薩裡的肉桂辛香，透過與可可碎粒酊劑和風味多重的香草香甜酒混合而更加深化，而這些風味都是建立在自製杏仁奶形成的骨幹上。最後讓結局來個翻轉，這杯雞尾酒不是用來直接喝的（雖然您當然可以這麼做），但我們的設計是要把它倒在穀片上，來個有趣又時尚的早餐。

愛娃青李豆木卡沙薩 1 盎司
可可碎粒酊劑（做法詳見第 297 頁）½ 盎司
吉法馬達加斯加香草香甜酒 ¼ 盎司
德梅拉拉樹膠糖漿（做法詳見第 54 頁）¾ 盎司
杏仁奶（做法詳見第 255 頁）4 盎司
穀片

將除了穀片外的所有材料放入攪拌杯拌勻。把穀片放進碗裡，倒入調好的酒液，並附上湯匙即可。記得一定要把所有液體舔乾淨！

進階技巧：引入煙燻風味

煙究竟是什麼，為什麼這麼療癒？是不是在我們的大腦深處有什麼會讓我們把煙和安全、溫暖和寄託連接在一起，也許是啟動古老祖先傳承下來的狩獵採集本能？無論是什麼，煙燻都是食物中一種強烈的風味和香氣，也能徹底改造一杯雞尾酒。

在最基本的層面上，煙燻風味可以透過具有煙燻調性的材料引入雞尾酒中，特別是煙燻香料，如煙燻紅椒粉或孜然，和煙燻過的食材，如奇波雷煙燻辣椒（chipotle chiles）。這些可以當成糖漿或浸漬液的原料，或者是磨成粉滾在杯緣。但幾乎沒有什麼更進階的技巧可言。所以在這節中，我們將討論真正煙霧的風味如何注入到雞尾酒和材料中。

您可能想知道為什麼我們要在「蛋蜜酒」的篇章中介紹這個技巧。雖然煙燻可以把另一層的風味添加到許多不同類型的雞尾酒上，但「蛋蜜酒」由於它的組成成分，所以可以用一個其他雞尾酒無法達到的方式抓住煙，這是因為蛋或乳製品中的脂肪很容易留住各種風味。脂肪會吸收大量組成煙燻特性的成分，然而，若是將煙引入一杯比較「瘦」的雞尾酒，如「古典」的變化版，就會導致在液態煙燻風味邊緣搖搖欲墜的結果。總之，記住特定的雞尾酒是關鍵，而且要用得恰到好處：注入太多煙燻風味，會導致整杯酒只有那個味道；太少，效果又出不來。此外，也要留意每個人對雞尾酒帶有煙燻味的忍受度不同，所以再次重申，適量是最重要的。

煙燻一項液體材料或整杯雞尾酒可能看起來很不可思議，但事實上，非常簡單。最基本的方法是把木頭加熱到悶燒，然後讓煙在液體表面產生作用。煙會在幾分鐘內就把風味注入液體中。這其中的學問都和具體的選擇有關，如選定哪款雞尾酒能從煙燻中得到好處，以及要用哪種木頭或其他可燃燒，且和雞尾酒中材料對味的物質，另外還有使用煙霧的方法。

硬木（Hardwood）是最常用來煙燻食物的物質，因為它們的煙通常是甜又風味十足的。但其他乾燥的材料也可以用來煙燻，如茶葉或香草。

如上所述，煙有很強力的香氣和風味，很容易就會主宰整杯雞尾酒，所以我們往往只用適量的煙注入風味，然後再配上其他材料，這些材料中有的天生就具有與煙燻味相輔相成的特質，如橡木桶陳年烈酒中的濃郁香草風味，而有的則是能仿造出人們熟悉的風味，如 BBQ 中的甜甜煙燻味，或雪茄裡的菸草煙燻味。

營火蛋蜜酒 Campfire Flip

艾力克斯．戴，創作於 2017 年

「營火蛋蜜酒」是經典「蛋蜜酒」的煙燻
微改編版。我們從一種煙燻過的材料開
始：山核桃木燻漬干邑，再配上雪莉酒和
一點點香草香甜酒。這樣造就出一杯濃
郁，帶有煙燻木頭複雜度，並能與干邑和
雪莉酒中已經存在的木桶陳年風味一決勝
負的雞尾酒。

山核桃木燻漬干邑（做法詳見第 290 頁）
1 盎司
盧世濤．羅斯埃克羅阿蒙提亞多雪莉酒
1 盎司
吉法馬達加斯加香草香甜酒 1 小匙
德梅拉拉樹膠糖漿（做法詳見第 54 頁）
½ 盎司
全蛋 1 顆
裝飾：肉桂和肉豆蔻

先乾搖所有材料，再加入冰塊搖盪均勻。
雙重過濾後倒入冰鎮過的碟型杯中。在頂
部刨一點肉桂和肉豆蔻裝飾即完成。

煙燻可樂達 Smoky Colada

艾力克斯．戴，創作於 2017 年

煙燻風味不一定要靠煙霧本身傳導；也可
以透過烹調方式，如火烤，把煙燻風味傳
到食材上，再帶進雞尾酒中。調酒時，我
們最愛的處理方法之一就是使用加了火烤
鳳梨的糖漿，如這杯「鳳梨可樂達」（請
參考第 269 頁）的煙燻變化版中所呈現
的。用我們的火烤鳳梨糖漿取代一些新鮮
鳳梨汁，能夠把這杯濃郁的熱帶風情飲
品，帶到稍微有點鹹鮮的方向。

卡納布蘭瓦白蘭姆酒 2 盎司
酷尚黑糖蜜蘭姆酒 ½ 盎司
新鮮鳳梨汁 ¾ 盎司
火烤鳳梨糖漿（做法詳見第 285 頁）
¾ 盎司
特製椰漿（做法詳見第 295 頁）1 盎司
裝飾：鳳梨角切 1 塊和用雞尾酒小陽傘串
起的 1 顆白蘭地酒漬櫻桃

將所有材料放在雪克杯中「軟性搖盪」
── 和幾塊碎冰一起搖盪到融合即停止，
接著大力倒入雙層古典杯中，並往杯裡補
滿碎冰。放上鳳梨角和櫻桃裝飾，並附上
吸管即完成。

煙燻工具

這裡是一些我們最愛用來幫雞尾酒增添煙燻風味的工具。

煙燻槍：市面上可找到幾種選擇，但我們最愛的其中一個是 PolyScience 的「專業煙燻槍」（Smoking Gun Pro）。裡頭有個小電風扇可以吸出燃燒槽（burn chamber）的煙，並透過可以泡進液體裡或用來煙燻飲料頂部或周圍空間的管子傳導。煙燻槍出來的煙是涼的，所以不會加熱雞尾酒，且噴出來的煙量可以調整，能夠一次噴出很多，也可以只有一點點。因為它的尺寸很精巧，所以非常適合用來快速煙燻單樣材料或整杯雞尾酒。

木材或木板：除了用煙幫材料調味外，您也可以讓玻璃杯或其他要端上桌的容器染上煙燻味。我們喜歡利用舊波本威士忌木桶的桶材產生能讓人憶起美國威士忌的濃郁燻煙。將桶材放在耐熱平面上，內部朝上，然後用瓦斯噴槍朝著平面點火，把板材燒到發紅，煙開始飄出來。接著把玻璃杯放在木板上面，這樣煙霧中的甜香草味和香料辛香就能沾染到容器上。這是一個很棒的方式，能幫「賽澤瑞克系」雞尾酒創造出戲劇化的版本，讓玻璃杯有著久久不散的香氣，能夠和裡頭盛裝的雞尾酒產生對比或相輔相成。

噴槍：廚用瓦斯噴槍是個順手的實用工具。適合用來點燃煙燻槍或其他類似器裡的木屑，也可以用來點燃香草，以做為煙燻裝飾物，或燒木板或桶材（請參考上一段說明）。

燒烤爐：我們有時會用炭火燒烤爐來加熱水果或蔬菜，使其沾染上濃濃的煙燻風味，然後再把這些材料當成糖漿或雞尾酒預拌液的基底，如第 285 頁的「火烤鳳梨糖漿」。如果您有瓦斯燒烤爐，別擔心：可以把木屑用鋁箔紙包起來或放進金屬盒子裡來製造煙燻風味。

用木頭煙燻

到目前為止，木頭燒的煙是最常用來引入雞尾酒中的。我們遵守燒烤的教條且只用硬木的木屑，因為軟木，如雪松木、松木、洋松、雲杉和鐵杉會產生濃煙，吸入對人體有害，也會造成不討喜的風味。雖然不同類型的木頭確實會產生不同的風味，但它們製造出來的煙量影響更大。底下是一下常用來煙燻的木頭，從煙燻味最淡到最重排列：

淡味木頭（櫻桃、蘋果、蜜桃、西洋梨和樺木）：這些木頭產生的煙甜甜的且有水果味，最適合搭配清淡一點的材料，如要用來做糖漿的新鮮水果。

中味木頭（橡木、山核桃木、楓木、胡桃木和菝契）：如果您只能挑選一種木頭來煙燻，請選橡木或山核桃木。這兩者都能與許多原料完美搭配，而且能夠產生明顯的煙燻味，卻又不會搶了全部的鋒頭。橡木是許多陳年烈酒的天然好夥伴，而山核桃木甜甜的煙能夠優美地在美國威士忌或蘋果白蘭地上畫龍點睛。

強味木頭（牧豆樹 [mesquite]、多香果樹 [pimento] 和核桃木）：這些木頭，尤其是牧豆樹，會產生最強的煙，很快就會獨攬整杯雞尾酒的風味。我們建議改用這些木頭來調味玻璃杯，或煙燻雞尾酒頂端的空間，而不是煙燻某種材料或整杯雞尾酒。

如果您用的是煙燻槍，需要準備一些細小木頭刨片。把它們裝進煙燻槍的內槽裡攤平，但不要壓得太緊，否則氧氣會無法通過。打開煙燻槍，並用噴槍點燃木屑。讓第一股煙消散，然後等到看得見的火焰平息；木頭在此時雖然在燃燒，但還不能產生您需要的煙。等木頭開始悶燒，且出現火紅餘燼，就能產生風味十足的煙。在此階段，將管子浸入液體中，或在一個可罩住的容器中，把管子拿到液體上端，煙燻 10 秒鐘。容器要夠大，才能在密封時困住煙。讓煙繼續繚繞，直到容器變透明。

用可燃物煙燻

另一個引入煙燻風味的方法是點燃某些本身就可以燒起來的素材。茶葉、香草和香料是我們主要使用的材料。

茶葉：乾茶葉很適合放入煙燻槍中用來煙燻。已經含有煙燻風味的茶葉，如正山小種茶（Lapsang souchong），或有木質和水果風味的調和茶，如 August Uncommon Tea 的「『因斯布魯克的田園』調和茶」（請參考第 299 頁的「選購指南」），都是特別合適的選擇。可試試看不同的茶葉；有些的作用會像軟木，產生甜甜的煙。

香草和香料：把香草點燃，然後用來薰香雞尾酒頂端或簡單煙燻周遭的空氣，是一個極為強效的方式，可讓雞尾酒染上淡淡的煙燻味。點燃的迷迭香是我們的最愛。取一支長的迷迭香，然後用噴槍點燃葉子部分。在它發出劈啪聲時，會有一陣強烈的木質香氣。迷迭香可以放在調酒上方（小心燃燒中的餘燼），或簡單放在附近，它的香氣夠強，可以讓整間房間充滿香味。您也可以用類似的方法處理肉桂。

煙燻漬味冰塊：雖然一塊冰看似無法穿透，但其實它會吸收週遭的風味和香氣。這就是為什麼我們酒吧裡有冰塊專用冷凍櫃的原因之一。（沒錯，您家裡的冷凍庫只能有冰塊，請幫我們向您的室友或另一半致歉。）如果要讓冰塊沾染上煙燻風味，請將冰塊放在附蓋的塑膠容器中。將蓋子大部分蓋上，只留下能讓煙燻槍管子伸進容器的縫隙。往容器裡打一點煙，讓整個容器變得不透明，無法看穿。然後將容器密封，放入冷凍庫幾個小時，讓煙能夠注入冰塊內。這樣冰塊將會有微微的煙燻味，加到「古典系」雞尾酒中，會變得很獨特。

附錄

雞尾酒

黑桃 A8 Aces and Eights

傑瑞・威甘德（JARRED WEIGAND），
創作於 2016 年

珍寶短陳龍舌蘭 2 盎司
梅樂提義大利苦酒 ½ 盎司
加利亞諾咖啡利口酒 1 小匙
香草乳酸糖漿（做法詳見第 286 頁）1 小匙
比特曼巧克力香料苦精 1 抖振
裝飾：柳橙皮捲 1 條

將所有材料倒在冰塊上攪拌均勻，濾冰後倒
入已放了 1 塊大冰塊的雙層古典杯中。朝著
飲料擠壓柳橙皮捲，再用果皮輕輕沿著玻璃
杯杯緣擦一圈，再將果皮投入酒中即完成。

親密關係 Affinity

經典款

威海指南針「木桶達人」蘇格蘭威士忌
2 盎司
安堤卡古典配方香艾酒 ½ 盎司
多林純香艾酒 ½ 盎司
義大利苦酒苦精 2 抖振
裝飾：檸檬皮捲 1 條

將所有材料倒在冰塊上攪拌均勻，濾冰後倒
入尼克諾拉雞尾酒杯中。朝著飲料擠壓檸檬
皮捲，再把果皮掛在杯緣即完成。

飛行 Aviation

經典款

普利茅斯琴酒 2 盎司
紫羅蘭香甜酒 ¼ 盎司
瑪拉斯奇諾櫻桃利口酒 1 小匙
現榨檸檬汁 ¾ 盎司
簡易糖漿（做法詳見第 45 頁）½ 盎司
裝飾：白蘭地酒漬櫻桃 1 顆

將所有材料加冰塊一起搖盪均勻，濾冰後倒
入冰鎮過的碟型杯中。以櫻桃裝飾即完成。

採莓趣 Berry Picking

戴文・塔比，創作於 2015 年

草莓浸漬干邑與梅茲卡爾（做法詳見第 293
頁）2 盎司
盧世濤・羅斯埃克羅阿蒙提亞多雪莉酒
1 盎司
現榨檸檬汁 ¾ 盎司
肉桂糖漿（做法詳見第 52 頁）¾ 盎司
金巴利 ¼ 小匙
裝飾：完整草莓 1 顆，從尖端處切開，
蒂頭端仍保留相連

將所有材料加冰塊一起搖盪均勻，雙重過濾
後倒入冰鎮過的雙層古典杯中。將草莓掛在
杯緣即完成。

黑森林 Black Forest

布萊恩・布魯斯與戴文・塔比，
創作於 2016 年

威雀蘇格蘭威士忌 ¾ 盎司
焦化奶油浸漬蘋果白蘭地（做法詳見第 287
頁）¾ 盎司
清溪洋松白蘭地 ¼ 盎司
可可碎粒酊劑（做法詳見第 297 頁）¼ 盎司
盧薩多阿巴諾義大利苦酒 1 小匙
簡易糖漿（做法詳見第 45 頁）1 小匙
鹽水（做法詳見第 298 頁）1 滴
裝飾：噴 1 下雪松酊劑（Cedar Tincture；
做法詳見第 298 頁）

將所有材料倒在冰塊上攪拌均勻，濾冰後倒
入已放了 1 塊大冰塊的雙層古典杯中。朝著
雞尾酒上方噴出酊劑薄霧即完成。

鮑比伯恩斯 Bobby Burns

經典款

威海指南針「水果小丑」蘇格蘭威士忌
2 盎司
安堤卡古典配方香艾酒 ¾ 盎司
DOM ¼ 盎司
裝飾：檸檬皮捲 1 條

將所有材料倒在冰塊上攪拌均勻，濾冰後倒入尼克諾拉雞尾酒杯中。朝著飲料擠壓檸檬皮捲，再把果皮掛在杯緣即完成。

營火 Campfire

戴文·塔比，創作於 2017 年

消化餅浸漬錢櫃單桶波本威士忌（Graham
Cracker-Infused Elijah Craig Single-Barrel
Bourbon；做法詳見第 290 頁）1¾ 盎司
可可碎粒酊劑（做法詳見第 297 頁）½ 盎司
吉法可可香甜酒（Giffard crème de cacao）
1 盎司
櫻桃木木屑 1 小撮（夠填滿煙燻槍內槽的量）

將所有材料倒在冰塊上攪拌均勻，濾冰後倒入已放了 1 塊大冰塊的雙層古典杯中。使用
PolyScience 的煙燻槍（請參考第 276 頁），在雞尾酒上方使用櫻桃木煙燻。無需裝飾即完成。

西芹與絲綢 Celery and Silk

艾力克斯·戴，創作於 2014 年

英人牌琴酒 1½ 盎司
利尼阿夸維特 ½ 盎司
塊根芹菜浸漬多林白香艾酒（做法詳見第
288 頁）1 盎司
奇蹟一英里西芹苦精 2 抖振

將所有材料倒在冰塊上攪拌均勻，濾冰後倒入冰鎮過的尼克諾拉雞尾酒杯中。無需裝飾即完成。

總理 Chancellor

經典款

百富 12 年雙桶蘇格蘭威士忌（Balvenie
Doublewood 12-year scotch）2 盎司
茶色波特 1 盎司
安堤卡古典配方香艾酒 ½ 盎司
義大利苦酒苦精 1 抖振

將所有材料倒在冰塊上攪拌均勻，濾冰後倒入冰鎮過的尼克諾拉雞尾酒杯中。無需裝飾即完成。

出類拔萃 Class Act

納塔莎·大衛，創作於 2015 年

皮耶費朗夏朗德皮諾酒 1 盎司
辛加尼 63½ 盎司
聖喬治香料西洋梨利口酒（St. George
spiced pear liqueur）½ 盎司
新鮮鳳梨汁 ¾ 盎司
現榨檸檬汁 ½ 盎司
簡易糖漿（做法詳見第 45 頁）½ 盎司
裝飾：鳳梨角切 1 塊

將所有材料加冰塊一起搖盪均勻，雙重過濾後倒入冰鎮過的碟型杯中。放上鳳梨角裝飾即完成。

椰子與冰 Coco and Ice

瑪麗·巴特利特（MARY BARTLETT），
創作於 2014 年

杜蘭朵 12 年蘭姆酒 1 盎司
奧美加阿爾托短龍舌蘭（Olmeca Altos
reposado tequila）½ 盎司
吉法特級香蕉香甜酒 ½ 盎司
蘿莉塔咖啡利口酒 ¼ 盎司
無糖椰奶 1½ 盎司
裝飾：香蕉脆片（banana chip）1 片

將所有材料加冰塊一起搖盪均勻，濾冰後倒入已放了 1 塊大冰塊的雙層古典杯中。以香蕉脆片裝飾即完成。

雛菊槍 Daisy Gun

艾力克斯·戴，創作於 2013 年

冰賽爾脫茲氣泡酒 2 盎司
魅力之域特選皮斯科 1½ 盎司
威廉漢特微甜雪莉酒 1 盎司
現榨檸檬汁 ¾ 盎司
澄清草莓糖漿（做法詳見第 57 頁）¾ 盎司
肉桂糖漿（做法詳見第 52 頁）¼ 盎司
裝飾：檸檬角 1 塊和肉豆蔻

將賽爾脫茲氣泡水倒入可林杯中。其餘材料與冰塊一起短搖盪約 5 秒鐘，濾冰後倒入杯中。往杯裡補滿冰塊，以檸檬角和一些肉豆蔻粉裝飾即完成。

黑馬 Dark Horse

傑瑞米・奧特爾，創作於 2017 年

阿爾普頓莊園 21 年蘭姆酒 1½ 盎司
博德雷卡爾瓦多斯（Bordelet Calvados）
½ 盎司
納爾迪尼義大利苦酒（Amaro Nardini）
½ 盎司
柑曼怡 ½ 盎司
裝飾：檸檬皮捲 1 條

將所有材料倒在冰塊上攪拌均勻，濾冰後倒入冰鎮過的尼克諾拉雞尾酒杯中。朝著飲料擠壓檸檬皮捲，再把果皮掛在杯緣即完成。

無盡的夏日 Endless Summer

戴文・塔比，創作於 2016 年

錫馬龍白龍舌蘭 1 盎司
多林白香艾酒 1 盎司
吉法葡萄柚香甜酒 ¼ 盎司
吉法藍柑橘香甜酒（Giffard blue curaçao）
¼ 盎司
新鮮鳳梨汁 ¾ 盎司
現榨萊姆汁 ¾ 盎司
簡易糖漿（做法詳見第 45 頁）¼ 盎司
裝飾：葡萄柚角 1 塊

將所有材料加冰塊一起搖盪均勻，濾冰後倒入裝滿冰塊的可林杯中。以葡萄柚角裝飾即完成。

下手目標 Fair Game

艾力克斯・戴，創作於 2012 年

威廉漢特微甜雪莉酒 1½ 盎司
阿爾普頓莊園珍藏調和蘭姆酒 1 盎司
現榨萊姆汁 ¾ 盎司
簡易糖漿（做法詳見第 45 頁）½ 盎司
柳橙果醬 1 小匙
裝飾：薄荷 1 支

將所有材料放在雪克杯中「軟性搖盪」—和幾塊碎冰一起搖盪到融合即停止。大量傾倒入可林杯中，並往杯裡補碎冰到八分滿。用雞尾酒調棒攪拌幾秒鐘，然後裝冰塊至尖起滿出杯緣。擺上薄荷支裝飾，並附上吸管即完成。

富士傳說 Fuji Legend

艾力克斯・戴與戴文・塔比，
創作於 2013 年

賽爾脫茲氣泡水 2 盎司
洋甘菊浸漬白龍舌蘭（做法詳見第 288 頁）
1 盎司
曼薩尼亞雪莉酒 1 盎司
現榨富士蘋果汁 1 盎司
現榨檸檬汁 ½ 盎司
特製薑汁糖漿（做法詳見第 48 頁）½ 盎司
深色濃味楓糖漿 1 小匙
裝飾：用裝飾籤串起的 3 片蘋果薄片

將賽爾脫茲氣泡水倒入可林杯中。其餘材料與冰塊短搖盪 5 秒鐘左右，濾冰後倒入杯中。最後往杯裡補滿冰塊，放上蘋果片裝飾即完成。

侍酒少年甘尼米 Ganymede

布萊克・沃克（BLAKE WALKER），
創作於 2016 年

鳴門鯛吟釀生原酒（Narutotai Ginjo Nama
Genchu sake）2 盎司
盧世濤・羅斯埃克羅阿蒙提亞多雪莉酒
¼ 盎司
希琳櫻桃香甜酒 1 小匙
普利茅斯黑刺李琴酒（sloe gin）½ 小匙
現榨檸檬汁 ¼ 盎司
蔗糖糖漿（做法詳見第 47 頁）¼ 盎司
裝飾：白蘭地酒漬櫻桃

將所有材料倒在冰塊上攪拌均勻，濾冰後倒入冰鎮過的尼克諾拉雞尾酒杯中。放上櫻桃裝飾即完成。

琴吉羅傑斯 Ginger Rogers

布萊恩・米勒（BRIAN MILLER），
創作於 2011 年

戈斯林黑海豹蘭姆酒 1 盎司
御鹿 H 系列干邑 1 盎司
現榨檸檬汁 ¾ 盎司
特製薑汁糖漿（做法詳見第 48 頁）¾ 盎司
簡易糖漿（做法詳見第 45 頁）½ 盎司
裴喬氏苦精 1 抖振

將所有材料加冰塊一起搖盪均勻，濾冰後倒入冰鎮過的碟型杯中。無需裝飾即完成。

最棒的舞者 The Greatest Dancer

尼克‧塞特爾（NICK SETTLE），
創作於 2016 年

蜜瓜浸漬卡帕皮斯科（做法詳見第 290 頁）
1½ 盎司
普雷森三星蘭姆酒 ½ 盎司
夏洛蘆薈利口酒 ½ 小匙
吉法白薄荷香甜酒 ½ 小匙
現榨萊姆汁 ¾ 盎司
蔗糖糖漿（做法詳見第 47 頁）½ 盎司
鹽水（做法詳見第 298 頁）6 滴

將所有材料加冰塊一起搖盪均勻，濾冰後倒
入冰鎮過的碟型杯中。無需裝飾即完成。

環遊世界富豪 Jet Set

艾力克斯‧戴，創作於 2016 年

清溪西洋梨白蘭地 1 盎司
清溪 2 年蘋果白蘭地 ⅓ 盎司
吉法白薄荷香甜酒 1 小匙
苦艾酒 1 抖振
現榨萊姆汁 ¾ 盎司
簡易糖漿（做法詳見第 45 頁）¾ 盎司
裝飾：薄荷 1 支

將所有材料加冰塊一起搖盪均勻，濾冰後倒
入已放了 1 塊大冰塊的雙層古典杯中。以薄
荷支裝飾即完成。

葡萄園 La Viña

艾力克斯‧戴，創作於 2009 年

羅素大師珍藏裸麥威士忌（Russell's Reserve
rye）1 盎司
諾妮義大利苦酒 1 盎司
盧世濤‧東印度索雷拉雪莉酒 1 盎司
特製柳橙苦精（做法詳見第 295 頁）1 抖振

將所有材料倒在冰塊上攪拌均勻，濾冰後倒
入冰鎮過的尼克諾拉雞尾酒杯中。無需裝飾
即完成。

小勝利 Little Victory

艾力克斯‧戴，創作於 2013 年

英人牌琴酒 1½ 盎司
絕對伏特加 Elyx ½ 盎司
麥根沙士浸漬公雞美國佬（做法詳見第 292
頁）1 盎司
柳橙果醬 1 小匙
裝飾：柳橙角 1 塊

將所有材料倒在冰塊上攪拌均勻，雙重過濾
後倒入已放了 1 塊大冰塊的雙層古典杯中。
以柳橙角裝飾即完成。

異地戀人 Long-Distance Lover

勞倫‧科里沃，創作於 2016 年

半圓形柳橙厚片 1 片
檸檬角 1 塊
鳳梨角切 1 塊
特製杏仁糖漿（做法詳見第 285 頁）¾ 盎司
盧世濤‧羅斯埃克羅阿蒙提亞多雪莉酒
1½ 盎司
聖喬治香料西洋梨利口酒 ¾ 盎司
盧世濤‧艾蜜林蜜思嘉雪莉甜酒 ½ 盎司
銅與國王未陳年蘋果白蘭地（Copper &
Kings unaged apple brandy）¼ 盎司
葛縷子利口酒（kümmel liqueur）½ 小匙
安格式香料義大利苦酒 ½ 小匙
裝飾：鳳梨葉 2 片、半圓形柳橙厚片 1 片、
輪切檸檬厚片 1 片和肉桂棒 1 根

在雪克杯中，輕輕地搗壓柳橙、檸檬、鳳梨
和杏仁糖漿。加入其餘材料，和冰塊一起搖
盪均勻，濾冰後倒入裝滿碎冰的高身提基馬
克杯中。以鳳梨葉、半圓形柳橙厚片、輪切
檸檬厚片和肉桂棒裝飾，並插入一根吸管。
在端上桌前一刻，用噴槍點燃肉桂棒尾端，
直到開始冒煙。

馬里布 Malibu

戴文·塔比，創作於 2015 年

卡貝薩白龍舌蘭（Cabeza blanco tequila）
1 盎司
魅力之域特選皮斯科 ½ 盎司
白麗葉酒 ½ 盎司
吉法葡萄柚香甜酒 ½ 盎司
金巴利 1 小匙
現榨萊姆汁 ¾ 盎司
現榨葡萄柚汁 ½ 盎司
葡萄柚糖漿（做法詳見第 53 頁）½ 盎司
鹽水（做法詳見第 298 頁）3 滴
裝飾：烤過的椰子脆片（toasted coconut
chips）10 片

將所有材料加冰塊一起搖盪均勻，濾冰後倒
入冰鎮過的碟型杯中。旁邊附上烤過的椰子
脆片一起端上桌即完成。

小夜燈 Night Light

艾力克斯·戴，創作於 2014 年

魅力之域特選皮斯科 1½ 盎司
多林白香艾酒 ½ 盎司
聖杰曼接骨木花利口酒 ¼ 盎司
融合納帕谷酸白葡萄汁 ¾ 盎司
裝飾：半圓形葡萄柚厚片 1 片

將所有材料倒在冰塊上攪拌均勻，濾冰後倒
入已放了 1 塊大冰塊的雙層古典杯中。以半
圓形葡萄柚厚片裝飾即完成。

諾曼第俱樂部的馬丁尼，二號
Normandie Club Martini #2

戴文·塔比與崔佛·伊斯特，
創作於 2016 年

絕對伏特加 Elyx 1¾ 盎司
利尼阿夸維特 ¼ 盎司
盧世濤·加拉納芬諾雪莉酒 1 盎司
吉法胡西雍杏桃香甜酒 1 小匙
白蜂蜜糖漿（做法詳見第 286 頁）1 小匙
裝飾：噴 2 ～ 3 下迷迭香鹽水（做法詳見第
298 頁）

將所有材料倒在冰塊上攪拌均勻，濾冰後倒
入冰鎮過的尼克諾拉雞尾酒中。朝著雞尾酒
上方噴出鹽水薄霧即完成。

護士海瑟 Nurse Hazel

艾力克斯·戴，創作於 2015 年

烏龍茶浸漬伏特加（做法詳見第 291 頁）2
盎司
盧世濤·加拉納芬諾雪莉酒 ¾ 盎司
皇家凡幕斯白香艾酒（La Quintinye
Vermouth Royal blanc）½ 盎司
君度橙酒 ¼ 盎司
特製柳橙苦精（做法詳見第 295 頁）
1 抖振

將所有材料倒在冰塊上攪拌均勻，濾冰後倒
入冰鎮過的尼克諾拉雞尾酒中。無需裝飾即
完成。

蜜桃男孩 Peach Boy

納塔莎·大衛，創作於 2014 年

克羅格斯塔德阿夸維特 1½ 盎司
瑪蒂達蜜桃香甜酒（Mathilde peach
liqueur）¾ 盎司
現榨檸檬汁 ¾ 盎司
特製杏仁糖漿（做法詳見第 285 頁）
½ 盎司
裝飾：薄荷 1 支

將所有材料加冰塊一起短搖盪約 5 秒鐘，濾
冰後倒入雙層古典杯中。疊上碎冰，加上薄
荷支裝飾，再插入一支吸管即完成。

盤尼西林 Penicillin

山姆·羅斯，創作於 2005 年

威雀蘇格蘭威士忌 2 盎司
現榨檸檬汁 ¾ 盎司
蜂蜜糖漿（做法詳見第 45 頁）⅓ 盎司
特製薑汁糖漿（做法詳見第 48 頁）⅓ 盎司
裝飾：噴 3 下艾雷島蘇格蘭威士忌和用裝飾
籤串起的 1 塊薑糖

將所有材料加冰塊一起搖盪均勻，濾冰後倒
入已放了 1 塊大冰塊的雙層古典杯中。朝著
雞尾酒上方噴出蘇格蘭威士忌薄霧，再擺上
薑糖裝飾即完成。

欣克爾教授 Professor Hinkle

戴文·塔比與艾力克斯·戴，
創作於 2015 年

內森法國農業型蘭姆酒 1 盎司
清溪覆盆莓白蘭地（Clear Creek raspberry
brandy）½ 盎司
多林白香艾酒 ½ 盎司
亞普羅酒 ¼ 盎司
現榨葡萄柚汁 ¾ 盎司
現榨檸檬汁 ½ 盎司
特製杏仁糖漿（做法詳見第 285 頁）½ 盎司

將所有材料加冰塊一起搖盪均勻，雙重過濾
後倒入茶杯或冰鎮過的碟型杯中。無需裝飾
即完成。

在清奈相見
Rendezvous in Chennai

羅伯特·薩克森（ROBERT SACHSE）
與布萊克·沃克，創作於 2017 年

馬德拉斯咖哩浸漬琴酒（做法詳見第 291
頁）1½ 盎司
特製椰漿（做法詳見第 295 頁）¾ 盎司
布魯姆瑪麗蓮杏桃生命之水（Blume
Marillen apricot eau-de-vie）¼ 盎司
羅斯曼與冬杏桃香甜酒（Rothman & Winter
apricot liqueur）¼ 盎司
吉法蜜桃香甜酒 1 小匙
現榨萊姆汁 ¾ 盎司
特製薑汁糖漿（做法詳見第 48 頁）1 小匙
裝飾：柳橙皮捲 1 條

將所有材料倒在冰塊上攪拌均勻，濾冰後倒
入已放了 1 塊大冰塊的雙層古典杯中。朝著
飲料擠壓柳橙皮捲，再用果皮輕輕沿著玻璃
杯杯緣擦一圈，再將果皮投入酒中即完成。

羅伯洛伊 Rob Roy

經典款

百富 12 年雙桶蘇格蘭威士忌 2 盎司
安堤卡古典配方香艾酒 ¾ 盎司
安格式苦精 1 抖振
裝飾：用裝飾籤串起的 1 顆白蘭地酒漬櫻桃

將所有材料倒在冰塊上攪拌均勻，濾冰後倒
入冰鎮過的尼克諾拉雞尾酒杯中。擺上白蘭
地酒漬櫻桃裝飾即完成。

麥根沙士漂浮 Root Beer Float

戴文·塔比，創作於 2015 年

水 2½ 盎司
奶洗蘭姆酒（Milk-Washed Rum；做法詳見
第 291 頁）1½ 盎司
吉法馬達加斯加香草香甜酒 ½ 盎司
簡易糖漿（做法詳見第 45 頁）½ 盎司
磷酸溶液（做法詳見第 194 頁）⅛ 小匙
Terra Spice 麥根沙士萃取液（root beer
extract）2 滴

把所有材料冰涼，將它們放入碳酸瓶中，灌
入二氧化碳，然後輕輕搖晃，以幫助二氧化
碳溶於酒液中（有關「碳酸化」的細節，請
參考第 228 頁）。開瓶前，先將碳酸瓶放
到冰箱冷藏至少 20 分鐘。小心將雞尾酒倒
入裝了冰塊的高球杯中即可端上桌。

裸麥派 Rye Pie

大衛·弗尼與馬修·布朗（MATTHEW
BROWN），創作於 2016 年

利登裸麥威士忌 1½ 盎司
聖喬治覆盆莓白蘭地（St. George raspberry
brandy）½ 盎司
清溪櫻桃白蘭地（Clear Creek cherry
brandy）¼ 盎司
特製檸檬糖漿（做法詳見第 285 頁）1 盎司
簡易糖漿（做法詳見第 45 頁）½ 盎司
裝飾：輪切檸檬厚片 1 片和用裝飾籤串起的
1 顆白蘭地酒漬櫻桃

將所有材料倒在冰塊上攪拌均勻，濾冰後倒
入裝滿冰塊的雙層古典杯中。擺上輪切檸檬
厚片和櫻桃裝飾即完成。

救贖茱利普 Salvation Julep

強納森·阿姆斯壯（JONATHAN
ARMSTRONG），創作於 2015 年

保羅博 VS 干邑 2 盎司
蘇玳葡萄酒（Sauternes wine）¾ 盎司
柑曼怡 ¼ 盎司
瑪瑟妮蜜桃香甜酒（Massenez Crème de
Pêche）1 小匙
吉法白薄荷香甜酒 ½ 小匙
裝飾：薄荷 1 支

將所有材料放進茱利普金屬杯中混合均勻，
並加入碎冰至半滿。手握著杯緣開始攪拌，
邊攪邊旋轉碎冰，大約 10 秒鐘。加更多碎
冰至大約 滿，繼續攪拌至杯壁完全結霜。
再補碎冰至滿出杯緣形成圓錐狀。最後以薄
荷支裝飾，並附上吸管即完成。

SS 巡洋艦　SS Cruiser

戴文・塔比與艾力克斯・戴，
創作於 2015 年

多林白香艾酒 1 盎司
聖喬治覆盆莓白蘭地 ¼ 盎司
亞普羅 ¼ 盎司
現榨檸檬汁 ½ 盎司
簡易糖漿（做法詳見第 45 頁）¼ 盎司
柳橙果醬 1 小匙
法國粉紅氣泡酒（rosé crémant）3 盎司
裝飾：薄荷 1 支和覆盆莓 1 顆

將除了氣泡酒以外的所有材料加冰塊一起搖
盪均勻，雙重過濾後倒入裝滿冰塊的葡萄酒
杯中，倒入氣泡酒並快速將長吧匙浸入杯
中，輕輕混合氣泡酒與其他材料。加上薄荷
支和覆盆莓裝飾即完成。

好麻吉　Thick as Thieves

傑瑞德・韋甘德（JARRED
WEIGAND），創作於 2015 年

御鹿 H 系列干邑 1 盎司
薩凱帕 23 頂級蘭姆酒（Zacapa 23 rum）
1 盎司
咖啡浸漬卡拉妮椰子利口酒（做法詳見第
290 頁）1 小匙
瑪莉白莎白巧克力香甜酒（Marie Brizard
white crème de cacao）1 小匙
德梅拉拉樹膠糖漿（做法詳見第 54 頁）
1 小匙

將所有材料倒在冰塊上攪拌均勻，濾冰後倒
入冰鎮過的尼克諾拉雞尾酒杯中。無需裝飾
即完成。

麻煩的閒暇時光　Troubled Leisure

艾克克斯・戴，創作於 2016 年

烏龍茶浸漬伏特加（做法詳見第 291 頁）
2 盎司
多林白香艾酒 ¾ 盎司
君度橙酒 ¼ 盎司
特製柳橙苦精（做法詳見第 295 頁）1 抖振
裝飾：檸檬皮捲 1 條

將所有材料倒在冰塊上攪拌均勻，濾冰後倒
入冰鎮過的尼克諾拉雞尾酒杯中。朝著飲料
擠壓檸檬皮捲，再把果皮掛在杯緣即完成。

不明花禮
Unidentified Floral Objects

艾克克斯・戴，創作於 2016 年

杜邦奧日地區「原」卡爾瓦多斯（Dupont
Pays d'Auge Original Calvados）1 盎司
懷俄明威士忌 ½ 盎司
萊爾德蘋果白蘭地（100 proof）¼ 盎司
布魯姆瑪麗蓮杏桃生命之水 ¼ 盎司
德梅拉拉樹膠糖漿（做法詳見第 54 頁）
1 小匙
特製柳橙苦精（做法詳見第 295 頁）1 抖振
裝飾：柳橙皮捲 1 條

將所有材料倒在冰塊上攪拌均勻，濾冰後倒
入已放了 1 塊大冰塊的雙層古典杯中。朝著
飲料擠壓柳橙皮捲，再用果皮輕輕沿著玻璃
杯杯緣擦一圈，再將果皮投入酒中即完成。

厭戰號　Warspite

麥特・貝朗格（MATT BELANGER），
創作於 2016 年

普利茅斯琴酒 1¼ 盎司
普利茅斯黑刺李琴酒 ½ 盎司
清溪藍李白蘭地（Clear Creek blue plum
brandy）¼ 盎司
亞普羅 ¾ 盎司
聖伊莉莎白多香果利口酒（St. Elizabeth
allspice dram）1 小匙
裝飾：柳橙皮捲 1 條

將所有材料倒在冰塊上攪拌均勻，濾冰後倒
入已放了 1 塊大冰塊的雙層古典杯中。朝
著飲料擠壓柳橙皮捲，再用果皮輕輕沿著玻
璃杯杯緣擦一圈，最後將果皮投入酒中即完
成。

狼音　Wolf Tone

艾力克斯・戴，創作於 2012 年

魅力之域特選皮斯科 1 盎司
清溪黑皮諾義式渣釀白蘭地 ¾ 盎司
聖杰曼接骨木花利口酒 ¾ 盎司
特製柳橙苦精（做法詳見第 295 頁）1 抖振
Terra Spice 尤加利萃取液（eucalyptus
extract）1 滴
裝飾：檸檬皮捲 1 條

將所有材料倒在冰塊上攪拌均勻，濾冰後倒
入已放了 1 塊大冰塊的雙層古典杯中。朝
著飲料擠壓檸檬皮捲，再將果皮投入酒中即
完成。

糖漿

羅勒梗糖漿

水 500 克
羅勒梗 50 克
無漂白蔗糖 500 克

用醬汁鍋把水煮滾。移鍋熄火，加入羅勒梗，放著浸泡 30 分鐘。將泡好的液體用墊了幾層起司濾布的細目網篩過濾，然後加入蔗糖，攪拌到糖溶解。倒入保存容器，冷藏備用，最多可保存兩週。

火烤鳳梨糖漿

鳳梨 1 顆
無漂白蔗糖 500 克
檸檬酸粉末 2.5 克

鳳梨削皮後，切成厚約 1.9 公分（¾ 吋）的圓片，接著用炭火烤到微微冒煙，但未燒焦。放涼後，用榨汁機取鳳梨汁。秤出 500 克果汁，其餘的留作他用。把鳳梨汁、糖和檸檬酸放入果汁機中攪打至細滑。用墊了幾層起司濾布的細目網篩過濾後，倒入保存容器，冷藏備用，最多可保存四週。

特製檸檬糖漿

輪切檸檬厚片或檸檬角約 3.3 公升（大約 3 乾貨夸脫），或者是 10 顆檸檬的表皮（有顏色的部分，不含白髓）
白糖 600 克
現榨檸檬汁 1,400 克
果膠水解酵素－多聚半乳糖醛酸酶

將輪切檸檬厚片或檸檬角和糖放入大容器中。加蓋冷藏 2 天，中途偶爾取出攪拌一下（柑橘的精油會被萃取到糖中，造成混合物出水。）

過濾後，測量液體的重量（所有固體丟掉不用）。和檸檬汁一起攪拌至完全溶解。計算重量的 0.2%（乘以 0.002）以得到 X 克。拌入 X 克的果膠水解酵素－多聚半乳糖醛酸酶，加蓋靜置 15 分鐘。

把混合物平均放入離心機的容器中，需仔細測量，並視情況調整，讓每個裝有混合物的容器都等重；這是為了維持機器平衡，所以很重要。將離心機設定在每分鐘 4,500 圈的速度運轉 12 分鐘。

取出容器，接著小心用咖啡濾紙或 Superbag 過濾糖漿，要注意不要動到沉澱在容器底部的固體。如果糖漿中還有任何小顆粒，就再過濾一次。倒入保存容器，冷藏備用，最多可保存 1 個月。

特製杏仁糖漿

杏仁奶（做法詳見第 255 頁）800 克
極細砂糖 1.2 公斤
皮耶費朗琥珀干邑 14 克
拉薩羅尼義大利杏仁香甜酒 18 克
玫瑰水 3 克

將杏仁奶和糖放入醬汁鍋中，以中小火加熱，中途偶爾攪拌一下，需煮到糖溶解。移鍋熄火，拌入干邑、義大利杏仁香甜酒和玫瑰水。放涼至室溫，接著倒入保存容器，冷藏備用，最多可保存 2 週。

梅爾檸檬糖漿

無漂白蔗糖 500 克
現榨梅爾檸檬汁 250 克，需過濾
過濾水 250 克
埃斯波雷鴨伏特加 100 克
梅爾檸檬皮屑 15 克
檸檬酸粉末 2.5 克
猶太鹽 0.5 克

在大水槽裡注滿水，把浸入式恆溫器放進水槽，溫度設定為 54°C（130°F）。

把所有材料放入碗中攪拌到糖完全溶解。倒入可密封的耐熱塑膠袋。先把袋子封到只剩一個非常小的縫，接著將封好的部分放入水中（未密封處別碰到水），就能藉由水的反壓力，擠出剩餘空氣，讓袋內幾近真空。把袋子完全密封後，自水中取出。

等溫度到達 54°C（130°F）時，把密封袋放入水槽，加熱 2 小時。

時間到後，取出袋子，泡進冰塊水中，使其溫度降到室溫。使用細目網篩過濾糖漿。如果糖漿裡還有任何小顆粒，就用咖啡濾紙或 Superbag 再過濾一次。將做好的糖漿倒入保存容器，冷藏備用，最多可保存 2 週。

葡萄乾蜂蜜糖漿

蜂蜜糖漿（做法詳見第 45 頁）1 公斤
黃金葡萄乾 200 克

在大水槽裡注滿水，把浸入式恆溫器放進水槽，溫度設定為 63°C（145°F）。

把糖漿和葡萄乾放入碗中攪拌均勻。倒入可密封的耐熱塑膠袋。先把袋子封到只剩一個非常小的縫，接著將封好的部分放入水中（未密封處別碰到水），就能藉由水的反壓力，擠出剩餘空氣，讓袋內幾近真空。把袋子完全密封後，自水中取出。

等溫度到達 63°C（145°F）時，把密封袋放入水槽，加熱 2 小時。

時間到後，取出袋子，泡進冰塊水中，使其溫度降到室溫。使用細目網篩過濾糖漿。如果糖漿裡還有任何小顆粒，就用咖啡濾紙或 Superbag 再過濾一次。將做好的糖漿倒入保存容器，冷藏備用，最多可保存 4 週。

草莓奶霜糖漿

澄清草莓糖漿（做法詳見第 57 頁）500 克
香草乳酸糖漿（做法詳見下方）500 克
檸檬酸溶液（做法詳見第 298 頁）130 克

將所有材料放入碗中攪拌均勻。倒入保存容器，冷藏備用，最多可保存 2 週。

香草乳酸糖漿

簡易糖漿（做法詳見第 45 頁）500 克
香草莢 1 根，切開並刮出裡頭香草籽
鹽 0.5 克
乳酸粉末 2.5 克

在大水槽裡注滿水，把浸入式恆溫器放進水槽，溫度設定為 57°C（135°F）。

把所有材料放入碗中攪拌均勻。倒入可密封的耐熱塑膠袋。先把袋子封到只剩一個非常小的縫，接著將封好的部分放入水中（未密封處別碰到水），就能藉由水的反壓力，擠出剩餘空氣，讓袋內幾近真空。把袋子完全密封後，自水中取出。

等溫度到達 57°C（135°F）時，把密封袋放入水槽，加熱 1 小時。

時間到後，取出袋子，泡進冰塊水中，使其溫度降到室溫。使用細目網篩過濾糖漿。如果糖漿裡還有任何小顆粒，就用咖啡濾紙或 Superbag 再過濾一次。將做好的糖漿倒入保存容器，冷藏備用，最多可保存 4 週。

白蜂蜜糖漿

生白蜂蜜（raw white honey）500 克
熱水 500 克

將蜂蜜和水放入耐熱碗中，攪拌到完全融合。倒入保存容器，冷藏備用，最多可保存 4 週。

浸漬液

「因斯布魯克的田園」
調和茶浸漬蘋果白蘭地
A Field in Innsbruck Tea–Infused
Apple Brandy

清溪 2 年蘋果白蘭地（750 毫升裝）1 瓶

August Uncommon Tea 的「因斯布魯克的田園」調和茶 200 克

將白蘭地和茶葉放入碗中攪拌均勻。在室溫下靜置 10 分鐘，中途偶爾攪拌一下。用墊了幾層起司濾布的細目網篩過濾，再用漏斗把浸漬液倒回白蘭地的酒瓶裡，冷藏備用，最多可保存 3 個月。

樺木浸漬公雞托里諾香艾酒
Birch-Infused Cocchi Vermouth
di Torino

Terra Spice 樺木萃取液（birch extract）4.75 克

公雞托里諾香艾酒（750 毫升裝）1 瓶

將樺木萃取液直接倒入香艾酒的瓶子裡。密封，輕輕地將酒瓶上下顛倒翻動幾次，讓萃取液和酒混合均勻。冷藏備用，最多可保存 3 週。

血橙浸漬安堤卡古典配方香艾酒
Blood Orange–Infused Carpano
Antica Formula

安堤卡古典配方香艾酒（750 毫升裝）1 瓶
血橙皮屑 55 克

將香艾酒和皮屑放入 iSi 發泡器中。關緊，填入 1 顆 N2O 氣彈，然後上下搖晃罐子約 5 次。更換 N2O 氣彈，再次加壓與搖晃罐子。靜置 15 分鐘，中途每隔 30 秒，拿起來搖晃一下，接著準備卸壓。把罐子的噴嘴以 45 度角放入一個容器內，用最快的速度排氣，不要讓液體到處噴；排氣速度越快，做出來的浸漬液效果越棒。等排氣結束後，打開罐子聽一聽。只要不再有氣泡的聲音，就可以倒出浸漬液，並用咖啡濾紙或 Superbag 過濾。將浸漬液用漏斗倒回香艾酒的酒瓶裡，冷藏備用，最多可保存 4 週。

焦化奶油浸漬蘋果白蘭地
Brown Butter–Infused Apple

無鹽奶油 225 克（2 條），切成小塊
清溪 2 年蘋果白蘭地（750 毫升裝）1 瓶
清溪 8 年蘋果白蘭地（750 毫升裝）1 瓶

將奶油放入醬汁鍋中，開中火加熱，需不時攪拌，直到奶油顏色轉為咖啡色，且可聞到堅果香氣。把奶油倒入耐熱容器中，加入白蘭地，用打蛋器攪拌到完全融合。加蓋，放入冷凍庫冰 12 小時以上，或冷凍隔夜。

將容器自冷凍庫取出，在硬化的奶油上戳個洞，把裡面的液體倒出來；把奶油留作他用（試試用來爆米花！）用墊了幾層起司濾布的細目網篩過濾浸漬液，再用漏斗倒回兩個白蘭地的酒瓶裡，冷藏備用，最多可保存 3 個月。

可可碎粒浸漬珍寶短陳龍舌蘭
Cacao Nib–Infused El Tesoro
Reposado Tequila

珍寶短陳龍舌蘭（750 毫升裝）1 瓶
可可碎粒 30 克

將龍舌蘭酒和可可碎粒放入 iSi 發泡器中。關緊，填入 1 顆 N2O 氣彈，然後上下搖晃罐子約 5 次。更換 N2O 氣彈，再次加壓與搖晃罐子。靜置 15 分鐘，中途每隔 30 秒，拿起來搖晃一下，接著準備卸壓。把罐子的噴嘴以 45 度角放入一個容器內，用最快的速度排氣，不要讓液體到處噴；排氣速度越快，做出來的浸漬液效果越棒。等排氣結束後，打開罐子聽一聽。只要不再有氣泡的聲音，就可以倒出浸漬液，並用咖啡濾紙或 Superbag 過濾。用漏斗把浸漬液倒回龍舌蘭酒的酒瓶裡，冷藏備用，最多可保存 4 週。（這款浸漬液也可以用「槽式內抽真空機」製作，詳細做法請依照第 97 頁說明。）

可可碎粒浸漬西洋梨白蘭地

清溪西洋梨白蘭地（750 毫升裝）1 瓶
可可碎粒 30 克

將西洋梨白蘭地和可可碎粒放入 iSi 發泡器中。關緊，填入 1 顆 N2O 氣彈，然後上下搖晃罐子約 5 次。更換 N2O 氣彈，再次加壓與搖晃罐子。靜置 15 分鐘，中途每隔 30 秒，拿起來搖晃一下，接著準備卸壓。

（待續）

（承上頁）

把罐子的噴嘴以 45 度角放入一個容器內，用最快的速度排氣，不要讓液體到處噴；排氣速度越快，做出來的浸漬液效果越棒。等排氣結束後，打開罐子聽一聽。只要不再有氣泡的聲音，就可以倒出浸漬液，並用咖啡濾紙或 Superbag 過濾。用漏斗把浸漬液倒回白蘭地的酒瓶裡，冷藏備用，最多可保存 4 週。（這款浸漬頁也可以用「槽式內抽真空機」製作，詳細做法請依照第 97 頁說明。）

可可碎粒浸漬拉瑪佐蒂

拉瑪佐蒂（750 毫升裝）1 瓶
可可碎粒 30 克

將拉瑪佐蒂和可可碎粒放入 iSi 發泡器中。關緊，填入 1 顆 N2O 氣彈，然後上下搖晃罐子約 5 次。更換 N2O 氣彈，再次加壓與搖晃罐子。靜置 15 分鐘，中途每隔 30 秒，拿起來搖晃一下，接著準備卸壓。把罐子的噴嘴以 45 度角放入一個容器內，用最快的速度排氣，不要讓液體到處噴；排氣速度越快，做出來的浸漬液效果越棒。等排氣結束後，打開罐子聽一聽。只要不再有氣泡的聲音，就可以倒出浸漬液，並用咖啡濾紙或 Superbag 過濾。用漏斗把浸漬液倒回拉瑪佐蒂的酒瓶裡，冷藏備用，最多可保存 4 週。（這款浸漬頁也可以用「槽式內抽真空機」製作，詳細做法請依照第 97 頁說明。）

小荳蔻浸漬聖杰曼
Cardamom-Infused St-Germain

聖杰曼接骨木花利口酒（750 毫升裝）1 瓶
綠荳蔻豆莢 10 克（譯註：小荳蔻又稱「綠荳蔻」。）

將聖杰曼和小荳蔻放入碗中，攪拌均勻。在室溫中靜置 12 個小時左右。時間到後，用墊了幾層起司濾布的細目網篩過濾浸漬液，再用漏斗倒回聖杰曼的酒瓶裡，冷藏備用，最多可保存 3 個月。

塊根芹菜浸漬多林白香艾酒
Celery Root–Infused Dolin Blanc

多林白香艾酒（750 毫升裝）1 瓶
塊根芹菜 200 克，切碎

將香艾酒和塊根芹菜放入 iSi 發泡器中。關緊，填入 1 顆 N2O 氣彈，然後上下搖晃罐子約 5 次。更換 N2O 氣彈，再次加壓與搖晃罐子。靜置 15 分鐘，中途每隔 30 秒，拿起來搖晃一下，接著準備卸壓。把罐子的噴嘴以 45 度角放入一個容器內，用最快的速度排氣，不要讓液體到處噴；排氣速度越快，做出來的浸漬液效果越棒。等排氣結束後，打開罐子聽一聽。只要不再有氣泡的聲音，就可以倒出浸漬液，並用咖啡濾紙或 Superbag 過濾。用漏斗把浸漬液倒回香艾酒的酒瓶裡，冷藏備用，最多可保存 4 週。（這款浸漬液也可以用「槽式內抽真空機」製作，詳細做法請依照第 97 頁說明。）

洋甘菊浸漬白龍舌蘭
Chamomile-Infused Blanco Tequila

老部落白龍舌蘭（750 毫升裝）1 瓶
乾燥洋甘菊 5 克

將龍舌蘭酒和洋甘菊放入碗中，攪拌均勻。在室溫下靜置 1 小時，中途偶爾攪拌一下。用墊了幾層起司濾布的細目網篩過濾，再用漏斗把浸漬液倒回原本的酒瓶裡，冷藏備用，最多可保存 3 個月。

洋甘菊浸漬卡爾瓦多斯
Chamomile-Infused Calvados

皮耶費朗琥珀卡爾瓦多斯（750 毫升裝）1 瓶
乾燥洋甘菊 5 克

將卡爾瓦多斯和洋甘菊放入碗中，攪拌均勻。在室溫下靜置 1 小時，中途偶爾攪拌一下。用墊了幾層起司濾布的細目網篩過濾，再用漏斗把浸漬液倒回卡爾瓦多斯的酒瓶裡，冷藏備用，最多可保存 3 個月。

洋甘菊浸漬公雞美國佬
Chamomile-Infused Cocchi Americano

公雞美國佬（750 毫升裝）1 瓶
乾燥洋甘菊 5 克

將公雞美國佬和洋甘菊放入碗中，攪拌均勻。在室溫下靜置 1 小時，中途偶爾攪拌一下。用墊了幾層起司濾布的細目網篩過濾，再用漏斗把浸漬液倒回原本的酒瓶裡，冷藏備用，最多可保存 3 個月。

洋甘菊浸漬多林白香艾酒
Chamomile-Infused Dolin Blanc Vermouth

多林白香艾酒（750 毫升裝）1 瓶
乾燥洋甘菊 5 克

將香艾酒和洋甘菊放入碗中，攪拌均勻。在室溫下靜置 1 小時，中途偶爾攪拌一下。用墊了幾層起司濾布的細目網篩過濾，再用漏斗把浸漬液倒回香艾酒的酒瓶裡，冷藏備用，最多可保存 3 個月。

洋甘菊浸漬裸麥威士忌
Chamomile-Infused Rye Whiskey

利登裸麥威士忌（750 毫升裝）1 瓶
乾燥洋甘菊 5 克

將利登裸麥威士忌和洋甘菊放入碗中，攪拌均勻。在室溫下靜置 1 小時，中途偶爾攪拌一下。用墊了幾層起司濾布的細目網篩過濾，再用漏斗把浸漬液倒回原本的酒瓶裡，冷藏備用，最多可保存 3 個月。

櫻桃木煙燻杏仁奶
Cherry Wood–Smoked Almond Milk

杏仁奶（做法詳見第 255 頁）1 公升
櫻桃木乾木屑 1 小撮（夠填滿煙燻槍內槽的量）

在附蓋的寬口容器中，使用 PolyScience 的煙燻槍（請參考第 276 頁說明）搭配櫻桃木屑煙燻杏仁奶。煙燻完後馬上蓋上蓋子，以留住最大量的煙。靜置等到煙霧消散，約需 10 分鐘。倒進保存容器，冷藏備用，最多可保存 3 小時。

可可脂浸漬絕對伏特加 Elyx
Cocoa Butter–Infused Absolut Elyx Vodka

融化的可可脂 100 克
絕對伏特加 Elyx 1,000 克

在大水槽裡注滿水，把浸入式恆溫器放進水槽，溫度設定為 63°C（145°F）。

把可可脂和伏特加放入碗中攪拌均勻。倒入可密封的耐熱塑膠袋。先把袋子封到只剩一個非常小的縫，接著將封好的部分放入水中（未密封處別碰到水），就能藉由水的反壓力，擠出剩餘空氣，讓袋內幾近真空。把袋子完全密封後，自水中取出。

等溫度到達 63°C（145°F）時，把密封袋放入水槽，加熱 2 小時。

時間到後，取出袋子，泡進冰塊水中，使其溫度降到室溫。使用墊了幾層起司濾布的細目網篩過濾浸漬液。如果浸漬液裡還有任何小顆粒，就用咖啡濾紙或 Superbag 再過濾一次。將做好的浸漬液倒入容器中，加蓋，冷凍 24 小時。再次使用墊了幾層起司濾布的細目網篩過濾浸漬液，用漏斗將浸漬液倒回伏特加的酒瓶裡，最多可保存 3 個月。

椰子浸漬波本威士忌
Coconut-Infused Bourbon

無糖椰子碎片（coconut flakes）50 克
歐佛斯特 86 波本威士忌（Old Forester 86 bourbon）（1 公升裝）1 瓶

在大水槽裡注滿水，把浸入式恆溫器放進水槽，溫度設定為 63°C（145°F）。以中火加熱小平底煎鍋，放入椰子碎片，中途不時翻動一下，烘到微呈金黃色，約需 4 分鐘。將椰子碎片稍微放涼備用。

把椰子碎片和波本威士忌放入碗中攪拌均勻。倒入可密封的耐熱塑膠袋。先把袋子封到只剩一個非常小的縫，接著將封好的部分放入水中（未密封處別碰到水），就能藉由水的反壓力，擠出剩餘空氣，讓袋內幾近真空。把袋子完全密封後，自水中取出。

等溫度到達 63°C（145°F）時，把密封袋放入水槽，加熱 2 小時。

時間到後，取出袋子，泡進冰塊水中，使其溫度降到室溫。使用墊了幾層起司濾布的細目網篩過濾浸漬液。如果浸漬液裡還有任何小顆粒，就用咖啡濾紙或 Superbag 再過濾一次。將做好的浸漬液倒入容器中，加蓋，冷凍 24 小時。（這麼做可以讓充滿脂肪的椰子油固化，能產生透明的椰子味浸漬液。）再次使用墊了幾層起司濾布的細目網篩過濾浸漬液，用漏斗將浸漬液倒回波本威士忌的酒瓶裡，最多可保存 3 個月。

咖啡浸漬安堤卡古典配方香艾酒
Coffee-Infused Carpano Antica Formula

安堤卡古典配方香艾酒（750 毫升裝）1 瓶
咖啡豆 15 克

將香艾酒和咖啡豆放入 iSi 發泡器中。關緊，填入 1 顆 N₂O 氣彈，然後上下搖晃罐子約 5 次。更換 N₂O 氣彈，再次加壓與搖晃罐子。靜置 15 分鐘，中途每隔 30 秒，拿起來搖晃一下，接著準備卸壓。把罐子的噴嘴以 45 度角放入一個容器內，用最快的速度排氣，不要讓液體到處噴；排氣速度越快，做出來的浸漬液效果越棒。等排氣結束後，打開罐子聽一聽。只要不再有氣泡的聲音，就可以倒出浸漬液，並用咖啡濾紙或 Superbag 過濾。用漏斗把浸漬液倒回香艾酒的酒瓶裡，冷藏備用，最多可保存 4 週。（這款浸漬液也可以用「槽式內抽真空機」製作，詳細做法請依照第 97 頁說明。）

咖啡浸漬卡拉妮椰子利口酒
Coffee-Infused Kalani Coconut Liqueur

卡拉妮椰子利口酒（750 毫升裝）1 瓶
咖啡豆 15 克

將利口酒和咖啡豆放入 iSi 發泡器中。關緊，填入 1 顆 N₂O 氣彈，然後上下搖晃罐子約 5 次。更換 N₂O 氣彈，再次加壓與搖晃罐子。靜置 15 分鐘，中途每隔 30 秒，拿起來搖晃一下，接著準備卸壓。把罐子的噴嘴以 45 度角放入一個容器內，用最快的速度排氣，不要讓液體到處噴；排氣速度越快，做出來的浸漬液效果越棒。等排氣結束後，打開罐子聽一聽。只要不再有氣泡的聲音，就可以倒出浸漬液，並用咖啡濾紙或 Superbag 過濾。用漏斗把浸漬液倒回利口酒的酒瓶裡，冷藏備用，最多可保存 4 週。（這款浸漬液也可以用「槽式內抽真空機」製作，詳細做法請依照第 97 頁說明。）

消化餅浸漬波本威士忌
Graham Cracker–Infused Bourbon

錢櫃小批次波本威士忌（750 毫升裝）2 瓶
消化餅 408 克
果膠水解酵素－多聚半乳糖醛酸酶

將所有材料放入果汁機中，攪打至滑順。過濾後，測量液體的重量（所有固體丟掉不用）。計算重量的 0.4%（乘以 0.004）以得到 X 克。拌入 X 克的果膠水解酵素－多聚半乳糖醛酸酶，加蓋靜置 15 分鐘。

把混合物平均放入離心機的容器中，需仔細測量，並視情況調整，讓每個裝有混合物的容器都等重；這是為了維持機器平衡，所以很重要。將離心機設定在每分鐘 4,500 圈的速度運轉 12 分鐘。

取出容器，接著小心用咖啡濾紙或 Superbag 過濾浸漬液，要注意不要動到沉澱在容器底部的固體。如果發現浸漬液中還有任何小顆粒，就再過濾一次。用漏斗把浸漬液倒回波本威士忌的酒瓶裡，冷藏備用，最多可保存 2 週。

山核桃木燻漬干邑
Hickory Smoke–Infused Cognac

皮耶費朗 1840 干邑 1 瓶
山核桃木細木屑 1 小撮（夠填滿煙燻槍內槽的量）

在附蓋的寬口容器中，使用 PolyScience 的煙燻槍（請參考第 276 頁說明）搭配山核桃木木屑煙燻干邑。煙燻完後馬上蓋上蓋子，以留住最大量的煙。靜置等到煙霧消散，約需 10 分鐘。煙燻好的酒倒入保存容器，冷藏備用，最多可保存 3 小時。

山核桃木燻漬皮耶費朗琥珀干邑
Hickory Smoke–Infused Pierre Ferrand Ambre Cognac

皮耶費朗琥珀干邑（750 毫升裝）1 瓶
山核桃木細木屑 1 小撮（夠填滿煙燻槍內槽的量）

在附蓋的寬口容器中，使用 PolyScience 的煙燻槍（請參考第 276 頁說明）搭配山核桃木木屑煙燻干邑。煙燻完後馬上蓋上蓋子，以留住最大量的煙。靜置等到煙霧消散，約需 10 分鐘。煙燻好的酒倒入保存容器，冷藏備用，最多可保存 3 小時。

蜜瓜浸漬卡帕皮斯科
Honeydew-Infused Kappa Pisco

卡帕皮斯科（750 毫升裝）1 瓶
去皮完熟的蜜瓜 200 克，切成 0.64 公分
（¼ 吋）小段

將皮斯科和蜜瓜放入 iSi 發泡器中。關緊，填入 1 顆 N₂O 氣彈，然後蓋上下搖晃罐子約 5 次。更換 N₂O 氣彈，再次加壓與搖晃罐子。靜置 15 分鐘，中途每隔 30 秒，拿起來搖晃一下，接著準備卸壓。把罐子的噴嘴以 45 度角放入一個容器內，用最快的速度排氣，不要讓液體到處噴；排氣速度越快，做出來的浸漬液效果越棒。等排氣結束後，打開罐子聽一聽。只要不再有氣泡的聲音，就可以倒出浸漬液，並用咖啡濾紙或 Superbag 過濾。用漏斗把浸漬液倒回皮斯科的酒瓶裡，冷藏備用，最多可保存 4 週。（這款浸漬液也可以用「槽式內抽真空機」製作，詳細做法請依照第 97 頁說明。）

哈拉皮紐辣椒浸漬伏特加
Jalapeño-Infused Vodka

哈拉皮紐辣椒（jalapeño）4 條
灰雁伏特加（Grey Goose vodka）
（1 公升裝）1 瓶

將哈拉皮紐辣椒縱切成兩半，把裡頭的種子和白囊刮進一個容器裡，放入其中兩條辣椒的果肉（另兩條的果肉留作他用）。倒入伏特加，拌勻。在室溫下靜置 20 分鐘，不時嚐嚐看以監控辣度。浸漬完成後，用墊了幾層起司濾布的細目網篩過濾，然後再用漏斗把浸漬液倒回伏特加的酒瓶裡，冷藏備用，最多可保存 1 個月。

馬德拉斯咖哩浸漬琴酒

桃樂絲帕克琴酒（750 毫升）1 瓶
馬德拉斯咖哩粉 5 克

將琴酒和咖哩粉放入碗中攪拌均勻。在室溫下靜置 15 分鐘，中途偶爾攪拌一下。浸漬完成後，用墊了幾層起司濾布的細目網篩過濾，然後再用漏斗把浸漬液倒回琴酒的酒瓶裡，冷藏備用，最多可保存 3 個月。

奶洗蘭姆酒　Milk-Washed Rum

甘蔗之花 4 年白蘭姆酒（1 公升裝）1 瓶
全脂牛奶 250 毫升
檸檬酸溶液（做法詳見第 298 頁）15 克
果膠水解酵素－多聚半乳糖醛酸酶

將蘭姆酒和牛奶放入容器中混合均勻，並測量液體的重量。計算重量的 0.2%（乘以 0.002）以得到 X 克。混合物靜置 5 分鐘後，放入檸檬酸溶液攪拌均勻，置於冷藏至少 12 小時。

拌入 X 克的果膠水解酵素－多聚半乳糖醛酸酶，然後加蓋靜置 15 分鐘。

把酒液平均放入離心機的容器中，需仔細測量，並視情況調整，讓每個裝有酒液的容器都等重；這是為了維持機器平衡，所以很重要。將離心機設定在每分鐘 4,500 圈的速度運轉 12 分鐘。

取出容器，接著小心用咖啡濾紙或 Superbag 過濾浸漬液，要注意不要動到沉澱在容器底部的固體。如果浸漬液中還有任何小顆粒，就再過濾一次。用漏斗把浸漬液倒回蘭姆酒的酒瓶裡，冷藏備用，最多可保存 2 個月。

烏龍茶浸漬伏特加
Oolong-Infused Vodka

絕對伏特加 Elyx（1 公升裝）1 瓶
烏龍茶茶葉 20 克

將伏特加和茶葉放入碗中攪拌均勻。在室溫下靜置 20 分鐘，中途偶爾攪拌一下。使用墊了幾層起司濾布的細目網篩過濾，再用漏斗把浸漬液倒回伏特加的酒瓶裡，冷藏備用，最多可保存 3 個月。

葡萄乾浸漬裸麥威士忌
Raisin-Infused Rye

布雷特裸麥威士忌（Bulleit rye）
（750 毫升裝）1 瓶
黃金葡萄乾 150 克

在大水槽裡注滿水，把浸入式恆溫器放進水槽，溫度設定為 60°C（140°F）。

把裸麥威士忌和葡萄乾放入碗中攪拌均勻。倒入可密封的耐熱塑膠袋。先把袋子封到只剩一個非常小的縫，接著將封好的部分放入水中（未密封處別碰到水），就能藉由水的反壓力，擠出剩餘空氣，讓袋內幾近真空。把袋子完全密封後，自水中取出。

等溫度到達 60°C（140°F）時，把密封袋放入水槽，加熱 2 小時。

時間到後，取出袋子，泡進冰塊水中，使其溫度降到室溫。使用墊了幾層起司濾布的細目網篩過濾。用漏斗把浸漬液倒回原本的酒瓶裡，冷藏備用，最多可保存 3 個月。

葡萄乾浸漬蘇格蘭威士忌
Raisin-Infused Scotch

威雀蘇格蘭威士忌（750 毫升）1 瓶
黃金葡萄乾 150 克

在大水槽裡注滿水，把浸入式恆溫器放進水槽，溫度設定為 60°C（140°F）。

把蘇格蘭威士忌和葡萄乾放入碗中攪拌均勻。倒入可密封的耐熱塑膠袋。先把袋子封到只剩一個非常小的縫，接著將封好的部分放入水中（未密封處別碰到水），就能藉由水的反壓力，擠出剩餘空氣，讓袋內幾近真空。把袋子完全密封後，自水中取出。

等溫度到達 60°C（140°F）時，把密封袋放入水槽，加熱 2 小時。

時間到後，取出袋子，泡進冰塊水中，使其溫度降到室溫。使用墊了幾層起司濾布的細目網篩過濾。用漏斗把浸漬液倒回蘇格蘭威士忌酒瓶，冷藏備用，最多可保存 3 個月。

烤大蒜胡椒浸漬伏特加
Roasted Garlic–and
Pepper-Infused Vodka

絕對伏特加（750 毫升）1 瓶
烤大蒜 12 克，壓成泥
黑胡椒粒 3 克，壓碎

把所有材料放入碗中攪拌均勻，加蓋冷藏至少 12 小時。使用墊了幾層起司濾布的細目網篩過濾。用漏斗把浸漬液倒回伏特加的酒瓶裡，冷藏備用，最多可保存 3 個月。

麥根沙士浸漬公雞美國佬
Root Beer–Infused Cocchi Americano

公雞美國佬（白）（750 毫升）1 瓶
Terra Spice 麥根沙士萃取液 2.7 克

將麥根沙士萃取液直接倒入公雞美國佬的酒瓶裡。密封，輕輕地將酒瓶上下顛倒翻動幾次，讓萃取液和酒混合均勻。冷藏備用，最多可保存 2 週。

芝麻浸漬蘭姆酒
Sesame-Infused Rum

白芝麻粒 25 克
杜蘭朵 12 年蘭姆酒（750 毫升）1 瓶

以中火加熱小平底煎鍋，放入白芝麻粒，中途不時攪拌一下，直到白芝麻粒散發香氣且微呈金黃色，約需 4 分鐘。稍微放涼備用。將白芝麻粒和蘭姆酒放入碗中拌勻，在室溫下靜置 5 分鐘。使用墊了幾層起司濾布的細目網篩過濾。用漏斗把浸漬液倒回蘭姆酒的酒瓶裡，冷藏備用，最多可保存 3 個月。

酸櫻桃浸漬利登裸麥威士忌
Sour Cherry–Infused Rittenhouse Rye

利登裸麥威士忌（750 毫升）1 瓶
酸櫻桃乾 50 克
果膠水解酵素－多聚半乳糖醛酸酶

將裸麥威士忌和酸櫻桃乾放入果汁機中，攪打至滑順。過濾後，測量液體的重量（所有固體丟掉不用）。計算重量的 0.2%（乘以 0.002）以得到 X 克。拌入 X 克的果膠水解酵素－多聚半乳糖醛酸酶，加蓋靜置 15 分鐘。

把混合物平均放入離心機的容器中，需仔細測量，並視情況調整，讓每個裝有混合物的容器都等重；這是為了維持機器平衡，所以很重要。將離心機設定在每分鐘 4,500 圈的速度運轉 12 分鐘。

取出容器，接著小心用咖啡濾紙或 Superbag 過濾浸漬液，要注意不要動到沉澱在容器底部的固體。如果浸漬液中還有任何小顆粒，就再過濾一次。用漏斗把浸漬液倒回原本的酒瓶裡，冷藏備用，最多可保存 1 週。

草莓浸漬干邑與梅茲卡爾
Strawberry–Infused Cognac and Mezcal

皮耶費朗琥珀干邑 625 克
迪爾馬蓋 - 維達梅茲卡爾 375 克
去掉蒂頭的草莓 700 克
果膠水解酵素 - 多聚半乳糖醛酸酶
抗壞血酸 10 克

將干邑、梅茲卡爾和草莓放入果汁機中，攪打至滑順。過濾後，測量液體的重量（所有固體丟掉不用）。計算重量的 0.2%（乘以 0.002）以得到 X 克。拌入 X 克的果膠水解酵素－多聚半乳糖醛酸酶和抗壞血酸，加蓋靜置 15 分鐘。

把混合物平均放入離心機的容器中，需仔細測量，並視情況調整，讓每個裝有混合物的容器都等重；這是為了維持機器平衡，所以很重要。將離心機設定在每分鐘 4,500 圈的速度運轉 12 分鐘。

取出容器，接著小心用咖啡濾紙或 Superbag 過濾浸漬液，要注意不要動到沉澱在容器底部的固體。如果浸漬液中還有任何小顆粒，就再過濾一次。用漏斗把浸漬液倒回原本的酒瓶裡，冷藏備用，最多可保存 2 週。

泰國辣椒浸漬波本威士忌
Thai Chile–Infused Bourbon

新鮮泰國辣椒 10 條
錢櫃小批次波本威士忌（750 毫升）1 瓶

將泰國辣椒縱切成兩半，把裡頭的種子和白囊刮進一個容器裡，放入其中 5 條辣椒的果肉（另 5 條的果肉留作他用）。倒入波本威士忌，拌勻。在室溫下靜置 5 分鐘，不時嚐嚐看以監控辣度。浸漬完成後，用墊了幾層起司濾布的細目網篩過濾，然後再用漏斗倒回波本威士忌的酒瓶裡，冷藏備用，最多可保存 1 個月。

烤杏仁浸漬杏桃香甜酒
Toasted Almond–Infused Apricot Liqueur

去皮杏仁條 100 克
吉法胡西雍杏桃香甜酒（750 毫升）1 瓶

在大水槽裡注滿水，把浸入式恆溫器放進水槽，溫度設定為 63°C（145°F）。取一小平底煎鍋，用中火將杏仁條烘到微呈金黃色，約需 5 分鐘。稍微放涼備用。

把杏仁和香甜酒放入碗中攪拌均勻。倒入可密封的耐熱塑膠袋。先把袋子封到只剩一個非常小的縫，接著將封好的部分放入水中（未密封處別碰到水），就能藉由水的反壓力，擠出剩餘空氣，讓袋內幾近真空。把袋子完全密封後，自水中取出。

等溫度到達 63°C（145°F）時，把密封袋放入水槽，加熱 2 小時。

時間到後，取出袋子，泡進冰塊水中，使其溫度降到室溫。使用細目網篩過濾浸漬液。如果浸漬液裡還有任何小顆粒，就用咖啡濾紙或 Superbag 再過濾一次。用漏斗把浸漬液倒回香甜酒的酒瓶裡，冷藏備用，最多可保存 3 個月。

烤胡桃浸漬普雷森蘭姆酒
Toasted Pecan–Infused Plantation Rum

胡桃 150 克
普雷森 5 年巴貝多蘭姆酒（Plantation Barbados 5-year rum）（750 毫升）1 瓶

在大水槽裡注滿水，把浸入式恆溫器放進水槽，溫度設定為 63°C（145°F）。取一小平底煎鍋，用中火將胡桃烘到微呈金黃色，約需 5 分鐘。稍微放涼備用。

把胡桃和蘭姆酒放入碗中攪拌均勻。倒入可密封的耐熱塑膠袋中。先把袋子封到只剩一個非常小的縫，接著將封好的部分放入水中（未密封處別碰到水），就能藉由水的反壓力，擠出剩餘空氣，讓袋內幾近真空。把袋子完全密封後，自水中取出。

等溫度到達 63°C（145°F）時，把密封袋放入水槽，加熱 2 小時。

時間到後，取出袋子，泡進冰塊水中，使其溫度降到室溫。使用細目網篩過濾浸漬液。如果浸漬液裡還有任何小顆粒，就用咖啡濾紙或 Superbag 再過濾一次。用漏斗把浸漬液倒回蘭姆酒的酒瓶裡，冷藏備用，最多可保存 1 個月。

水田芥浸漬琴酒
Watercress-Infused Gin

福特琴酒（1 公升）1 瓶
水田芥葉 75 克
果膠水解酵素－多聚半乳糖醛酸酶

將所有材料放入果汁機中，攪打至滑順。過濾後，測量液體的重量（所有固體丟掉不用）。計算重量的 0.2%（乘以 0.002）以得到 X 克。拌入 X 克的果膠水解酵素－多聚半乳糖醛酸酶，加蓋靜置 15 分鐘。

把混合物平均放入離心機的容器中，需仔細測量，並視情況調整，讓每個裝有混合物的容器都等重；這是為了維持機器平衡，所以很重要。將離心機設定在每分鐘 4,500 圈的速度運轉 12 分鐘。

取出容器，接著小心用咖啡濾紙或 Superbag 過濾浸漬液，要注意不要動到沉澱在容器底部的固體。如果浸漬液中還有任何小顆粒，就再過濾一次。用漏斗把浸漬液倒回琴酒的酒瓶裡，冷藏備用，最多可保存 1 週。

白胡椒浸漬伏特加
White Pepper–Infused Vodka

埃斯波雷鴨伏特加（750 毫升）1 瓶
白胡椒粒 150 克

將伏特加和白胡椒粒放入 iSi 發泡器中。關緊，填入 1 顆 N2O 氣彈，然後上下搖晃罐子約 5 次。更換 N2O 氣彈，再次加壓與搖晃罐子。靜置 15 分鐘，中途每隔 30 秒，拿起來搖晃一下，接著準備卸壓。把罐子的噴嘴以 45 度角放入一個容器內，用最快的速度排氣，不要讓液體到處噴；排氣速度越快，做出來的浸漬液效果越棒。等排氣結束後，打開罐子聽一聽。只要不再有氣泡的聲音，就可以倒出浸漬液，並用咖啡濾紙或 Superbag 過濾。用漏斗把浸漬液倒回伏特加的酒瓶裡，冷藏備用，最多可保存 4 週。（這款浸漬液也可以用「槽式內抽真空機」製作，詳細做法請依照第 97 頁說明。）

特調與蘇打飲

蘋果西芹汽水
Apple Celery Soda

水 12 盎司
澄清翠玉蘋果（Granny Smith）汁
（做法詳見第 146 頁）9 盎司
澄清西芹汁（做法詳見第 146 頁）3 盎司
簡易糖漿（做法詳見第 45 頁）7 盎司
磷酸溶液（做法詳見第 194 頁）1 盎司
蘋果酸溶液（做法詳見第 298 頁）1½ 盎司

把所有材料冰涼，將它們放入碳酸瓶中，灌入二氧化碳，然後輕輕搖晃，以幫助二氧化碳溶於酒液中（有關「碳酸化」的細節，請參考第 228 頁）。開瓶前，先將碳酸瓶放到冰箱冷藏至少 20 分鐘（冷藏 12 小時尤佳）。

基礎血腥瑪麗預調
Basic Bloody Mary Mix

（瓶裝）有機番茄汁 1,100 克
伍斯特醬（Worcestershire sauce）180 克
美極鮮味露（Magi seasoning）30 克
已過濾的現榨檸檬汁 72 克
已過濾的現榨萊姆汁 72 克
塔帕蒂奧辣醬（Tapatío hot sauce）30 克

將所有材料放入碗中攪拌均勻。倒進保存容器，冷藏備用，最多可保存 1 週。

唐的一號預調
Donn's Mix No. 1

已過濾的現榨葡萄柚汁 400 克
肉桂糖漿（做法詳見第 52 頁）200 克

將葡萄柚汁和肉桂糖漿放入碗中，用打蛋器攪拌至完全融合。倒進保存容器，冷藏備用，最多可保存 2 週。

自製葡萄柚汽水
Homemade Grapefruit Soda

塞爾脫茲氣泡水 5 盎司
葡萄柚糖漿（做法詳見第 53 頁）1¾ 盎司
檸檬酸溶液（做法詳見第 298 頁）1 小匙
磷酸溶液（做法詳見第 194 頁）1 小匙
Terra Spice 葡萄柚萃取液 1 滴

把所有材料冰涼，將它們放入碳酸瓶中，灌入二氧化碳，然後輕輕搖晃，以幫助二氧化碳溶於酒液中（有關「碳酸化」的細節，請參考第 228 頁）。開瓶前，先將碳酸瓶放到冰箱冷藏至少 20 分鐘（冷藏 12 小時尤佳）。

特製椰漿
House Coconut Cream

可可洛佩茲牌（Coco Lopez）椰漿 800 克
無糖椰奶 200 克

將椰漿和椰奶放入碗中攪拌均勻。倒進保存容器，冷藏備用，最多可保存 3 個月。

特製柳橙苦精
House Orange Bitters

費氏兄弟西印度柳橙苦精（Fee Brothers West Indian orange bitters）100 克
安格式柳橙苦精 100 克
雷根香橙苦精（Regans' orange bitters）100 克

將所有材料放入碗中攪拌均勻。倒進保存容器，室溫保存備用，最多可放 1 年。

牛奶蜂蜜特製庫拉索酒
Milk & Honey House Curaçao

柑曼怡 500 克
簡易糖漿（做法詳見第 45 頁）500 克

將柑曼怡和簡易糖漿放入碗中攪拌均勻。倒進保存容器，冷藏備用，最多可以保存 6 個月。

諾曼第俱樂部的血腥瑪麗預調
Normandie Club Bloody Mary Mix

新鮮番茄汁 6 盎司
瓶裝番茄汁 2 盎司
現榨西芹汁 2 盎司
現榨紅甜椒汁 1½ 盎司
番茄濃縮高湯（做法詳見下方）1 盎司
現榨檸檬汁 ½ 盎司
現榨萊姆汁 ½ 盎司
蒔蘿醃黃瓜（dill pickle）的漬汁 ½ 盎司
（Bubbies 牌的蒔蘿醃黃瓜尤佳）
伍斯特醬 4 小匙
布拉格營養醬油（Bragg Liquid Aminos）
2 小匙
是拉差辣椒醬 2 小匙
辣根醬（Bubbies 出品的尤佳）2 小匙

將所有材料放入碗中攪拌均勻。倒進保存容
器，冷藏備用，最多可保存 1 週。

番茄濃縮高湯
tomato bouillon concentrate

康寶番茄雞肉高湯粉（Knorr Tomato with
Chicken Granulated Bouillon）75 克
滾水 25 克

將高湯粉和滾水放入保存容器中，用力劇烈
攪拌至粉粒完全溶解。冷藏備用，最多可保
存 6 個月。

諾曼第俱樂部的特製甜香艾酒

安堤卡古典配方香艾酒 25 盎司
卡薩瑪利奧深色香艾酒（Casa Mariol
Vermut Negre）7 克

將香艾酒和深色香艾酒放入碗中攪拌均勻。
倒進保存容器，冷藏備用，最多可保存 3 個
月。

湯姆與傑瑞預拌糊
Tom and Jerry Batter

未漂白蔗糖 450 克
肉桂粉 1 大匙
肉豆蔻皮粉（ground mace）1 大匙
多香果粉 1 大匙
丁香粉 ½ 大匙
雞蛋 12 顆，蛋白與蛋黃分開
塔塔粉 ½ 小匙

將糖、肉桂、肉豆蔻皮、多香果和丁香放入
碗中，用打蛋器攪拌均勻。將蛋黃放入另一
大碗中，用手持調理棒打散。一邊維持機器
運轉，一邊緩緩穩定地（成一條細線）將香
料糖粉倒進大碗中。等所有材料均勻融合
後，加蓋，置於陰涼處。再取一乾淨，沒
有油或水的大碗，混合蛋白和塔塔粉，接著
用力劇烈攪打或攪拌至中性發泡（medium
peaks）。輕輕地將蛋白拌合入蛋黃糊中。
倒進保存容器，冷藏備用，最多可以保存
3 天。

綠色版預調 Verde Mix

黃瓜 1,200 克
墨西哥綠番茄汁 1,000 克
青椒汁 650 克
新鮮鳳梨汁 500 克
現榨萊姆汁 250 克
鹽水（做法詳見第 298 頁）150 克
塞拉諾辣椒（serrano chile）25 克，去籽
大蒜 15 克

黃瓜去皮切小塊，打成泥。將黃瓜泥、各種
蔬果汁、鹽水、辣椒和大蒜放入果汁機中，
攪打至細滑。倒進保存容器，冷藏備用，最
多可保存 1 週。

鹽邊用鹽

檸檬胡椒鹽

脫水檸檬片 20 克
現磨黑胡椒 10 克
猶太鹽 50 克

將檸檬片、黑胡椒和一半的鹽放入香料研磨機或果汁機中,打碎成細粉。倒進保存容器,加入剩下的鹽,密封後搖勻。保存在乾燥的地方備用。無保存期限。

糖味煙燻鹽
Sugared Smoked Salt

馬爾頓（Maldon）煙燻海鹽 25 克
未漂白蔗糖 25 克

將鹽和糖放入保存容器,密封後搖勻。保存在乾燥的地方備用。無保存期限。

溶液、酊劑與濃縮液

滑雪後酊劑 Après-Ski Tincture

伏特加 250 克
100% 雪松木線香碎屑（詳見下方說明）
20 克
壓碎的肉桂棒 10 克

將所有材料放入大罐子中,加蓋搖勻。靜置在陰涼處 1 週。使用墊了幾層起司濾布的細目網篩過濾後,倒進保存容器,冷藏備用,最多可保存 3 個月。

雪松木線香碎屑

請注意,這個酊劑只能用來增加雞尾酒頂端的木質香氣,不能單喝。建議您找找只用雪松木當唯一原料（不含任何其他化學添加物!）的線香,然後從線香棒上刮下雪松木碎屑,用於此酊劑。

可可碎粒酊劑
Cacao Nib Tincture

絕對純粹伏特加（750 毫升）1 瓶
可可碎粒 75 克

將伏特加與可可碎粒放入 iSi 發泡器中。關緊,填入 1 顆 N_2O 氣彈,然後上下搖晃罐子約 5 次。更換 N_2O 氣彈,再次加壓與搖晃罐子。靜置 15 分鐘,中途每隔 30 秒,拿起來搖晃一下,接著準備卸壓。把罐子的噴嘴以 45 度角放入一個容器內,用最快的速度排氣,不要讓液體到處噴;排氣速度越快,做出來的浸漬液效果越棒。等排氣結束後,打開罐子聽一聽。只要不再有氣泡的聲音,就可以倒出浸漬液,並用咖啡濾紙或 Superbag 過濾。用漏斗把浸漬液倒回伏特加的酒瓶裡,冷藏備用,最多可保存 4 週。（這款浸漬液也可以用「槽式內抽真空機」製作,詳細做法請依照第 97 頁說明。）

雪松木酊劑
Cedar Tincture

絕對伏特加（750 毫升）1 瓶
100% 雪松木線香碎屑（詳見第 297 頁「滑雪後酊劑」說明）20 克

將伏特加與雪松木碎屑放入 iSi 發泡器中。關緊，填入 1 顆 N₂O 氣彈，然後上下搖晃罐子約 5 次。更換 N₂O 氣彈，再次加壓與搖晃罐子。靜置 15 分鐘，中途每隔 30 秒，拿起來搖晃一下，接著準備卸壓。把罐子的噴嘴以 45 度角放入一個容器內，用最快的速度排氣，不要讓液體到處噴；排氣速度越快，做出來的浸漬液效果越棒。等排氣結束後，打開罐子聽一聽。只要不再有氣泡的聲音，就可以倒出浸漬液，並用咖啡濾紙或 Superbag 過濾。用漏斗把浸漬液倒回伏特加的酒瓶裡，冷藏備用，最多可保存 4 週。（這款浸漬液也可以用「槽式內抽真空機」製作，詳細做法請依照第 97 頁說明。）

香檳酸溶液
Champagne Acid Solution

過濾水 94 克
酒石酸粉末 3 克
乳酸粉末 3 克

將所有材料放入玻璃碗中，攪拌至粉末完全溶解。倒進玻璃滴瓶或其他玻璃容器，冷藏備用，最多可保存 6 個月。

檸檬酸溶液
Citric Acid Solution

過濾水 100 克
檸檬酸粉末 25 克

將水和檸檬酸粉末放入玻璃碗中，攪拌至粉末完全溶解。倒進玻璃滴瓶或其他玻璃容器，冷藏備用，最多可保存 6 個月。

乳酸溶液
Lactic Acid Solution

過濾水 90 克
乳酸粉末 10 克

將水和乳酸粉末放入玻璃碗中，攪拌至粉末完全溶解。倒進玻璃滴瓶或其他玻璃容器，冷藏備用，最多可保存 6 個月。

蘋果酸溶液
Malic Acid Solution

過濾水 90 克
蘋果酸粉末 10 克

將水和蘋果酸粉末放入玻璃碗中，攪拌至粉末完全溶解。倒進玻璃滴瓶或其他玻璃容器，冷藏備用，最多可保存 6 個月。

迷迭香鹽溶液
Rosemary Salt Solution

絕對伏特加 300 克
迷迭香 15 克
鹽水（做法詳見下方）100 克

將伏特加和迷迭香放入附蓋容器中，輕輕搖勻。靜置於陰涼處 1 週。使用墊了幾層起司濾布的細目網篩過濾後，倒進保存容器，加入鹽水，拌勻或搖勻。冷藏備用，最多可保存 6 個月。

鹽水

過濾水 75 克
猶太鹽 25 克

將水和鹽放入保存容器中，攪拌或搖晃至鹽巴完全溶解。冷藏備用，最多可保存 6 個月。

灰鹽鹽水

過濾水 80 克
灰鹽（sel gris）20 克

將水和鹽放入保存容器中，攪拌或搖晃至鹽巴完全溶解。冷藏備用，最多可保存 6 個月。

選購指南

Art of Drink
(artofdrink.com)
磷酸鹽溶液，標示為「*Extinct Acid Phosphate Solution*」

Astor Wines & Spirits
(astorwines.com)
有非常多款烈酒可選擇

August Uncommon Tea
(august.la)
散裝原片茶葉，包括「因斯布魯克的田園」

Bar Products
(barproducts.com)
來自世界各地的各種酒吧器材與工具

Beverage Alcohol Resource
(beveragealcoholresource.com)
充滿抱負的調酒師與（烈）酒專家的理想天地

Chef Shop
(chefshop.com)
蜂蜜、融合納帕谷酸葡萄汁、瑪拉斯奇諾櫻桃和其他常備食材

Cocktail Kingdom
(cocktailkingdom.com)
所有酒吧酒具，還有苦精、糖漿和雞尾酒書籍，包括一些古董經典書籍的臨摹本

Crystal Classics
(crystalclassics.com)
「蔡司」和其他品牌的杯器

Drink Up NY
(drinkupny.com)
稀有的烈酒，以及其他酒精性材料

Dual Specialty Store
(dualspecialtystorenyc.com)
香料、堅果和苦精

In Pursuit of Tea
(inpursuitoftea.com)
罕見和充滿異國風情的茶

Instawares
(instawares.com)
種類繁多的調酒工具、杯器和廚房用品

iSi
(isi.com)
發泡器、蘇打槍和氣彈

KegWorks
(kegworks.com)
碳酸化和汲飲式雞尾酒的工具，還有各種酸類、杯器和調酒必備用品

Libbey
(libbey.com)
耐用的杯器

MarketSpice
(marketspice.com)
獨一無二的特別款調和茶

Micro Matic
(micromatic.com)
（小）桶裝雞尾酒的設備

Modernist Pantry
(modernistpantry.com)
Superbags、戴夫・阿諾德的 *Spinzall* 離心機、碳酸化工具和浸漬與澄清時會用到的粉末

Monterey Bay Spice Company
(herbco.com)
散裝香草、香料和茶

MoreBeer
(morebeer.com)
（小）桶裝雞尾酒的設備

Ozark Biomedical
(ozarkbiomedical.com)
醫學用離心機的整新品

PolyScience
(polyscienceculinary.com)
浸入式恆溫器、煙燻槍和其他高科技產品

Steelite
(steelite.com)
碟型杯和尼克諾拉雞尾酒杯

Terra Spice Company
(terraspice.com)
種類繁多的香料、糖、果乾和乾辣椒

T Salon
(tsalon.com)
散裝原片茶葉和花草茶

Umami Mart
(umamimart.com)
日本調酒工具、杯器和其他很多東西

參考文獻

Arnold, Dave. *Liquid Intelligence: The Art and Science of the Perfect Cocktail.* W. W. Norton, 2014.

Baiocchi, Talia. *Sherry: A Modern Guide to the Wine World's Best-Kept Secret, with Cocktails and Recipes.* Ten Speed Press, 2014.

Baiocchi, Talia, and Leslie Pariseau. *Spritz: Italy's Most Iconic Aperitivo Cocktail, with Recipes.* Ten Speed Press, 2016.

Bartels, Brian. *The Bloody Mary: The Lore and Legend of a Cocktail Classic, with Recipes for Brunch and Beyond.* Ten Speed Press, 2017.

Chartier, Francois. *Taste Buds and Molecules: The Art and Science of Food, Wine, and Flavor.* Houghton Mifflin Harcourt, 2012.

Craddock, Harry. *The Savoy Cocktail Book.* Pavilion, 2007.

Curtis, Wayne. *And a Bottle of Rum: A History of the New World in Ten Cocktails.* Crown, 2006.

DeGroff, Dale. *Craft of the Cocktail: Everything You Need to Know to Be a Master Bartender, with 500 Recipes.* Clarkson Potter, 2002.

DeGroff, Dale. *The Essential Cocktail: The Art of Mixing Perfect Drinks.* Clarkson Potter, 2008.

Dornenburg, Andrew, and Karen Page. *What to Drink with What You Eat: The Definitive Guide to Pairing Food with Wine, Beer, Spirits, Coffee, Tea—Even Water—Based on Expert Advice from America's Best Sommeliers.* Bulfinch, 2006.

Embury, David A. *The Fine Art of Mixing Drinks.* Mud Puddle Books, 2008.

Ensslin, Hugo. *Recipes for Mixed Drinks.* Mud Puddle Books, 2009.

Haigh, Ted. *Vintage Spirits and Forgotten Cocktails: From the Alamagoozlum to the Zombie—100 Rediscovered Recipes and the Stories Behind Them.* Quarry Books, 2009.

Jackson, Michael. *Whiskey: The Definitive World Guide.* Dorling Kindersley, 2005.

Lord, Tony. *The World Guide to Spirits, Aperitifs, and Cocktails.* Sovereign Books, 1979.

Madrusan, Michael, and Zara Young. *A Spot at the Bar: Welcome to the Everleigh: The Art of Good Drinking in Three Hundred Recipes.* Hardie Grant, 2017.

McGee, Harold. *On Food and Cooking: The Science and Lore of the Kitchen.* Scribner, 2004.

Meehan, Jim. *Meehan's Bartender Manual.* Ten Speed Press, 2017.

Myhrvold, Nathan, Chris Young, and Maxime Bilet. *Modernist Cuisine: The Art and Science of Cooking.* Cooking Lab, 2011.

Pacult, F. Paul. *Kindred Spirits 2.* Spirit Journal, 2008.

Page, Karen, and Andrew Dornenburg. *The Flavor Bible: The Essential Guide to Culinary Creativity, Based on the Wisdom of America's Most Imaginative Chefs.* Little, Brown, 2008.

Parsons, Brad Thomas. *Amaro: The Spirited World of Bittersweet, Herbal Liqueurs, with Cocktails, Recipes, and Formulas.* Ten Speed Press, 2016.

Parsons, Brad Thomas. *Bitters: A Spirited History of a Classic Cure-All, with Cocktails, Recipes, and Formulas.* Ten Speed Press, 2011.

Petraske, Sasha, with Georgette Moger-Petraske. *Regarding Cocktails.* Phaidon Press, 2016.

Regan, Gary. *The Bartender's Gin Compendium.* Xlibris, 2009.

Regan, Gary. *The Joy of Mixology: The Consummate Guide to the Bartender's Craft.* Clarkson Potter, 2003.

Stewart, Amy. *The Drunken Botanist: The Plants That Create the World's Great Drinks.* Algonquin Books, 2013.

Thomas, Jerry. *The Bar-Tender's Guide: How to Mix Drinks.* Dick and Fitzgerald, 1862.

Wondrich, David. *Imbibe!* Perigree, 2007.

Wondrich, David. *Punch: The Delights (and Dangers) of the Flowing Bowl.* Perigee, 2010.

致謝辭

早在我們踏入酒吧業之前許久，就已經有諸多調酒師、主廚和烹飪界領袖著手研究我們想要透過本書傳達的概念。這本書是眾人創意與專業的集結，而其中最重要也必須承認的是，這只是小小的一步，延續一個歷史悠久的習慣——不斷地詢問食物、雞尾酒和娛樂的「下一步是什麼」？前方還有好長的路等著您一步一步探索。

這本書如果沒有戴文‧塔比的協助，就無法完成。即便只是粗略一瞥書中的酒譜，您都會發現戴文是個多產的雞尾酒創作者。她年年都有好幾十杯創新又好喝的作品，但她同時在我們形塑、思考與共同創造雞尾酒的風味與影響力時，功不可沒。此外，沒有人可以像她一樣，用這麼清楚又熱切的方式，將抽象又充滿大量資訊的調酒主題傳授給調酒師們。戴文，妳的想法與創意深深交織在這本書中——謝謝妳成為我們的夥伴。

下列這些調酒界的傳奇人士，也許並未直接指導我們，但他們的心血和友誼，引領我們寫下書中的每一個文字。Dale DeGroff、Audrey Saunders、GaryRegan、Julie Reiner、Jim Meehan 和 Eben Freeman，謝謝你們從一開始就與我們為友，成為我們職涯上的明燈（無論你們知不知道）和在工作上不斷地支持我們。

給我們親愛的故友薩沙‧彼得拉斯克（Sasha Petraske），謝謝你教我們「簡單就是一切」，還有「酒杯中的液體不過是方程式中的一部分而已」。我們看待雞尾酒的角度深受你的話語和無數實用建議影響——雞尾酒是我們社會中不可或缺的一部分，也是藝術作品。我們真的很想你。

菲爾‧沃德（Phil Ward），我們知道當你看到下面這段話時，一定會覺得肉麻彆扭，但你坦率面對雞尾酒的方式——無論是身為調酒創作者或指導者——都是我們書裡書外所建構的概念中，一個很重要的組成。Brian Miller、Joaquin Simo、Jessica Gonzalez 和 Thomas Waugh，謝謝你們在 Death & Co 剛起步時，忍受艾力克斯，而且在我們不斷逼專業調酒師挑戰底線時，還願意繼續當我們珍貴的朋友與工作夥伴。

也要謝謝眾多調酒師、主廚、營運者和顧客，在我們思考一杯好雞尾酒的成因時，助我們一臂之力。總的來說，激勵我們最多的是我們多年來訓練和管理的酒吧團隊——謝謝你們願意在分秒必爭的開店時間（加上一兩個 shot 的雪莉酒下肚），讓我們演練這本書裡提到的想法與方法。Death & Co、Nitecap、the Normandie Club（特別感謝你們協助本書照片的拍攝！）、Honeycut，還有 the Walker Inn 的團隊，你們是業界最棒的！謝謝你們每天幫忙開燈，還有把冰桶裝滿。少了像你們這麼有才華的調酒師，每晚負責店裡大小事，這一切都不會成功。另外，也要謝謝各位合夥人的合作與無比的耐心：Ravi DeRossi、Craig Manzino、Natasha David、Cedd Moses 和 Eric Needleman。給現在或過去在我們酒吧裡工作的經理們，你們全都是我們身邊的貴人——謝謝你們在專業上的優異表現，也寫寫你們願意在這本書中獻出你們的創意：Natasha David（再次感謝）、Lauren Corriveau、Nick Settle、Tyson Buhler、Jillian Vose、Eryn Reece、Daniel Eun、Trevor Easter、Carrie Heller、David Fernie, Mary Barlett、Matt Brown、Matthew Belanger、Alex Jump、Nathan Turk、Willie Rosenthal、Wes Hamilton，以及 Kristine Danks。

餐館與酒吧業緊密結合了一群高度關注自身手藝和同溫層，但卻不善交際的人。我們有太多朋友和同行在全世界最優秀的酒吧與餐館裡工作，擔任調酒師、廚師和行政人員，實在無法一一列出，但他們每個人的工作和開店經驗都對我們有所啟發。

調酒師與釀酒者和推廣者之間有著密不可分的關係。多年來，我們很榮幸能夠和這些人成為好友，特別是保樂力加（Pernod Ricard）、帝亞吉歐（Diageo）、清溪釀酒廠、皮耶費朗集團、辛加尼 63、迪爾馬蓋、懷俄明威士忌、（進口商）Back Bar Project 和美國百加得（Bacardi USA）的工作團隊，他們不吝惜分享他們的故事，並且在我們學習烈酒知識的過程中，不斷給予支持。

這本書不只是統整雞尾酒酒譜和烈酒資訊而已；它是一群藝術家整理與組合出來、超越文字的指南。給本書的攝影師 Dylan Ho 和 Jeni Afuso，不僅要謝謝你們專業的視角與創意，也謝謝你們的強力配合（和你們一起拍攝真的很有趣！）。給插畫家 Tim Tomkinson，謝謝你不斷用睿智的眼光和熟練的筆觸，創作出讓我們驚呼連連的作品。也要謝謝 Kate Tomkinson 幫我們做出這麼美麗的封面。

我們要給十速出版社（Ten Speed Press）團隊的讚嘆與感謝，實在太多太多了。謝謝你們給我們機會出版第二本書，也要謝謝你們耐心等候我們拖了三年才完成的書稿。艾蜜莉·提姆布萊克（Emily Timberlake），雖然我們最常一起討論的是科幻小說，但妳對於這本書的熱忱和在每次修改時都能讓書變得更好的提點，成就了這本書現在的樣貌。此外，要感謝貝蒂·施特戈貝格（Betsy Stromberg）和艾瑪·坎皮恩（Emma Campion）在視覺呈現上的協助，讓這本書的設計更整體一致，還要謝謝賽琳娜·西戈納（Serena Sigona）將設計貫徹到生產。另外，要特別感謝艾希莉·皮爾斯（Ashley Pierce）在最後階段跳入編輯工作——等等，我們是不是把艾蜜莉嚇跑了？感謝艾倫·韋納（Aaron Wehner）組成了這隻全明星隊伍，讓我們能夠和他們合作。

謝謝本書的編審賈斯敏·斯塔（Jasmine Star），妳對於這一本書（還有我們的上一本）的貢獻和影響值得一個更合適的稱號。這次你所做的，同樣不只是把這些雜亂的文稿變成一本真的書而已。只要你來我們的酒吧喝一杯，一律免費！

感謝我們的經紀人約拿·施特勞斯（Jonah Straus）和大衛·布雷克（David Black）帶頭執行這項計畫，也不斷地「提醒」我們照著時程走。

最後，要謝謝我們的人生伴侶，感謝你們在我們致力寫作的三年間，耐心等待。安德魯·艾胥（Andrew Ashey），你對艾力克斯的鼓勵是無法用文字表達的。羅騰·拉菲（Rotem Raffe），你在整個過程中顯現的耐心，就像聖徒一般高尚。珍娜·卡普蘭（Jenna Kaplan），謝謝你的支持和始終如一的真知灼見。

索引

調酒法典：基酒公式 × 配方組合 × 進階技法，350＋風格酒譜全解析

Cocktail Codex: Fundamentals, Formulas, Evolutions

作者	艾力克斯・戴（ALEX DAY）、尼克・福查德（NICK FAUCHALD）、 大衛・卡普蘭（DAVID KAPLAN）
審訂	癮型人
翻譯	方玥雯
責任編輯	謝惠怡
內文排版	張靜怡
封面設計	Zoey Yang
行銷企劃	廖巧穎
發行人	何飛鵬
事業群總經理	李淑霞
社長	饒素芬
圖書主編	葉承享
出版	城邦文化事業股份有限公司 麥浩斯出版
E-mail	cs@myhomelife.com.tw
地址	115 台北市南港區昆陽街 16 號 7 樓
電話	02-2500-7578
發行	英屬蓋曼群島商家庭傳媒股份有限公司城邦分公司
地址	115 台北市南港區昆陽街 16 號 5 樓
讀者服務專線	0800-020-299（09:30~12:00；13:30~17:00）
讀者服務傳真	02-2517-0999
讀者服務信箱	Email: csc@cite.com.tw
劃撥帳號	1983-3516
劃撥戶名	英屬蓋曼群島商家庭傳媒股份有限公司城邦分公司
香港發行	城邦（香港）出版集團有限公司
地址	香港灣仔駱克道 193 號東超商業中心 1 樓
電話	852-2508-6231
傳真	852-2578-9337
馬新發行	城邦（馬新）出版集團 Cite（M）Sdn. Bhd.
地址	41, Jalan Radin Anum, Bandar Baru Sri Petaling, 57000 Kuala Lumpur, Malaysia.
電話	603-90578822
傳真	603-90576622
總經銷	聯合發行股份有限公司
電話	02-29178022
傳真	02-29156275
製版印刷	凱林彩印股份有限公司
定價	新台幣 1500 元／港幣 500 元

2024 年 9 月初版 2 刷

ISBN：978-986-408-881-2（精裝）

國家圖書館出版品預行編目 (CIP) 資料

調酒法典：基酒公式 × 配方組合 × 進階技法，350+ 風
格酒譜全解析／艾力克斯・戴（Alex Day）、尼克・福
查德（Nick Fauchald）、大衛・卡普蘭（David Kaplan）
作；方玥雯翻譯 . -- 初版 . -- 臺北市：城邦文化事業股份
有限公司麥浩斯出版：英屬蓋曼群島商家庭傳媒股份有
限公司城邦分公司發行, 2022.12
面；　公分
譯自：Cocktail codex: fundamentals, formulas, evolutions.
ISBN 978-986-408-881-2（精裝）

1. CST：調酒

427.43　　　　　　　　　　　　　　　111020000